Jiaolian Juyixi （XLPE）

交联聚乙烯(XLPE)

Jueyuan Dianli Dianlan Gailun

绝缘电力电缆概论

王　伟　阎孟昆
姜　芸　严有祥　　著

U0195404

西北工业大学出版社

西安

【内容简介】 本书从使用角度出发，详细论述了交联聚乙烯（XLPE）绝缘电力电缆（简称"XLPE 绝缘电缆"）材料、结构等方面的性能，以及理论数据和理论运算，并以此为基础重点讲述了 XLPE 绝缘电缆选型、安装、运行、维护以及电缆试验的标准和要求，介绍了一些电力部门使用该种电缆的经验及新技术的应用，并分析了 XLPE 绝缘电缆的发展趋势。

本书是使用 XLPE 绝缘电缆工程技术人员常备的学习和工作手册，也可供电力部门有关人员参考。

图书在版编目（CIP）数据

交联聚乙烯（XLPE）绝缘电力电缆概论/王伟等著 . —西安：西北工业大学出版社，2018.7（2023.8 重印）
ISBN 978-7-5612-6144-6

Ⅰ.①交… Ⅱ.①王… Ⅲ.①电力电缆—塑料绝缘电缆—研究 Ⅳ.①TM247

中国版本图书馆 CIP 数据核字（2018）第 167882 号

策划编辑：雷　军
责任编辑：雷　军

出版发行：西北工业大学出版社
通信地址：西安市友谊西路 127 号　邮编：710072
电　　话：(029)88493844　88491757
网　　址：www.nwpup.com
印　刷　者：西安五星印刷有限公司
开　　本：850 mm×1 168 mm　1/32
印　　张：22.5　　插页 2
字　　数：575 千字
版　　次：2018 年 7 月第 1 版　2023 年 8 月第 2 次印刷
定　　价：88.00 元

前　　言

随着电力事业的飞速发展,电力电缆的使用量发生了惊人的变化,特别是近年来交联聚乙烯(XLPE)绝缘电力电缆(以下简称XLPE绝缘电缆)的使用,现场技术工人迫切需要了解有关新绝缘电缆——XLPE绝缘电力电缆——的技术性能、安装、运行、维护及电缆试验方面的知识。

目前有关油纸绝缘和充油纸绝缘电缆的教材较多,但还没有一本全面详细地介绍XLPE绝缘电缆的书籍。为此,我们综合了一些现场经验和理论知识,以及原水电部教育司等编写的职工教育教材中有关XLPE绝缘电缆的内容,从XLPE绝缘电缆的性能、制造、安装、运行维护、试验及最新发展起来的在线检测技术等方面,详细地介绍了有关XLPE绝缘电缆的知识和相关理论公式以及数据计算方法,半导电屏蔽、绝缘设计、电缆试验、电缆及附件选型、状态检修及方法和带电检测的内容均是第一次与读者见面,特别是近年来XLPE绝缘电缆运行中带电检测局部放电已经成为电缆运行必备检修方法之一,而这方法的理论基础又不是很成熟,标准也不是很完善,造成了很多现场问题,不解释清楚这些内容,对今后XLPE绝缘电缆的广泛使用将有很大阻碍。

参加本书写作的有国网电力科学研究院王伟;中国电力科学研究院阎孟昆;国网上海电力公司姜芸;国网福建电力公司厦门电力分公司严有祥。本书的写作得到了许多老专家的大力帮助和支持,在此表示衷心感谢。

写作本书曾参阅了相关文献、资料,在此,谨向其作者深致谢忱。

由于笔者在资料收集方面还有欠缺,书中难免会有不足之处,恳请广大读者指正批评,以便我们提高。

笔者

2017 年 8 月

目　录

第 1 章　XLPE 绝缘电缆发展历史

XLPE 绝缘电缆的使用和发展虽只有 30 多年的历史,但由于其具有机械性能好,安装维护方便,绝缘性能优异,传输容量比同截面油纸绝缘电缆大,生产工艺简便,以及利于大规模生产等优点,所以随着材料工业及相关产业的不断发展,XLPE 绝缘电缆在电力系统中的应用日益广泛。

当前,交联聚乙烯绝缘电力电缆在输配电系统中的实用电压已达到交流 500 kV,直流 320 kV,更高电压等级的交联聚乙烯绝缘电力电缆正在研究开发中。在发达国家,早在 20 世纪三四十年代就已有中低压的交联聚乙烯绝缘电力电缆投入运行。由表1-1可见,随着电压增加,油纸绝缘、聚氯乙烯(PVC)绝缘、不滴流油纸绝缘、丁基橡胶绝缘等品种的电缆已无法适用,于是聚乙烯(PE)、交联聚乙烯(XLPE)、合成橡胶绝缘材料在第二次世界大战中迅速发展起来,且发展速度越来越快,电压等级越来越高。1972年后,又发展出了 110 kV 级以上的 XLPE 绝缘电缆。

表 1-1　各国 XLPE 和 PE 绝缘电缆发展动态

国家	年代	品种	电压等级 kV	容量 MV·A	截面 mm²	最大场强 kV·mm⁻¹	绝缘厚度 mm	备注
美国	1970	XLPE	138					试验安装
美国	1981	XLPE	345			10.0	26.2	研制品
瑞典	1973	XLPE	145		500	7.0	20.0	正式运行
瑞典	1973	XLPE	245			12.0		现场试验

续　表

国家	年代	品种	电压等级 kV	容量 MV·A	截面 mm²	最大场强 kV·mm⁻¹	绝缘厚度 mm	备注
日本	1970	充硅油的 XLPE	66					正式运行
日本	1970	XLPE	154			20.0		正式运行
日本	1978	XLPE	(187) 225		1 000	15	25.0	研制品
法国	1969	XLPE	250 (225)	300	1 200	8.3	22.0	试验运行
法国	1981	PE	400		1 500	15.0	27.0	研制
西德	1968	PE	110					已运行
西德		PE	220			10.0		试验性
西德	1981	PE	400					研制
意大利		乙丙橡胶	150	160	400	6.3	24.3	已运行
匈牙利		PE	120	139	240			水冷电缆系统

图 1-1 和图 1-2 所示为电缆电压等级发展曲线,由图可见,以 XLPE 绝缘电缆为代表的塑料绝缘电力电缆发展速度较快。如日本 XLPE 绝缘电缆电压等级的发展历史为:1955 年首次研制成功;1961 年达到 33 kV;1962 年达到 66 kV;1965 年达到 77 kV;1969 年即可生产 110 kV 的 XLPE 绝缘电缆。

这种速度代表了发达工业国家 XLPE 绝缘电缆的发展速度,表 1-1 所示为各国 XLPE 和 PE 绝缘电缆发展动态。目前日本使用的 XLPE 绝缘电缆已占整个电力电缆用铜量的 85%,且 275 kVXLPE 绝缘电缆已投入运行,并已研制标称截面为 2 000 mm² 的 500 kVXLPE 绝缘电缆。北欧、东欧、苏联等国家也已大量生产这种类型电缆。瑞典于 1965 年开始生产 XLPE 绝缘电缆,到 1975 年,12 kV 等级的 XLPE 绝缘电缆已占 70%,至今,24~84 kV 的 XLPE 绝缘电缆已占 100%,1964 年美国低压级油纸、塑料电缆一起使用,15 kV 以上开始试用 PE 和 XLPE 绝缘电缆。德国 PVC 绝缘电缆甚至使用到 6~10 kV 等级,英国多使用不滴流油纸绝缘电缆,塑料电缆受到限制。1970 年各国在 10~30 kV 低压领域中,PE 使用量为 16%,XLPE 使用量为 6%~8%。20 世纪 70 年代后期,由于美国解决了中低压电力电缆水树枝、电树枝等材料问题,使 PE 和 XLPE 绝缘电缆有了很大发展,在 15 kV 级系统中大量使用塑料电缆,而油纸绝缘电缆几乎被淘汰。表 1 - 2 所示为 1971 年美国使用电缆品种的百分比。

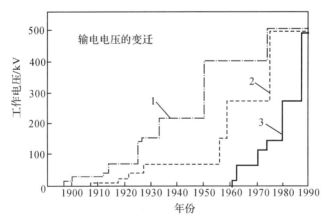

图 1 - 1　油纸及 XLPE 绝缘电缆发展

1—国外油纸绝缘电缆;2—国内油纸绝缘电缆;3—塑料绝缘电缆

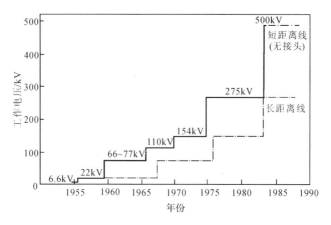

图 1-2　XLPE 绝缘电缆的最高工作电压的变化图

表 1-2　1971 年美国使用电缆品种百分比　　单位:(%)

品种	中压配电	低压配电	设备连接线
油纸	0.7		
XLPE	43.0	87.9	86.6
PE	50.8	2.8	6.5
PVC		3.1	2.7
乙丙橡胶	1.4	1.1	1.1
丁基橡胶	4.1	5.1	1.1

　　1975 年橡塑绝缘电缆已开始领先于油纸绝缘电缆。美国橡塑绝缘中,低压电缆所占比例已达 99%,其中 15 kV 级 PE 和 XLPE 为 95%,乙丙橡胶为 2%,油纸绝缘电缆小于 1%。德国 1 kV 塑料电缆已占 90%;10 kV XLPE 占 5%,PE 占 8%,PVC 占 12%,油纸占 72%;25~35 kV XLPE 占 34%,油纸占 42%,20 世纪 80 年代油纸降为 20%,XLPE 升为 56%。英国 1 kV 及以下,PVC 和 XLPE 占 67%,80 年代升到 75%。80 年代末、90 年代初,10 kV 中,XLPE 绝缘电缆略超过油纸,特别是新上项目,油纸绝缘电缆将被淘汰,20~30 kV 中,XLPE 绝缘电缆加上其他橡塑电缆占 80%或更高,高压电缆领域,XLPE 绝缘电缆也已达到油纸

绝缘电缆占有率。虽然在超高压等级上,例如765 kV电压XLPE绝缘电缆还无法和充油电缆竞争,但从现在研制出的550 kV XLPE绝缘电缆的制造水平来看,在不久的将来,XLPE绝缘电缆赶上或超过充油电力电缆是可能的,这主要是由于XLPE绝缘电缆具有较高的运行温度,使得电缆载流容量增加;XLPE绝缘电缆还具有弯曲半径较小,质量轻,无须供油系统,维护和安装都较容易等优点。

在海底电缆(submarine cable)的发展历程上,绝缘材料也正在从纸绝缘向XLPE绝缘发展。海底电缆是敷设在海底及河流水下的电力电缆,海底电力电缆主要用于水下传输大功率电能,与地下电力电缆的作用等同,只是应用的场合和敷设的方式不同。由于海底电缆工程被世界各国公认为是复杂困难的大型工程,从环境探测、海洋物理调查以及电缆的设计、制造和安装都应用复杂技术,因而海底电缆的制造国家在世界上为数不多,主要有挪威、丹麦、日本、加拿大、美国、英国、法国、意大利等,这些国家除制造外还提供敷设技术。目前我国应用的海底超高压电力电缆,例如500 kV海底电缆仍然需要进口,其余高压110~220 kV和6~35 kV中压海底电缆已经全部能够生产。全世界第一条海底电缆是1850年在英国和法国之间铺设的。1949年后,我国在宁波、烟台、海南等地相继敷设投运了不同绝缘类型的海底电缆,其中琼州海峡的500 kV海缆单根长度达到32 km,上海、厦门在过江和过海隧道中也敷设有交流和直流高压电缆。近些年,由于交联聚乙烯绝缘电力电缆技术的成熟,大量海上风电场开始使用这种绝缘电缆。

在制造技术方面,20世纪80年代末,沈阳电缆厂用2+2悬链工艺制造成我国第一根110 kV交联电缆;90年代初,上海电缆厂开始用立式交联工艺生产110 kV交联电缆;郑州电缆厂在试制成功110 kV交联电缆后,1996年首次用立式干法工艺生产220 kV交联电缆并通过两部鉴定,填补了国内空白。目前,国内生产110~500 kV交联聚乙烯绝缘电力电缆技术水平基本接近当代世界先进水平。初期的XLPE使用水蒸气作为化学反应的加压和加热媒质,因此,此法称为湿法交联。一般认为XLPE绝缘中含有微米大小微孔,湿法交联的水蒸气在高湿高压下容易向熔融的 PE 中渗透,故这种方法会增加 XLPE 中微孔数量及增大微孔尺寸。20 世纪 70 年代初,各国厂家相继推出干法交联,减少了 XLPE 中的微孔和水分,提高了 XLPE 绝缘电缆运行的可靠性。70 年代末,XLPE 制造方面又有了更大发展,除了完善 XLPE 本身的良好物理和电性能外,又出现了新型的半导电屏蔽材料及超净绝缘材料,使绝缘体中的杂质含量进一步减少,在工艺上又引进了多层共挤法,减少了层间界面,使 XLPE 绝缘电缆局部放电量大为下降,为超高压电缆的发展奠定了基础。

在半导电屏蔽方面,最初在 XLPE 绝缘电缆上使用的是涂石墨层布带绕包在绝缘上,这种方法由于界面问题,使得电缆局部放电很大,这种电缆一旦进水,水分直接和绝缘接触,易引发水树和电树,因此在国外 20 世纪 70 年代就已经被淘汰,而在我国直到 80 年代各厂商才逐步淘汰了这一工艺,以后半导电屏蔽使用三层同时挤出工艺,材料采用 XLPE,且在材料中加入防水树剂和防电子发射剂,使得电缆性能更加优异。

在绝缘制造方面,20 世纪 90 年代开始,为了减少 XLPE 绝缘回缩问题,采用了芬兰公司的消除制造应力装置,使得电缆回缩问题得到改善。

1992 年,皮瑞利的北美分公司和美国能源署合作,开始超导电缆技术的研究和开发,从而使美国在超导电缆技术开发上成为全球第一个国家。2000 年 2 月,由美国南线公司、橡树岭国家实验室(ORNL)和 IGC 联合开发了 30 m,12.5 kV,1.25 kA 三相高温超导冷绝缘电缆。它安装在卡罗尔顿的南方线缆公司,并且成功运行。在纽约,长岛电力局(LIPA)和美国超导公司宣布,世界上第一个高温超导电缆系统运行电压为 138 kV,于 2008 年 4 月 22 日在长岛投入运行,电缆线路由 3 个平行敷设的单相高温超导电缆组成,电缆安装在 LIPA 的输电通道中,它有 6 个终端装置与电网相连,高温超导电缆长度是 600 m,采用低温液氮冷却系统。

日本、韩国和欧洲的一些国家也对不同电压等级的超导电缆进行了研制。中国第一条 35 kV/2 kA,33.5 m 长超导电缆于 2004 年在云南省投入运行。

第2章 XLPE绝缘电缆的结构和材料

2.1 电缆的结构

交联聚乙烯绝缘电缆是以交联聚乙烯作为绝缘的塑料电缆，XLPE是Cross Linded Polyethyene的简称。国产的XLPE绝缘电缆用YJLV和YJV表示，YJ表示交联聚乙烯，L表示铝芯（铜芯可省略），V表示PVC护套。图2-1所示为单芯交联聚乙烯绝缘电缆结构。图2-2所示为三芯交联聚乙烯绝缘电缆结构。

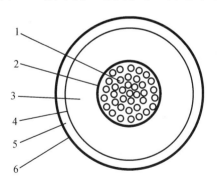

图2-1 单芯交联聚乙烯绝缘电缆结构

1—导体；2—内层半导体层；3—绝缘体；4—外层半导体层；

5—护套；6—保护（防腐蚀）层

交联聚乙烯绝缘电缆所用线芯除特殊要求外，均采用紧压型线芯，其作用如下：

（1）使外表面光滑，防止导丝效应，避免引起电场集中。

（2）防止挤塑半导电屏蔽层时半导电材料进入线芯。

（3）可有效地防止水分顺线芯进入。

因此，在电缆安装时应选用配合紧压线芯的金具，否则压接质量不好，引起连接部位发热。

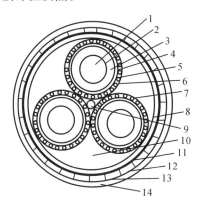

图 2-2　三芯交联聚乙烯绝缘电缆结构

1—导线；2—导线屏蔽层；3—交联聚乙烯绝缘；4—绝缘屏蔽层；

5—保护带；6—铜线屏蔽；7—螺旋铜带；8—塑料带；

9—中心填芯；10—填料；11—内护套；

12—扁钢带铠装；13—钢带；14—外护套

绝缘内外的半导电屏蔽层均采用加炭黑的交联聚乙烯料，早期交联电缆的外半导电屏蔽层也有使用石墨布绕包形成的，但这种结构性能不好，随着内、外半导电屏蔽层及绝缘三层同时挤出工艺的成熟，现在已经被淘汰，当选用电缆时应尽量不采用绕包型屏蔽结构电缆。半导电屏蔽层的体积电阻率一般在 10^4 $\Omega \cdot cm$ 以下，其厚度一般为 $1\sim 2$ mm，根据国家标准，10 kV 及以下电缆的外半导电层为可剥离层，35 kV 以上为不可剥离层，这种要求的主要原因是因为可剥离层的存在使电缆抗局部放电能力降低，当安装附件时,会在微小局部造成气隙。

电缆金属屏蔽层,对于中低压电缆又称铜带屏蔽,它将对电缆故障电流提供回路并提供一个稳定的地电位,铜带(丝)的截面可按故障电流大小、持续时间,以及接地为一端还是两端选定。高压电缆金属屏蔽见后续。35 kV 及以下电压等级的单芯和三芯交联电缆用钢带作为铠装层,起机械保护作用。110 kV 及以上电压等级 XLPE 电缆的铠装均采用波纹铝(铜、铅、不锈钢)护套,作为铠装和内防水护套用,因为不论是 PE 或 PVC 护套,其吸水率分别为 0.01％ 和 0.15％～1％,而金属几乎不透水,所以超高压电缆均用不透水的金属内护套。如广州供电局引进的日本生产的 110 kV XLPE绝缘电缆,采用的是波纹铝护套;石家庄供电局引进的瑞典 110 kV XLPE 绝缘电缆,采用的是波纹铜护套;济南供电局引进的澳大利亚110 kV XLPE 绝缘电缆,采用的是波纹不锈钢护套;等等。另外,在超高压电缆内护套中,还有防水带等隔水工艺,使得已进入的水分不易扩散。

中、低压交联聚乙烯的内外护套层一般采用 PVC 材料,厚度一般为 3～4 mm,内护套也有厂家使用 PE 材料,这主要是为了减少渗水,因为 PE 的吸水率小于 PVC。外护套一般使用 PVC 材料,因为 PVC 材料的防火阻燃性能比 PE 的好,这种结构的电缆已在北京地区大量采用。对于超高压的 110 kV XLPE 绝缘电缆外护套,由于有耐压要求,为了现场试验需要在 PVC 护套外层涂有一层导电石墨,电缆验收时一定要检查导电层是否完整,否则对护套的试验将没有意义。

2.1.1　常规电缆分类和结构

1.水下电缆及海缆分类和结构

以下为几例水下 XLPE 绝缘电缆结构及结构尺寸。

　　图2-3所示为单芯XLPE绝缘水底电缆结构(单层钢丝铠装)。图2-4所示为三芯XLPE绝缘水底电缆结构(单层钢丝铠装)。在特殊情况下,电缆还可采用两层钢丝铠装。

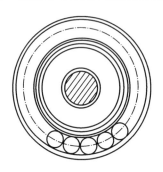

图2-3　单芯XLPE绝缘水底电缆结构

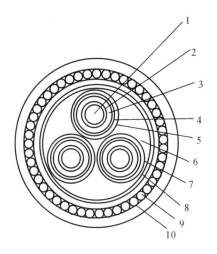

图2-4　三芯XLPE绝缘水底电缆结构

1—导体;2—导体半导电屏蔽;3—绝缘;4—绝缘半导电屏蔽;

5—金属屏蔽;6—填料;7—包扎带;8—内护套;

9—钢丝铠装;10—外护套

2. 海底电缆分类及使用领域

(1)浸渍纸包电缆,适用于不大于 45 kV 交流及不大于 400 kV 直流的线路。目前只限安装于水深 500 m 以内的水域。

(2)自容式充油电缆,适用于高达 750 kV 的直流或交流线路。由于电缆为充油式,故可以毫无困难地敷设于水深达 500 m 的海域。

(3)挤包式绝缘(交联聚乙烯绝缘、乙丙橡胶绝缘)电缆,适用于高达 200 kV 交流电压。乙丙橡胶较聚乙烯更能防止树枝现象及局部放电,使海底电缆更有效地发挥作用。

(4)"油压"管电缆,只适用于数公里长的电缆系统,因为要把极长的电缆拉进管道内,受到很大的机械性限制。

(5)充气式(压力辅助)电缆,使用浸渍纸包的充气式电缆比充油式电缆更适合于较长的海底电缆网,但由于须在深水下使用高气压操作,故此增加了设计电缆及其配件的困难,一般限于水深为 300 m 以内。

3. 海底电缆结构和陆地电缆的不同

为了使水底电缆能承受上述各种机械应力的作用,水底电缆一般采用特殊(加强)的护套结构——加强的金属护套、金属加强带和铠装钢丝(见图 2-3 和图 2-4)。

(1)导体。和普通的陆地电缆一样,采用退火铜线分层绞制后紧压而成。紧压系数为 0.85～0.93,紧压后的导线既柔软又密实,降低(在事故情况下)海水沿导线空隙渗透的可能性。

(2)绝缘。采用黏性油浸渍纸绝缘、充油纸绝缘、交联聚乙烯绝缘,绝缘厚度与陆上电缆相同。

(3)金属护套和非金属扩套。合金铅护套,厚度一般为 4 mm 左右。为了保证铅护套耐腐蚀性能和加强密封,在铅护套外一般加一层厚度为 3.5 mm 的聚乙烯护套,然后是其他结构,如钢丝铠装等。聚乙烯护套与铅护套之间涂有热溶胶,使其成为一个整体,防止聚乙烯护套损坏后海水沿夹层空隙渗透。这层聚乙烯护套还可以使铅护套耐疲劳性能提高 2～3 倍,这对敷设在深海的电缆极为重要。和陆地电缆的不同在于,每隔一段距离绝缘护套上有一段半导体,为的是使绝缘护套的感应电压不会升高到危险的值。

　　(4)金属加强带。为加强金属护套的抗应变强度,在聚乙烯护套外绕包二层耐腐蚀的金属加强带。金属加强带材料通常是合金铜、不锈钢(用于单芯交流电缆)或镀锌钢带(用于三芯交流电缆和直流电缆)。

　　(5)铠装钢丝。由于海底电缆线路途经某些地质条件差的海域,采用双层粗钢丝铠装,以提高电缆在海底的耐磨性能和抗拉性能。钢丝层外加一定厚度的聚乙烯套。为了防止感应电压,在外护套的适当位置也应制作半导体段。

　　海底电缆结构参数见表 2-1。

表 2-1　典型海缆参数(海南联网海缆)

结构层名称	绝缘标称厚度 mm	标称直径 mm	电阻系数 $\Omega \cdot mm^2 \cdot km^{-1}$	相对介电常数
油道		30		
导体	7.30	44.6	17.241	
绝缘层	28.55	102.7		3.5
铅合金套	4.40	113.3	214.00	
加强层	0.6	115.0	21.55	
防腐层	4.80	125.0		2.3
防蛀层	0.20	125.4	17.214	
铠装钢丝	2.40	130.70	17.214	
外护层	4.00	138.7		2.5

2.1.2　超导电缆分类及结构

图2-5所示为高温超导电缆结构(HTS)和液氮在电缆内的流动路径(冷绝缘形式)。图2-6所示为暖绝缘结构高温超导电缆。

两种超导电缆绝缘形式:常温和低温绝缘。常温绝缘超导电缆的绝缘是在低温区以外(见图2-6),它可以使用传统的电缆绝缘形式。低温绝缘超导电缆绝缘层(见图2-5)直接绕包在导体上,因此电缆尺寸将会更加紧凑。为了防止电缆产生的磁场对周围环境的影响,通常在外面的绝缘层上加一个屏蔽层。

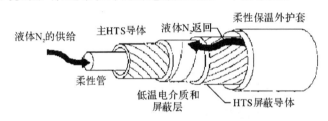

图2-5　冷绝缘高温超导电缆结构(HTS)和液氮在电缆内的流动路径

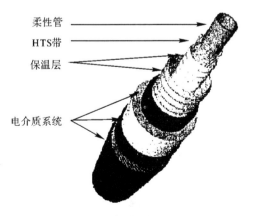

图2-6　暖绝缘结构高温超导电缆

2.1.3 柔性直流电缆结构

由于柔性直流绝缘的特殊性,绝缘设计中需要特别关注材料电导的温度特性、电场特性和空间电荷聚积与迁移性能,以及内外半导电层对空间电荷的影响等。又由于电缆系统在运行过程中仍要承受各种过电压,其暂态电场分布又类似于交流电缆,使其直流绝缘和暂态过电压绝缘配合变得更加复杂,因此直流电缆结构设计需要考虑的问题更多一些。其结构(见图 2-7)基本上和陆缆及海缆结构相似,有一些特殊的结构需要考虑。

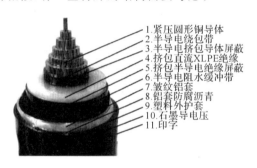

1.紧压圆形铜导体
2.半导电绕包带
3.半导电挤包导体屏蔽
4.挤包直流XLPE绝缘
5.挤包半导电绝缘屏蔽
6.半导电阻水缓冲带
7.皱纹铝套
8.铝套防腐沥青
9.塑料外护套
10.石墨导电层
11.印字

图 2-7　柔性直流电缆结构

1. 电缆的导体

直流电缆导体应采用符合 GB/T 3956 的第 2 种紧压铜导体。由于没有集肤效应问题,即使导体截面积超过 800 mm² 也无需采用分割导体结构。电缆导体可采用阻水结构,其纵向阻水性能应符合 GB/T 31489.1 中的规定;海底电缆导体应采用阻水结构,以防止用于海缆的电缆损坏后海水进入导体,其纵向阻水性能应符合 GB/T 31489.1 中的规定。

2. 导体屏蔽

导体屏蔽结构与性能和陆缆一样。

导体屏蔽电阻率应符合 GB/T 31489.1 中的规定,试验应按照

GB/T 11017.1 中附录 D 的规定进行,测试应在 90℃ 下进行,老化前和老化后导体屏蔽电阻率都应不超过 1 000 Ω·m。

导体屏蔽与绝缘层界面的微孔和突起试验应符合 GB/T 31489.1 中的规定,试验应按照 GB/T 11017.1 中附录 H 的规定进行,半导电屏蔽层与绝缘层界面应无大于 0.05 mm 的微孔;导体半导电屏蔽层与绝缘层界面应无大于 0.125 mm 进入绝缘层的突起和大于 0.125 mm 进入半导电屏蔽层的突起。

3. 绝缘层

绝缘层所用材料类型应是直流电缆用交联聚乙烯(缩写符号为 DC－XLPE)或其他改性添加的聚合物材料。

基于以下参数的计算和验证来确定绝缘厚度:

(1)导体工作温度。

(2)绝缘电导率与温度、场强的关系。

(3)绝缘层内空间电荷分布。

(4)绝缘和半导电界面空间电荷的分布。

(5)在预期的敷设条件下,绝缘层内部电场的分布。

(6)不同温度下绝缘的直流击穿和冲击击穿特性。

电缆的绝缘厚度应按照电力行业标准推荐的绝缘标称厚度,该厚度是基于导体最高工作温度为 70℃,绝缘内外温差为 20℃,绝缘电导率随温度的升高呈单调上升且 $\gamma_{70}/\gamma_{30} \leqslant 100$,在温度梯度下测试电场(10～20)kV/mm 下由于空间电荷引起绝缘层内各处电场强度的畸变率不大于 20%。

4. 绝缘屏蔽

绝缘屏蔽层的性能、状态和陆缆一致。

绝缘屏蔽电阻率应符合 GB/T 31489.1 中的规定,试验应按照 GB/T 11017.1 中附录 D 的规定进行,测试应在 90℃ 下进行,老化前和老化后绝缘屏蔽电阻率应不超过 500 Ω·m。

绝缘屏蔽与绝缘层界面的微孔和突起试验应符合 GB/T

31489.1 中的规定,试验应按照 GB/T 11017.1 中附录 H 的规定进行,绝缘半导电屏蔽层与绝缘层界面应无大于0.125 mm进入绝缘层的突起和大于 0.125 mm 进入半导电屏蔽层的突起。

5. 纵向阻水缓冲层

对于直流电缆,如果有纵向阻水要求,在金属层周围绕包纵向阻水层,其纵向阻水性能应符合 GB/T 31489.1 中陆地电缆透水试验的规定;对于直流海底电缆,在挤包的绝缘半导电屏蔽层外应有纵向阻水缓冲层,其纵向阻水性能应符合 GB/T 31489.1 中海底电缆透水试验的规定。纵向阻水缓冲层应采用半导电的阻水膨胀带绕包而成,绕包应紧密、平整,其可膨胀面应朝金属屏蔽层,厚度应能满足补偿电缆运行中热膨胀要求,同时应使绝缘半导电屏蔽层与金属屏蔽层保持电气连接。纵向阻水缓冲层材料应适合电缆的运行温度并与其相接触的其他材料相容。

6. 金属屏蔽

金属屏蔽可采用铜丝屏蔽或金属套屏蔽。当采用铜丝屏蔽时,应由同心疏绕的软铜线组成,其表面上应用铜丝或铜带反向扎紧。屏蔽铜丝的单线直径不应小于 1 mm,相邻屏蔽铜丝的平均间隙应不大于 4 mm。

金属套屏蔽主要有铅套、铝套和铜套三种。通常陆地电缆采用铝套,海底电缆采用铅套或铜套。作为径向防水层,要求金属套有良好的机械性能和防腐蚀性能;作为故障电流的通道,要求满足短路容量的要求。其中铅套和铝套在国内行业标准中有具体要求,铜套只有在国外企业有应用。

(1)铅套。铅套应采用符合JB/T 5268.2 规定的铅合金,也可采用与此性能相当或较优的铅合金,铅套应为松紧适当的无缝铅管。

(2)铝套。铝套应采用纯度不小于 99.6％的铝或铝合金制造,铝带伸长率应不小于 16％。铝套可采用皱纹铝套或平铝套。

7. 外护套

外护套用于保护电缆金属屏蔽,目前有两种类型外护套:

(1)以聚氯乙烯(PVC)为基材的 ST2。

(2)以聚乙烯(PE)为基材的 ST7。

护套类型的选择取决于电缆的设计和运行时的机械、热性能和阻燃性能的要求。

非金属外护套应有良好的防腐蚀、防蚁、防潮性能。

外护套如需增加"退灭虫"(Termigon)或"退敌虫"防蚁护层,须采用双层护套结构,其中内层护套应采用高密度 PE(HDPE)护套料,外层护套应采用"退灭虫"(Termigon)或"退敌虫"防蚁护套料。电缆的防蚁性能应满足 GB/T 2951.38 中蚁巢法达到 1 级蛀蚀等级。

表 2-2～表 2-4 分别为国外几种电缆结构尺寸。

表 2-2　某公司 110 kV 700 mm² 铜芯电缆结构尺寸

序 号	项　　目	规　格
1	压紧圆形铜绞线导体截面面积/mm²	700
2	内屏蔽层厚度/mm	0.8
3	绝缘层厚度/mm	18.6
4	外屏蔽层厚度/mm	0.8
5	金属屏蔽层厚度/mm	0.1
6	波纹铝护套层厚度/mm	2.2
7	PVC 外护套厚度/mm	4.3
8	电缆总外径/mm	101
9	单位电缆质量/(kg·m⁻¹)	142

表 2-3　日本 Showa 110 kV 400 mm² XLPE 铜芯电缆结构尺寸

序 号	项　　目	要 求 值	实 测 值
1	紧压导体直径/mm	24.1	24.1
2	内屏蔽层厚度/mm	1.6	1.59
3	绝缘层厚度/mm	19.36(max)	19.90
		17.6(min)	19.50
4	波纹铝护套厚度/mm	＞1.98	2.33
5	电缆外径/mm	97	97.1

表 2-4　苏联 110 kV XLPE 电缆结构尺寸

结　构	标称截面面积 350 mm²		标称截面面积 625 mm²	
	标称厚度/mm	直径/mm	标称厚度/mm	直径/mm
铝导电线芯		21.1		31.4
内屏蔽层	1.15	22.3	1.15	32.6
防发射层	0.45	22.7	0.45	33.0
绝缘层	19.4	42.1	22.8	55.8
外屏蔽层	1.25	43.4	1.25	57.1
铜带屏蔽层	0.25	43.6	0.25	57.3
外护套	2.8	46.4	2.8	60.1

　　表 2-5 和表 2-6 分别为国产中低压、高压 XLPE 绝缘电缆型号及应用场合。

表 2 - 5　国产中低压 XLPE 绝缘电缆型号及应用场合

型　　号	电缆名称	应用场合
YJLV (YJV)	铝(铜)芯 XLPE 绝缘 PVC 护套电力电缆	敷设在室内、隧道、管道中，也允许在土壤中直埋，不能承受机械外力作用，但可经受一定的敷设牵引力
YJLVF (YJVF)	铝(铜)芯 XLPE 绝缘分相 PVC 护套电力电缆	敷设在室内、隧道、管道中，也允许在土壤中直埋，不能承受机械外力作用，但可经受一定的敷设牵引力
YJLV$_{20}$ (YJV$_{20}$)	铝(铜)芯 XLPE 绝缘 PVC 护套裸钢带铠装电力电缆	敷设在室内、隧道、管道中，电缆能承受机械外力作用，但不能承受大的拉力
YJLV$_{29}$ (YJV$_{29}$)	铝(铜)芯 XLPE 绝缘 PVC 护套内钢带铠装电力电缆	敷设在地下，电缆能承受机械外力作用，但不能承受大的拉力
YJLV$_{30}$ (YJV$_{30}$)	铝(铜)芯 XLPE 绝缘 PVC 护套裸细钢丝铠装电力电缆	敷设在室内、隧道及矿井内，电缆能承受机械外力作用，并能承受相当的拉力
YJLV$_{39}$ (YJV$_{39}$)	铝(铜)芯 XLPE 绝缘 PVC 护套内细钢丝铠装电力电缆	敷设在水中或具有落差较大的土壤中，电缆能承受相当的拉力
YJLV$_{50}$ (YJV$_{50}$)	铝(铜)芯 XLPE 绝缘 PVC 护套裸粗钢丝铠装电力电缆	敷设在室内、隧道和矿井中，电缆能承受机械外力作用，并能承受较大拉力
YJLV$_{59}$ (YJV$_{59}$)	铝(铜)芯 XLPE 绝缘 PVC 护套内粗钢丝铠装电力电缆	敷设在水中，电缆能承受较大的拉力

表 2 - 6　国产高压 XLPE 绝缘电缆型号及应用场合

型　号	电缆名称	应用场合
YJLV（YJV）	铝（铜）芯 XLPE 绝缘 PVC 护套电力电缆	电缆可敷设在隧道或管道中,电缆不能承受拉力和压力
YJLY（YJY）	铝（铜）芯 XLPE 绝缘 PE 护套电力电缆	电缆可敷设在隧道或管道中,电缆不能承受拉力和压力,电缆防潮性较好
YJLLW$_{02}$（YJLW$_{02}$）	铝（铜）芯 XLPE 绝缘皱纹铝包防水层 PVC 护套电力电缆	电缆可敷设在隧道或管道中,电缆不能承受拉力,电缆可在潮湿环境及地下水位较高的地方使用,并能承受一定压力
YJLQ$_{02}$（YJQ$_{02}$）	铝（铜）芯 XLPE 绝缘铅包 PVC 护套电力电缆	电缆可敷设在隧道或管道中,电缆不能承受拉力和压力
YJLQ$_{11}$（YJQ$_{11}$）	铝（铜）芯 XLPE 绝缘铅包粗钢丝铠装纤维外被电力电缆	电缆可承受一定拉力,用于水底敷设

2.2　电缆导体材料

　　XLPE 绝缘电缆的结构设计是依据有关技术参数首先通过最高允许工作温度确定合适的载流截面、内半导电屏蔽以及高压电缆的防发射屏蔽等来确定的。对于中、低压 XLPE 绝缘电缆,载流截面确定后就可进行结构设计,而高压电缆还须确定其他相关因素,如线芯截面与经济电流密度、绝缘材料允许工作温度、绝缘结构形式等。如果不认真对待会影响电缆绝缘寿命及机械性能等。

2.2.1　线芯材料的性能

（1）铜是电缆线芯常用的一种优良导体，其性能见表 2 - 7。它有电导系数大、机械强度高、加工容易、耐腐蚀等优点。

表 2 - 7　铜的物理性能

密度/(g · cm^{-3})	8.9
线膨胀系数/℃$^{-1}$	16.6×10^{-6}(20～100℃)
比热容/(J · kg^{-1} · ℃$^{-1}$)	414(20℃),396(100℃)
熔解热/(J · kg^{-1})	2.125×10^{-5}
熔点/℃	1 084.5
沸点/℃	2 310

20℃时，纯铜的电阻率 ρ_{Cu} = 1.748 0×10^{-8} Ω · m（电导率 γ_{Cu} = 58.02×10^6 S/m），铜的电阻温度系数 α_{Cu} = 0.003 93℃$^{-1}$，是仅次于银（γ_{Ag} = 61.65×10^6 S/m）的良导体。铜中杂质含量对铜的电导率影响很大。根据国家标准 GB468 规定，导线用压延线材和铜棒的铜锭应符合 GB466 的一号或二号铜的规定，见表 2 - 8。

表 2 - 8　一号铜和二号铜的化学成分　　单位：(%)

铜品号	代号	纯度	杂质含量不大于					
			铋	锑	砷	铁	镍	铅
一号铜	Cu - 1	99.95	0.002	0.002	0.002	0.005	0.002	0.005
二号铜	Cu - 2	99.90	0.002	0.002	0.002	0.005	0.002	0.005

铜品号	代号	纯度	杂质含量不大于					
			锡	硫	氧	锌	磷	总和
一号铜	Cu - 1	99.95	0.002	0.005	0.02	0.005	0.001	0.05
二号铜	Cu - 2	99.90	0.002	0.005	0.06	0.005	0.001	0.10

　　铜锭在加工成线材过程中某些性能会有所变化。铜经过压延、拉丝、绞合、焊接等工艺后，由于金属结晶程度变化，电导率、伸长率下降，而抗张强度、屈服强度及弹性增加。为了提高冷拉铜线的电导率和柔软性，铜线需经过韧炼处理(退火)，即在不接触空气，而以氮气保护的条件下，冷铜线加热到 $500\sim700℃$，保持一段时间，然后逐渐冷却。经韧炼处理后铜线将变软，伸长率和电导率都会有所增加，但抗张强度会下降，如图 2-8 所示。

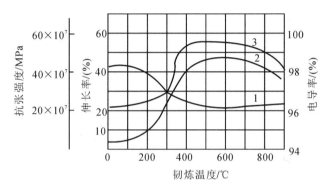

图 2-8　韧炼温度对铜性能的影响
1—抗张强度；2—伸长率；3—电导率

　　根据 JB647 的规定，用于制造电缆线芯铜线的电气、机械性能应满足表 2-9 的要求。

　　(2)铝是电力电缆导体常用的金属材料之一，由于资源丰富，价格较铜低，越来越多的铝被用来替代铜作为导线。

　　化学纯铝的电阻率 $\rho_{Al}=0.028\,3\times10^{-6}$ $\Omega\cdot m$(电导率 $\gamma_{Al}=38.02\times10^{6}$ S/m)，电阻温度系数 $\alpha_{Al}=0.004\,031℃^{-1}$，不同性能的铝材，其参数有所不同，见表 2-10。

　　导体、护套用压延线材和铝杆的铝锭应符合 YB813 规定，不应低于 GB1196 中一号铝和特一号铝(护套用)的规定，见表

2-11。

表2-9　TR型圆铜线的抗张强度、伸长率及电阻率

单线直径/mm	抗张强度/Pa	伸长率/(%)	电阻率/(Ω·m)(20℃)
0.020~0.005		>12	<0.017 48×10⁻⁶
0.060~0.100		>15	<0.017 48×10⁻⁶
0.110~0.200	>20×10⁷	>18	<0.017 48×10⁻⁶
0.210~0.700	>20×10⁷	>20	<0.017 48×10⁻⁶
0.710~1.000	>20×10⁷	>25	<0.017 48×10⁻⁶
1.01~2.00	>20×10⁷	>25	<0.017 48×10⁻⁶
2.01~3.00	>21×10⁷	>30	<0.017 48×10⁻⁶
3.01~4.00	>21×10⁷	>30	<0.017 48×10⁻⁶
4.01~5.00	>21×10⁷	>30	<0.017 48×10⁻⁶
5.01~6.00	>21×10⁷	>30	<0.017 48×10⁻⁶

表2-10　几种不同铝线的电阻率和电阻温度系数

线　材	电阻率/(Ω·m)	电阻温度系数/(℃⁻¹)
硬铝线	0.029 0×10⁻⁶	0.004 03
软铝线	0.028 3×10⁻⁶	0.004 10
铝合金线	0.032 8×10⁻⁶	0.003 60
硬铜线	0.017 9×10⁻⁶	0.003 85

表2-11　一号铝和特一号铝容许杂质含量　单位:(%)

品号	代号	含量	杂质				
			铁	硅	铁+硅	铜	杂质总和
特一号铝	Al—00	99.7	<0.14	<0.13	<0.26	<0.010	<0.30
一号铝	Al—1	99.5	<0.30	<0.22	<0.45	<0.015	<0.50

　　为了使铝线柔软性增加,用于制造电力电缆线芯的铝线,除小截面外(10 mm² 以下),一般也和铜线一样需经韧炼,不同之处在于铝线无须与空气隔绝,韧炼温度(300~350℃)较低,时间也较短而已。铝线韧炼后柔软性提高,抗张强度降低,如图 2-9 所示。

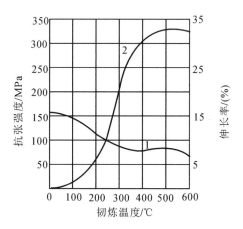

图 2-9　韧炼温度对铝性能的影响

1—抗张强度;2—伸长率

2.2.2　超导材料

　　超导电缆用导电材料是一种特殊的金属氧化物。根据不同的超导材料,超导电缆可分为低温超导(LTS)和高温超导(HTS)电缆。LTS 的导体采用低温超导线材,通常是铌钛/铜合金或铌锡/铜合金导体。由于铌钛超导体的临界温度为 9.5 K,铌锡超导体的临界温度大于 18.1 K 或更多,所以 LTS 电缆需要运行在液氦温区。高温超导电缆的导体主要是由 BSSCO 氧化物超导材料组成的,它的临界温度约为 110 K,可在液氮中运行,它的冷却系统是非常简单的。

　　超导体材料的导热系数 k 和电阻率 ρ 的乘积满足威德曼-弗

朗茨法,即

$$k\rho = L_0 T \qquad (2-1)$$

式中,T 为温度;L_0 为洛伦兹常数,对于电子散射的情况,$L_0 = 2.45 \times 10^{-8} (A^2 \cdot \Omega^2 \cdot K^{-2})$。

由高电导率材料所产生的焦耳热量虽小,但其热导率较高。实际材料洛伦兹常数是和材料特性(如纯度和温度)相关的。

选择大截面的电流引下线可减少焦耳热,但同时也增加了热从室温传导到液态氮的过程,较长的引下线可减少传导热量,但同时增加了焦耳热,实际上归结到电流引下线结构优化问题(见图 2-10)。运行电流和引下线长度的乘积与引下线截面积之比取决于材料的传热性和导电性,并和热端温度有关,即

$$\left(\frac{LI}{A}\right)_{\text{opt}} = \frac{k}{L_0^{0.5}} \arccos\left(\frac{T_L}{T_H}\right) \qquad (2-2)$$

式中,T_L 和 T_H 分别是冷端和热端温度。以目前的单位向下具有最佳形状因子的电流引下线的电流热负荷可以表示为

$$\left(\frac{Q}{I}\right) = \sqrt{L_0(T_H^2 - T_L^2)} \qquad (2-3)$$

高电导率铜的平均洛伦兹参数 L_{Cu} 等于$(2 \times 10^{-8})A^2 \cdot \Omega^2 / K^2$,比理论值低。如果冷端和热端温度为 77 K 和 330 K,则热负荷为 45 W/kA。由于铝的德拜温度是 385 K,它比铜的 310 K 略高,因此,在相同的温度范围内,铝的 L 值要比铜小。据资料显示,在 100 K 时,$L_{Al} = 11.1$ nW$^2 \cdot \Omega^2/K^2$,但 $L_{Cu} = 17$ nW$^2 \cdot \Omega^2/K^2$。可通过公式看出,铝电流引下线的热负荷比铜少。

目前,高温超导电缆导体是在银管上缠绕 Bi2223 带构成的,Bi2223 带的适用大小是$(0.2\sim0.3) \times (4\sim5)$ mm^2,其临界电流达 $90\sim140$ A(77 K),单根长度可达几百米至一千米。超导电缆的电流比较大,一般可达千安量级。因此,使用 Bi2223 带作为高温超导电缆的导体时,就必须使用多根 Bi2223 带并联运行的方式。

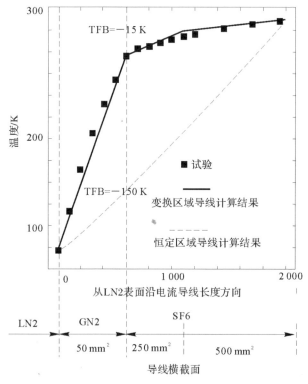

图 2 - 10　电流引下线的温度分布

　　为了避免超导带材的性能在低温下因冷收缩引起的拉应变和因弯曲引起的弯曲应变而退化,通常在骨架上以一定的螺旋角度将带材绕成螺旋结构。在设计上,螺旋角度的选择还要兼顾超导带材间电流均匀分布的要求。在电缆导电层设计上,要尽可能降低电缆的轴向磁场,以防止由此导致的超导带材临界电流的降低。

　　对于电力应用的交流超导输电电缆,虽然导电层超导带在正常运行时电阻可视为零,没有焦耳热损耗,但是超导电缆在运行时仍然会产生损耗。例如,在传输交流电流时将产生交流损耗,电缆终端的电流引线有热传导与焦耳热损耗,超导带材与电流引线焊接点电阻也会产生热损耗。此外,电缆的热绝缘不可避免会有热泄漏,电绝缘在通电运行过程中也将产生介质损耗以及低温冷却装置的功率损耗等。对大容量的超导电缆,总的热损耗大约仅为同容量常规电缆总损耗的一半。尽管如此,在设计超导电缆时还要采取相应措施,尽可能降低热损耗。例如,改善超导带材与电流引线焊接工艺和焊接材料以减少焊接点的电阻,调节电缆各导电层的电感,使导电层电流分布均匀,以便有效地降低交流损耗,以及改进电缆低温恒温管的热绝缘和真空度等。

2.2.3　铝、铜线的经济比较

在铝、铜传送功率相同的条件下,输电距离、线路损失相等时,铜和铝的电阻 $R_{Cu}=\rho_{Cu}l/A_{Cu}$, $R_{Al}=\rho_{Al}l/A_{Al}$(A_{Cu} 和 A_{Al} 为截面面积,l 为传送长度,ρ_{Cu} 和 ρ_{Al} 为电阻率),由于功率相同,则线路的电流相同。从而可知,必须 $R_{Cu}=R_{Al}$。而铜和铝的体积比为

$$\frac{V_{Cu}}{V_{Al}}=\frac{A_{Cu}l}{A_{Al}l}=\frac{\rho_{Cu}}{\rho_{Al}}=\frac{0.017\ 48\times10^{-6}}{0.028\ 3\times10^{-6}}=0.618 \qquad (2-4)$$

从已知铝和铜的密度 $\gamma_{Cu}=8.9\ \mathrm{g/cm^3}$, $\gamma_{Al}=2.7\ \mathrm{g/cm^3}$ 推知,铜和铝的质量比为

$$\frac{G_{Cu}}{G_{Al}}=\frac{A_{Cu}l\gamma_{Cu}}{A_{Al}l\gamma_{Al}}=\frac{\rho_{Cu}}{\rho_{Al}}\frac{\gamma_{Cu}}{\gamma_{Al}}=0.618\times\frac{8.9}{2.7}=2.03 \qquad (2-5)$$

铜线芯面积只占铝的 0.618 倍,反过来铝导体面积比铜导体大 38.2%,由此铝导体直径比铜大 21.5%。铜与铝的质量比接近 2∶1。由于铜为贵金属,价格比铝高,从而铜导线的价格高于铝导线。换言之,如果铝的价格不超过铜价格的一倍,再加上计算由于线芯直径增加,而引起绝缘材料和护层材料用量上的增加,采用铝作为导体较之用铜经济。

2.2.4　导体对外层结构的影响

在电力电缆中,铜对绝缘老化常起着不良影响。铜在 XLPE
工作温度与绝缘作用下,常发生铜离子扩散到 XLPE 中去而引发
出水树枝和电树枝的现象。对发生水树枝的 XLPE 绝缘电缆进
行放射化学分析后,发现在水树枝区域内铜离子含量较高,见表
2-12。为了防止这种现象发生,现在电缆一般都设计有内半导电
屏蔽,使屏蔽层中和一部分扩散出来的铜离子。另外,对于直埋,
护套中的硫化剂,通过护层和绝缘扩散到铜导体表面,对引起电化
学树枝也有一定的促进作用。

表 2-12　铜离子在绝缘不同区域的含量

电缆类别		含铜量/($\times 10^{-6}$)
老化电缆绝缘	水树枝区 外层	13.0
	水树枝区 中层	45.8
	水树枝区 内层	26.9
	非水树枝区 外层	4.5
	非水树枝区 中层	9.5
	非水树枝区 内层	22.7
正常电缆绝缘	外层	0.06
	中层	0.9
	内层	1.07

在铜和铝过渡接头中由于铜有 +0.334 V 的电极电位,铝有
-1.33 V 的电极电位,在铜和铝接触面上会形成一个电位差,一
旦受潮即产生电化腐蚀,因此在运行中除过渡处应避免受潮。

2.2.5 导体结构

交联聚乙烯电缆采用多芯圆绞线。这样的绞线有以下优点。

(1)电场较扇形导体电场均匀,对电缆提高电压等级有利。

(2)增加导体的柔软性或可曲度,由多根导线绞合的线芯柔性好,可曲度较大。

单根金属导体沿半径弯曲时,其中心线圆外部必然伸长,而其圆内部分缩短。多根导体时,导线之间可滑动,同时绞合圆线芯中心线内外两部分可以互相移动补偿,弯曲时不会引起导线的塑性变形,使线芯的柔软性和稳定性大大提高。电缆的可曲性大约和绞线数目的平方根成正比,绞线愈多,弯曲愈易,但是电缆的可曲性同时也受到外面保护层的限制。因此,在制造不同标称截面的导体时,都规定了一定的绞线股数。且为了防止扭歪现象,各层扭绞的方向是左右相反的,这样可以使每层导线都有固定位置,不易散开。当受弯曲时,每层导线的伸长程度也相同。常见圆形线芯排列方式如图2-11所示。线芯中单线根数一般可用下式表示:

$$K = 1 + 6 + 12 + \cdots + 6n \quad (n = 1, 2, 3, \cdots)$$

导电线芯的大小是按横截面积来计算的,以 mm^2 作单位。各国规定的线芯截面标准不同。我国目前规定中低压电缆线芯截面规格有 2.5,4,6,10,16,25,35,50,70,95,120,150,185,240,300,400,500,630,800 等,高压 XLPE 绝缘电缆,现在常用的线芯截面规格有 300,400,630,1 000 等几种,铜和铝导体截面均按上述规格生产。

XLPE 绝缘电缆所用导线一般为紧压型线芯(见表2-13)。

表 2 - 13 各国 XLPE 绝缘电缆

名　称	导体结构	标称截面系列/mm²,							
		16	25	35	50	70	95	120	150
IEC	铜或铝绞线		6.75	7.65	8.9	10.7	12.6	14.21	15.8
中国			6.4	7.5	9.0	10.7	12.5	14.0	15.8
cables de	铜绞线		6.4	7.6	8.9	10.7	12.6		15.8
lyon	铝绞线		6.42	7.65	8.9	10.7	12.6		15.8
8.3.5467	铜绞线		6.42	7.05	8.9	10.7	12.6	14.21	15.8
Sieverts	实芯铝导体		5.6	6.6	7.7	9.2	10.8	12.2	13.5
	铜绞线	4.8	6.0	7.0	8.4	10.0	11.0	13	14.6
	铝绞线	4.8	5.9	7.0	8.1	10.0	11.6	13	14.6
NKP	铜绞线					10.6	12.6		15.7
	铝绞线		5.9	6.9	8.1	9.7	11.4	12.8	14.2
VDE 0273	实芯铝导体					10.8			13.4
	铜绞线		5.9	7.0	8.2	9.9	11.5	13	14.5
	铝绞线		5.9	7.0	8.2	9.9	11.5	13	14.5
JIS C3606		标称截面系列/mm²,							
	非紧压芯	8	14	22	30	60	10	150	200
	紧压芯	3.6	4.8	6.0	7.8	10	13	16.1	18.2
		3.4	4.4	5.5	7.3	9.3	12	14.7	17
美国		标称截面系列/mm²,							
	铜铝紧压芯	8.4	21.2	42.4	53.5	107.2	127	177	203
		3.4	5.4	7.6	6.5	12.1	13.2	15.7	16.7

线芯紧压系数对比

导体外径/mm									紧压系数	备注
185	240	300	400	500	630	800	1 000	1 200		
17.6	20.8	22.7	25.9	29.15	2.8	37.1	41.6		0.69～0.77	非紧压芯
17.5	19.9	22.4	25.9	29					0.73～0.77	非紧压芯
	20.3	22.7	25.6	28.8	32.8	37	41.6		0.73～0.77	非紧压芯
	20.3	22.7	25.6	28.8	32.8	37	41.6		0.73～0.77	非紧压芯
17.6	20.3	22.7	25.7	28.8	32.8	37.1	41.6			
15.1	17.3	19.4	22.5	25.2	28.3	31.7	35.6		1	实　芯
16.2	18.4	20.6	23.8	26.6	30				0.84～0.89	紧压芯
16.2	18.4	20.6	23.8	26.6	29.9	34	38.2	42	0.84～0.90	紧压芯
	20.2		25.5		32.7				0.73～0.74	非紧压芯
16	18.3	20.4	23.2	26.2	29.8				0.88～0.9	紧压芯
	17.3		21.9		27.9				1	实　芯
16.1	18.6	20.6	23.8	26.6		35.4			0.84～0.9	紧压芯
16.1	18.6	20.6	23.8	26.6					0.84～0.9	紧压芯

导体外径/mm									0.73～0.8	非紧压芯
250	305	400	500	600	800	1 000			0.88～0.93	紧压芯
20.7	23.4	26.1	28.6	31.9	36.4	41.6				
19	21.7	24.1	26.9	29.5	34	38				

导体外径/mm										
253	279	329	355	405	456	507				
18.3	19.7	21.5	22.3	23.8	25.1	26.9			0.69～0.94	紧压芯

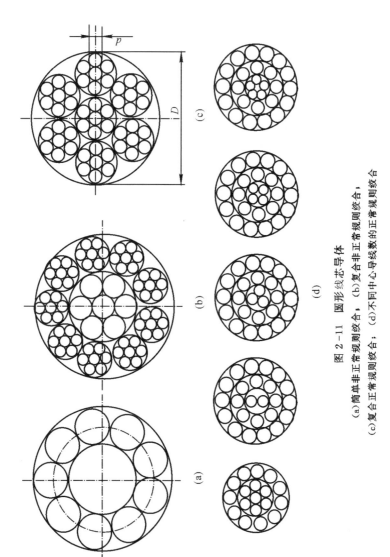

图 2-11　圆形线芯导体

(a)简单非正常规则绞合，　(b)复合非正常规则绞合，
(c)复合正常规则绞合；　(d)不同中心导线数的正常规则绞合

　　为了缩小导体的外形尺寸,导线在绞合后还须经过轧轮紧压,以减小线间的空隙。由于这些空隙的存在,导体的标称截面要比由它的外圆所包含的面积为小,这两个面积比为紧压系数。通常的非紧压型导体的紧压系数为 0.73~0.77,而紧压型线芯的紧压系数为 0.88~0.93。

　　导体的紧压系数大小是决定 XLPE 绝缘电缆品质的关键因素之一。一些交联电缆发展较快的国家,均采用紧压线芯或实心线芯。采用紧压线芯可防止水分扩散,而导体内水分是造成电缆水树枝和击穿的根源之一,并将严重影响电缆的寿命。欧洲几个较发达国家的公司如瑞典的 ASEA 和 Sieverts 公司,德国的 VDE 公司,荷兰的 NEF 公司均采用较高紧压系数,同时也有非紧压芯标准,以适应其他各种电力电缆用。IEC 为了适应各国情况,故未对紧压线芯作特别规定,我国也未对交联电缆用紧压线芯作规定,这是不利于发展和使用交联聚乙烯电缆的。在日本和美国均规定了紧压和不紧压结构。日本 JIS C3606 和美国 IPCEA 的导体结构,其紧压系数可高达 0.93 和 0.94,极大地阻止了水分沿纵向进入导体内部的可能性,见表 2-13。

　　为了减少电缆的交流电阻和改善集肤效应的影响,大截面电缆导体结构应采用分割导体(图 2-12 所示为 6 分割导体结构,图 2-13 所示为 5 分割导体结构,图 2-14 所示为实际 5 分割导体结构)。

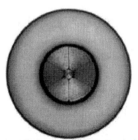

图 2-12　6 分割导体电缆结构

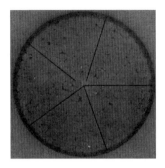 

图 2-13　5 分割导体结构　　　　图 2-14　实际 5 分割导体电缆结构

2.3　电缆绝缘材料

2.3.1　绝缘料的净化和混合

XLPE 绝缘料是由聚乙烯树脂、交联剂以及防老剂等组成的混合物,要求各项成分洁净,不含导电及有害杂质,并要求混合均匀且分散良好。混合不均、分散不良的混合料会加速局部老化和增大吸水性。防老剂分散不均也会导致电性能下降,如图2-15和图 2-16 所示。

绝缘料的杂质有外来和自生两种。外来杂质含有少量混入的金属粉末、纤维细毛及其他导电杂质。自生杂质有焦烧的 PE 树脂(色深黄,称作"火珀")和析出的防老剂"结花"(Bloom)。导电杂质能导致局部电场强度急剧升高。仅从电性能考虑,必须把杂质(及空隙)的大小限制在工作电压下不会导致局部放电的范围以内。假定杂质是一个悬浮在绝缘料中的椭圆体,当电缆的平均场强是 9.3 kV/mm,椭圆的

长短轴比是 10∶1 时,椭圆尖端的最高电场强度将升至 193 kV/mm,
是平均电场强度的 50 倍。导电杂质的危害性不仅与颗粒大小有关,
还与杂质的形状和在电场中的取向有关。但极微细的杂质,其形状和
取向对电场强度的影响都不太大,因为它的影响面积和高场强的能量
都很微小,对绝缘、介质强度没有明显影响。

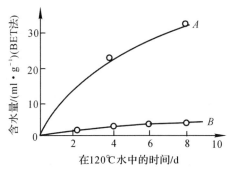

图 2 - 15　不同分散性 XLPE 试样的吸水性

A—分散性不良；B—分散性良好

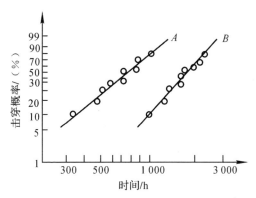

图 2 - 16　电气强度与防老剂的分散性

A—分散性不良；B—分散性良好

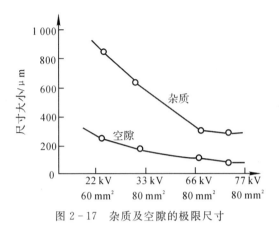

图 2 - 17　杂质及空隙的极限尺寸

由计算得到杂质及空隙的极限尺寸如图 2 - 17 所示。

自从发现水树现象以后,上述有关杂质和空隙的设计判断就暴露出不足之处,特别对 35 kV 以上的绝缘更为明显。为防止和减少水树现象,35 kV 以上的电缆最好用干法交联和洁净(或超净)的 PE 材料。

为了防止混合物分散不均和混入外来杂质,生产工厂必须采用一种专用的密闭材料处理系统,配料、混合、挤出必须限于这个密闭系统内。当前普遍使用的挤出混炼造粒法如图2-18所示。

当前,交联聚乙烯绝缘电缆的生产方法有三种连续硫化类型:CCV,悬链连续硫化;VCV,立式连续硫化(见图 2 - 19);MDCV,通常被称为 Mitsubishi Dainichi 连续硫化,也就是长承模连续硫化。从电缆绝缘层均匀度来说,MDCV＞VCV＞CCV。

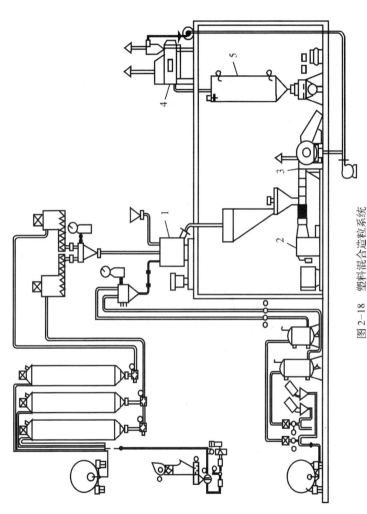

图 2-18　塑料混合造粒系统

1—涡轮高速预混机；2—双螺杆混合机；3—气体抽出口；4—粒料冷却器；5—中间粒料罐

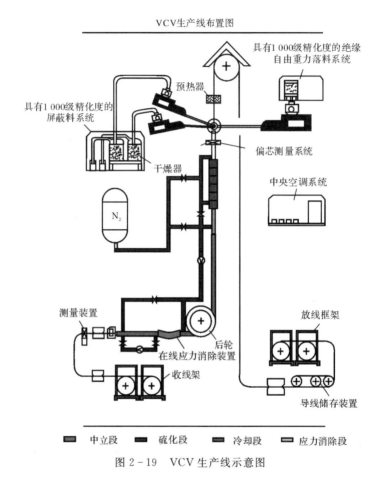

图 2-19　VCV 生产线示意图

　　由于专利的原因,中国并没有 MDCV 生产线,但约有 46 条 VCV 生产线。VCV 生产工艺要求是:管道硫化温度为 300～400℃,管道压力为 1 MPa,加热段是 60 m,冷却段是 80～100 m。这样的设计优点在于,压力可以促进在交联工艺中气体的释放,而释放出的气体并非留在熔融聚合物中,避免了微气隙的存在。因此,在电缆离开硫化管前,必须保持压力。同时,生产出来的电缆必须进行脱气处理,否则对电缆的长期运行有影响,脱气工艺要求的温度和时间见表 2-14。在电缆离开管道后,在常压下它是用流水来冷却的,高压电缆的冷却一般使用气体。冷却必须从交联温度到略高于室温逐步减少,迅速冷却会形成绝缘料的应力。交联过程时绝缘料中将产生副产品(见表 2-15),这些副产品会影响电缆的绝缘性能,副产品气体的压力会导致电缆附件变形和位移,损耗增加,还可能导致在安装后电缆绝缘回缩。此外,脱气气体可以使电缆的损耗降低三个数量级。

表 2-14　脱气时间和电缆电压等级关系

电缆电压等级/kV	脱气时间/d
33	3
132	15
275	24

表 2-15　交联过程中的副产品

副产品	沸点/℃	熔点/℃
甲烷	-162	
苯乙酮	202	19~20
异丙苯醇	215~220	28~32

　　去气是为了减少绝缘内交联副产物所带来的影响,其方法是,将电缆加热处理一定时间,去除残余的、易挥发的交联副产物。去气的时间和温度与去气效果有着直接的关系,虽然在前期通过热失重法对不同绝缘厚度的试样在烘箱中的去气时间和温度的关系进行过测试,但对于大长度绝缘线芯的去气时间和温度,则需要通过脱气完成后试验确定。

2.3.2 XLPE 材料性能

1. XLPE 材料化学性能

交联聚乙烯是在聚乙烯基础上发展起来的新型高分子绝缘材料。它的分子通过采用交联法,即利用化学或物理方法,将聚乙烯的分子结构从直链状变为三度空间的网状结构。

物理交联方式是用高能粒子射线照射聚乙烯,使聚乙烯相互结合成三度空间网状结构的交联聚乙烯。其交联过程如图 2-20 所示。目前常用的交联聚乙烯架空绝缘线,即是用这种方法生产的。

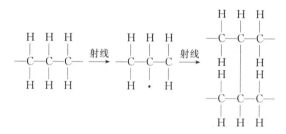

图 2-20　物理交联过程

化学方法是在聚乙烯料中混入化学交联剂,在化学反应中,使独立的聚乙烯分子通过新的分子组合而成为交联聚乙烯。其交联过程如图 2-21 所示。

聚乙烯经过交联后,其机械、耐热、抗蠕变以及抗环境开裂性能大大提高,见表 2-16。从表中可看出,交联聚乙烯的上述性能要比聚乙烯优越,同时它还基本保持了聚乙烯的电气性能。交联的存在使交联聚乙烯不像 PE 那样能够熔化,只有当温度超过 300℃ 时,经过长时间作用后才能够分解和炭化。

图 2-22 所示为聚氯乙烯(PVC)、聚乙烯(PE)、交联聚乙烯(XLPE)的耐热特性。

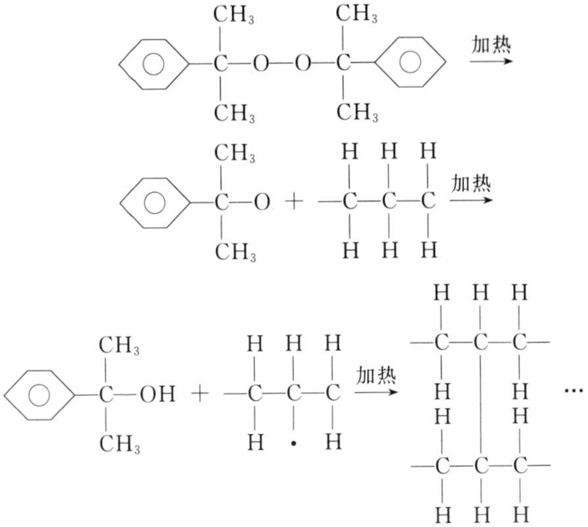

图 2-21　化学交联过程

表 2-16　交联聚乙烯与聚乙烯性能对比

性能项目	聚乙烯	交联聚乙烯
体积电阻率/(Ω·cm)	3×10^{15}	5×10^{-14}
介质损耗角正切	0.000 2	0.000 6
相对介电常数	2.11	2.11
击穿强度/(kV·mm^{-1})	43.6	37.8
抗张强度/Pa	130×10^5	176×10^5
在 10% 盐酸 70℃浸 7 d 后	78×10^5	82×10^5
在苯溶液 70℃浸 7 d 后	溶	33×10^5
伸长率	600%	526%
在 10% 盐酸 70℃浸 7 d 后	37%	83%
在苯溶液 70℃浸 7 d 后	碎	94%

续　表

性能项目	聚乙烯	交联聚乙烯
在 50℃ 二甲苯中应力开裂时间/h	1～5	7 500
耐热老化性能	在 110℃ 以上完全熔融	在 150℃ 下浸 14 d，机械性能基本不变
耐热变形性能	在 110℃ 加 5 N 负荷，完全压出，变形率达 95%	在 120℃ 下加 5 N 负荷，变形率达 30%～40%

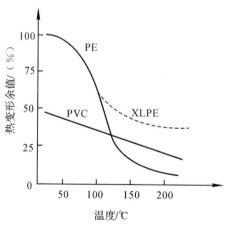

图 2-22　PVC,PE,XLPE 的耐热特性

2. 绝缘材料的物理性能

各种绝缘材料的物理性能见表 2-17～表 2-19 和图 2-23。

表 2 - 17　各种绝缘材料的物理性能

材　料	常用符号	抗拉强度 $\times 10^2$ kPa	伸张度 （%）	密度 g·cm^{-3}	抗磨性	抗切割性
聚氯乙烯	PVC	168	260	1.2~1.5	差	差
聚乙烯	PE	98	300	0.92	差	差
交联聚乙烯	XLPE	210	120	1.2	适中	适中
聚四氯乙烯	PTFE	210	150	2.15	适中	适中
聚全氟乙丙烯	FEP	210	150	2.15	差	差
ETFE	Tefzel (ETFE)	420	150	1.7	好	好
氯丁（二烯）橡胶	Kynar	497	300	1.76	好	好
硅胶	Silica	56~126	100~800	1.15~1.38	适中	差
氯丁橡胶	Neoprene	10.5~280	60~700	1.23	好	好
丁基橡胶	Butyl	49~105	500~700	0.92	适中	适中
EPDM	EPDM	84~119	300	0.86~0.87	适中	适中
橡胶碳氧化合物	Viton	168	350	1.4~1.95	适中	适中
聚氨酯	Urethane	350~560	100~600	1.24~1.26	好	好
聚酰亚胺	Nylon	280~490	300~600	1.1	好	好
薄膜	Kapton	1 260	707	1.42	优	优
聚酯薄膜	Mylar	910	185	1.39	优	优
Polyakene		140~490	200~300	1.76	好	好

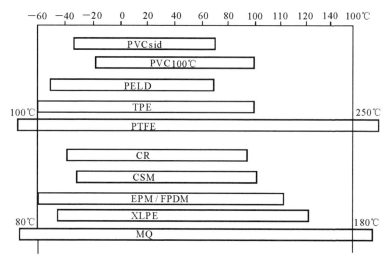

图 2-23　电缆绝缘常用聚合物耐热性能图

PVC sid —标准聚氯乙烯；PVC 100℃—100℃耐高温聚氯乙烯；

PE-LD —低密度聚乙烯；TPE —热弹性体；PTFE —聚四氟乙烯；

CR —氯丁胶(护套用)；CSM —氯磺化聚乙烯(护套用)；

EPM/EPDM —乙丙胶/三元乙丙胶；XLPE —交联聚乙烯；MQ —硅橡胶

表 2-18　聚合物绝缘工作温度比较表

绝　　　缘	持续工作温度/℃	最高短路温度/℃
油纸(PI)	65～80	160～230
聚乙烯(PE)	70	130
聚氯乙烯(PVC)	70	150～160
交联聚乙烯(XLPE)	90	250
乙丙橡胶(EPR)	90	280

　　从电热特性看(见表 2-19)，XLPE 及 EPM 也是最优越的。PVC 介损太高，不宜用于高电压系统，PVC 的热阻也高，影响电

缆散热。

表 2 - 19　聚合物绝缘材料电热特性比较表

绝缘材料	PVC	PE	XLPE	EPM	PI
密度/(g·cm^{-3})	1.4	0.9	0.9	1.2	0.9
热阻系数/(×10^{-2}℃)	600	350	350	500	600
体积电阻/(Ω·cm)	>10^{18}	>10^{15}	>10^{15}	>10^{18}	>10^{12}
介损 tanδ/(%)	0.1	0.001	0.001	0.015	0.01
介电常数 ε	8.0	2.3	2.5	3.0	4.0

　　作为电缆绝缘,当前用得比较广的材料有交联聚乙烯和乙丙胶,尤其是交联聚乙烯最有发展前途。PVC 绝缘,当前在 1～6 kV 电力电缆及其他低压电线中还在使用。由于 PVC 热电性能差,在相同载流量下,与 XLPE 相比,PVC 绝缘电力电缆的导电芯截面必须增大。如用于 1 kV 电力电缆中,导电芯截面要增大15%～20%,用于 6 kV 时则要增大 20%～30%。可以预料,除用于低压阻燃等特殊场合外,PVC 绝缘电力电缆将来总要被 XLPE 绝缘电力电缆代替。输送同样电能情况下,XLPE 电力电缆的制造成本比其他几种常用电力电缆可节约 20%～30%。在我国电力电缆现代化生产中,必须给以积极推广。

　　当前其他各种聚合物绝缘材料如热弹性胶(TPE)的价格较高,而氟塑料(PTFE)及硅橡胶(MQ)只有要求耐高温绝缘时才可以采用。本章主要介绍 XLPE 绝缘电力电缆的设计及生产情况。

　　乙丙胶绝缘电缆在耐火、阻燃和耐原子能辐照等特殊作用电缆中得到了广泛应用。乙丙胶绝缘也经常用于 35 kV 的过江、跨海等大长度水下电缆。它比 XLPE 绝缘电缆有较好的柔软性及水树防止特性。

　　PVC 绝缘电缆阻燃性较好,在 1 kV 以下的低压电缆、多芯控制电缆及室内布线等方面还被广泛采用。

　　当前 500 kV 以上的超高压聚合物绝缘电力电缆正在研制中,275 kV 及以下的 XLPE 绝缘电力电缆已投入市场。

　　3. 绝缘材料的电性能

　　各种绝缘材料的电性能见表 2 - 20。

表 2 - 20　各种绝缘材料的电性能

材　料	常用符号	绝缘强度 kV·cm^{-1}	介电常数	损耗系数*	体　积 电阻率 Ω·cm
聚氯乙烯	PVC	16	5～7	0.02	2×10^{14}
聚乙烯	PE	19	2.3	0.005	10^{16}
交联聚乙烯	XLPE	28	2.3	0.005	10^{16}
聚四氯乙烯	PTFE	19	2.1	0.000 3	10^{18}
聚全氟乙丙烯	FEP	20	2.1	0.000 3	10^{18}
ETFE	Tefzel (ETFE)	20	2.6	0.005	10^{16}
氯丁(二烯)橡胶	Kynar	6	7.7	0.02	2×10^{14}
硅胶	Silica	23～28	3～3.6	0.003	2×10^{15}
氯丁橡胶	Neoprene	45	9	0.03	10^{11}
丁基橡胶	Butyl	24	2.3	0.003	10^{17}
EPDM	EPDM	24	2.3	0.003	10^{17}
橡胶碳氧化合物	Viton	20	4.2	0.14	2×10^{13}
聚氨酯	Urethane	18～20	6.7～7.5	0.055	2×10^{11}
聚酰亚胺	Nylon	15	4～10	0.02	4.5×10^{13}
薄膜	Kapton	106	3.5	0.003	10^{18}
聚酯薄膜	Mylar	102	3.1	0.15	6×10^{16}
Polyakene		74	3.5	0.028	6×10^{13}

　　* 损耗系数及介电常数是在 25℃下,频率为 1 000 Hz 时的值。

4. XLPE 电气与物理特性关系

众所周知,PE 具有优良的电气特性,而 XLPE 保持了这一电气性能,同时在其他几方面性能更高于 PE,例如,它的体积电阻率在 10^{15} Ω·cm 以上,比 PVC 和油纸绝缘电阻高得多,介质损耗角正切为 10^{-4} 及以下,且在正常温度下不随温度变化(或略有升高)。据资料介绍,PE 和 XLPE 击穿强度随温度变化按图 2-24曲线所表示的趋势发展,在 105℃左右 PE 已经基本没有耐电强度,而 XLPE 的击穿强度也在此出现一个突变,这可解释为 XLPE材料在此温度范围开始出现明显的分子松动,结构紧密程度发生改变。

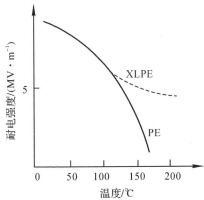

图 2-24　XLPE 和 PE 耐电强度与温度的关系

XLPE 和 PE 等有机合成绝缘材料的热膨胀系数均较大,PE和 XLPE 均在 $1.3 \times 10^{-4} \sim 20 \times 10^{-5}$℃$^{-1}$ 范围,因此在大负荷运行下,由于温度上升,XLPE 本身发生很大热膨胀,但绝缘外的金属物的膨胀系数却较小(0.7×10^{-5}℃$^{-1}$),从而使绝缘膨胀产生不均匀,绝缘表面严重畸变,这种变化改变了电缆原电场的均匀性,进而使电缆寿命发生相应变化。

根据有关资料记载,高分子材料的耐电场强度与材料弹性模量随温度有对应的规律,即弹性模量的迅速下降使 XLPE 材料耐电强度也相应下降,且温度越高,这种变化越明显。

    5. 长时间击穿电压的特性

    电缆工频长时间击穿电压的特性取决于导体的直径和绝缘体的厚度。击穿电压和绝缘体厚度之间的关系见图 2-25。

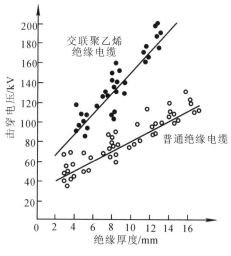

图 2-25   长时间击穿电压特性

    6. 短时间击穿电压的特性

    在电缆充电后工频击穿电压很快会下降一些,然后达到饱和点。在图 2-26 显示外加电压快速升到一确定值,该值保持到获得击穿的时间。

    7. 介质功率因素

    典型的介质功率因素与温度的关系见图 2-27。在较高使用温度下,交联聚乙烯绝缘电缆的介质功率因素很小,显示了它的优点。

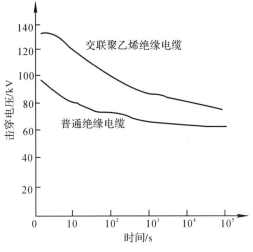

图 2-26　短时间击穿电压特性

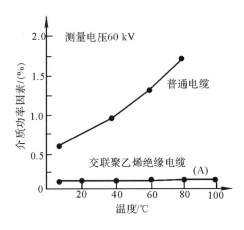

图 2-27　普通电缆与交联聚乙烯绝缘电缆
的介质功率因素与温度的关系

8. 体积电阻率

体积电阻率与温度的关系见表 2 - 21。

与橡胶相比,交联聚乙烯绝缘电缆的体积电阻率较高,而且在高温时不降低。

表 2 - 21　体积电阻率与温度的关系

材料	不同温度下的体积电阻率/($\Omega \cdot cm$)				
	20℃	40℃	60℃	80℃	100℃
普通电缆	10^{15}	10^{15}	1.1×10^{15}	2.3×10^{14}	4.5×10^{12}
自然橡胶	10^{15}	1.6×10^{15}	2.8×10^{14}	2.1×10^{13}	1.3×10^{12}
聚乙烯	10^{17}		10^{17}		10^{17}
交联聚乙烯	10^{17}		10^{17}		10^{17}
聚氯乙烯	10^{15}	1.9×10^{14}	1.9×10^{13}	1.4×10^{12}	2.6×10^{11}

2.3.3　绝缘材料的热性能

1. 寿命和温度之间的关系

图 2 - 28 所示为寿命与温度关系曲线,从图中可以看出,交联聚乙烯材料的寿命要比聚氯乙烯和聚乙烯好。

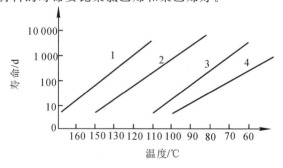

图 2 - 28　寿命与温度的关系

1—交联聚乙烯;2—耐高温聚氯乙烯;3—普通聚乙烯;4—聚氯乙烯

2. 过载特性

过载试验结果见图 2 - 29。在负载条件下,当温度接近 250℃时,才能看见交联聚乙烯特征的变化。

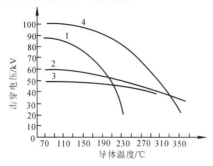

图 2 - 29　过载特性

1—聚乙烯;2—丁基橡胶;3—普通橡胶;4—交联聚乙烯

3. 抗老化

在 140℃ 的热空气条件下,完成了老化试验,其抗拉强度和伸张度的变化情况如图 2 - 30 所示。

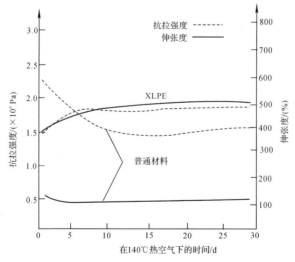

图 2 - 30　绝缘材料的老化特性

2.3.4 绝缘层

1. 绝缘层厚度的确定

电缆绝缘结构是电缆的核心,它是由制造水平、工艺水平和原材料水平决定的。

目前我国对 35 kV 及以上电压等级 XLPE 绝缘电缆的绝缘层厚度统一为:3.6/6 等级 2.5~3.2 mm;6/6 等级 3.4 mm;6/10 等级 3.4 mm;8.7/10 等级 4.5 mm;21/35 等级 9.3 mm;26/35 等级 10.5 mm。这主要是因为中低压电缆绝缘中的电场强度不高,没有必要对绝缘层厚度分得太细,以免造成不必要的混乱,但对于高压 XLPE 绝缘电缆,例如,110 kV XLPE 绝缘电缆的绝缘层厚度将根据导体截面变化而变,参阅表 2-22。

表 2-22　64/110 kV XLPE 电缆绝缘层厚度(GB11017)

导体截面/mm²	标称绝缘层厚度/mm
240	19.0
300	18.5
400	17.5
500	17.0
630	16.5
800	16.0
1 000	16.0
1 200	16.0

概括来说,对于低压小截面电缆,绝缘层厚度主要由工艺允许的最薄绝缘决定;而对于低压大截面电缆,则应根据在安装和生产过程中可能受到的机械损伤(弯曲)和绝缘不均匀性来决定。由于弯曲应力随线芯截面积增加而增大,不均匀性也随线芯截面积增

加而增大,因此这类电缆的绝缘层厚度随线芯截面积增加而加大,当满足上述要求的绝缘层厚度时,均能满足电气击穿强度所提出的要求。只有电缆工作电压高至 10 kV 以上时,特别是超高压电缆,绝缘的击穿强度才逐渐成为决定绝缘层厚度的主要因素。根据电缆绝缘层内最大电场强度等于其材料击穿电场强度乘以安全系数的原理来设计电缆绝缘层厚度,同时考虑到击穿强度的分散性并保证电缆绝缘有一定安全裕度,XLPE 电缆的绝缘层厚度可由下式确定:

$$E_m > E_{max} = mU/[r_c \ln(R/r_c)] \qquad (2-6)$$

式中,E_{max} 为相应于 U 是工频、脉冲、操作波最大电压时的击穿强度;m 为绝缘裕度;R 为电缆绝缘外径;r_c 为电缆绝缘内径。

绝缘层厚度为

$$\Delta = R - r_c = r_c[\exp(mU/Er_c) - 1] \qquad (2-7)$$

对于高压电力电缆,绝缘材料的工频击穿强度 E 与加压时间 t 的关系可表示为

$$E_B = E_\infty + A/\sqrt[n]{t} \qquad (2-8)$$

式中,E_B 为工频击穿强度;E_∞ 为电压作用无限长时间的击穿强度;n 为寿命指数;A 为常数;t 为寿命。

2. 绝缘中的空隙及微孔

绝缘中的空隙(Voids)及微孔(Micro-Voids)都是充满液体或气体的孔洞。一般空隙的直径在 0.05 mm 以下。在化学交联的聚乙烯绝缘中,造成空隙主要有以下原因。

(1)交联剂或防老剂的分散不均匀。

(2)绝缘体中、导体上或半导体屏蔽料中过分潮湿。

(3)聚合物中含有低分子量成分过多。

工作在低场强下的电缆绝缘允许空隙的大小可根据局部放电

的起始或熄灭电压而定。通过 XLPE 绝缘电缆样品的长期老化试验,认为直径在 0.08 mm 及以下的空隙,即使在高场强下,也不会导致发生严重危害 XLPE 绝缘电缆寿命的局部放电。一般,在 $2.5E_0$ 时,0.5 mm 直径的空隙会导致 10pC 放电,0.125 mm 直径的空隙会导致 0.1pC 放电。设计超高压 XLPE 绝缘电缆时,一般采用的平均场强超过 5~6 kV/mm 的绝缘中不允许有空隙存在。

微孔是在绝缘层内或绝缘与屏蔽层之间的极微细的孔洞群。当 XLPE 绝缘线芯在蒸汽交联中,绝缘物处于高压高温之下,蒸汽会渗入绝缘层中。当电缆绝缘线芯冷却时,蒸汽凝结,形成一群微孔。微孔中充满着液体或气体,但它即使在高场强下,也不会直接导致局部放电。在绝缘层的切片中,往往肉眼就可看到云雾状圆环,这就是微孔群。微孔的直径为 1~2 μm。微孔虽不直接导致局部放电,但它们是诱发水树现象(Water Tree)的根源,影响电缆寿命。在高压 XLPE 绝缘电缆生产中,要求用干式交联法以防止产生大量微孔。

交联聚乙烯(XLPE 电缆)$n \approx 6 \sim 9$,最新报道:XLPE 电缆 $n \geq 10$,有气隙的 XLPE 绝缘电缆(气隙放电老化),$n = 8.0 \sim 9.0$;含有0.01 mm以下气隙和杂质的 XLPE 电缆,$n \geq 10$。表 2-23 列出了几个国家厂商对绝缘中气隙尺寸要求及生产水平。由于 n 值的不同,寿命曲线斜率不同,在一定场强时,n 值越大,寿命越长。根据研究,气隙尺寸大小和 n 值有关,气隙大,则 n 值减小,同时击穿场强也降低,使绝缘寿命下降。

由于电缆绝缘层击穿强度随线芯半径的增加而降低,因此,目前对塑料电缆绝缘层厚度的计算,采用平均电场强度来确定。

按脉冲电压场强计算的绝缘层厚度,有

$$\Delta' = K_2 K_3 U'/E'_{av} \qquad (2-9)$$

式中,U' 为电源的冲击试验电压(BIL),kV;E_{av}' 为平均冲击击穿场强,kV/mm;K_2 为冲击电压老化系数,对 XLPE 取 1.2;K_3 为冲击击穿电压温度系数,对 XLPE 取 1.3。

按工频场强计算的绝缘层厚度,有

$$\Delta = K_1 K_4 U / E_{av} \qquad (2-10)$$

式中,U 为导线与屏蔽之间工频电压,kV;E_{av} 为平均工频击穿场强,kV/mm;K_1 为工频电压老化系数,对 XLPE,当寿命指数 $n=9$ 时,取 4;K_4 为工频击穿电压温度系数,对 XLPE 取 1.1。

又知道,E_m(最大工作场强)$< E_B'$(工频击穿强度),为使电缆在试验电压下不击穿,再对试验电压取一定裕度120%～200%。

表 2 - 23　几个国家厂商对绝缘中气隙尺寸要求及生产水平

厂商及品种	气隙尺寸/μm	
	内　层	中外层
中国上海电缆厂干法工艺	<3	<3
中国上海电缆厂湿法工艺	数微米	10～30
德国 110 kV 电缆	<3	<20
日本住友电工干法	≈5	
日本住友电工湿法	30～50	
日本高电压试验专业委员会电缆高压试验分委员会（RPST）规定 11～77 kV电缆	<80	
美国联合爱迪生照明公司交联聚乙烯电缆规范	<76,且>50 的在 16.4 cm³ 中不超过 30 个	
中国交联电缆小组拟订	电缆<80 电缆<50	

3. 绝缘工作场强的发展及要求

挤出 XLPE 绝缘电缆长期运行的工作特性与不断老化的绝缘强度有关,绝缘强度愈高,则使用寿命愈长。提高电缆的绝缘强度及其电、热、老化性能会相应提高电缆的可靠性及经济性。

PE 试片的短时交流工频击穿电场强度可达 78.7 kV/mm,而当前中、低压 XLPE 绝缘电缆的工频平均电场强度只用到 2.0~3.5 kV/mm,高压和超高压电缆也只达到 5.4~6 kV/mm。在 1960—1985 年的 25 年中,XLPE 绝缘电缆的工作电压逐年提高,工作平均电场强度也由 1 kV/mm 升至 5.4~6 kV/mm,见表 2-24。

表 2-24　XLPE 绝缘电缆历年工作场强发展表

系统电压/kV	1960 年	1965 年	1970 年	1975 年	1980—1985 年
	35	76	115	154	275
平均工作电场强度 kV·mm^{-1}	1	1.9	2.1	3	5.4~6

XLPE 绝缘电缆投产初期工作电场强度较低,当时主要受生产工艺和选用材料所限。图 2-31 所示为采用干式交联法(RCF)及其他先进工艺后,新电缆的击穿电场强度(以下简称场强)大为提高的情形,图 2-32 所示为其寿命特性改善的状况。使用 30 年后,电缆工频最大击穿场强可达到 12 kV/mm,寿命曲线指数 n 达到 12(采用传统工艺,n 约为 9)。

当利用这些寿命曲线指导设计 145 kV 及 275 kV 超高压电缆时,最高工作场强分别采用 6.45 kV/mm 和 8.5 kV/mm。考虑到热老化、机械老化等其他老化因素以及生产中的不均匀性、安装中受到的损伤等问题,在选定绝缘厚度时留有一定余度是完全必要的。从图 2-32 中可以看出,采用 20 世纪 70 年代传统工艺的

寿命曲线 B 的数据,显然难以保证留有适当余度的要求。但在XLPE 绝缘电缆的发展阶段,采用较低的工作场强是可以理解的。

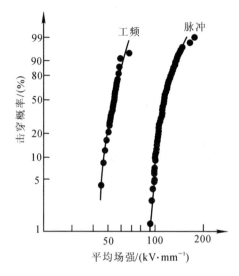

图 2 - 31　66 - 77RCP - XLPE 电缆击穿场强分布

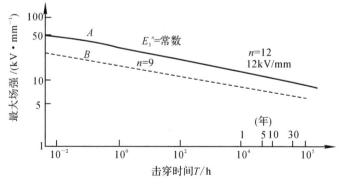

图 2 - 32　现代 XLPE 绝缘电缆的寿命(V - T)特性

在实际生产中,1～10 kV XLPE 绝缘电缆的绝缘并未把电气性能作为选择厚度的主要依据,而主要是考虑机械强度和工艺特性等(见 IEC502 标准)。

根据 IEC 规定:

工频试验电压为 $(2.5 \sim 3.0)U_0$,则知工频安全裕度 $m = (1.2 \sim 2.0) \times (2.5 \sim 3.0) = 3.0 \sim 6.0$。

脉冲试验电压 $(6.0U_0 + 40)$kV,则脉冲安全裕度 m' 为:对于 10 kV 系统,$m' = 15.5 \sim 19.4$;对于 110 kV 系统,$m' = 7.95 \sim 13.25$。

根据资料介绍,XLPE 绝缘电缆 $E_{max} = 5 \sim 6.5$ kV/mm;$E_{av} = 1.5 \sim 4$ kV/mm。

交联聚乙烯绝缘电缆绝缘层厚度及平均工作场强 E_{av} 见表 2-25。

表 2-25　XLPE 绝缘电缆绝缘层厚度及平均工作场强

额定电压 kV	3.3	6.6	22	33	66	77	154	275
绝缘层厚度 mm	2.5～3.5	4.0～4.5	7.0	9.0	14.0	16.0	20～25	30～35
平均工作场强 MV·m^{-1}	0.54～0.67	0.95～0.85	1.8	2.1	2.7	2.8	2.6～4.4	4.5～5.3

除此之外,对于高压 XLPE 绝缘电缆(154 kV 以上),其工频击穿裕度为不确定因素裕度 $\gamma = 1.1$(考虑材料及工艺的不均匀性)的倍数;对于一般的中低压电缆,$E_{av} = 10$ kV/mm;对于高压 110 kV 电缆,可取 $E_{av} = 15 \sim 20$ kV/mm;对于更高电压等级,如 275 kV 电缆,取 $E_{av} = 30$ kV/mm。对于 154 kV 以上电压等级电缆,脉冲绝缘裕度亦为不确定因素裕度 $\gamma' = 1.1$ 的倍数,E_{av}' 一般取 45 kV/mm;对于材料、工艺、结构相当完善的厂商,在设计

275 kV XLPE 绝缘电缆时也有采用 E_{av}' 值为 60 kV/mm 的。

4. 500 kV XLPE 电缆的电场

根据高压绝缘电场分布理论,在高压电缆中电场根据实际运行、电缆结构特征和电压等级可分为两种:工频场强和冲击强度。工频电场强度是一种电缆在工频电压下的电场强度,称它为工作强度。根据电缆的结构,工作场强在不同的地方具有不同的价值,导体屏蔽的电场强度是绝缘屏蔽电场强度的 1.5~2 倍,因此应该注意在这个地方的电场强度。

冲击场强是指基本绝缘水平下的最高场强,是考验电缆经受雷电冲击能力的指标。

在设计高压电缆时,要重视工作场强,图 2-33 所示为各种电压等级交联聚乙烯电缆所取工作场强范围。从图中可以看出 500 kV 电缆的最高工作场强为 15 kV/mm 左右。在当今技术水平下,电缆工作场强随系统电压的升高而增大的原因主要是考虑到生产设备能力、电缆弯曲半径、电缆盘尺寸以及制造长度等,电缆外径不可能无限增大,同时也应考虑制造成本。其次,电缆的设计也应考虑电缆附件技术要求,传统绕包绝缘接头的附加绝缘中工作场强最高只能达到 3 kV/mm,预制接头则可达到 5 kV/mm 左右。

另外,冲击耐压水平也影响交联聚乙烯绝缘电缆工作场强,图 2-34 所示为各种交联聚乙烯绝缘电缆冲击下的导体屏蔽处场强。从图中可以看到,500 kV 电缆的导体屏蔽处场强可以达到 70~85 kV/mm,甚至达到 110 kV/mm。

电缆附件中电场强度是随附件结构的变化而变化的,图 2-35 所示为高压预制硅橡胶接头中的电场变化情况。

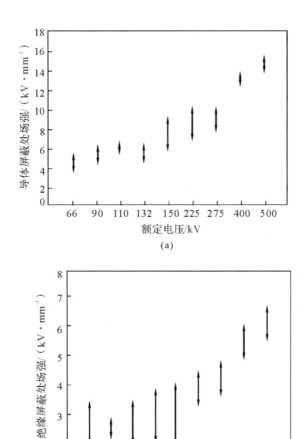

(a)

(b)

图 2-33 不同电压等级电缆绝缘屏蔽场强

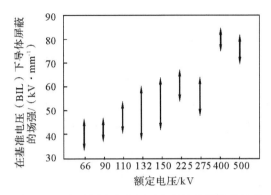

图 2-34　在不同冲击电压下电缆绝缘屏蔽的场强

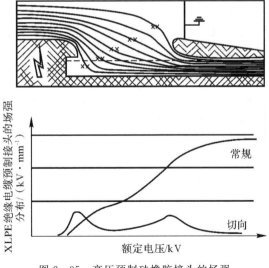

图 2-35　高压预制硅橡胶接头的场强

2.3.5 影响绝缘性能的因素

1. 制造工艺对绝缘性能的影响

在 XLPE 绝缘电缆生产早期,由于生产工艺限制,使得 XLPE 绝缘电缆的绝缘只能使用湿法交联工艺,这给绝缘中带进了大量水分。实践证明,对于低压产品,这种方法生产的 XLPE 绝缘电缆还能适用,但应慎重;当电压等级超过中压时,电缆的安全性大为下降。随着工艺改进,现在使用内、外半导电层和绝缘层,三层同时挤出的方法。其主要有下述优点。

(1)可以防止在主绝缘层与导体屏蔽,以及主绝缘层与绝缘屏蔽之间引入外界杂质。

(2)在制造过程中防止导体屏蔽和主绝缘层可能发生的意外损伤,因而可以防止由于半导电层的机械损伤而形成突刺。

(3)使内外屏蔽与主绝缘层紧密结合在一起,从而提高起始游离放电电压。

图 2-36 所示为 XLPE 绝缘电缆用不同工艺制造时,其交流击穿电压与绝缘层厚度的关系。从图中可以看出,使用挤出工艺制造,交流击穿强度要比包绕半导电带工艺好得多。

2. 绝缘内部缺陷或杂质对绝缘性能的影响

图 2-37 指明了 XLPE 绝缘电缆绝缘中的各种缺陷。这种缺陷一般都能导致绝缘局部放电,加速绝缘的电老化。主要缺陷归纳起来有 11 种,可分两大类:一类是在绝缘中导致电场集中,提高局部场强,半导体屏蔽层凸入绝缘中的突起物和在绝缘体中的导电杂质等;另一类是在绝缘中减弱局部绝缘强度,在绝缘体中或存在于屏蔽层和绝缘体界面上的空隙或气隙。

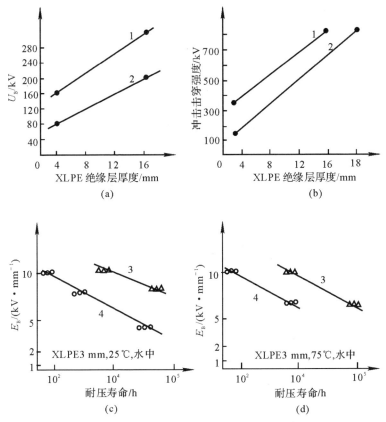

图 2-36　两种制造工艺对电缆绝缘性能的影响

(a)交流击穿特性；　(b)冲击击穿特性；

(c)耐压寿命(室温水中时)；　(d)耐压寿命(75℃水中时)

在电缆绝缘挤塑过程中,加热介质进入绝缘材料可以形成无数的小孔洞,微孔的介电系数小于绝缘材料,因而在电场的作用下,微孔尺寸越来越大,容易发生树枝破坏,所以,限制绝缘中微孔的尺寸和数量,是抑制树枝化的关键。在过去交联使用的湿法过程中,水蒸气不可避免地会在绝缘中残余,形成含水的微孔,而采用干法交联,可以使微孔降到 5 μm 以下。因此今后使用交联聚乙烯时,在造价可接受的范围内应尽可能采用干法交联的产品,这样才能保证使用的安全性。

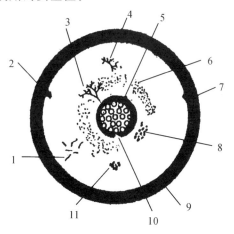

图 2-37　XLPE 绝缘电缆绝缘中的缺陷图

1—绝缘中的污染物(杂物);2—外屏蔽突起;3—电树枝;

4—蝶结状树枝(水树枝);5—内屏蔽突起;6—微孔(往往呈环状);

7—内壁接触不良;8—空隙;9—内壁空隙;

10—内屏蔽断隙;11—粉散防老剂团

　　电缆绝缘中的杂质和半导电层中的突刺可使电场强度集中而产生电晕放电。对使用一段时间后的电缆解剖发现,有些树枝生长的源头往往发源于绝缘中杂质颗粒,这是由于杂质颗粒的介电常数和 XLPE 的介电常数相差甚远,使电场在杂质表面形成畸变,这些地方的畸变电场可能远远高于正常绝缘中的电场,使得在微小局部击穿,形成尖端,在一系列循环发展后形成树枝状放电。另外,内外屏蔽层上的半球形突起物,可使电场强度提高 6 倍,长而尖的突刺区,可使电场强度提高 80 倍。这一问题已被国外技术部门重视,特别规定了半导电层突刺大小。例如,日本高压电缆试验分委员会规定杂质或突刺的径向尺寸应不大于 250 μm，将来对 66～77 kV 电缆要求不大于 100 μm；美国联合爱迪生照明公司规定杂质或突刺尺寸应不大于 178 μm，且在每一个 16.4 cm^3 中杂质大小为 51～178 μm，且不应超过 10 个（69～138 kV）和 15 个（5～69 kV）；我国暂定为对于 10～35 kV 电缆，杂质或半导电层突刺小于 250 μm，对于 63～110 kV 电缆突刺小于 100 μm。

XLPE 绝缘电缆含水是近年来国际、国内比较重视的一个题目。已经知道绝缘中含水会引发绝缘体中形成水树枝，造成绝缘破坏。水树枝是直径小于几微米的许多微观充水空隙所组成的放电通路，电场和水的共同作用形成水树。为了降低绝缘中含水量，通过对交联工艺的改造，即由湿法交联改变成现在的干法交联，使得绝缘中含水量下降了几乎两个数量级。使用湿法生产的交联绝缘电缆中有的含水可达 2 000×10^{-6} 以上。表 2-26 所示为一些有关水分含量的数据资料。

表 2-26　几种电缆的水分含量

电缆品种	水分含量	备　　注
中国上海厂干法交联	(176～241)×10^{-6}	
中国上海厂湿法交联	(1 860～1 970)×10^{-6}	
德国 110 kV 电缆	(23.8～41.3)×10^{-6}	
日本 6.6 kV XLPE 电缆	2 200×10^{-6}	
日本 66 kV XLPE 电缆	200×10^{-6}	
日本 154 kV XLPE 电缆	190～340×10^{-6}	
中国现规定	外层含水量 <200×10^{-6}	厚度在绝缘的 $\frac{1}{3}$ 以内

3. 绝缘的树枝老化

近十几年的运行和研究表明，聚乙烯、交联聚乙烯和一些其他聚合物的绝缘破坏主要先经过树枝老化过程。"树枝"（Treeing）是形象名词，它是绝缘在老化中，受电场影响，产生介质较弱部位的枝状放电或枝状结集。按"树枝"形成的原因及其所起的绝缘破坏作用，可分为"电树枝"及"水树枝"两种，"水树枝"也有叫作"电化树枝"的。

（1）电树枝（见图 2-38）。电树枝是由绝缘体系内部种种缺陷所产生的局部放电所导致的，它一般在较高场强下才能产生和发展。电树枝的放电多数是从材料的非连续界面（气隙、杂质、内外半导体屏蔽层介面等）上开始的，也有从水树枝上导发的。电树枝一般分枝清晰、枝管连续，内无水分，管壁有焦化炭粒痕迹。这种树枝是不可恢复的，发展到一定程度，会在绝缘中形成一条导电通道，造成击穿。无隙（Voidless）绝缘中也有引发枝状放电的，这主要是由空间负荷（Space Charge）所导致的。在绝缘中注入电子部分被吸收成为空间负荷。空间负荷逐渐积集。在无隙绝缘中产生电树枝就是突然释放这部分积集空间负荷的结果。无论是电荷释放或局部放电所形成的电树枝，都会逐步按电场方向导致绝缘局部击穿，从而形成一条树枝形通道。通道愈延伸，电极间绝缘距离愈缩短。短至应有击穿场强时，绝缘就被迅速击穿。电树枝的形成是比较缓慢的过程。

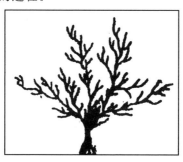

图 2-38　电树枝

（2）水树枝。近年来,水树枝(Water Tree)被认为是导致高压
XLPE 电缆绝缘老化的重要原因。在 PE,XLPE 及 EPR 电缆的
绝缘中都可能或多或少地找到水树枝。电缆绝缘中可以找到两种
水树枝形式:管状水树枝(Vented Tree)及蝶状水树枝(Bow-tie
Tree),其放大图如图 2-39 和图 2-40 所示。

图 2-39　管状水树枝

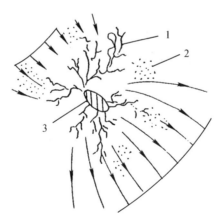

图 2-40　蝶状水树枝

1—电树枝;2—云雾状细微裂纹;3—杂质核心

管状水树枝一般是从内半导体、屏蔽层与绝缘层的界面上引

发出来的。在采用半导体层与绝缘层同时挤出工艺以后,半导体界面上产生电场集中的情况大为减少,正常生产的 XLPE 绝缘中,管状水树枝已不多见。在绝缘中常见的蝶状水树枝,它从一个杂质点或其他电场集中点向两边发展成一蝴蝶结形状。视电缆中含水量不同,蝶状水树枝的长度和数量有所不同。最长的蝶状水树枝可达 $600 \sim 800 \ \mu m$,每立方毫米最多可有二三十个。XLPE 等绝缘含有水分时(不一定要饱和时),并在不高的电场强度(如在工作场)作用下,就会在它的关键部位产生如上所述的水树枝。水树枝由微隙(Micro-cavitis)或微孔(Micro-voids)组成,此等微隙、微孔看来未必互相通连。微孔、微隙的大小几乎是相等的,约为 $1 \sim 2 \ \mu m$,但在水树枝不同的位置,单位体积内的孔、隙数是有变化的。微孔的密度与电场强度有密切关系,电场愈大,密度愈大。不管产生这种微孔、微隙的机理如何,水树枝的产生总是与局部的电场强度大小和绝缘含水饱和度有关。第一微孔(隙)出现,即水树枝的起始,总是在绝缘与水分接触的分界上的电场最大的地方。水树枝一经发生,在一定条件下会逐步发展。根据热动力学的观点,可以证明当水在 XLPE 绝缘中的饱和比超过一定范围时,水树枝在生成后会继续发展和增长。促成水树枝产生的饱和比至少要超过 0.4。

人们对水树枝的产生和发展的机理提出不少理论,但尚无一致的说法。主要理论可分为化学作用说和机械作用说两大类。化学论的观点认为水树枝的生成是由于注射进了电子从而引起了化学变化或化学反应,导致了绝缘物的局部化学损伤。机械作用论的观点认为水树枝是由于绝缘体局部受到了机械超应力(Mechanical Overstressing)作用所致。也有理由认为二者之间有一定联系,机械力可以加强化学作用,而化学老化也会降低聚合物的机械强度。

水树枝不会直接导致绝缘击穿,它要有一个孕育电树枝的中间过程。但电树枝并不一定会孕育出来,即使水树枝发展到穿透绝缘,绝缘体也能在工作电压下保持好多天不被击穿。水树枝在发展过程中即使长度不再增加,内部结构也在变化,酝酿着导发电树枝,以至击穿绝缘。

不管水树枝能否直接导致绝缘击穿,它总会降低绝缘强度,起着绝缘老化作用。

最近 C. Katg 发表了一张在实际运行中的 15 kV(绝缘厚4.5 mm)XLPE 直埋电缆的内因损坏表(见表 2 - 27)。

表 2 - 27　由内因而击穿的电缆

电　缆	工作时间* a	最大水树枝 mm	水树枝密度 cm³
1	16	0.76	693
2	16	1.78	870
3	15	0.69	2 280
4	12	0.76	620
5	12	0.64	139
6	12	0.76	83
7	11	0.96	93
8	11	0.36	23
9	11	0.71	147
10	10	0.48	10
11	10	1.60	201
12	10	0.38	87
13	10	1.40	209
14	7	1.90	160

* 编者按:表中所列为较老工艺生产的电缆。

C. Katg 对水树枝老化提出了"松弛"(Relaxation)的现象。如果把运行中的 XLPE 绝缘电缆的交流电压中断,电缆的绝缘强度会有相对的恢复。图 2 - 41 基本上代表运行中电缆的 AC 击穿场强。它们是电缆试样起出后切下试片的试验结果。浸水 24 h

是模拟埋地时的情况。

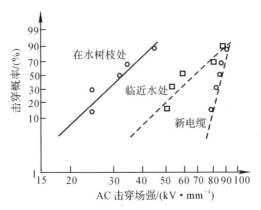

图 2-41　试样干燥后的老化电缆的 AC 击穿场强

图 2-42 代表电缆起出干燥后水树已经松弛,而 AC 击穿电压升至与新电缆的击穿场强相近。

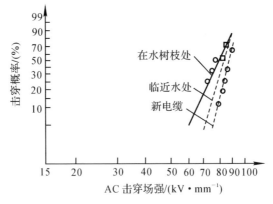

图 2-42　试样在 70℃水中浸 60 d 后的
老化电缆的 AC 击穿场强

图 2-43 说明即使是电缆泡在水中，松弛现象也是存在的。

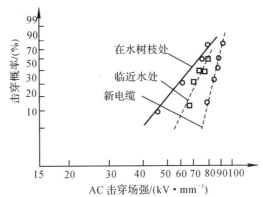

图 2-43　试样在 70℃水中浸 24 h 后的
老化电缆的 AC 击穿场强

松弛现象的存在可以作以下解释：

（1）在水气渗入电缆绝缘以后，电场强度在关键区域内，会在很大程度上使电缆老化。水树的出现和扩大总是在电场强度最大的地方。

（2）松弛现象的出现可能与消除作用于绝缘上的机械力有关。机械的消除则来自作用于含水分微孔上电场的消除及作用于微孔上的电离子的突然重新分布。

通过以上对水树枝现象的剖析，认为水树老化既然主要来自水分渗入电缆绝缘，因此减少和防止水分渗入电缆应当是延长电缆寿命和增加电缆可靠性的有效方法。

XLPE 绝缘电缆在蒸汽交联（SCP）时，蒸汽在高温高压下能渗入绝缘层内部。当电缆芯冷却时，蒸汽凝聚，在绝缘内造成很多含水微孔。微孔中水分会逐步渗入聚合物绝缘体内，从而在一定电场下产生水树枝老化。对此，改进的方法是采用热辐照干式交联(RCP)或其他干式交联方法。采用干式交联后,绝缘微孔的数量仅有用蒸汽交联(SCP)时的 1%,所产生微孔的大小亦由用 SCP 时的 $10\sim20~\mu m$ 降至用 RCP 时的 $1\sim2~\mu m$。因此,两种交联方法所产生的电缆击穿场强相差很大。表 2 - 28 表示两种不同方法交联电缆的运行特性。

表 2 - 28　RCP 与 SCP 绝缘对比表

电　　缆		33 kV　250 mm² SCP - XLPE 壁厚 10 mm	77 kV　250 mm² RCP - XLPE 壁厚 15 mm
取样前运行情况		1.9 kV/mm　14 a	3.0 kV/mm　9 a
击穿 电压	交流	$16\sim100$ kV $10\sim16$(kV/mm)	510 kV(34 kV/mm)
	冲击	400 kV(40 kV/mm)	990 kV(66 kV/mm)
水树	管状水树	无	无
	蝶状水树	$2\sim20$/mm³ 最大 0.800 μm	$0.8\sim1.5$/mm³ 最大 0.160 μm

在长期运行中,水分总是会逐渐浸入 XLPE 绝缘电缆中去的,特别是直埋电缆或水中敷设电缆。故对高压电缆往往采用封闭型金属护套。110 kV 电缆可压挤铝护套(厚 2.0 mm 左右)。较低电压电缆,须要全封闭护套时,可采用铝带夹 PE 带的综合护层。铝护套或综合护套同时起着对绝缘的全部或部分金属屏蔽层作用。有时以铅带代替铝带。

在不同护套下高压电缆性能的对比见表 2 - 29。

对 10 kV 及以下电压的低压电缆,一般不考虑水树枝老化问题,但也有用综合护套的,主要作为金属屏蔽之用。

表 2 - 29　不同护套高压电缆性能对比

项　目		PVC 护套			综合护套			铝护套		
		a	b	c	a	b	c	a	b	c
绝缘含水量/($\times 10^{-6}$)		70	120	130	70	70	50	70	70	50
微孔数量		没有大于 50 μm 的微孔								
蝶形水树 *	数量/mm³		28.3	30.1	0	0			0	0
	最大长度/μm		450	460	0	0			0	0

＊ 大于 50 μm。a—新电缆；b—0.65 年运行时间；c—1.3 运行时间。

4. 绝缘的局部放电老化

在交联聚乙烯和油纸绝缘电缆中局部放电缺陷的物理原理和原因是众所周知的，并已经在多种出版物中作过详细介绍。

电力系统专业人士认为第一重要的问题是，电缆在运行期间有无持续的局部放电发生。第二个重要的问题是在故障或操作时由于过电压，电缆绝缘性能的稳定问题。在电力网故障接地时，1.7 倍的电压作用在电缆上超过数小时。如果一个电缆系统在正常工作电压 U_0 下，持续局部放电，这些局部放电的危险问题就应该提出。在电缆中有三个重要的判断局部放电特性参数。

局部放电起始电压 U_i：局部放电起始电压是在被试样品上连续加电压而获得的。U_i 是发现有局部放电的开始电压，测量系统的灵敏度和存在的噪声影响起始电压的测量。

局部放电熄灭电压 U_e：由于局部放电源对于起始电压和熄灭电压常常表现出滞后的反应，在发生局部放电点往往只是略低于局部放电起始电压时熄灭，该电压值是风险因素的重要判据。

局部放电水平：通常情况下把最大脉冲放电量作为评估标准，这样的标准作为电缆（包括电缆终端、接头）稳定运行时的风险因素已经有比较好的经验，并且这样的标准还取决于放电的位置、电缆的绝缘类型和附件的设计。局部放电脉冲特征的发生也取决于局部放电源。

　　电力系统局部放电监测必须有 2～3 个发现阶段,当电树枝发展到第四阶段时,就没有时间来补救了(见图 2-44)。

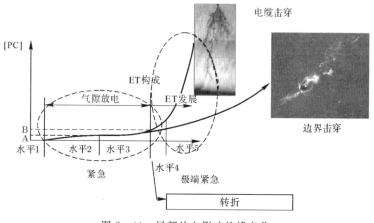

图 2-44　局部放电影响绝缘老化

　　由于不同的绝缘材料和它们抵抗局部放电的能力不同,其他的局部放电评判标准对于聚乙烯/交联聚乙烯绝缘电缆来说要和油纸绝缘有所不同。这些趋势或限制值(见表 2-30)是在综合实践经验的基础上提出来的,这些数据给电力系统提供了一个好的方向。不过,有关电缆系统各地运作的经验是非常重要的。

　　评估新安装的电缆系统的质量,特别是对于过渡接头(油纸绝缘/交联聚乙烯)已经展开。过渡接头装配质量受安装人员情绪因素的影响。此外,如局部放电、绝缘介质损耗或电性响应可能提供绝缘劣化的有关信息。在相关的应用中,中压或高压附件中绝缘的劣化过程的诊断方法也可以通过附件相对条件的变化进行诊断分析,并作出评估。因此,基于充分的诊断数据,经验和诊断信息的统计分析可以指出高压电缆附件绝缘部件的实际状态。

使用一个适合的统计分布值就可以生成按照估计的局部放电值。

表 2-30　局部放电的趋势和限制值

电缆附件	绝缘类型	放电趋势或限制值
绝缘	纸绝缘	大于 10 000PC
	聚乙烯/交联聚乙烯	<20PC
接头	油绝缘	<10 000PC
	油/树脂绝缘	5 000PC
	硅橡胶/乙丙橡胶绝缘	500~1 000PC
终端	油终端	6 000PC
	干式终端	3 500PC
	现场冷缩或装配式终端	250PC

现在介绍计算标准的置信区间。这个置信区间也表示预期这种计算的最大误差。图 2-45 所示为典型的置信区间是 95% 的 PDF 例子。通过边界的定义来确定绝缘劣化，试验的支持对验证上述方法是非常重要的(见图 2-46)。

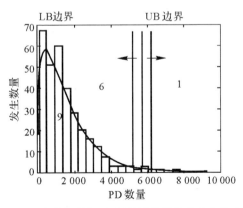

图 2-45　诊断数据分析(根据统计数据指数确定管理方式)

时间	条件指数
0,112,161,381,649,1 005,1 460	9
1 603,1 674,1 790,1 907,1 982,2 051,2 145	6
2 382,2 511,损坏	1

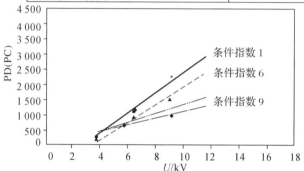

图 2-46　在一个界面上,具有老化条件指数的诊断数据的实例
(基于典型绝缘缺陷条件指数的绝缘老化经验可以确定运行管理方法)

在确定了统计界限值和物理过程的联系后,诊断数据的基准值就可被用作状态指标。因此,可以获得对维护和运行计划强大的决策支持作用(见表 2-31)。

表 2-31　技术条件、维护指数和维修保养活动之间的关系实例

分类	可靠性状态	健康状态	使用寿命状态	状态指数	必要行动	建议
正常	没有问题	无缺陷或没有观察到老化现象	新的或老化的	9	不需要额外注意,例如,下次检查在 5~10 年进行	没有必要检查

续　表

分类	可靠性状态	健康状态	使用寿命状态	状态指数	必要行动	建议
缺陷开始生成	不影响可靠性	没有有害缺陷形成	严重老化	6	需要额外注意,例如,在一年内检查	不用维修,可能寿命缩短
缺陷生成	能够使用,但可靠性缩短					需要维护
故障	不能运行	有明显的绝缘下降严重缺陷出现	接近寿命终点	1	必须维修,例如,修理或更换	维修或更换的资金是必需的

5.超导电缆使用的绝缘材料特性

固体绝缘介质一般适合室温绝缘电缆,但是复合结构绝缘介质不仅适合室温绝缘电缆,而且适合低温绝缘电缆。低温超导电缆绝缘结构使用的是绕包绝缘结构。复合介质的损耗和电容比固体绝缘要小,这有利于电缆,但其结构可能引发局部放电。因为这种形式绝缘结构在包裹的重叠之间产生气隙。根据电磁场边界条件:

$$\varepsilon_1 \times E_1 = \varepsilon_2 \times E_2 \qquad (2-11)$$

在室温绝缘气隙中的气体的介电常数和低温绝缘层间气隙中的氮气的介电常数 ε 接近1,绝缘胶带的介电常数通常大于2,聚乙烯(PE)塑料和交联聚乙烯(XLPE)的 ε 等于2.3,丙烯橡胶(EPR)的介电常数 ε 为2.6。

在低温超导电缆绕包绝缘胶带的气隙中充满液态氮,这种复合介质的相对介电常数(ε＝1.43)远大于空气或氮气的介电常数(ε＝1),液态氮和绝缘层边界上的电场畸变较小,由它引起的电场集中也较小,从而有效地提高了局部放电起始电压,降低了局部放电量。但是,挤压式绝缘电缆在低温下存在较大的应力,容易产生裂纹;在低温下这种绝缘的弹性小,弯曲性能相对较差。

挤出式绝缘电缆通常使用聚乙烯塑料、交联聚乙烯塑料、EPR和其他绝缘材料。这三种材料在室温下都有良好的电气和机械性能。电气性能在低温下和室温时相同,但在低温下,介质损耗和局部放电显著降低,其力学性能明显下降,乙丙橡胶绝缘相对来说机械性能稍好。在低温条件下,三种材料耐电树性能有所改进。EPR在低温下的机械性能明显比PE和交联聚乙烯绝缘的好,在绝缘中仍然存在较大的热应力,液氮温度下的脆性见表2-32。

复合保温材料有聚丙烯层压的绝缘材料(PPIP)、纤维素纸、双面复合型聚丙烯纸(OPPI)、聚芳纶纤维纸(Nomex)、聚丙烯薄膜(PP)。纤维纸的耐局部放电性能比薄膜材料差。提高液态氮压力可以改善绝缘局部放电起始电压,并随着绝缘厚度增加,放电电压将会有明显增加。但是,这些变化对起始放电场强的影响并不明显。

表 2 - 32　在超导下的材料特性

材　料	交流电压下的电树起始电压/kV	收缩率 %	拉伸强度 MPa	伸长率 %	弹性模量 MPa	$\tan\delta$
	300K					
LDPE	4.4	38.6	1.6	12.1	5.6	233	5×10^{-5}
XLPE	12.0	35.0	1.6	14.2	7.1	227	7×10^{-5}
EPR	8.0	29.0	1.1	14.8	6.7	243	4×10^{-4}

内部支持绝缘体是玻璃纤维增强塑料(GFRP)，它是液体和气体之间的过渡绝缘，它的特点如图 2-47～图2-49所示。

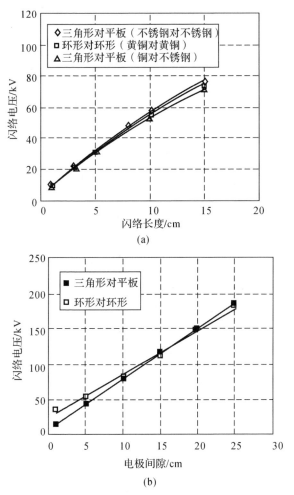

(a)

(b)

图 2-47　在气体中 GFRP 的闪络长度、电极距离和闪络电压之间的关系

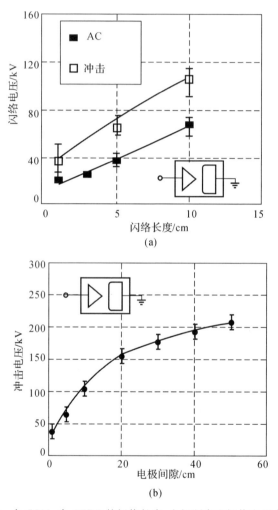

(a)

(b)

图 2-48　在 CGN$_2$ 中 GFRP 的闪络长度、电极距离和闪络电压之间关系

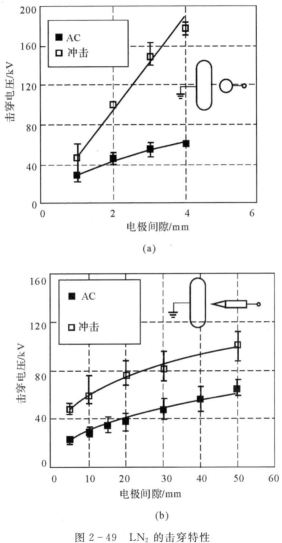

图 2-49　LN₂ 的击穿特性

(a)球对平板；　(b)针尖对平板

表 2 - 33 为 22.9 kV 超导电缆的参数。其设计方法可表述为

$$t_{AC} = r_1 \left[\exp \left(\frac{V_{AC}}{E_{\min(AC)} \times M_{AC} \times r_1} \right) - 1 \right] \qquad (2-12)$$

式中,t_{AC} 是在 AC 电压下的绝缘厚度;r_1 是导体内径(14.76 mm);V_{AC} 是 AC 耐压值(80 kV);$E_{\min(AC)}$ 是最小 AC 击穿强度(50 kV/mm);M_{AC} 是 AC 转化系数(0.47),则有

$$t_{imp} = r_1 \left[\exp \left(\frac{V_{imp} L_1 L_2 L_3}{E_{\min(imp)} \times M_{imp} \times r_1} \right) - 1 \right] \qquad (2-13)$$

式中,t_{imp} 是冲击电压下的绝缘厚度;r_1 是导体内径(14.76 mm);V_{imp} 是冲击耐压值(150 kV);L_1 是冲击影响系数(1.1);L_2 是冲击温度系数(1.0);L_3 是冲击设计裕度(1.2);$E_{\min(imp)}$ 是最小冲击击穿强度(82 kV/mm);M_{imp} 是冲击转化系数(0.63),则有

$$t_{PD} = r_1 \exp \left(\frac{\dfrac{U_m}{\sqrt{3}} K_1 K_2 K_3}{E_{\min(PD)} \times M_{AC} \times r_1} \right) \qquad (2-14)$$

式中,t_{PD} 是防止局部放电的绝缘厚度;U_m 是系统最大 AC 电压(25.8 kV);K_1 是 AC 影响系数(1.87);K_2 是 AC 温度系数(1.0);K_3 是 AC 设计裕度(1.2);$E_{\min(PD)}$ 是最小局部放电起始电压(20 kV/mm);M_{AC} 是 AC 转化系数(0.47)。

表 2 - 33　22.9 kV 超导电缆的参数

项　　目	参　　数
额定电流	1 250 A
额定电压	22.9 kV
电缆类型	在一个低温套内有三相
温度类型	在一个低温套内有三相
电解质类型	冷电解质
绝缘绕包角	27°
制冷容量	3 kW

22.9 kV 超导电缆的各种特性如图 2 - 50～图 2 - 57 所示。

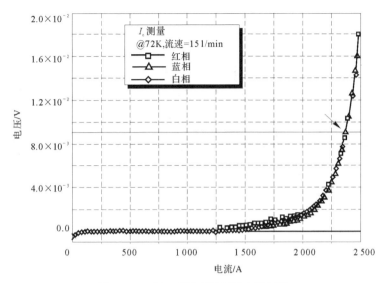

图 2 - 50   22.9 kV 高温超导电缆特性

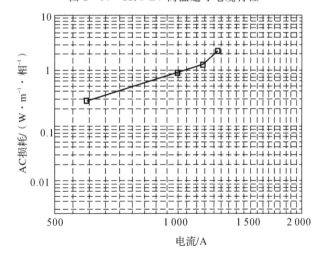

图 2 - 51   22.9 kV 高温超导电缆 AC 损耗特性

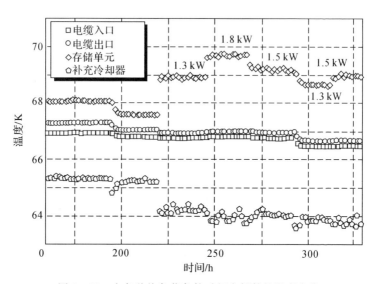

图 2-52　在各种热负荷条件时相应部件的温度变化

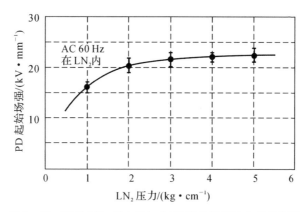

图 2-53　随着 LN₂ 压力增加 LPP 纸的局部放电起始场强

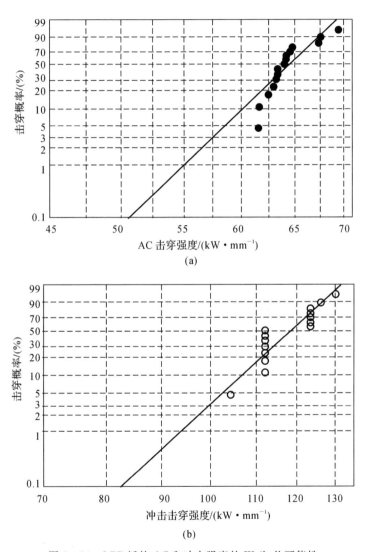

图 2-54　LPP 纸的 AC 和冲击强度的 Weibull 可能性

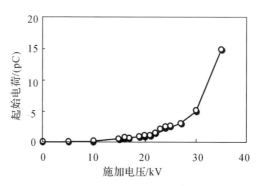

图 2-55　模拟电缆的局部放电起始电荷量

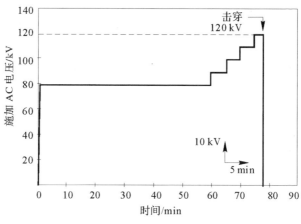

图 2-56　模拟电缆 AC 电压试验

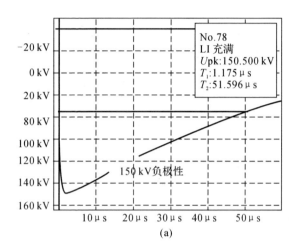

(a)

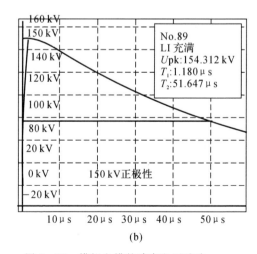

(b)

图 2-57　模拟电缆的冲击电压试验

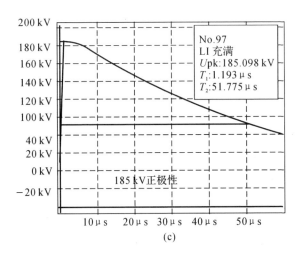

(c)

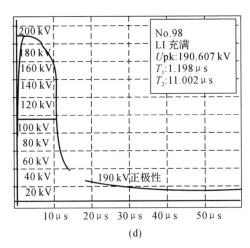

(d)

续图 2-57　模拟电缆的冲击电压试验

6. 直流电缆绝缘材料的特性

(1)绝缘材料的空间电荷特性。在直流电场作用下,电缆面临的主要问题是绝缘介质中或者界面上会积累的空间电荷。如果空间电荷密度足够高,局部电场甚至可能超过绝缘介质的击穿场强,导致绝缘结构破坏。2000 年初期,日本开始研制 500 kV 直流 XLPE 绝缘电缆。在 XLPE 绝缘电缆绝缘料中引入极性基团消除空间电荷。在 90℃温度下,在模型直流电缆上施加场强 30 kV/mm,加压时间分别为 0,5,2 160 h,使用电声脉冲法测量了绝缘中的空间电荷分布,根据电荷分布求出了其场强分布,如图 2 - 58 (a)所示。为便于对比,在同样的条件下同时测量了模型交流 XLPE 绝缘电缆绝缘中的场强分布,如图 2 - 58(b)所示。

由图 2 - 58 可见,在较长时间的直流高压作用下,直流 XLPE 绝缘电缆绝缘料中的电场分布均匀,接近于拉普拉斯电场分布。在图 2 - 58(b)中,交流 XLPE 绝缘电缆绝缘料中的电场分布随着时间的变化而逐渐变得不均匀,在靠近内半导屏蔽层处出现场强畸变,最大场强超过平均场强的 2 倍。极性基团作为陷阱点,具有吸引和捕获载流子源(交联分解物等)的能力,其捕获载流子后,载流子不能在绝缘中迁移,使空间电荷密度在绝缘中分布均匀,从而使得场强也均匀分布。法国人在 110 kV XLPE 绝缘直流电缆上试验得到图 2 - 59 所示的最大场强和平均场强之比来展示空间电荷的绝缘的危害。试验发现,加压 48 h 后绝缘内外屏蔽层处的电场强度见表 2 - 34,从表中可见,在电缆上加直流 120 kV/48 h 后,内屏蔽层界面处绝缘中的实测电场强度比理论值约大 8 倍;外屏蔽层界面处绝缘中的实测电场强度比理论值约大 6 倍。从图 2 - 59 可见,在直流电压作用 60 h 后 XLPE 绝缘击穿,可见,直流电缆空间电荷效应非常严重。

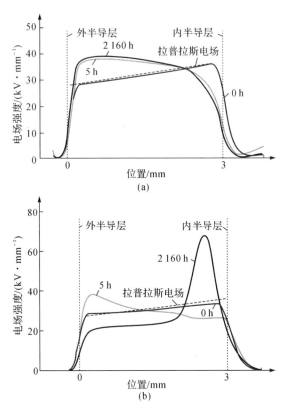

图 2-58　外加电场 30 kV/mm 下的场强分布

(a)模型直流 XLPE 电缆；　(b)模型交流 XLPE 电缆

表 2-34　加压 48 h 后电缆绝缘内屏蔽处电场强度的理论值和实测值

位　置	理论值/(kV·mm⁻¹)	实测值/(kV·mm⁻¹)
内屏蔽截面	11.5	96.0
外屏蔽截面	7.0	43.0

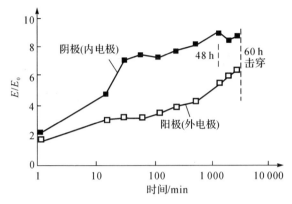

图 2-59　绝缘中 E/E_0 与加压时间的关系

　　根据资料,从温度和注入电荷关系看,直流电缆料在 $10\sim20℃$ 几乎没有空间电荷注入,极少量的空间电荷注入后在短路的一瞬间就会消散掉;在 $30\sim40℃$ 下,加压过程中直流电缆料内表面出现少量的正电荷注入,短路后空间电荷缓慢消失;当电极温度达到 $50℃$ 以后,介质内开始积聚正极性空间电荷,并且正极性电荷已经迁移到接近负电极。与直流电缆料相比,交流电缆料在 $20℃$ 下就表现出明显的正极性空间电荷注入,$30℃$ 正极性空间电荷在介质体内传导并聚集在介质内部。当上下电极温度达到 $40℃$ 时,在负极出现正空间电荷峰,随着加压时间的增加,介质体内积聚的空间电荷量增加;当温度达到 $50℃$ 时,在负极也出现正空间电荷峰,随着加压时间的增加,介质体内积聚的空间电荷量增多。当上下电极温度达到 $60\sim70℃$ 时,介质内部出现负极性空间电荷注入。

　　(2)介电常数随频率变化特性。随温度升高,直流电缆料的介电常数出现小幅下降,下降幅度基本保持一致,如图 2-60 所示。

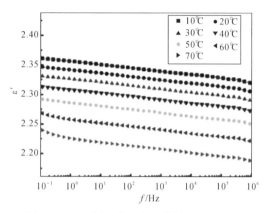

图 2-60　不同温度下介电常数随频率变化

（3）击穿特性。根据资料，比较交流和直流材料在不同场强下的击穿 Weibull 分布（见图 2-61）发现，在目前材料制造技术基础上，两种材料的交流击穿特性相近似，但是，在直流场下，交流料要略高于直流料。

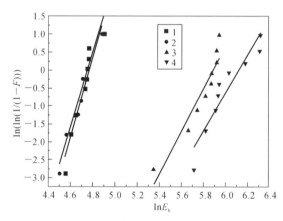

图 2-61　交、直流绝缘料击穿概率和击穿强度的 Weibull 分布

1—交流电缆料的直流击穿；2—直流电缆料的直流击穿；

3—交流电缆料的交流击穿；4—直流电缆料的交流击穿

　　从图 2-61 可以看到,在直流状态下,交流料和直流料的击穿性能非常接近,但在交流状态下,交流料的击穿性能略高于直流料的性能。

　　(4)电极温差引起绝缘中场强变化。根据电介质理论,聚合物的电导率与温度、电场有强烈的函数关系,而介电常数受温度、电场的影响非常小。研究可知,在直流作用下,温度梯度产生的空间电荷只能在很浅的陷阱之间迁移。所以仅从温度梯度产生的空间电荷考虑,HVDC 电缆中的电场分布比 HVAC 电缆中电场分布更均匀。但是,当电场强度超过电极发射电荷所需电场强度时,上述理论不再有效。经过不同温差上下电极样品实测空间电荷分布,再计算出试验中的电场分布,发现最大电场强度都位于紧接低温电极的介质中,图 2-62 所示为最大场强与外施场强度、上下电极温差的关系。

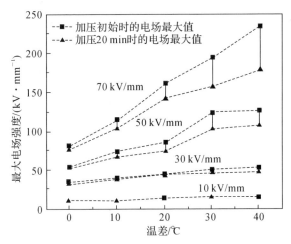

图 2-62　最大场强与外施场强度、上下电极温差的关系

　　由图 2-62 可知,在外施场强 $E=10$ kV/mm 时,温差 ΔT 的

变化几乎不影响最大场强,随着外施场强的逐渐增加,电缆中最大场强的上升速度随温差的增加而增加。在 $\Delta T = 40℃$ 和外施场强 $E = 70 \text{ kV/mm}$ 下,最大场强 $E_{max} = 258 \text{ kV/mm}$,几乎是外施 DC 场强的 4 倍;在外施场强 $E = 50 \text{ kV/mm}$ 时,$E_{max} = 140 \text{ kV/mm}$,是外施直流场强的 2.8 倍,可以想象,随着上下电极温差增大,电场增强的倍数将更大。

(5)不同介质界面产生空间电荷。依据 Maxwell - Wagner 理论,绝缘材料界面两侧电导率和介电常数比值的不连续性将导致界面极化空间电荷的产生。下式表示理想界面参数条件:

$$\frac{\varepsilon_{XLPE}}{\varepsilon_{ACCY}} = \frac{\sigma_{XLPE}}{\sigma_{ACCY}} \qquad (2-15)$$

式中,σ_{XLPE},σ_{ACCY} 分别为电缆主绝缘和附件增强绝缘的电导率;ε_{XLPE},ε_{ACCY} 分别表示电缆主绝缘和附件增强绝缘的介电常数。当式(2-15)不满足时,绝缘介质界面上将会积聚大量的空间电荷,且等式两边值相差越大,界面的空间电荷积累得越多。所以,直流电压下电缆主绝缘与附件增强绝缘之间电导率参数的配合是最大限度地抑制界面空间电荷的关键。在直流电缆附件的设计中,除非引入非线性材料层,否则,使不同温度下电缆主绝缘材料和附件增强绝缘材料的电导率比值与介电常数比值越接近越好,从而有效地抑制界面空间电荷产生。

2.4 电缆内、外部的半导电屏蔽层

XLPE 绝缘电缆内外半导电屏蔽层的性能,对 XLPE 的性能起着极其重要的作用,同时,它的发展和变革也是交联电缆不断完善和发展的象征,研究它对于认识和理解 XLPE 绝缘电缆的整个结构将起着关键作用。

绝缘屏蔽层是由半导体材料组成的,它挤在金属线芯与绝缘层

之间或绝缘与金属屏蔽层之间,分别称为绝缘的内屏蔽和外屏蔽。它们的作用是均匀电场防止局部放电。如果半导电屏蔽层自身不能保证电性光滑(表面粗糙,甚至有尖锐的突出),存有不平的凹坑或有裂缝,断口与绝缘接触不良等缺陷,就难以起到均匀电场的作用,甚至有可能引起严重的电场集中,导致局部放电或绝缘击穿。

内、外半导体层是由 PE,EPM 或 EVA 等极性聚合物和特选的高导炭黑混成的。最常用的高导炭黑平均粒度在[$(200\sim400)\times10^{-9}$] mm。20 kV 以下的 XLPE 绝缘电力电缆可以用含有极性材料的可剥离半导体混合物作外屏蔽,24 kV 及以上电压等级的电缆要用交联性半导体作内外屏蔽。

内屏蔽和绝缘层的接触面是电缆场强最高的地方,接触上的任何缺陷都易引起电场高度集中。美国标准 AELCNo.5 中规定,如有比内屏蔽圆柱突出或高低不平大于 0.25 mm 的电缆,属于不合格。造成内屏蔽突出的主要原因:一是贴在挤出模口的半导体"分泌物"脱逸出来,黏着在内屏蔽层表面,即所谓"模泌"(Die Bleed);二是半导体表层的炭黑结块正常挤出时,因模套内径一般比内屏蔽层外径大些(大 $0.5\sim0.9$ mm),所以 0.25 mm 的炭黑结块很易通过模孔。半导体表面不平或有麻坑等也能导致电场集中。在粗糙的半导体层表面上往往有炭黑颗粒嵌在绝缘物中,成为隐蔽突出物。

半导体突起或嵌入所引起的高场强还会促使炭黑颗粒的电子冷射,即在高场强下,运动着的电子逸出导体,射入介质。这样,会导致更严重的局部放电。

为了消除半导体屏蔽层的各种缺陷,使界面有高度光滑性,必须做到以下几点:

(1)采用有良好挤出性的半导体混合料;

(2)良好的半导体料混合工艺,炭黑必须均匀分散,潮湿的炭黑或其他混合料都严禁使用;

(3)内外半导体料与绝缘料同时挤出。当前 XLPE(及其他聚合物)绝缘的大量生产一般都采用多层挤出工艺(1+2 挤出、2+2 挤出或 3 层挤出),基本上解决了界面上的密切黏合和其他缺陷问题。

有时外半导体是由半导体带绕包在绝缘上的,此时绝缘层上要涂抹一层石墨浮悬浆,以保证与半导体带有良好的接触。

2.4.1 屏蔽层物理、机械性能

在此主要以挤出型半导电屏蔽层为对象研究屏蔽层的物理、机械性能。已知半导电屏蔽层表面开裂、缺陷、不溶性杂质、尖凸物等对绝缘电缆的使用寿命影响极大。其次,半导电屏蔽层的热膨胀系数选择也至关重要,它应与绝缘材料的热膨胀系数相近,这样才能保证坚强的黏附能力,防止两者界面因运行的冷热循环作用而开裂或脱离。

从引发树枝角度来看,半导电屏蔽层由于挤出时节疤、分界面上杂质、半导电凹陷造成气隙和界面上空洞等原因将对屏蔽层产生危害,其危害程度据经验判断为:节疤>杂质>空洞。

对于半导电屏蔽层的厚度,从电性能上来分析,只需有很薄一层即能达到屏蔽要求。但从均匀电场方面考虑,则要求半导电屏蔽层具有一定厚度,否则无法覆盖导丝扭纹纹路,不能形成光滑圆面,从而使改善电场功能下降。从机械作用方面考虑,屏蔽层太薄,当电缆弯曲变形时,弯曲应力会使屏蔽层开裂。同时有了一定的厚度也才能起热屏蔽作用,一般常见的中低压电缆,其屏蔽层厚度为 0.8~1.0 mm,高压电缆要求略厚一些。

IEC 规定,电缆最小弯曲半径为(室温下):

单芯电缆　　　　　$10(D+d)\pm5\%$　　　　(2-16)

三芯电缆　　　　　$\frac{15}{2}(D+d)\pm5\%$　　　(2-17)

式中,D 为电缆实际外径,mm;d 为导体实际外径,mm。

按照 IEC 上述要求,可计算出半导电屏蔽层实际达到的伸长率,即

$$\Delta L/L_0 = (r_3 - r_2)\mathrm{d}\theta/(r_2\mathrm{d}\theta) = (r_3 - r_2)/r_2 =$$
$$[(r_1 + D) - (r_1 + D/2)]/(r_1 + D/2) =$$
$$(D/2)/[10(D+d) + D/2] =$$
$$[D/(20(D+d) + D)] \times 100\% \qquad (2-18)$$

式中,r_1 为电缆弯曲内侧半径,mm;r_2 为弯曲中心线半径,mm;r_3 为电缆弯曲外侧半径,mm。

若同时考虑低温敷设和低温冲击等因素,一般要求伸长率在 30% 以上,图 2-63 所示为电缆弯曲时内外侧伸长示意图。实际上目前国内、外较大的生产厂商都能超过这一要求,只有某些乡镇电缆厂或个别厂家的半导电屏蔽层不能满足这一要求。

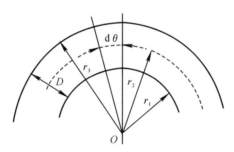

图 2-63 电缆弯曲时内外侧伸长示意图

2.4.2 屏蔽层的电气特性

电缆生产中,半导电屏蔽层电阻率的选择是基于理论和运行温度、加工过程等因素的,一般取电阻率 $\rho_V = 10^4\ \Omega\cdot\mathrm{cm}$,这是因为屏蔽层电阻率 ρ_V 值的大小对电缆 $\tan\delta$ 的影响很大。关于这一点,可根据等值电路来分析电阻率 ρ_V 对电缆 $\tan\delta$ 的影响。如图 2-64 所示的等值电路,在外施电压 U 作用下,电缆对地电容电流为 I,

由此可知绝缘和屏蔽层上电压比为

$$U_\text{屏}/U_\text{绝} = (R' + R'')I/(I/(\omega C)) = (R' + R'')\omega C$$

$$(2-19)$$

式中,R'、R''为内外半导电屏蔽层电阻;C为绝缘层电容;$\omega = 2\pi f$,f为频率。

取R'和R''为$3 \times 10^5\ \Omega$,则$U_\text{屏}/U_\text{绝} \approx 10^{-3}$。若屏蔽层厚度为$0.5 \sim 1.0$ mm,周长为30 mm,电阻率约为$10^8\ \Omega \cdot \text{cm}$,此时工频电压下屏蔽层即能达到屏蔽要求。

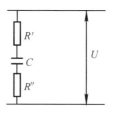

图 2 - 64　　等值电路

在脉冲电压下,由于等值交流频率为$10^6\ \text{s}^{-1}$,这时,为了达到同样的电压分配,即需要半导电屏蔽层的电阻率为

$$\rho_V = 10^8 \times 314/10^6 \approx 10^4 \sim 10^5\ \Omega \cdot \text{cm}$$

即 $$\rho_V \leqslant 10^5\ \Omega \cdot \text{cm} \qquad (2-20)$$

这就是一般取$10^4\ \Omega \cdot \text{cm}$的原因。

实际上,上述等值电路没有考虑屏蔽层的电容效应。如果屏蔽层电阻率较大,就应考虑并联电容的电容值,故此就会出现屏蔽层介质损耗影响整个测量介质损耗,使测量介质损耗增加。下面对屏蔽层电阻率ρ_V与电缆介质损耗$\tan\delta$之间的关系做理论上的推算。

将电缆看成如图 2-65 所示的等值电路,其中R_0和C_0为内屏蔽电阻、电容;R_0'和C_0'为外屏蔽电阻、电容;R_m和C_m为绝缘层电阻、电容。

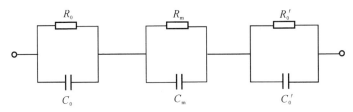

图 2 - 65　等值电路

电缆的等值阻抗为

$$Z = Z_0 + Z_m + Z_0' = I/Y_0 + 1/Y_m + 1/Y_0' \qquad (2-21)$$

代入

$$Y_0 = 1/R_0 + j\omega C_0$$
$$Y_m = 1/R_m + j\omega C_m$$
$$Y_0' = 1/R_0' + j\omega C_0'$$

化简得

$$Z = \frac{R_0 \tan\delta_0^2 (1 + \tan\delta_m^2)(1 + \tan\delta_0'^2) + R_m \tan\delta_m^2 (1 + \tan\delta_0^2)(1 + \tan\delta_0'^2)}{(1 + \tan\delta_0^2)(1 + \tan\delta_m^2)(1 + \tan\delta_0'^2)} +$$

$$\frac{R' \tan\delta_0'^2 (1 + \tan\delta_0^2)(1 + \tan\delta_m^2)}{(1 + \tan\delta_0^2)(1 + \tan\delta_m^2)(1 + \tan\delta_0'^2)} -$$

$$j\left[\frac{R_0 \tan\delta_0 (1 + \tan\delta_m^2)(1 + \tan\delta_0^2) + R_m \tan\delta_m (1 + \tan\delta_0^2)(1 + \tan\delta_0'^2)}{(1 + \tan\delta_0^2)(1 + \tan\delta_m^2)(1 + \tan\delta_0'^2)} + \right.$$

$$\left.\frac{R_0' \tan\delta_0' (1 + \tan\delta_0^2)(1 + \tan\delta_m^2)}{(1 + \tan\delta_0^2)(1 + \tan\delta_m^2)(1 + \tan\delta_0'^2)}\right]$$

$$(2-22)$$

式中　　　$\tan\delta_0 = 1/(\omega C_0 R_0)$, 　　$\tan\delta_m = 1/(\omega C_m R_m)$

$$\tan\delta_0' = 1/(\omega C_0' R_0')$$

由此可知，等效电路总电阻为

$$R = [R_0 \tan\delta_0^2 (1 + \tan\delta_m^2)(1 + \tan\delta_0'^2) +$$
$$R_m \tan\delta_m^2 (1 + \tan\delta_0^2)(1 + \tan\delta_0'^2) +$$
$$R_0' \tan\delta_0'^2 (1 + \tan\delta_0^2)(1 + \tan\delta_m^2)]/$$

$$[(1+\tan\delta_0^2)(1+\tan\delta_m^2)(1+\tan\delta_0'^2)] \qquad (2-23)$$

同时可知,等效电路总电容为

$$C = 1/\omega X_c =$$
$$\omega[(1+\tan\delta_0^2)(1+\tan\delta_m^2)(1+\tan\delta_0'^2)]/$$
$$[R_0\tan\delta_0(1+\tan\delta_m^2)(1+\tan\delta_0'^2)+$$
$$R_m\tan\delta_m(1+\tan\delta_0^2)(1+\tan\delta_0'^2)+$$
$$R_0'\tan\delta_0'(1+\tan\delta_0^2)(1+\tan\delta_m^2)] \qquad (2-24)$$

根据串联电路,介质损耗 $\tan\delta = \omega CR$,故可知图 2-65 等值电路总损耗(即交联电缆总损耗)为

$$\tan\delta = [R_0\tan\delta_0^2(1+\tan\delta_m^2)(1+\tan\delta_0'^2)+$$
$$R_m\tan\delta_m^2(1+\tan\delta_0^2)(1+\tan\delta_m'^2)+$$
$$R_0'\tan\delta_0'^2(1+\tan\delta_0^2)(1+\tan\delta_m^2)]/$$
$$\omega[R_0\tan\delta_0(1+\tan\delta_m^2)(1+\tan\delta_0'^2)+$$
$$R_m\tan\delta_m(1+\tan\delta_0^2)(1+\tan\delta_m'^2)+$$
$$R_0'\tan\delta_0'(1+\tan\delta_0'^2)(1+\tan\delta_m^2)] \qquad (2-25)$$

根据资料报道,理论计算和实测曲线形状完全一样,只是在幅值上略有差别,如图 2-66 所示。这种差别主要来源于等值电路对原电缆结构上的忽略。从图中可知,随着屏蔽电阻率升高,电缆介质损耗 $\tan\delta$ 增加,在 $\rho_V = 10^9$ 左右出现极大值,而当屏蔽电阻率 $\leqslant 10^3\ \Omega \cdot cm$ 时,电缆损耗 $\tan\delta$ 几乎不再下降,而趋于 XLPE 介质损耗,即可认为此时已不存在屏蔽层附加损耗。

当加压运行时,从电压分配和电容分压角度看,在半导电屏蔽层上,也应承受电压,但由于 $\varepsilon_绝 < \varepsilon_半$,所以 $U_1 \ll U_2$,屏蔽层上分配的压降很小,当电缆尺寸一定时,$U_1/U_2 \propto \varepsilon_2/\varepsilon_1$。同时通过对具有半导电屏蔽电缆的长期工频、短期工频和冲击电压破坏特性的研究,发现半导电屏蔽层有明显减小交流长期破坏的作用,这种作用在于长期交流防止了电晕的发生。

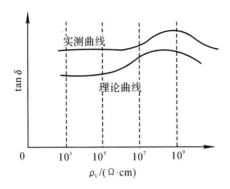

图 2 - 66　屏蔽电阻率 ρ_V 与电缆 $\tan\delta$ 之间关系的
理论值和实测值比较

2.4.3　屏蔽层的热特性

半导电屏蔽层可看作是一种具有热阻的导热体。作为一种热缓冲层,可把线芯发出的热阻挡,使其有一定的过渡过程,防止绝缘直接暴露在线芯发出的热场下。当电缆线芯通过瞬时电流 I 时,电缆各部分开始升温,导体发热量应与散热量相等,即满足热平衡方程:

$$I^2 r = \theta/R_t \qquad (2-26)$$

式中,I 为通过线芯的电流,A;r 为导体电阻,Ω;θ 为温升,℃;R_t 为屏蔽层热阻,℃/W。

热阻和热阻率 ρ_T 满足下列关系式:

$$R_t = \rho_T/[2\pi\ln(D/d)] \qquad (2-27)$$

式中,D 为半导电屏蔽层外径,mm;d 为导体外径,mm。

屏蔽层热特性试验如图 2 - 67 所示。

正是由于屏蔽层的存在,绝缘处温度才大大低于导体温度,所以屏蔽层的存在对绝缘老化、电性能等各方面都有积极作用。

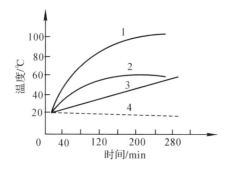

图 2 - 67　屏蔽层热特性

1— 导体温度；2— 屏蔽层温度；3—XLPE 温度；4— 环境温度

2.4.4　屏蔽层的作用

1. 屏蔽层具有均匀电场和降低线芯表面场强的作用

线芯表面采用半导电屏蔽层可以均匀线芯表面不均匀的电场,减少因导丝效应所增加的导体表面最大场强。例如,10 kV, 25 mm² 电缆的绝缘厚度为 5 mm,无半导电屏蔽层时,$E_{max} = 4.24$ kV/mm,有内屏蔽层时,$E_{max} = 3.13$ kV/mm。E_{max} 下降,可以减小绝缘层厚度,降低电缆成本;最高场强的下降,使电缆运行更加安全可靠。同时,屏蔽层的存在使设计者可以将电缆看作同心圆柱体来计算,减小理论计算造成的误差。

2. 屏蔽层的存在提高了电缆局部放电的起始放电电压,减少了局部放电的可能性

由于三层同时挤出的电缆结构,防止了屏蔽层和绝缘层间接触不紧密而产生的气隙,使得高低电压电极紧密结合在绝缘表面,不易产生局部放电。

3. 抑制树枝生长

当导体表面金属毛刺直接刺入绝缘层时,或者在绝缘层内部

存在杂质颗粒、水气、气隙时,这些将引起尖端产生高电场、场致发射而引发树枝。对于金属表面毛刺,半导电屏蔽将有效地减弱毛刺附近的场强,减少场致发射,从而提高耐电树枝放电特性。若在半导电屏蔽料中加入能捕捉水分的物质,就能有效地阻挡由线芯引入的水分进入绝缘层,从而防止绝缘中产生水树枝。

4. 热屏障作用

前面已经讨论过,半导电屏蔽层有一定热阻,当线芯温度瞬时升高时,电缆有了半导电屏蔽层的热阻,高温不会立即冲击到绝缘层,通过热阻的分温作用,使绝缘层上的温度缓慢上升。

5. 外半导电屏蔽作用

虽然在 XLPE 绝缘电缆外接触金属屏蔽的地方电位较低,场强也因此而低于线芯附近,但是在运行中电缆受弯曲应力时,绝缘表面受到张力作用而伸长,若这时存在局部放电,则会由于表面弯曲应力产生微观裂纹,引发水树枝生成,或表面受局部放腐蚀引起新开裂等不良反应,故外屏蔽不可缺少。IEC 规定,XLPE 绝缘电缆 3 kV 以上即要有内、外两层屏蔽。

2.4.5　非金属外护层上半导电层

(1)非金属外护层半导电层主要是为了电缆施工完成后,对电缆非金属护层进行绝缘评估试验而设立。在电缆敷设现场,电缆均放在支架上,相邻支架的电缆外护套处于悬空状态,如果没有将半导电层相连及接地,这部分护套在试验中将不能被耐压而发现问题。其次,在查找非金属外护套缺陷时,利用它可以帮助找到缺陷点。

(2)这层半导电层有两种形式,一是在绝缘护层(非金属外护层)刚挤出成型以后,趁热涂覆石墨,形成半导电层,厚度一般较薄,如果涂覆时间掌握不合适,会在敷设施工中产生石墨脱落,需要再次补刷;另一种是挤出型半导电层,厚度一般在 1 mm 左右,不易脱落,但安装附件时刮掉也比较困难。

2.5　金　属　屏　蔽

　　XLPE 绝缘电缆的金属屏蔽与油纸(或充油)电缆的金属屏蔽有所不同,在油纸(或充油)电缆中,金属屏蔽是由铅护套来完成的,因此,屏蔽层实际截面与计算值一致。而在 XLPE 绝缘电缆中,为减轻质量,不采用铅护套(只有 110 kV 或更高电压等级电缆采用),只将铜带按一定方式绕包在外半导电屏蔽层上,这种制造给屏蔽层计算带来了很多麻烦。

2.5.1　屏蔽层作用

　　1. 使电场方向与绝缘半径方向相同

　　对于中低压电缆,三相虽然成缆,但仍可看作三个单相电缆安装和试验,相与相之间没有电的联系。

　　2. 承担不平衡电流

　　作为中心线,正常情况下还有电容电流,当电缆发生故障时,铜带作为短路故障电流回路。

　　3. 防止轴向表面放电

　　电缆在良好接地环境中,由于半导电屏蔽层有一定电阻,在电缆轴向可能引起电位分布不均匀而造成电缆沿面放电。如图 2-68 所示的等值电路,其轴向电缆表面 U 分布的变化如图 2-69 所示。当轴中间有一段接地不良时,分布电容电流在两接地点形成高电位区,越靠近两端产生的电压降 ΔU 越大,其表面单位电阻 R_0 相同,在两端点 A 和 B 处形成高场强,引起放电打火现象。当电流不大时,采用金属屏蔽即能消除。但对于单芯电缆,由于还存在过高的感应电位,即使有金属屏蔽,也无法消除,必须采用交叉换位方法来补偿,具体将在以后作详细讨论。

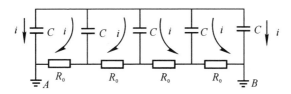

图 2-68　等值电路

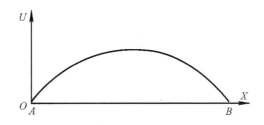

图 2-69　屏蔽上电位分布

2.5.2　金属屏蔽的结构形式

一层或两层退火铜带螺旋搭盖绕包,形成一个圆柱同心导体。多根细铜丝绕包、外用铜带螺旋间隙绕包,可增加短路容量,绕向相反时可抵消电感。

2.5.3　屏蔽层截面的计算

(一)多芯电缆金属屏蔽层

当电力系统发生三相短路或两相短路故障时,无短路电流流过金属屏蔽层。只有当电缆发生单相短路故障或系统发生两相接地短路故障时,才有短路电流流过金属屏蔽层。从运行经验看,电缆事故,特别是 XLPE 绝缘电缆事故,相间短路发生得很少,大都是在萌发接地故障后,由于高温引发相间发生故障。而相间短路都发生在电缆附件中,如相间距离不够、安装不当、材料性能不好等。一般在发生单相故障几秒钟内即发生相间短路。这种流过屏蔽层的电流,在初期可能很大,但在相间短路发生后,金属屏蔽层中的电流就会减小。其次,如我国中性点直接接地系统(对高压电缆),在金属屏蔽层中流过的短路电流与电缆导电线芯流过的短路电流相同。在中性点非直接接地系统中(中低压配电系统地区),除特殊情况外(双接地),短路电流不会太大,对此,GB12706已规定金属屏蔽层标称截面为 16 mm², 25 mm², 35 mm², 50 mm²,可根据故障电流容量选取,但应保证短路电流流过金属屏蔽层时,最高温度不超过 300℃。

目前电缆制造行业对中低压电缆金属屏蔽层截面计算采用公式

$$S = \pi D_S \Delta t \frac{1}{1-0.25} \qquad (2-28)$$

式中,S 为铜带屏蔽层等效截面积,mm²;D_S 为金属屏蔽层平均直径(绝缘屏蔽直径 $+ 3\Delta t/2$),mm;Δt 为屏蔽用铜带厚度,mm,绕包搭盖 25%。

从上述公式看出,它没有考虑铜带搭接后接触不良引起的误差,而实际情况是,对于新出厂的电缆,这样的计算比较合适,但在运行或存放一定时间后,会由于铜带松动、氧化等原因,使搭接处电阻增大,短路电流不是按轴向流动,而是沿螺旋方向流动,此时,屏蔽层的电阻应主要取决于铜带厚度和总长度,与绝缘屏蔽直径没有关系。IEC20A(CO)132 文件中,推荐用下式计算屏蔽层截面积:

$$S = U_t T_t W_t \qquad (2-29)$$

式中,S 为铜屏蔽层截面积,mm²;U_t 为铜屏蔽层数;T_t 为铜带厚度,mm;W_t 为铜带宽度,mm。

可以看出,这个公式也完全没有考虑搭盖、轴向流动电流,因此应在以上两公式基础上,同时考虑已提出的各种因素,取一个系数。但从目前实际调查结果看,尚没有出现因短路事故将铜带烧损的事例,说明在我国电力系统情况下,单相接地短路电流,在现有铜带屏蔽中流动,热稳定是基本满足的,这也从另一方面反映出电缆的散热比实际要大。

(二) 高压单芯电缆金属护套

高压电缆金属护套主要有铅套、铝套和铜套三种,具有屏蔽和防水功能。通常陆地电缆采用铝套,海底电缆采用铅套或铜套。作为径向防水层,要求金属套有良好的机械性能和防腐蚀性能;作为故障电流的通道,要求满足短路容量的要求。其中铅套和铝套在国内行业标准中有具体要求,铜套只在国外企业有应用。

1. 铅套

铅套应采用符合 JB/T 5268.2 规定的铅合金,也可采用与此性能相当或较优的铅合金,铅套应为松紧适当的无缝铅管。

铅套的标称厚度按下式计算:

直流陆地电缆:　　　$\Delta = 0.03D + 0.8$　　　　　(2-30)

直流海底电缆:　　　$\Delta = 0.03D + 1.1$　　　　　(2-31)

式中,Δ 为铅套的标称厚度,mm;D 为铅套前假定直径,mm。

所有假设直径的计算均按 GB/T 12706.3 附录 A 进行,纵向阻水层应在计算中忽略不计,计算结果修约至 0.1 mm。

铅套最薄处厚度应不小于标称厚度的 95% - 0.1 mm。

2. 铝套

铝套应采用纯度不小于 99.6% 的铝或铝合金制造,铝带伸长率应不小于 16%。铝套可采用皱纹铝套或平铝套。铝套的标称厚度应按下式计算:

皱纹铝套:　　　$\Delta = 0.02D + 0.6$　　　　　(2-32)

平铝套:　　　　$\Delta = 0.03D + 0.8$　　　　　(2-33)

式中,Δ 为铝套的标称厚度,mm;D 为铝套前假定直径,mm。

铝套最薄处厚度应不小于标称厚度的 85% - 0.1mm。

(三) 按照发热确定金属屏蔽层

根据发热和散热情况来确定电缆金属屏蔽层截面,IEC—(S)—126 关于非绝热过程金属屏蔽短路电流的计算方法为

$$I = \varepsilon I_{AD} \qquad (2-34)$$

式中,I 为非绝热过程短路电流,A;I_{AD} 为绝热过程短路电流,A。则有

$$I_{AD}^2 t = K^2 S^2 \ln[(Q_f + \beta)/(Q_L + \beta)] \qquad (2-35)$$

其中,S 为屏蔽层标称截面,mm^2;Q_f 为屏蔽层允许最高温升,$Q_f = 150℃$;Q_L 为起始屏蔽层温度,$Q_L = 75℃$(以线芯温度 95℃ 为基础);t 为短路时间,s;K 为根据屏蔽材料而定的常数,$K = 226$;β 为屏蔽层在 0℃ 时电阻温度系数的倒数,$\beta = 234.5$。

为了使单相接地或不同地点两相接地故障电流在流过金属屏蔽层时不至于将其烧坏,当选择电缆时使金属屏蔽层的最小截面满足表 2-35 的要求。

表 2-35　XLPE 绝缘金属屏蔽层最小截面推荐值

U/kV	6(10)	35	63	110	220	330	500
S/mm^2	25	35	50	70	95	120	150

对于 110 kV 及以上单芯 XLPE 绝缘电缆,为减小流经金属屏蔽层的接地故障电流,可加设接地回流线,该回流线截面可通过热稳定计算确定。

2.6　非金属外护套

外护套类型的选择取决于电缆的设计和运行时的环境、机械、热性能和阻燃性能的要求。非金属外护套应有良好的防腐蚀、防

蚁、防潮性能。

由于 PE 材料密度较高,防水性能较好,而 PVC 材料具有一定的阻燃性能,所以可以根据使用环境选用,也可以两者同时存在,采用内层 PE 护套,外层 PVC 护套的双层结构,但是切记不能反过来使用。

外护套如需增加"退灭虫"(Termigon)或"退敌虫"防蚁护层,需采用双层护套结构,其中内层护套应采用高密度 PE(HDPE)护套料,外层护套应采用"退灭虫"(Termigon)或"退敌虫"防蚁护套料。电缆的防蚁性能应满足 GB/T 2951.38 要求,根据蚁巢法达到 1 级蛀蚀等级。

(1)护套材料。非金属外护套用于保护电缆金属屏蔽,目前有两种类型外护套:

1)以聚氯乙烯(PVC)为基材的 ST_2;

2)以聚乙烯(PE)为基材的 ST_7。

(2)护套厚度。护套的标称厚度(以 mm 计)应按照下式计算:

直流陆地电缆:　　$T=0.035D+1.0$　　　　　　(2-36)

护套的标称厚度应不小于 1.8 mm,护套最薄处厚度应不小于标称厚度的 80%-0.2 mm。

直流海底电缆:　　$T=0.03D+0.6$　　　　　　(2-37)

式中,T 为挤包护套标称厚度,mm;D 为挤包护套前假定直径,mm。

护套最薄处厚度应不小于标称厚度的 85%-0.1 mm。

(3)基本性能。非金属外护套的基本性能都应满足相应国标要求,也可以根据实际情况组合。

第3章 XLPE绝缘电缆数理统计理论与参数计算

3.1 理 论 基 础

为了保证聚合物绝缘挤出的高压电缆有满意的运行可靠性,必须遵守严格的要求和规定,并进行大量的短时和长期的试验工作,以及新材料及其配方不断开发,如果都要在全尺寸电缆上进行大量昂贵的实验,那是不现实的,只有用对大量模拟电缆和少量实样电缆的试验结果进行数理统计处理才能得到解决。

在应用数理统计理论时,要把有影响的各种环境因素考虑进去,特别是对局部放电、水树老化和温度等影响缩短电缆寿命的因素进行全面考虑,需要选择适当的数学模型进行研究。

而挑选适当的数字模式来表示电缆的击穿电压分布(试验数据)已有不少研究,一般认为所谓"二维韦伯分布"(Two-dimensional Weibull Distribution)是有实用意义的。

在 t 时间内作用于基准值(Reference Value)E 电场下,一根电缆的击穿概率 F 可以写作

$$F(t,E) = 1 - \exp(-ct^a E^b) \qquad (3-1)$$

式中,a 和 b 是与绝缘材料有关的常数,c 是既与材料有关又与电缆尺寸有关的常数。这三个常数与 E 及 t 都无关系。如果 $c = t_0^a E_0^{-a}$,式(3-1)可以写为

$$F(t,E) = 1 - \exp[-(t/t_0)^a (E/E_0)^b] \qquad (3-2)$$

假定 t_0 是一任意选定的参考时间,E_0 则是一个达到标称击穿概率

的场强,则有

$$F(t_0, E_0) = 1 - \exp(-1) \approx 0.632$$

对一个给定材料,E_0 与电缆的尺寸和绝缘中的电场分布有直接关系。

在下面的讨论中,将绝缘中的最高电场强度,即导体上的电场强度作为基准[*]。

如有两根用相同材料绝缘的电缆,一根长度为 L_1,绝缘内径为 R_{11},外径为 R_{21},另一根相应的参数为 L_2,R_{12},R_{22},当电缆 1 及 2 有相同击穿概率(即 0.632)时,其最高场强的关系为

$$E_{02} = E_{01} \left[(L_1/L_2)(R_{11}/R_{12})^2 H_{12} \right]^{1/b} \qquad (3-3)$$

H_{12} 是 R_{11},R_{12},R_{21},R_{22} 的函数,实际上可考虑 $H \approx 1$。如果式 (3-2) 中 F 是常数,那么

$$t^a E^b = \text{const} \qquad (3-4)$$

式(3-4)明确了 E 和 t 的关系,即在 t 时间内,在同样电场下,导致绝缘击穿的概率 F 与 E 和 t 的关系不变。当 F 是"标称"击穿概率 $F_0 = 0.632$ 时,式(3-4)可写为

$$t^a E^b = t_0^a E_0^b \qquad (3-4a)$$

式(3-4a)就是电缆的寿命曲线公式。把 E_0 代入式(3-3)中的 E_{02},式(3-4a)表示电缆以最高场强表达的寿命曲线,而又与电缆的尺寸有关。式(3-4a)一般可写成

$$t E^n = t_0 E_0^n \qquad (3-5)$$

式中,$n = b/a$ 叫作寿命指数。

系数 a 及 b 分别取决于时间和场强的击穿分布的分散度 (Scattering)。系数愈高,各自代表的分散度愈低。

根据以上理论分析结果,在系数 a 及 b 已经求得,并已求得已

---

[*]　近年有人以为塑料绝缘电缆的绝缘厚度选择应以平均场强为依据较为适合(见:Research and Development of 500 kV XLPE cables 一文,文载 Conference Record of The 1986 IEEE International Symposium on Electrical Insulation June 9-11)。

知尺寸的试样电缆在 t_0 时的标称电场击穿场强 E_0 以后,一根给定电缆,在任何一对 t 及 E 的作用下的可靠性(寿命)就可以求得。

3.2　确定电缆的击穿分布参数

3.2.1　电缆参数的理论分析

应该通过两个方面分析 XLPE 电缆绝缘层厚度。一个是在 50 Hz 电压下的绝缘层厚度 t_{AC},一个是脉冲电压下的绝缘厚 t_{imp}。但是,当设计电缆绝缘层的厚度时,必须考虑电缆的制造技术,例如,预制成型和预制冷收缩电缆附件。还应考虑50 Hz 的电压和脉冲电压的影响。现在,只讨论交联聚乙烯绝缘电缆工艺改变中的 t_{AC} 和 t_{imp}。它的关键是如何降低在高压交联电缆的发展中 t_{AC} 和 t_{imp} 值。t_{AC} 和 t_{imp} 计算公式为

$$t_{AC} = \frac{U_m K_1 K_2 K_3}{\sqrt{3} E_L(AC)} \qquad (3-6)$$

式中,t_{AC} 为 50 Hz 电压的绝缘厚度,mm;U_m 为最大电压,kV;K_1 为寿命系数(这是一个在 $V-t$ 曲线中 1 h 和 30 年工作电压的比值);K_2 为温度系数;K_3 为绝缘裕度;$E_L(AC)$ 为 50 Hz 设计场强,kV/mm。

$$t_{imp} = BIL \times K_4 \times K_5 \times K_6 / E_L(imp) \qquad (3-7)$$

式中,t_{imp} 为由冲击电压决定的绝缘厚度,mm;BIL 为基本冲击电压,kV;K_4 为由试验电压引起的寿命系数;K_5 为温度系数;K_6 为绝缘裕度;$E_L(imp)$ 为设计冲击场强,kV/mm。

在式(3-6)和式(3-7)中,$E_L(AC)$ 和 $E_L(imp)$ 可以从威布尔统计理论的 $F(E)$ 公式获得。据威布尔统计理论,可以得到最低的电缆绝缘击穿电压,则有

$$F(E) = 1 - \exp\left[-\{(E - E_L)E_0\}^m\right] \qquad (3-8)$$

式中,$F(E)$ 为当电场等于 E 时,绝缘发生击穿的概率;E_L 为位置系数;E_0 为尺寸系数;m 为形状系数。

从式(3-8)可以看出,在 E_L 下电缆的绝缘击穿的概率基本为零。因此,对 E_L 的思维方法是非常合理的。

在超高压 XLPE 绝缘电缆的发展中,E_L(AC)已经从最初的 15 kV/mm 达到 35 kV/mm;E_L(imp)已经从 45 kV/mm 升到 75 kV/mm。因此,可以大大地减小绝缘层厚度。

最近,国际大电网会议建议 E_L(imp)由 45 kV/mm 提高到 75 kV/mm。

3.2.2　E_L 的确定

1. 在冲击电压下的 E_L(imp)

根据国际上不同电缆的电压等级,对不同 E_L 值的大量试验分析可知,XLPE 绝缘电缆的初期破坏值都高于 75 kV/mm,见表 3-1。从图 3-1~图 3-6 可得,E_L(imp)的取值为 E_L(imp)= 51~58.6 kV/mm,相应地使电缆破坏场强也出现变化,E = 22~120 kV/mm。

表 3-1　目前的 XLPE 电缆的初期破坏值

	年　份	1985—1992		
	电压/kV	22~33	66~77	154~275
	（绝缘厚度/mm）	（6~7）	（9~13）	（19~29）
常温	平均值/(kV·mm^{-1})	133.1	114.6	93.5
	E_L/(kV·mm^{-1})	88.6	86.0	78.0
	有效样品值	76	134	50
高温 90℃	平均值/(kV·mm^{-1})	（144.1）	86.1	78.1
	E_L/(kV·mm^{-1})		69.1	64.1
	有效样品值	8	12	21
温度 系数	平均值	1.08	1.33	1.19
	E_L 之比		1.24	1.22

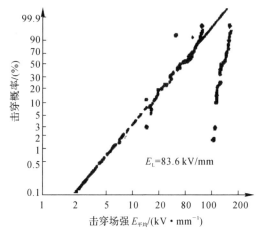

图 3-1　22～33 kV CV 电缆雷电冲击破坏电场的
威布尔分布(1985—1992;常温)

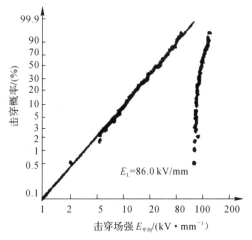

图 3-2　66～77 kV CV 电缆雷电冲击破坏电场的
威布尔分布(1985—1992;常温)

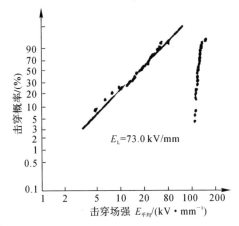

图 3 - 3　154～275 kV CV 电缆雷电冲击破坏电场的
威布尔分布（1985—1992 年：常温）

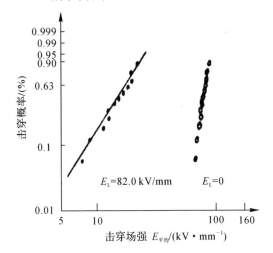

图 3 - 4　电极长 10 mm，39 mm 电缆绝缘厚度（90℃）
试样 1×240 mm²，66 kV XLPE
电缆 425 kV 通电三次后，升压 24 kV 3 次

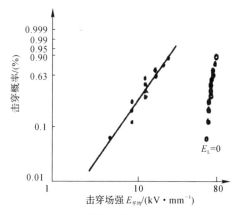

图 3-5　9 mm 厚绝缘电缆的交流破坏场强（室温）

试样：$1 \times 250 \text{ mm}^2$，66 kV XLPE 电缆

400 kV 通电一次后，升压 30 kV 1 次

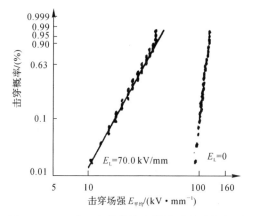

图 3-6　275 kV 交联绝缘电缆的冲击破坏场强

试样 275 kV XLPE 绝缘电缆（1 500 mm²）

电极长 12 m，结果没有发生破坏（90℃）

随着绝缘厚度的增加，电缆直径增加散热等问题会相应出现，

因此在这些试验基础上,可以从图 3 - 6 推知 E_L(imp)取 70 kV/mm比较合适,这样可以使电缆的破坏场强 $E_{平均}$ = 50 kV/mm(室温),而目前 220 kV 工频耐压试验 $U = 2.5U_0$ (317.5 kV)时的最大工作场强 E_{max} = 20.3 kV/mm。

因此,这样的取值将使设计的 220 kV 电缆最大工作场强和平均破坏场强之间有 η = 2~2.5 的裕度。

2. 在工频下的 E_L(AC)

根据国际流行的交流最低破坏场强的推算方法,可以估计出交流 E_L 值应为 $70 \times 1/2 = 35$ kV/mm,同时根据资料推导,XLPE 绝缘电缆的初期击穿值见表 3 - 2,而根据威布尔分布计算的各种 E_L(AC)值下的破坏场强如图 3-7~图 3-9 所示。

表 3 - 2　22~275 kV XLPE 电缆在冲击电压时的初期击穿值

年份	1971—1975		1978—1992			1985—1992		
电压/kV	22	66	22~33	66~77	154~275	22~33	66~77	154~275
绝缘厚度/mm	7	12~14	6~7	9~13	19~29	6~7	9~13	19~29
室温 平均值 $\overline{\text{kV} \cdot \text{mm}^{-1}}$	80.4	73.2	131.2	111.1	90.0	131.1	114.6	93.5
室温 $\dfrac{E_L}{\text{kV} \cdot \text{mm}^{-1}}$		46	89.8	77.7	68.3	88.6	86.0	78.0
室温 样品数量	103	124	97	317	84	76	134	50
高温 90℃ 平均值 $\overline{\text{kV} \cdot \text{mm}^{-1}}$		61.1	(112.1)	86.1	78.6	(144.1)	86.1	78.1
高温 90℃ $\dfrac{E_L}{\text{kV} \cdot \text{mm}^{-1}}$		39		69.1	55.5		69.1	64.1
高温 90℃ 样品数量		32	10	12	33	8	12	21
温度系数 两个平均值的比		1.20	(1.17)	1.29	1.14	1.08	1.33	1.19
温度系数 两个 E_L 的比值		1.18		1.12	1.23		1.24	1.22

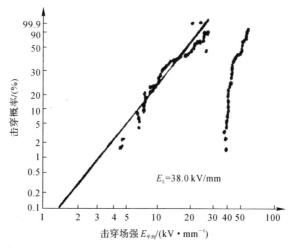

图 3-7 66～77 kV XLPE 绝缘电缆交流击穿场强的
威布尔分布(1985—1992:室温)

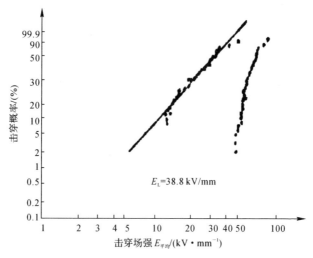

图 3-8 22～33 kV XLPE 绝缘电缆交流击穿场强的
威布尔分布(1985—1992:室温)

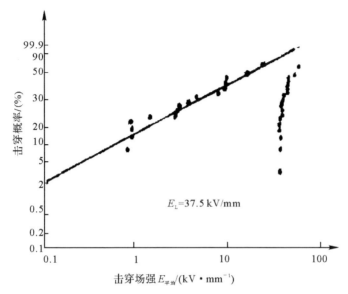

图 3-9　154~275 kV XLPE 绝缘电缆交流击穿场强的
威布尔分布(1985—1992；常温)

对上述表和图分析可知,在交流状态下,当 $E_L(AC)$ 在 37~39 之间变化时,破坏击穿场强在 30~50 kV/mm 之间变化,特别从图 3-9 中知 154~275 kV XLPE 绝缘电缆交流击穿场强的威布尔分布,$E_L(AC) = 37.5$ kV/mm 时,$E_{平均} = 50$ kV/mm,而在 220 kV 交流耐试验时 2.5 $U_0 = 317.5$ kV,最高工作场强 $E_{max} = 20.3$ kV/mm,这样就设计的 220 kV XLPE 的工频耐压裕度 $\eta = 2.46$ 倍。

从上述对冲击和交流下对于 220 kV XLPE 绝缘电缆的 $E_L(imp)$,$E_L(AC)$ 威布尔分布的分析也发现,在选择 $E_L(imp) = 70$ kV/mm,$E_L(AC) = 30$ kV/mm 这两种情况下的威布尔分布所推算出的破坏工频场强都在 50 kV/mm 左右,误差不大,说明这两种选择得到的绝缘裕度是一致的,选择对于实际是比较合适的。

3. 寿命系数 K_1

根据老化系数的定义即 K_1 为 V-t 特性的几次方算出的 1 h 耐压值与 30 年耐压值之比,如图 3-10 所示,从 XLPE 绝缘电缆寿命曲线推知,典型设计的具有 30 年以上寿命的 220 kV XLPE 绝缘电缆 10 年的耐压值为 35 kV/mm,30 年时的耐压值为 13 kV/mm,因此,根据定义 K_1=35 kV/mm/13 kV/mm=2.69。

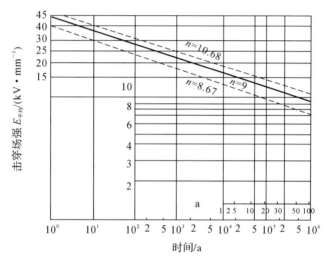

图 3-10   220 kV XLPE 绝缘电缆寿命曲线

4. 温度系数 K_2

温度系数是一个比较难确定的因素,它和绝缘材料、工艺等有很大关系。它的定义是常温时的破坏强度值和高温时的破坏强度值之比,因此可知,温度系数的选取有很多讲究,当温度系数实际值较高时,说明绝缘的热稳定性较差,高温和常温时的击穿强度值有很大偏差。只有当材料热性能较好,同时工艺也非常完善时,温度系数才能较低,应根据使用同样的绝缘材料和工艺设备水平的电缆厂商提供的试验数据来确定该参数。

（1）冲击电压时的温度系数。由表3-2分析可知（美国联碳资料），XLPE绝缘电缆的冲击时的温度系数 K_2 的变化范围是 1.12～1.29，其中大部分的温度系数都在 1.23 以下，如果选取 1.12，对现有工艺水平是能够达到的，且热稳定性较好，但是在表中 154～275 kV 栏下的温度系数平均值在 1.14～1.23 之间，考虑到其他资料报道数据如表3-1所示的温度系数比较适中，如果同时考虑绝缘裕度，最后取温度系数 $K_2=1.25$。

（2）工频电压时的温度系数。由表3-3同样可以看到，工频电压时的温度系数是在 1.0～1.12 之间变化的，从 154～275 kV 电缆这一栏中可以看到温度系数为 1.06～1.12，最小 1.06 即能达到绝缘热稳定的要求，但是为了考虑国产时由于人工因素的影响，将该温度系数增加了裕度，使之达到 1.20。

表3-3　22～275 kV XLPE 电缆工频电压时初期破坏值

年　份		1971—1975		1978—1992			1985—1992			1985—1993	
电压/kV		22	66	22～33	66～77	154～275	22～33	66～77	154～275	66～77	154～275
绝缘厚度/mm		7	12～14	6～7	9～13	19～29	6～7	9～13	19～29	9～10	23～27
常温	平均值/(kV·mm⁻¹)	28.3	30.7	56.1	50.3	42.0	58.3	53.5	44.1	59	44.1
	E_L/(kV·mm⁻¹)		18	37.7	35.8	32.9	38.8	38.4	37.5	50.5	37.5
	有效样品数	96	100	94	199	29	73	98	19	43.7	19
高温 90℃	平均值/(kV·mm⁻¹)		27.5	51.5		39.5	55.3		39.5	18	42.9
	E_L/(kV·mm⁻¹)		18							43.7	33.8
	有效样品数	2	22	7	0	7	5	0	7	18	17
温度系数	平均值之比		1.10	1.09		1.06	1.05		1.12	1.15	1.03
	E_L之比		1.0							1.16	1.11

3.2.3　寿命的理论分析

为了保证挤出绝缘高压电缆运行的可靠性,必须严格遵守技术要求。特别是当目前还没有国际和国内的关于 220 kV 及以上电缆设计标准时,仍然要严格控制生产并完成大量的短期和长期的试验工作。如果在整个电缆长度上试验,这是非常昂贵的,并不太切合实际。因此,可以使用一些模拟电缆样品和一些实际电缆做试验。通过数理统计得到与试验相同的结果。

当用数理统计时,必须考虑各种因素,如局部放电、水树老化和温度会使电缆的寿命缩短。

选择适当的数学模型已经取得了大量的有关电缆击穿电压分布(试验数据)的研究。通常认为,二维的威布尔分布具有实际意义。可参考式(3-1)和式(3-3)。

3.2.4　寿命试验分析

根据上述理论分析,当系数 a 和 b 已获得并在 t_0 时间已知尺寸,并且已经得到了样品电缆的基准击穿电场 E_0 时,在任何一对 t 和 E 中电缆的可靠性(寿命)就可以得到。从模拟电缆和短期试验,可以通过 a 和 b 得到 $n=9$。因此可以推断 220 kV XLPE 绝缘电缆寿命曲线如图 3-10 所示。可以看到,由这种材料和工艺制造的 220 kV XLPE 绝缘电缆在 30 年运行后仍然有 13 kV/mm 电场强度。在最高工作场强时(9.3 kV/mm),绝缘裕度仍有 13/9.3=1.39。因此,在正常情况下按照理论计算,设计的 220 kV XLPE 绝缘电缆可以连续运行 30 a。

3.3　绝缘厚度与击穿电场相关性分析

根据计算,设计的绝缘厚度取值在 21 mm 左右就能达到绝缘要求,但是在查阅了大量文献资料后,发现绝缘厚度和击穿电场之间有着密切的关系,当导体一定时,有些绝缘厚度时的击穿场强的分散性很大,对使用不利,工厂难以保证每批电缆击穿强度的变化,如图 3-11 和图 3-12 所示为冲击和工频电压下绝缘厚度和击穿场强之间的关系。

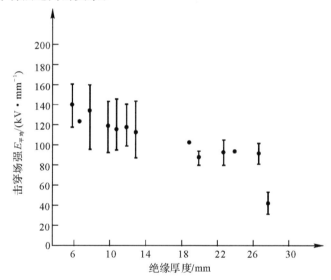

图 3-11　22～275 kV XLPE 电缆冲击破坏电场的绝缘厚度的分散性

从图 3-12 中看到,虽然计算的绝缘厚度具有很好的理论依据,但从国外试验结果看,这样的绝缘厚度击穿电压的分散性很大,26 mm 的绝缘厚度电缆的击穿场强的分散性较 21 mm 绝缘厚度电缆的击穿场强的分散性要小得多。根据以上试验曲线所示结果和国标对此的取值,考虑国标的取值的理论依据也应根据以上分析结果所示,对 220 kV XLPE 绝缘电缆的绝缘厚度取值为 26 mm。这样既增加了绝缘裕度,又使击穿的分散性大为减小。

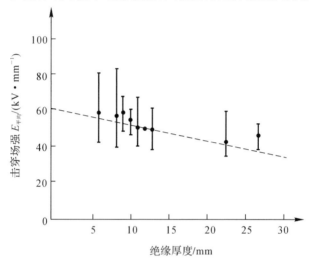

图 3-12　XLPE 绝缘电缆工频击穿电场的绝缘厚度

3.4　220 kV 电缆结构的典型设计

根据理论公式:

(1)在 50 Hz 电压下,有

$$t_{AC} = \frac{U_m}{\sqrt{3}} k_1 \times k_2 \times k_3 / E_L(AC) \qquad (3-9)$$

式中,k_1 为温度系数,1.20;k_2 为老化系数,2.69;k_3 为绝缘裕度,1.1;$E_L(AC)$ 为当在 50 Hz 电压时的设计场强,30 kV/mm;t_{AC} 为计算绝缘厚度,17.4 mm。

(2)在冲击电压下,有

$$t_{imp} = BIL \times k_4 \times k_5 \times k_6 / E_L(imp) \qquad (3-10)$$

式中,BIL 为基准冲击电压,1 050 kV;k_4 为温度系数,1.25;k_5 为由反复试验引起的老化系数,1.0;k_6 为绝缘裕度,1.1;$E_L(imp)$ 为当冲击电压时的设计场强,70 kV/mm;t_{imp} 为计算绝缘厚度,20.6 mm。

表 3-4　127/220 kV ×630 mm² XLPE 绝缘电缆设计方案

	项　目	符　号	单　位	设计参数
工频	标称电压	U	kV	220
	系统最高电压	U_m	kV	252
	对地最高电压	U_{om}	kV	145
	温度系数	k_1		1.20
	老化系数	k_2		2.69
	产品试验等不确定因素裕度系数	k_3		1.10
	工频设计场强	$E_L(AC)$	kV/mm	30
	寿命指数	n		9
	理论计算绝缘厚度	t_{AC}	mm	17.4
冲击	系统雷电冲击电压	BIL	kV	1 050
	温度系数	k_4		1.25
	老化系数	k_5		1.00
	产品试验等不确定因素裕度系数	k_6		1.10
	冲击设计场强	$E_L(imp)$	kV/mm	70
	理论计算绝缘厚度	t_{imp}	mm	20.6
	最后确定绝缘厚度	t	mm	26

3.5　试验分析

1. 模拟电缆

为了有效地应用统计理论,对取得分布参数 a,b 及 E_0(在 t_0 时的标称最高击穿场强)的有效方法和步骤介绍如下。

原则上,击穿分布可对小尺寸电缆(模拟电缆)进行多次试验而取得,这样做既省又快。然后,用所得到的分布参数去核对从实际电缆上取得的少量结果,这样使试验节约很多费用和时间。制造模拟电缆必须采用与实际电缆相同的材料和工艺。$R_1=1.4$ mm,$R_2=3.9$ mm,挤出半导体内、外屏蔽的小型电缆作为模拟电缆最合适。特别对初步探取新绝缘材料及其有关工艺控制的分布参数很有用。

2. 短时试验

为在模拟及实际电缆上取得需要的分布参数,试验可分为两个类型,即短时试验和寿命试验。

短时试验可帮助取得在给定时间内的击穿分布。短时击穿试验可用标准的试验程序,如冲击试验,每秒升压 1 kV/mm,或 10 min 升压 2 kV/mm 的交流试验等。

E_0 及 b 两个参数,在一系列试验结果中可用不同方法求得。在同一电缆上选择不同长度 L_1 及 L_2 两个样品,从两套试验结果中得出相应的分布,如图 3-13 所示。

A:样品长度 $l=1$ m;$E_0=(53\pm1)$ kV/mm;$b=12.6\pm3$(斜率法)。

B:样品长度 $l=15$ m;$E_0=(43\pm1)$ kV/mm;$b=12.5\pm3$(斜率法);$b=12.7\pm2$(比较法)。经 40 根模拟电缆(20 根长 1 m,20 根长 15 m),得到了图 3-13 表示的 E_0 及 b 的参数。

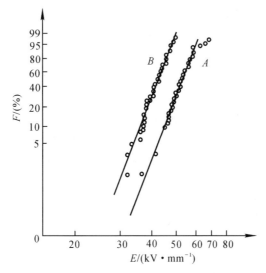

图 3 - 13　高压 EPM 绝缘的模拟电缆短时击穿分布曲线

斜率法求参数 b 的步骤如下：

将取得的分布数据（F）用直线式来处理，直轴变数是 $\ln[-\ln(1-F)]$，横轴变数是 $\ln E$。在此直线上，当 $F = 0.632$ 时相应的 E 即是 E_0，它的斜率（slope）就是场强分散系数 b。

比较标称值法求参数 b 的步骤如下：

当算出两组的 E_0 时，将它们代入式（3 - 3），b 可以作为 L_1/L_2 的函数而求得。

求斜率的公式推导如下：

$$1 - F(t, E) = e^{-(E/E_0)^b}, \qquad -\ln(1-F) = \left(\frac{E}{E_0}\right)^b$$

$$\ln[-\ln(1-F)] = b\ln E - b\ln E_0$$

用直线公式　　　　$Y = bx + c, \quad b = \dfrac{y_1 - y_2}{x_1 - x_2}$

可得　　　$b = \dfrac{\ln[-\ln(1-F_1)] - \ln[-\ln(1-F_2)]}{\ln E_1 - \ln E_2}$ 　　　（3 - 11）

如果用两种方法求得的 b 是一致的,那么所建立的理论公式应该是合乎实际的。这样求取的击穿分布参数 E_0 及 b 符合所作的假定。

当分布参数从模拟电缆的试验中得到以后,就可以推算出各种 R_1,R_2,L_1 的实际电缆的击穿数值。为了做到正确地推算,必须保证以下两个条件:

(1) 理论适用于所考虑的全部尺寸;

(2) 电缆尺寸的改变不会对生产工艺引出任何重大差异。

现让 $E_0=$ 各个电缆样品的最大标称场强,并使

$$\varphi=LR_1^2,\quad \varphi_1=L_1R_{11}^2$$

这里 L_1 及 R_{11} 是模拟电缆的尺寸:

$$L_1=1\ \text{m},\quad R_{11}=1.4\ \text{mm}$$

由式(3-3)可得

$$\frac{E_0}{E_{01}}=\left(\frac{\varphi}{\varphi_1}\right)^{-\frac{1}{b}}\tag{3-12}$$

式中,E_{01} 是模拟电缆的最大标称场强。在变数 $\ln E_0-\ln\varphi$ 平面中,式(3-12)表示的是一条直线,它的斜率为 $-1/b$。

图3-14表示从模拟电缆到60 kV实际电缆试样所得的结果。另一例子如图3-15所示。

在图3-15中用改进的 H.V.EPM 混料制成模拟电缆的击穿场强分布如图3-16所示。

从图3-15及图3-16中所得的 b 值是极为相近的,这说明从式(3-3)到式(3-11)的几何转变(Geometrieal transformation)的方式得到了实验证明。从实际例子中又说明击穿场强实际上只与样品的长度有关,而与绝缘厚度的关系不大。一条 60 kV 电缆样品和一条 138 kV 电缆,当它们长度相等,导体截面相等而绝缘厚度分别为 17 mm 和 24 mm 时,击穿结果却是基本相同的(见图3-15)。

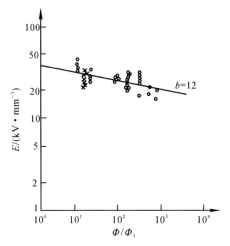

图 3-14　短时击穿场强与电缆尺寸的关系

AC 电压升高 2 kV/(mm/10 min)

×— 模拟电缆；•— 中压电缆；○—60 kV 电缆。绝缘材料是由 M. V. EPM 料制

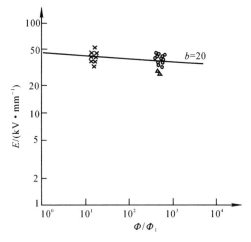

图 3-15　短时击穿场强与电缆尺寸的关系

AC 电压升高 2 kV/(mm/min)

×— 模拟电缆；△—138 kV 电缆；○—60 kV 电缆。绝缘所用材料是一种改进的 H. V. EPM 混合料

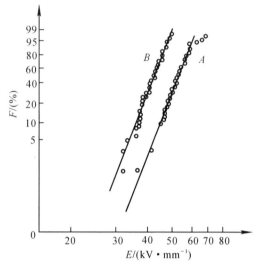

图 3-16　　击穿场强分布图

（AC 电压升高 1 kV/s）

A:样品长 15 mm,$E_0 = (46\pm1.5)$ kV/mm,$b = 19\pm4$(斜率法)

B:样品长 1 m,$E_0 = (54\pm2)$ kV/mm,$b = 17\pm4$(斜率法)

用比较法:$b = 18\pm8$

　　挤出聚合物高压电缆最重要的问题是估计它的可靠性,即估算出它在一定运行时间内的击穿概率。从式(3-2)或式(3-6)可看出,如果在短期试验中已知 b 值,再从长期试验中得出击穿分布的时间指数 a 值,或得出寿命曲线的寿命指数 n,求可靠性的问题就可以得到解决。当然,只有在时间分布和寿命曲线(在从数分钟到数年的时间内)都有均匀斜率(Uniform Slope),也就是说 a 及 n 都是常数时,所得的可靠性才是可靠的。

　　这种可靠性的估算对电缆新工艺新材料的开发也是必不可少的。图 3-17 所示为两个用不同绝缘材料制成的模拟电缆,在两个衡定电场下的寿命分布(Life Distributions)规律。

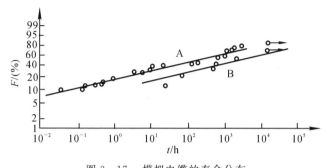

图 3 - 17　模拟电缆的寿命分布

A：中压 EPM 混合料，28 kV/mm，$t_0 = 10^3$ h

B：高压 EPM 混合料，32 kV/mm，$t_0 = 10^4$ h

两条分布曲线的 a 都等于 0.3 ± 0.06

　　图 3-18 所示为这两种绝缘材料的寿命曲线，它是在不同电场强度下不同的 t_0 值描绘出来的(模拟电缆)。

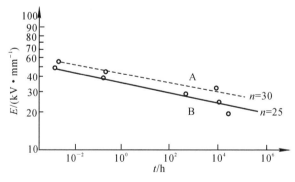

图 3 - 18　两种绝缘材料的寿命曲线

(———) 中压混合料：$n = 25$

(┈┈) 高压混合料：$n = 30$

用中压混合料制成的实际电缆样品,经过五年室温的试验,寿命指数与模拟电缆的均为25,其斜率也没有变化,如图3-19所示。

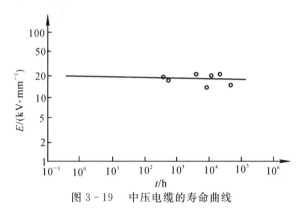

图3-19　中压电缆的寿命曲线

所用材料与图3-17中A曲线相同。$t=0.25$ h这一点来自短时击穿试验的结果。标准电缆样品的横截面为70 mm²,长为10 m。

寿命曲线可以结合热老化循环进行。由图3-20可以看出经室温到100℃每日两次循环的热老化后,寿命指数 n 从25降至13。

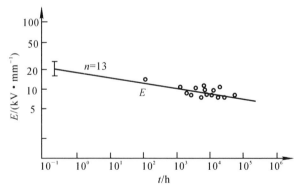

图3-20　热老化后的寿命指数改变曲线

现在考察一下 a 不是常数的情况。图 3-21 所示为一条易于局部放电的电缆的寿命曲线,在 t 约为 1 000 h 处曲线斜率突然改变。这种现象不仅会发生于试验前已测有局部放电的电缆中,即在所谓"无局部放电电缆"(Discharge Free Cable)上也有发生。因为"无局部放电"是相对的,它取决于测试仪器的灵敏度,而且在一定条件下,会同时出现电、水树枝等现象。这种变换斜率的曲线虽然可用公式来表达,可作出寿命曲线,但是,分析和计算都比较复杂,应该在电缆的设计和工艺上设法避免改变斜率现象。

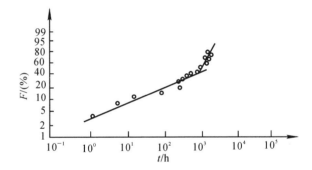

图 3-21　模拟电缆在不变电场下(25 kV/mm)的寿命分布曲线
在 10^3 h 开始游离放电,估计 a 分别为 0.4 及 1.5

3.6　运行中电缆可靠性估算

当求得 E_0,a 及 b 三个参数,并已表明在足够长时间内适用,电缆在运行中的可靠性可以用式(3-2)计算出来。图 3-22 中表示出了两条电缆的计算例子。图中所示为两条横截面为 3×630 mm^2,长为 10 km 的电缆在运行 20 年后的击穿分布曲线。电缆是用难游离高压混合料(Ionization Resifant High Voltage Compound)绝缘,运行电压分别为 60 kV 和 138 kV。计算都用 b

为变数,假定 $n=15, E_0 = 33 \text{ kV/mm}$(得自 10 m 电缆),$t_0 = 0.25 \text{ h}$。

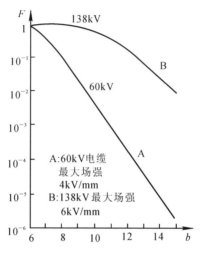

图 3-22　两条电缆样品的击穿分布曲线

运行 20 年后,如击穿概率限于 10%,对于 60 kV 电缆,b 要等于 8,这是可以达到的;对于 138 kV 电缆,要求 b 等于 13,余度小了一些。

从以上分析可以得出结论:高压电缆适用的绝缘材料,对电击穿应有较狭小的分散范围,如 $b \approx 13$,对寿命指数应有较大数值,如 $n \geqslant 15$。

3.7　用计算预期使用寿命方法估算电缆可靠性

根据上述方法,精确应用韦伯分布理论计算试验电缆寿命,从经济观点考虑是不适用的。因此,假设了一个方法,不是去确定

寿命指数 n，而是确定某一个极限值——期望寿命值，寿命值低于此值，就达不到期望寿命。而且，在试验期间，应放入明显的加速老化条件，例如结构不稳定性、水分吸收、处理的缺陷、温度及环境状况影响等等。假设长为 10 km 的三相电缆在运行场强为 E_s 时，期望寿命为 30 年，E_s 被定为 30 年后，故障率（击穿率 F）为 20%（相当于每年每千米击穿 0.1 次）的工作场强。然后确定在 20% 的故障率下的短时击穿场强 E_{20} 和分散系数 b。这些参数的测定方法是在 20 根长为 10 m 的电缆上逐级击穿（电压上升率 2 kV/mm，每级 10 min）。然后按照电缆长度与击穿场强的关系算出 50 m 长的被试电缆一年后故障率为 20%，再去确定试验场强 E_{20}。然后用 5 根 50 m 长的电缆分别敷设在水中或直接埋在含水的土中，在 E_t 下加压一年。试验期间进行热负荷周期循环，8 h 加热，16 h 冷却。每月承受一次电缆故障情况下的温度，如果试验期间没有一根电缆击穿，试验结束时在 $1.5U_0$ 下，$PD \leqslant 20PC$，$\tan\delta$ 增值在热态下，不大于原始值的 50%，机械性能按 IEC540 试验通过。这样可以认为电缆能达到期望寿命。用此方法加速试验 XLPE 绝缘寿命也应当是可行的。

第4章 XLPE 绝缘电缆电性参数

XLPE 绝缘电缆的电性参数主要包括有效电阻(交流电阻)、电感、绝缘电阻和工作电容等参数。这些参数决定电缆的传输能力,而电缆的其他性能均由这些参数决定或通过它们计算。只要 XLPE 绝缘电缆材料特征参数(如介电常数、电阻率等)及几何形状一定,这些参数也就随之确定下来。但在了解这些电性参数前,必须对 XLPE 绝缘电缆的电场分布有一个清楚的认识,了解它和油纸电缆的相同点和不同点,以有利于在今后使用 XLPE 绝缘电缆。

4.1 电 场 分 布

4.1.1 XLPE 绝缘电缆电场分布

单芯和三芯 XLPE 绝缘电缆的电场均可当作单芯电缆处理,理论计算用同心圆柱体电场。设电缆线芯屏蔽层半径为 R_C,绝缘外表面半径为 R(见图 4 - 1),当电缆承受交流或脉冲电压 U 时,距离线芯中心任一点的电场强度为

$$E = R_C E_C / r, \quad dU = E dr$$

即

$$U = \int_{R_C}^{R} dU = \int_{R_C}^{R} (R_C E_C / r) dr = E_C R_C \ln(R/R_C)$$

任意一点电场强度为

$$E = \frac{U}{r \ln \dfrac{R}{R_C}} \tag{4-1}$$

（1）电缆绝缘层中最大电场强度为

$$E_{\max} = \frac{U}{R_C \ln(R/R_C)} \tag{4-2}$$

（2）电缆绝缘层中最小电场强度为

$$E_{\min} = \frac{U}{R \ln(R/R_C)} \tag{4-3}$$

（3）电缆绝缘层平均电场强度为

$$E_{av} = U/(R - R_C) \tag{4-4}$$

（4）电缆绝缘层的利用系数为

$$\eta = E_{av}/E_{\max} = \frac{R_C}{R - R_C} \ln(R/R_C) \tag{4-5}$$

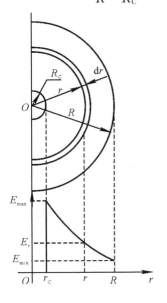

图 4-1　XLPE 电缆中电场分布

利用系数愈大，对材料的利用愈有利。当 R 不变，仅改变 R_C 时，$E_{\max}$ 有最小值；当 R_C 非常小时，$E_{\max}$ 增大。而当 R_C 接近 R 时，间隙减小,绝缘层变薄,在一定电压下,场强提高很快,只有当 R_C/R 为一个特定值时,E_{max} 才有最小值,此时有

$$\frac{\mathrm{d}}{\mathrm{d}r}E_{max}=0 \qquad\qquad (4-6)$$

即 $$\ln(R/R_C)=1, \quad R/R_C=\mathrm{e}$$

或 $$R_C=0.37R$$

这时导体屏蔽层表面有一个最小电场强度。如图 4-2 所示,当 $R_C=0.37R$ 时,有 $\eta=0.58$,利用系数并不理想,但绝缘裕度较大,因为此时 E_{max} 取最小值。在电缆设计时,η 值对中低压 XLPE 绝缘电缆影响较大,而高压 XLPE 绝缘电缆应以绝缘裕度的选取为主。

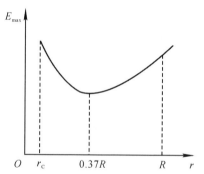

图 4-2　R 不变时最大场强与线芯半径的关系

4.1.2　XLPE 绝缘电缆的直流电场

由于 XLPE 绝缘电缆直流运行时没有工频线路的电容电流、介质损耗等问题,所以适宜长距离送电,也可用于两个不同频率电网的连接。目前,世界上已有 10 余条高压直流电缆线路在运行。日本已研制出 ±250 kV XLPE 绝缘直流电缆。各种绝缘在直流电压作用下的击穿强度比交流下高得多(见表4-1)。同时,XLPE 热阻率较小,导热能力较好,具有最大的自冷却能力,使电缆中的

温度梯度和场强梯度降低。其次,XLPE 绝缘直流电阻率随温度和场强有变化关系,和交流电压相比,因间隙产生的局部放电而损坏的危险性要小得多,见表 4-2。

表 4-1　各种绝缘电缆在直流工频电压作用下所采用的电场强度

电缆类别	直流场强 /(kV·mm⁻¹)	交流场强 /(kV·mm⁻¹)
黏性油纸	$26 \sim 25$	4
充气电缆	$30 \sim 45$	$2 \sim 4$
充油电缆	35	$10 \sim 15$
XLPE	20	4

表 4-2　各种材料热阻率

材　　料	油　纸	乙丙(EPR)	XLPE
热阻率 /(cm·℃·W⁻¹)	10	500	350
导热能力以油纸为 100	100	120	175

直流电缆中电场分布比交流电缆复杂。直流和交流运行下某一电缆在一定电压下的电场分布,如图 4-3 所示。

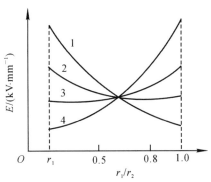

图 4-3　某电缆在一定电压下的电场分布

1— 交流电场;2,3,4— 直流电场

在交流场强下,电缆是一个电容电路,场强分布取决于介电常数和几何尺寸。当电缆正常运行时,介电常数可看作定值,因此场强分布和电缆中负荷条件无关。在直流场强下,电缆中电压按电阻分配,而绝缘电阻与电缆结构、温度作用有关,当负荷增大时,最大场强可能出现在导体表面或介质表面,主要取决于温度和温度梯度,这一现象称为场强逆转。

下式为电导率和温度的关系:

$$\sigma(E,T)=\sigma_0 e^{-\frac{b}{T}+aE} \tag{4-7}$$

式中,σ_0 是本征电导率;$\sigma_0=\dfrac{Nq^2\delta^2v}{6kT}$;$N$ 是离子或电子浓度;q 是电荷量;δ 是电子或离子运动的距离;v 是电子或离子移动的速度;T 是绝对温度;b 是一个常数,$b=\dfrac{u}{2k}$;u 是电子或离子移动所需要的势垒;k 是玻尔兹曼常数。

如果直流电缆绝缘处于稳定的热平衡状态,绝缘介质损耗忽略不计,不考虑空间电荷的影响,那么,距离电缆导体轴线 r 处的电场强度为

$$E=\frac{U\beta r^{\beta-1}}{R^\beta-r_C^\beta} \tag{4-8}$$

$$\beta=\frac{\alpha(\theta_C-\theta_S)}{\ln\dfrac{R}{r}} \tag{4-9}$$

式中,U 为绝缘层承受的电压;r_C 为导体屏蔽层外表面的半径;R 为绝缘层外表面的半径;α 为绝缘电阻温度系数,聚乙烯和 XLPE 的 $\alpha=0.15℃^{-1}$;θ_C 为导体屏蔽外表面温度;θ_S 为绝缘外表面温度。式(4-8)只考虑了温度对电阻率的影响,实际上,绝缘电阻率也受电场强度 E 的影响,两者同时作用时,式(4-8)和式(4-9)可以写为

$$E = \frac{U\delta r^{\delta-1}}{R^{\delta} - r_{\mathrm{C}}^{\delta}} \qquad (4-10)$$

$$\delta = \frac{\gamma + \beta}{\gamma + 1} \qquad (4-11)$$

式中,γ 为系数,当 $E = 5.25 \sim 21.0$ kV/mm 时,γ 为 $2.1 \sim 2.4$。式(4-8)与式(4-10)的形式完全一致,式(4-8)中的 β 相当于式(4-10)中的 δ。

由式(4-10)可以看出,直流电缆绝缘层中电场分布与电缆绝缘结构尺寸、承受电压大小和电缆温度分布有关,而温度分布又和导体负载电流大小密切相关。当直流电缆导体电流为零,即空载时,最大电场强度在导体屏蔽外表面上。当负载电流增加时,导体屏蔽表面场强减小,绝缘层外表面电场强度将增大,有时甚至会超过导体屏蔽上场强。

对于暂态电压(包括雷电冲击电压、操作冲击电压、极性转换瞬态电压)作用在直流电缆绝缘上的情况,直流电缆绝缘中电场分布与交流电缆一样,在瞬间按 ε 呈反比分布。而运行中的直流电缆系统本身一直承载直流工作电压,当暂态电压来袭时,会叠加在直流电压上,直流电压叠加冲击电压,其绝缘层中电场分布是两者的综合。直流电压叠加同极性冲击电压时,叠加瞬间的电场为

$$E_{\mathrm{S}} = E_{\mathrm{d}} + E_{\mathrm{tr}} = E_{\mathrm{d}} + \frac{U_{\mathrm{s}} - U_{\mathrm{d}}}{r \ln \dfrac{R}{r}} \qquad (4-12)$$

式中,E_{d} 为直流工作电压的稳态电场,按电阻分布;E_{tr} 为叠加的冲击电压的暂态电场,按电容分布;U_{d} 为直流电缆运行电压;U_{s} 为叠加同极性冲击电压后电缆绝缘上的电压。

同样的原理,直流电压上叠加反极性冲击电压时,叠加时的电场为

$$E_{\mathrm{r}} = E_{\mathrm{tr}} + E_{\mathrm{d}} = \frac{U_{\mathrm{r}} + U_{\mathrm{d}}}{r \ln \dfrac{R}{r}} - E_{\mathrm{d}} \qquad (4-13)$$

式中,U_r 为叠加反极性冲击电压后电缆绝缘上升高的电压。

当出现雷击过电压或操作过电压时,叠加反极性冲击电压比同极性冲击电压击穿强度低。这是因为在直流电场作用下,靠近电极处存在着与电极极性相同的空间电荷。在施加反极性的冲击电压的极短时间内,被电缆绝缘材料捕获的空间电荷几乎保持不变,且其极性与电极极性相反。这样,在空间电荷与电极间存在着较高的电场,引起绝缘局部场强的畸变。故叠加冲击电压绝缘水平已成为影响电缆绝缘厚度的主要因素,特别是超高压直流电缆绝缘厚度更是决定因素。

实际工程中直流电缆的绝缘厚度应综合考虑导体工作温度、绝缘电导率与温度、场强的关系、绝缘层及界面处空间电荷分布、绝缘层内部电场分布及不同温度下绝缘的直流击穿和冲击击穿特性。

4.1.3　绝缘中缺陷对电场的影响

根据 XLPE 绝缘电缆结构可知,电缆中的电力线是均匀辐射形,等位线是内密外稀的同心圆,靠近内导体的电力线密集,电位线间距小,电场强度最大,电场强度沿径向是不均匀分布的。同一半径处的场强是相等的。电场恶化时,也就是绝缘中有杂质存在,使电场发生畸变时,XLPE 绝缘电缆的交流短时击穿场强是很高的,一般在每毫米数万伏,实际上,绝缘在制造过程中不可避免存有缺陷,最严重的缺陷是半导电屏蔽的节疤、遗漏,以及绝缘内的杂质空穴,绝缘屏蔽物凸进绝缘内部,等等,这些缺陷处的场强远远大于 XLPE 本身所固有的击穿场强,根据 Larmor 提出的经验计算公式可粗略得知一个假设为椭圆状的缺陷处最大场强 E_{max} 与平均场强 E 之比,即

$$K = E_{max}/E = 2(2h/r - 1)^{1.5}/[\sqrt{2h/r}\ln(4h/r +$$
$$2\sqrt{(h/r)(4h/r - 2) - 1}) - 2\sqrt{2h/r - 1}] \quad (4-14)$$

式中,h 为椭圆节疤的高度;r 为椭圆尖端的半径。

通过实际计算得出不同 h/r 时的 K 值与 E_{max} 值(设运行场强为 3 kV/mm),见表 4 - 3。

表 4 - 3　节疤处 K 值和最大场强 E_{max}

h/r	2	5	10	50	100
$K = E_{max}/E$	5.8	9.5	15	49	85
$E_{max}/(kV \cdot mm^{-1})$	435	735	1 125	3 675	6 375

从计算可以看出,节疤的尖端半径越小,可能产生的电场畸变越严重,而最大场强远远高于 XLPE 本身的固有击穿场强。这就是在节疤处,运行时必定会形成电树枝的原因。

以 8.7/10 kV,150 mm² XLPE 绝缘电缆为例。若 R_2(导体屏蔽)= 8.7 mm,R_1(绝缘半径)= 13.2 mm,r_1(杂质上端)= 12.65 mm,r_2(杂质下端)= 12.59 mm,则对于如图 4 - 4 所示的结构,当 h/r 为 2,5,10,50,100 时,其 E_{max} 值见表 4 - 4。

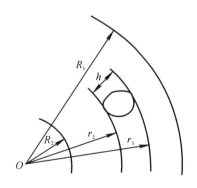

图 4 - 4　绝缘中杂质示意图

表 4 - 4　　缺陷存在时电缆各处电场强度

h/r	2	5	10	50	100
$E_{\max_1}/(\text{kV} \cdot \text{mm}^{-1})$	4.78	11.95	23.9	119.5	239
$E_{\max_2}/(\text{kV} \cdot \text{mm}^{-1})$	3.16	7.9	15.8	79	159
$E_{\max_3}/(\text{kV} \cdot \text{mm}^{-1})$	3.32	8.3	16.6	83	166

因 $K = E_{\max}/E$,则 $E_{\max} = KE$,电缆中平均场强为

$$E_1 = U/(R_2 \ln(R_1/R_2)) \tag{4-15}$$

$$E_2 = U/(R_1 \ln(R_1/R_2)) \tag{4-16}$$

$$E_3 = U/(r \ln(R_1/R_2)) \tag{4-17}$$

代入已知数据得

$$E_1 = 2.39 \text{ kV/mm}$$

$$E_2 = 1.58 \text{ kV/mm}$$

$$E_3 = 1.66 \text{ kV/mm}$$

　　由此可见,不论杂质在哪个位置,在这样高的场强作用下,必然引发电树枝。试验室中培养电树枝时,在 105 kV/mm 场强下,30 min 后,树枝长度就可达到 170 μm。

　　对 XLPE 绝缘电缆电场影响较大的还有介电常数。电缆中电场分布与离线芯中心距及介质的介电常数有关。已知半导电屏蔽的介电常数 ε 为 12,由于介电常数差别较大,使得导体屏蔽上的尖角电场畸变更为严重,杂质的介电常数一般比导体屏蔽的介电常数都小,电场集中在杂质上,首先将杂质击穿,引起电场进一步畸变而引发树枝。而导体屏蔽边沿的尖角,使电场在绝缘中产生畸变,直接引发电树枝。因此通常在屏蔽上对电缆绝缘破坏的程度依次为:尖角 > 节疤 > 杂质 > 气孔。

4.2　电缆导体电阻

4.2.1　直流电阻

单位长度电缆线芯标准直流电阻由下式表示：

$$R'_{20} = \frac{\rho_{20}}{A}[1 + \alpha(\theta - 20°)]k_1 k_2 k_3 k_4 k_5 \qquad (4-18)$$

式中，R'_{20} 为单位长度线芯 20℃ 下的直流电阻，Ω/m；A 为线芯截面积；ρ_{20} 为线芯材料的电阻率，其中标准软铜 $\rho_{20} = 0.017\,241 \times 10^{-6}\ \Omega/\mathrm{m}$，标准硬铝 $\rho_{20} = 0.028\,64 \times 10^{-6}\ \Omega/\mathrm{m}$；$\alpha$ 为线芯电阻温度系数，其中标准软铜 $\alpha = 0.003\,93℃^{-1}$，标准硬铝 $\alpha = 0.004\,03℃^{-1}$；k_1 为单根导体加工过程引起金属电阻率增加的系数，按 JB647 和 JB648 规定：铜导体 $d \leqslant 1.0\ \mathrm{mm}$，$k_1 < 0.017\,48 \times 10^{-6}\ \Omega \cdot \mathrm{m}$，$d > 1.0\ \mathrm{mm}$，$k_1 < 0.017\,9 \times 10^{-6}\ \Omega \cdot \mathrm{m}$，铝导体 $k_1 < 0.029\,0 \times 10^{-6}\ \Omega \cdot \mathrm{m}$；$k_2$ 为绞合成缆时，使单线长度增加的系数，其中：固定敷设电缆紧压多根绞合线芯 $k_2 = 1.02$（200 mm^2 以下）～1.03（250 mm^2 以上），不紧压绞合线芯或软电缆线芯 $k_2 = 1.03$（4 层以下）～1.04（5 层以上）；k_3 为紧压过程引入系数，$k_3 \approx 1.01$；k_4 为成缆引入系数，$k_4 \approx 1.01$；k_5 为公差引入系数，对于非紧压型，$k_5 = [d/(d-e)]^2$，e 为公差，对于紧压型，$k_5 \approx 1.01$。

4.2.2　交流有效电阻

在交流电压下，线芯电阻将由于集肤效应、邻近效应而增大，这种情况下的电阻称为有效电阻或交流电阻。

XLPE 绝缘电缆线芯的有效电阻，国内一般均采用 IEC287 推荐的公式：

$$R = R'(1 + Y_S + Y_P) \qquad (4-19)$$

式中，R 为最高工作温度下交流有效电阻，Ω/m；R' 为最高工作温度下直流电阻，Ω/m；Y_S 为集肤效应系数；Y_P 为邻近效应系数。

如果 R' 取 20℃ 时线芯的直流电阻，上式可改定为

$$R = R_{20}' k_1 k_2 \qquad (4-20)$$

式中，k_1 为最高允许温度时直流电阻与 20℃ 时直流电阻之比；k_2 为最高允许温度下交流电阻与直流电阻之比。

根据 IEC287 推荐计算 Y_P 和 Y_S 的公式，计算集肤效应和邻近效应，即

$$Y_S = X_S^4/(192 + 0.8 X_S^4) \qquad (4-21)$$

$$X_S^4 = 8\pi f/R' \times 10^{-7} k_S \qquad (4-22)$$

$$Y_P = X_P^4/(192 + 0.8 X_P^4)(D_C/S)(0.312(D_C/S)^2 +$$
$$1.18/(X_P^4/(192 + 0.8 X_P^4) + 0.27)) \qquad (4-23)$$

$$X_P^4 = 8\pi f/R' \times 10^{-7} k_P \qquad (4-24)$$

式中，f 为频率；R' 为单位长度线芯直流电阻，Ω/m；D_C 为线芯外径，m；S 为线芯中心轴间距离，m；k_S，k_P 为系数，k_S 取 1.0，k_P 取 $0.8 \sim 1.0$。

对于使用磁性材料制作的铠装或护套电缆，Y_P 和 Y_S 应比计算值大 70%，即

$$R = R'[1 + 1.7(Y_P + Y_S)] \quad (\Omega/m) \qquad (4-25)$$

4.2.3　多根电缆并列运行造成负荷分配不均的实例计算

在三相交流系统中，负荷 I(A)沿并联 3 回共 9 根单芯电缆流动，不同于直流系统依回路电阻分配，而是依交流阻抗且计入电流的相位影响来分配。按其中任一相并联 3 根同截面电缆，每根电缆分配电流分别为 $I_1 \sim I_3$(A)，可由下列一组关系式计算，即

$$I_1 = I \times Z_2 Z_3/(Z_1 Z_2 + Z_2 Z_3 + Z_3 Z_1) \qquad (4-26)$$

$$I_2 = I \times Z_3 Z_1/(Z_1 Z_2 + Z_2 Z_3 + Z_3 Z_1) \qquad (4-27)$$

$$I_3 = I \times Z_1 Z_2 / (Z_1 Z_2 + Z_2 Z_3 + Z_3 Z_1) \qquad (4-28)$$

$$Z_m = \sqrt{(R_{om} + R_m L_m)^2 + (X_m L_m)^2} \qquad (4-29)$$

$$X_m = 0.0629 \Big[0.25 + \ln \frac{D_{12}}{r} + \Big(1 + \frac{\dot{I}_2}{\dot{I}_1}\Big) \ln \frac{D_{13}}{D_{12}} +$$

$$\Big(1 + \frac{\dot{I}_2}{\dot{I}_1} + \frac{\dot{I}_3}{\dot{I}_1}\Big) \ln \frac{D_{14}}{D_{13}} + L_m + \Big(\sum_{k=1}^{n-1} \frac{\dot{I}_k}{\dot{I}_1}\Big) \ln \frac{D_{1n}}{D_{1(n-1)}} \Big] (n-9)$$

$$(4-30)$$

$$\dot{I}_2 = \dot{I}_1 \Big(-\frac{1}{2} + j\frac{\sqrt{3}}{2}\Big) \qquad (4-31)$$

$$\dot{I}_3 = \dot{I}_1 \Big(-\frac{1}{2} - j\frac{\sqrt{3}}{2}\Big) \qquad (4-32)$$

式中,R 为电缆导体外径,cm;Z_m 为待求算电缆的阻抗,Ω;X_m 为待求算电缆在 50 Hz 工频时单位长度电抗,Ω/km;L_m 为待求算电缆实际长度,km;R_m 为待求算电缆导体的单位长度交流电阻,Ω/km;R_{om} 为待求算电缆导体的两端连接部位过渡电阻之和,Ω;D_{12},D_{13},$\cdots$,D_{1n} 为待求算电缆与其他电缆中心间距,cm。

显然,X_m 与电缆配置方式及其间距有关,若按表 4-5 所示各相序电缆平列配置排列方式,式(4-30)可简化成

$$X_m = 0.0629 \Big(0.25 + \ln \frac{D_{12}}{r} + P + jq\Big) \qquad (4-33)$$

式中,P,q 由表 4-5 给出。

排列如表 4-5 所示情况而论,每相 3 根并列的电缆其各个 X_m 值互不均等,受安装工艺影响的 3 根电缆 R_{om} 值难以绝对一致;而并列同一路径起始点的 3 根电缆敷设时由于转弯或端部跨接等因素,可能使各 L_m 实际不等长。由于这些影响从式(4-4)可知并列 3 根电缆的 Z_m 必定互有差异,由式(4-26)～式(4-28)所确定 $I_1 \sim I_3$ 就不相同。一般情况下,电缆线路越短,其 $I_1 \sim I_3$ 之间的差异性就越显著。

表 4 - 5　各相序电缆配置排列方式

排列方式		▲$A_1A_2A_3$	▲$B_1B_2B_3$	▲$C_1C_2C_3$	★$A_1A_2A_3$	★$B_1B_2B_3$	★$C_1C_2C_3$
P 值	A_1	− 0.055			1.151		
	A_2		− 0.916			1.496	
	A_3			− 0.055			1.151
	B_1	0.458			0.458		
	B_2		0.692			0.692	
	B_3			0.458			0.458
	C_1	− 0.055			1.151		
	C_2		− 0.916			1.496	
	C_3			− 0.055			1.151
q 值	A_1	0.504			1.201		
	A_2		0			1.394	
	A_3			0.504			1.201
	B_1		0			0	
	B_2		0			0	
	B_3		0			0	
	C_1	− 0.504			− 1.201		
	C_2		0			− 1.394	
	C_3			− 0.504			− 1.201

注:▲ 和 ★ 分别代表两个不同组。

　　为减少 $I_1 \sim I_3$ 之间的差距,需对电缆配置排列方式调整,尽量使各 X_m 值差异缩小,各 L_m,R_{om} 值也尽可能一致,但是从空间配置上想使 9 根电缆各相 3 根 X_m 均等,几乎不可能。此外,即使在工程初安装时使各 $R_{\rm om}$ 值相同,但今后运行检修、测试需解除连接再恢复,将难以始终保持各 $R_{\rm om}$ 值均等。因此,要理想地解决好 3 根乃至多根电缆并联运行的电流分配均匀,一般是无法实现的。这样,使用 3 根乃至多根同截面电缆并联供电时,常会出现其中部分电缆供电能力达不到允许载流量,即不能像通常那样用足每根电缆载流量,而应使 3 根或多根电缆总的截面留有相当余裕,如在法国核电站设计标准中对此情况需计处 20% 以上的安全裕度。如果要考虑由于电缆截面增大而带来投资较多的经济不利因素,但其供电可靠性变差造成的后果更需顾及。在多根并联电缆回路电流分配不均情况下,大载流量的电缆由于高温影响 $R_{\rm om}$ 增大使电流重新分配,致使 $R_{\rm om}$ 引起电流再分配,如此恶性循环,就可能导致出现发热故障。

因此从安全可靠与经济性考虑,要避免用多根电缆并联,选用大截面单根电缆。不少国外单芯电缆截面应用有超过 1 000 $\rm mm^2$ 以上的,且超高压有的已达到 2 500 ～ 3 000 $\rm mm^2$。我国也有一些厂家已能制造大截面电缆,并且还可以视需要进一步开发更大截面的电缆。

4.2.4　导体分割对电阻的影响

分割导体可以减少导体的集肤效应 $Y_{\rm S}$,从而可以提高电缆的载流能力。据 JSC168 可以得到下列公式:

$$\left.\begin{aligned} Y_{\rm S} &= \frac{X^4}{192 + 0.8X^4} \quad (X < 2.8h) \\ X &= \sqrt{\frac{8\pi f K_{\rm S_1} \times 10^{-7}}{R_0}} \end{aligned}\right\} \qquad (4-34)$$

式中,f 是频率,Hz;$K_{\rm S_1}$ 是配合系数(见表 4-6)。

表 4-6 K_{S_1} 配合系数

导体分割数		不分割	4	5	6	7
由 XLPE 电缆试验获得的电感值	正常分割	1.0	0.61	0.59		
	线芯的绝缘分割				0.32	0.24	0.26
由充油电缆试验获得的电感值		1.0			0.39	

此外,如图 4-5 所示,R/R_0 是正常分割导体电阻和 4～9 绝缘分割导体电阻之比。在 600～2 000 mm² 以下电缆的线芯采用的是正常分割;当导体超过 2 000 mm² 时。采用绝缘分割或绝缘单元分割。

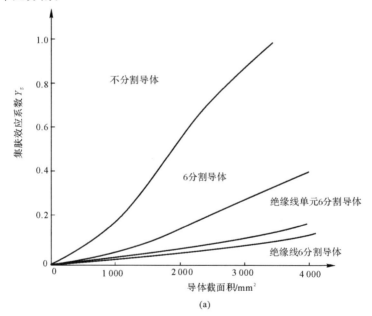

(a)

图 4-5 所有类型分割导体的 AC 和 DC 电阻之比

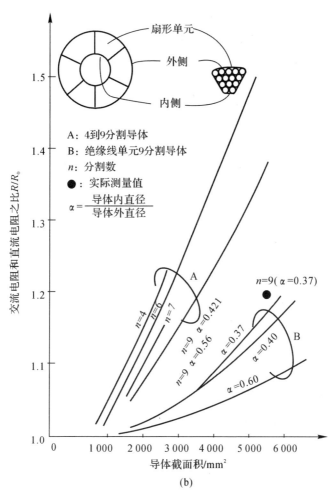

续图 4 - 5　所有类型分割导体的 AC 和 DC 电阻之比

4.3 电 感

中低压 XLPE 绝缘电缆均为三相屏蔽型,而高压 XLPE 绝缘电缆多为单芯电缆。电缆每一相的磁通分为两个部分,即线芯内部和外部,由此而产生外感和内感,而电缆每相电感应为外感(L_e)和内感(L_i)之和。

4.3.1 内感

图 4-6 所示为线芯,设线芯电流均匀分布,即线芯中心 x 处任一点的磁场强度为

$$H_i = \frac{I}{2\pi x} \frac{x^2}{(D_C/2)^2} \qquad (4-35)$$

式中,D_C 为线芯直径。

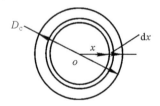

图 4-6 线芯内感计算示意图

在线芯 x 处,厚度 $\mathrm{d}x$,长度 l 的圆柱体内储能为

$$\mathrm{d}W = \frac{l}{2}\mu_0 H_i^2 \cdot 2\pi x \mathrm{d}x =$$

$$\frac{l}{2}\mu_0 \left(\frac{I}{2\pi}x/(D_C/2)^2\right)^2 \cdot 2\pi x \mathrm{d}x =$$

$$l\mu_0 I^2 x^3 \mathrm{d}x/(4\pi(D_C/2)^4) \qquad (4-36)$$

总储能量为

$$W = \int_0^{D_C/2} \mathrm{d}W = \int_0^{D_C/2} \frac{l\mu_0 I^2 x^3 \mathrm{d}x}{4\pi(D_C/2)^4} = \frac{\mu_0 I^2 l}{16\pi} \qquad (4-37)$$

则单位长度线芯内感为

$$L_i = 2W/(I^2 l) = \mu_0/(8\pi) = 0.5 \times 10^{-7} \, (\mathrm{H/m}) \qquad (4-38)$$

一般计算取 $L_i = 0.5 \times 10^{-7}$ H/m 误差不大。绞合线内感实际值见表 4-7。

表 4-7　绞合线内感实际值

线芯导线数	$L_i/(\mathrm{H} \cdot \mathrm{m}^{-1})$
7	0.640×10^{-7}
19	0.550×10^{-7}
37	0.549×10^{-7}
61	0.516×10^{-7}
91 或单根	0.500×10^{-7}

4.3.2　中低压三相电缆外感

中低压三相电缆三芯排列为"品"字形,如图 4-7 所示。

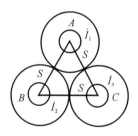

图 4-7　三芯电缆电路电感(三角形)

根据理论计算,有

$$M_{12} = M_{21} = M_{13} = M_{31} = M_{23} = M_{32} = M =$$

$$2\ln\frac{1}{S} \times 10^{-7} \, (\mathrm{H/m}) \qquad (4-39)$$

$$L_{11} = L_{22} = L_{33} = L_i + 2\ln(1/(D_C/2)) \times 10^{-7} \,(\text{H/m})$$
$$(4-40)$$

式中,M_{12},M_{21},M_{13},M_{31},M_{23},M_{32} 为互感;L_{11},L_{22},L_{33} 为各相外感。根据电磁场理论,各相工作电感为

$$L_1 = L_2 = L_3 = L = \frac{M(I_2 + I_3) + L_{11}I_1}{I_1} =$$

$$\frac{M(-I_1) + L_{11}I_1}{I_1} = L_{11} - M \qquad (4-41)$$

$$L = L_i + 2\ln(2S/D_C) \times 10^{-7} \,(\text{H/m}) \qquad (4-42)$$

式中,S 为线芯间距离,m;D_C 为导线直径,m。

4.3.3　高压及单芯敷设电缆电感

对于高压电缆,一般为单芯电缆,若敷设在一直线上,三相电路所形成的电感如图 4-8 所示。

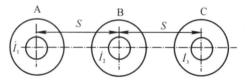

图 4-8　三相单芯电缆电路电感(一字形)

根据电磁理论计算如下:

对于中间 B 相,有

$$M_{12} = M_{32} = 2\ln(1/S) \times 10^{-7} \,(\text{H/m}) \qquad (4-43)$$

$$L_{22} = L_i + 2\ln(1/(D_C/2)) \times 10^{-7} \,(\text{H/m}) \qquad (4-44)$$

$$L_2 = (M_{12}(-I_2) + L_{22}I_2)/I_2 = L_{22} - M_{12} =$$

$$L_i + 2\ln(2S/D_C) \times 10^{-7} \,(\text{H/m}) \qquad (4-45)$$

对于 A 相,有

$$M_{21} = 2\ln(1/S) \times 10^{-7} \,(\text{H/m}) \qquad (4-46)$$

$$M_{31} = 2\ln(1/(2S)) \times 10^{-7} \,(\text{H/m}) \qquad (4-47)$$

$$L_{11} = L_i + 2\ln(1/(D_C/2)) \times 10^{-7} (\text{H/m}) \qquad (4-48)$$

$$L_1 = L_{11} + (M_{21}(I_2 + I_3) - M_{21}I_3 + M_{31}I_3)/I_i =$$

$$L_i + 2\ln\frac{2S}{D_C} \times 10^{-7} - \alpha(2\ln2) \times 10^{-7} (\text{H/m}) \qquad (4-49)$$

对于 C 相,有

$$L_3 = L_i + 2\ln(2S/D_C) \times 10^{-7} - \alpha^2(2\ln2) \times 10^{-7} (\text{H/m})$$

$$(4-50)$$

式中

$$\alpha = (-1 + j\sqrt{3})/2$$

$$\alpha^2 = (-1 - j\sqrt{3})/2$$

实际运行中,可近似认为

$$L_1 = L_2 = L_3 = L_i + 2\ln(2S/D_C) \times 10^{-7} (\text{H/m}) \qquad (4-51)$$

同时,经过交叉换位后,可采用三段电缆电感的平均值,即

$$L = (L_1 + L_2 + L_3)/3 =$$

$$L_i + 2\ln(2(S_1 S_2 S_3)^{1/3}/D_C) \times 10^{-7} =$$

$$L_i + 2\ln(2 \times 2^{1/3} S/D_C) \times 10^{-7} (\text{H/m}) \qquad (4-52)$$

对于多根敷设电缆,如果两电缆间距离大于相间距离,可以忽略两电缆间的影响。

4.4　电　　容

电缆电容是电缆线路中特有的一个重要参数,它决定着线路的输送容量。在超高压电缆线路中,电容电流可达到电缆的额定电流值,因此高压单芯电缆必须采取交叉互联以抵消电容电流和感应电压。同时当设计一条电缆线路时必须确定线路的工作电容。

在距电缆中心 X 处取厚度为 ΔX 的绝缘层,单位长度电容为

$$\Delta C = 2\pi\varepsilon_0\varepsilon X/\Delta X$$

$$\frac{1}{C} = \int_{D_i/2}^{D_c/2} \frac{\mathrm{d}X}{2\pi\varepsilon_0\varepsilon X} = \frac{1}{2\pi\varepsilon_0\varepsilon}\ln(D_i/D_c) \qquad (4-53)$$

单位长度电缆电容(见表 4-8)为

$$C = 2\pi\varepsilon_0\varepsilon/\ln(D_i/D_c) \qquad (4-54)$$

式中,D_c 为线芯直径;D_i 为绝缘外直径;ε 为 XLPE 相对介电常数,$\varepsilon = 2.3$,$\varepsilon_0 = 8.86 \times 10^{-12}$ F/m。

表 4-8　XLPE 绝缘电缆电容

导线截面 mm²	额定电压 kV			导线截面 mm²	额定电压 kV		
	10	35	110		10	35	110
16	0.147			150	0.259	0.159	
25	0.165			185	0.279	0.161	
35	0.181			240	0.310	0.174	
50	0.193	0.114		300	0.324	0.188	
70	0.214	0.122		400	0.376		
95	0.235	0.132		600	0.405		
120	0.241	0.141		1 200			

66～220 kV XLPE 绝缘电缆单位电容及 66～220 kV XLPE 绝缘电缆(分割导体)单位电容分别见表 4-9 和表 4-10。

表 4-9　66～220 kV XLPE 绝缘电缆单位电容

单位:μF/km

导体截面 /mm²	38～66 kV	48～66 kV	64～110 kV	127～220 kV
150	0.128	0.123		
185	0.137	0.132		
240	0.156	0.146	0.120	
300	0.168	0.157	0.130	
400	0.186	0.177	0.147	0.111
500	0.201	0.191	0.160	0.119
630	0.220	0.209	0.177	0.131
800	0.242	0.229	0.197	0.144
1 000	0.264	0.250	0.213	0.160

表 4 - 10　66 ～ 220 kV XLPE 绝缘电缆(分割导体) 单位电容

单位:μF/km

导体截面 /mm^2	38 ～ 66 kV	48 ～ 66 kV	64 ～ 110 kV	127 ～ 220 kV
800	0.244	0.231	0.200	0.147
1 000	0.272	0.257	0.219	0.165
1 200	0.292	0.276	0.234	0.176
1 400	0.303	0.286	0.242	0.181
1 600	0.314	0.297	0.251	0.187
1 800	0.334	0.315	0.266	0.198
2 000	0.344	0.324	0.274	0.203

4.5　金属屏蔽层(或金属套) 感应电压

4.5.1　一般路缆的感应电压计算

XLPE 绝缘电缆金属屏蔽层可看成一圆柱体套在线芯上,在交变电场下,必然感应一定的电动势。对于中低压三芯电缆,外加 PVC 护套的电缆,由于三相金属屏蔽层相互接触,当流过平衡电流时,金属屏蔽层上的感应电势叠加为零。如果流过不平衡电流,则会出现感应电压。而对于单芯高压电缆,每相之间敷设中存在一定距离,感应电势不能抵消,在金属屏蔽层中即存在感应电动势,感应电动势有时会发展到破坏电缆正常运行的程度,因此,必须引起注意。

如图 4 - 9 所示,根据电磁学理论,单位长度屏蔽层中电感为

$$L_S = 2\ln(2S/D_s) \times 10^{-7}(\text{H/m}) \qquad (4 - 55)$$

式中,D_S 为电缆护套平均直径。

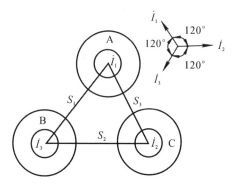

图 4-9　三相电缆感应电压计算结构示意图

单位长度金属屏蔽层中的感应电压为

$$U_S = -\mathrm{j}\omega L_S I = -\mathrm{j} \cdot 2\omega I \ln(2S/D_S) \times 10^{-7}\,(\mathrm{V/m})$$

$$U_S = 2\omega I \ln(2S/D_S) \times 10^{-7}\,(\mathrm{V/m}) \tag{4-56}$$

由于三相电路中存在自感和互感,同时得

$$L_{S1} = (L_{S11}I_1 + M_{S21}I_2 + M_{S31}I_3)/I_1\,(\mathrm{V/m}) \tag{4-57}$$

$$L_{S2} = (L_{S22}I_2 + M_{S12}I_1 + M_{S31}I_3)/I_1\,(\mathrm{V/m}) \tag{4-58}$$

$$L_{S3} = (L_{S33}I_3 + M_{S23}I_2 + M_{S13}I_1)/I_1\,(\mathrm{V/m}) \tag{4-59}$$

由 4.3.2 节电缆电感可知

$$M_{S21} = M_{S12} = 2\ln(1/S_1) \times 10^{-7}\,(\mathrm{H/m}) \tag{4-60}$$

$$M_{S31} = M_{S13} = 2\ln(1/S_3) \times 10^{-7}\,(\mathrm{H/m}) \tag{4-61}$$

$$M_{S23} = M_{S32} = 2\ln(1/S_2) \times 10^{-7}\,(\mathrm{H/m}) \tag{4-62}$$

$$L_{S11} = L_{S22} = L_{S33} = 2\ln(2/D_S) \times 10^{-7}\,(\mathrm{H/m}) \tag{4-63}$$

推知金属屏蔽层中的感应电压为

$$U_{S1} = -\mathrm{j}\omega I_{S1}I_1 = -\mathrm{j}I_1 X_1 + \mathrm{j}I_3 X_a\,(\mathrm{V/m}) \tag{4-64}$$

$$U_{S2} = -\mathrm{j}\omega I_{S2}I_2 = -\mathrm{j}I_1 X_1 + \mathrm{j}I_3 X_3\,(\mathrm{V/m}) \tag{4-65}$$

$$U_{S3} = -j\omega I_{S3} I_3 = -j I_3 X_3 + j I_1 X_b (V/m) \qquad (4-66)$$

式中

$$X_1 = 2\omega \ln(2S_1/D_S) \times 10^{-7} (\Omega/m)$$

$$X_3 = 2\omega \ln(2S_2/D_S) \times 10^{-7} (\Omega/m)$$

$$X_a = 2\omega \ln(S_3/S_1) \times 10^{-7} (\Omega/m)$$

$$X_a = 2\omega \ln(S_3/S_1) \times 10^{-7} (\Omega/m)$$

下面是电力电缆常用敷设方式时金属屏蔽层的感应电压。

（1）三根敷设于等边三角形顶点：金属屏蔽层中的感应电压（见图 4-10）为

$$U_{S1} = -j I_1 X_S (V/m) \qquad (4-67)$$

$$U_{S2} = -j I_2 X_S (V/m) \qquad (4-68)$$

$$U_{S3} = -j I_3 X_S (V/m) \qquad (4-69)$$

式中

$$X_1 = X_3 = X_S = 2\omega \ln(2S/D_S) \times 10^{-7} (\Omega/m)$$

$$X_a = X_b = 0$$

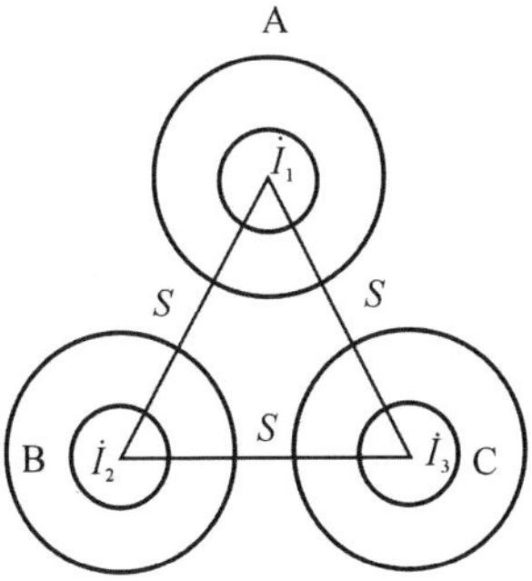

图 4-10　等边三角形敷设感应电压

（2）三相敷设于一直线上：金属屏蔽层中的感应电压（见图 4-11）为

$$U_{S1} = I_2 [\sqrt{3}/2(X_S + X_m) + (1/2)j(X_S - X_m)] \ (V/m)$$
$$(4-70)$$

$$U_{S2} = -jI_2 X_S (V/m) \quad (4-71)$$

$$U_{S3} = I_2 [\sqrt{3}/2(X_S + X_m) + (1/2)j(X_S - X_m)] \ (V/m)$$
$$(4-72)$$

式中

$$X_1 = X_3 = X_S = 2\omega \ln(2S/D_S) \times 10^{-7} (\Omega/m)$$

$$X_a = X_b = X_m = 2\omega \ln 2 \times 10^{-7} (\Omega/m)$$

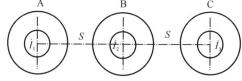

图 4-11   直线敷设

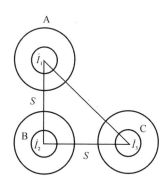

图 4-12   等腰直角三角形敷设

（3）三相敷设于一等腰直角三角形上：金属屏蔽层中的感应电压（见图 4-12）为

$$U_{S1} = I_2 [(\sqrt{3}/2)(X_S + X_m/2) + (1/2)j(X_S - X_m/2)] \ (V/m)$$
$$(4-73)$$

$$U_{S2} = -jI_2 X_S (V/m) \tag{4-74}$$

$$U_{S3} = I_2 \left[(\sqrt{3}/2)(X_S + X_m/2) + (1/2)j(X_S - X_m/2) \right] (V/m) \tag{4-75}$$

式中

$$X_1 = X_2 = X_S = 2\omega \ln(2S/D_S) \times 10^{-7} (\Omega/m)$$

$$X_a = X_b = X_m/2 = \omega \ln 2 \times 10^{-7} (\Omega/m)$$

根据上述三个特例计算可知,直线敷设的三相单芯电缆的感应电压最大,而三相单芯等边三角形敷设的感应电压最小。图 4-13 所示为各种敷设状态下,感应电压与 $2S/D_S$ 的关系曲线。

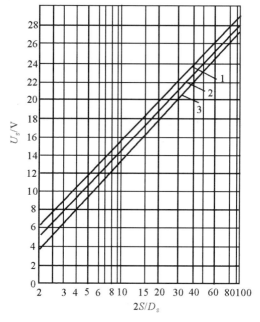

图 4-13　感应电压 U_S 与 $2S/D_S$ 的关系曲线

1— 直线敷设；2— 等腰直角三角形敷设；3— 等边三角形敷设

4.5.2 海底电缆的感应电压

由于海底电缆金属护套和外绝缘护套每隔一段通过特殊结构接地,海底电缆的接地环流的计算应有特殊要求。它的计算可根据下列等值电路进行(见图4-14和图4-15),在这里海底电缆外护套可以看成路缆的多点接地系统,由于海水的散热功能,在海底部分的金属护套中的环流不会造成电缆的过热问题。

计算海底电缆的环流一般是将电缆分成若干段,每段采用Ⅱ型等值电路,各段串联(图4-15所示为海底电缆外护套等值电路)。$I_k(k=1,2,3,\cdots,n)$,i_M是电缆线芯电流,LD是负荷,Y是线芯对地导纳,Z是线芯阻抗。

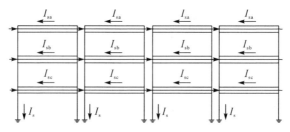

图4-14　海底电缆外护套等值电路

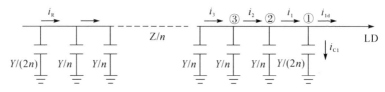

图4-15　海底电缆导体等值电路

根据电磁场原理,第 k 段线芯电流在距离 X 处 P 点产生的磁感应强度为

$$B_{kP} = \frac{\mu i_k}{4\pi} \int_{(k-1)\frac{L}{n}}^{k\frac{L}{n}} \frac{x\,\mathrm{d}y_l}{\left[x^2 + (y_l - y)^2\right]^{\frac{3}{2}}} =$$

$$\frac{\mu i_k}{4\pi x}\left[\frac{k\dfrac{L}{n} - y}{\sqrt{x^2 + \left(k\dfrac{L}{n} - y\right)^2}} - \frac{(k-1)\dfrac{L}{n} - y}{\sqrt{x^2 + \left((k-1)\dfrac{L}{n} - y\right)^2}}\right] \tag{4-76}$$

由此推出，第 k 段在 P 点面积为 $L\,\mathrm{d}x$ 的磁链为

$$\mathrm{d}\psi_k = \mathrm{d}x \int_0^L B_{kP}\,\mathrm{d}y =$$

$$\frac{\mu i_k}{4\pi x}\left[\sqrt{x^2 + \left((k-1)\frac{L}{n} - L\right)^2} - \sqrt{x^2 + \left(k\frac{L}{n} - L\right)^2} - \sqrt{x^2 + \left((k-1)\frac{L}{n}\right)^2} + \sqrt{x^2 + \sqrt{\left(k\frac{L}{n}\right)^2}}\right] \tag{4-77}$$

如果相邻两根电缆距离为 S，电缆护套的半径为 r，对于 a 相总磁链如图 4-16 所示。

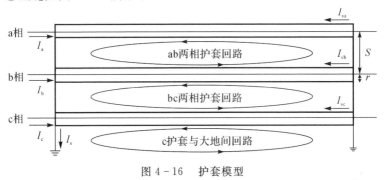

图 4-16　护套模型

$\psi_a = \sum_{k=1}^{n} \psi_{ak}$，a 相感应电压 $U_{ak} = -\dfrac{\mathrm{d}\psi_a}{\mathrm{d}t}$，同样可以计算出 b 相和 c 相感应电压。因此，可以计算出护套中电流产生的磁链为

$$\psi_{I_{sa}} = \int_r^S \mathrm{d}\psi_s = \int_r^S \frac{\mu I_{sa}}{2\pi x}(\sqrt{x^2 + L^2} - x)\mathrm{d}x \qquad (4-78)$$

自感应电压为

$$U_{I_{sa}} = -\frac{\mathrm{d}\psi_{I_{sa}}}{\mathrm{d}t} = -\mathrm{j}\omega M_{sa} I_{sa} = -\mathrm{j}\omega \psi_{Isa} \qquad (4-79)$$

同样地，计算可以得到 b 相和 c 相的自感应电压。

有了感应电压，接地环流就如下式可以计算出来。

根据拓扑电路(见图 4-17)，可以解出每段三相的环流值为

$$\left.\begin{array}{l} U_a - U_b - U_c - U_{I_{sa}} + U_{I_{sb}} + U_{I_{sc}} + I_{sa}R_k - I_{sb}R_k = 0 \\ U_a + U_b - U_c - U_{I_{sa}} - U_{I_{sb}} + U_{I_{sc}} + I_{sb}R_k - I_{sc}R_k = 0 \\ U_a + U_b + U_c - U_{I_{sa}} - U_{I_{sb}} - U_{I_{sc}} + I_{sc}R_k - I_s(R_1 + R_2 + R_e) = 0 \end{array}\right\}$$

$$(4-80)$$

式中，U_k 是某一相电缆感应电压(U_a，U_b，U_c，$U_{I_{sa}}$，$U_{I_{sb}}$，$U_{I_{sc}}$)；R_1，R_2 是接地线电阻；R_e 是大地电阻；R_k 是导体电阻。

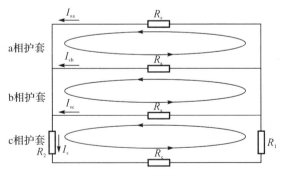

图 4-17　护套等值电路

4.6　金属护层过电压

电力安全规程规定,电气设备非带电的金属外壳都要接地,因此电缆的金属屏蔽应当接地。通常 35 kV 及以下的电缆都采用两端接地的方式。这是因为 35 kV 及以下的电缆大多数都是三芯的。在正常运行中,流过三个芯线的电流总和为零,在金属屏蔽外基本没有磁场;这样,在金属屏蔽的两端就基本没有感应电压,所以金属屏蔽两端接地后不会有感应电流流经金属屏蔽。但是当电压超过 35 kV 时,大多制造成单芯电缆,当单芯电缆通过电流时,必定会有磁力线交链金属屏蔽,使两端出现感应电压。此时,如果仍将金属屏蔽两端三相互联接地(见图 4-18),金属屏蔽中将会流过很大的环流,其值可达芯线电流的 50% ～ 95%,形成金属护套损耗,使金属护套发热,这不仅浪费了大量电能,而且降低了电缆的载流量并加速了电缆主绝缘的老化,因此,单芯电缆不应两端接地,个别情况也可两端接地但须降低载流量运行。

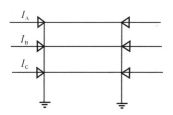

图 4-18　两端三相互联接地

但是,将金属护套一端不接地后,接着带来的问题是在雷电波或内部过电压波沿芯线流动时,电缆金属护套不接地端会出现很高的冲击过电压,并且当系统发生短路事故和短路电流流经芯线时,电缆金属护套的不接地端也会出现较高的工频感应电压。当电缆金属护套的外绝缘护层不能承受这种过电压的作用而损坏时,就会造成金属护套的多点接地,这同样会出现环流的问题,因此,当采用单芯电缆时,必须采取措施限制外绝缘护层上出现的过电压。

4.6.1 冲击过电压产生的原因

沿芯线流动的冲击电压波为什么会使金属护套的不接地端产生很高的过电压呢?下面首先用图 4-19 的接线来进行分析。

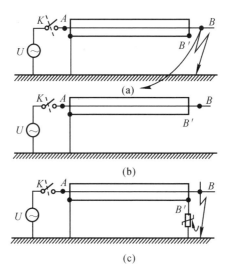

图 4-19　行波通过电缆的三种情况

图 4-19 所示电缆金属护套首端接地,作用在电缆芯线的过电压为 U。由于金属护套首端接地,加在电缆首端的过电压必然全部作用在金属护套和芯线间,也就是说,此时在电缆的芯线和金属护套将有幅值为 u 的过电压进行波流动,在这一进行波的作用下,芯线和金属护套间将伴随着流过电流 i,其值由电缆的波阻 Z_1 决定,即

$$i = \frac{U}{Z_1} \qquad\qquad (4-81)$$

由于芯线电流与金属护套电流方向相反而大小相等,在金属护套外面就没有磁力线作用,因此在金属护套上不会出现过电压,但是,当行波到达电缆末端时情况就不同了,下面来讨论两种极端情况。

(1) 电缆芯线末端短路(见图 4-19(a))。

(2) 电缆芯线末端开路(见图 4-19(b))。

此时,流经芯线的雷电行波到达开路的末端后,会发生全反射。全反射结果,使芯线和金属护套的电流均为零。因此,在金属护套上不会产生电压升高,实测表明金属护套上电压仅为芯线电压的 5% 左右。

最严重的情况发生在电缆末端芯线发生接地故障时,线芯对金属护套的阻抗加上金属护套对地阻抗承受全部过电压,而这两个阻抗接近,所以,金属护套承受很高过电压。显然,如果电缆末端芯线经过某一电阻接地(例如接有某一波阻的线路),则过电压将比芯线短路的情况要低。

为了限制这一过电压,显然,只要让电缆金属护套末端在冲击下接地,使冲击电流能以金属护套为回路,则电缆金属护套末端就不会有过电压了,为此,可在电缆金属护套末端和大地间接一过电压保护器(通常为氧化锌阀片),给冲击电流以通路。显然,接有保护器后,在冲击电压的作用下,冲击电流将经保护器回到金属护套(见图 4-19(c)),而作用在电缆金属护套末端护层上的冲击电压将等于保护器的残压。但这种情况也要注意保护器接地点,地电位升高引起的问题,当线路侧击穿经过铁塔流入大地时,接地极的地电位升高,使护层保护器反向击穿,如果护层保护器设计流量较小,就会引起保护器爆炸,因为现在高压系统短路容量都很高。根据彼得逊法则不难求出,当电缆末端接地时,流经保护器的冲击电流将为 $2U/Z_1$,而当电缆末端经某一电阻 R 接地时,流经保护器的

电流为 $2U/(Z_1 + R)$。这一电流最大可能达 10 kA。保护器在这一冲击电流作用下不应损坏,同时保护器的冲放电压及残压都应低于金属护套外绝缘护层的冲击耐压值。关于保护器的选择后面再介绍。

对于海缆,为了限制外护套上的暂态感应电压一般采用每隔一段距离电缆本体,在径向横截面的加强层和铠装层之间采取短接的方法,以减少或限制感应过电压。当海底电缆遭受短路和过电压冲击时,产生的感应电压满足

$$\frac{U_{23max}}{U_0} = \frac{C_{12}}{C_{12} + C_{23}}(1 - e^{-\beta X}) \qquad (4-82)$$

式中,U_0 为导体和铠装之间的电压;U_{23} 为护套和铠装之间电压;C_{12} 为导体和护套间电容;C_{23} 为护套和铠装之间电容;β 为传播速率;X 为传播距离。

例如,某工程用 500 kV 海底电缆外护套绝缘强度 8 kV/mm,绝缘厚度 4.4 mm,护套的设计耐受冲击电压 $U_{23max} = 35.2$ kV,从上式可以算出电缆两个节点之间最大允许长度 11.139 km,在实际设计中两端短接电缆长度小于这个数值就是安全的,过电压不会超过护套最大值。

4.6.2 护层过电压的计算

1. 电缆终端金属护套过电压计算

电缆与架空线直连,雷电波从架空线侵入电缆端称首侧,电缆线路另一端称尾侧,按电缆终端 1 点接地位置分两种情况计算。

(1)首侧终端接地、电缆尾侧金属层开路端对地冲击过电压 U_A。

1)算法 A:按图 4-20 所示的等价电路表达式为

$$U_A = 2E\frac{RZ_2/(R + Z_2)}{Z_0 + Z_1 + RZ_2/(R + Z_2)} \qquad (4-83)$$

式中，E 为雷电进行波幅值，kV；Z_0 为架空线波阻抗，Ω，一般为 $400\sim600\ \Omega$；Z_1 为电缆芯线与金属层间波阻抗，Ω；Z_2 为电缆金属层与大地间波阻抗，Ω；R 为金属层接地阻抗，Ω。

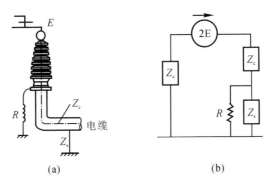

(a)　　　　　　　　　(b)

图 4 - 20　户外终端直连电缆的暂态过电压
计算用等价电路（算法 A）

2）算法 B：当电缆尾端接有大的电容时，有

$$U_A = -4E \frac{Z_1}{Z_0 + Z_1} \times \frac{Z_2}{Z_1 + Z_2} \qquad (4-84)$$

（2）电缆芯线与金属层间波阻抗 Z_1、电缆金属层与大地间波阻抗 Z_{se}。

1）Z_1 按不同论述有以下两种表达式：

a.

$$Z_1 = \frac{60}{\sqrt{\varepsilon_1}} \ln \frac{r_4}{r_1} \qquad (4-85)$$

b. XLPE 绝缘电缆内、外半导电层较厚，且波纹铝护套等金属层内、外径差别较大，故有

$$Z_1 = \frac{60}{\sqrt{\varepsilon_1}} \ln \frac{r_4}{r_1} \cdot \ln \frac{r_3}{r_2} \qquad (4-86)$$

2)Z_2 按不同论述有以下 3 种表达式：

a. 直埋敷设时为

$$Z_2 = \frac{60}{\sqrt{\varepsilon_2}} \ln \frac{r_6}{r_5} \qquad (4-87)$$

b. Z_2 与敷设方式相关，穿管埋地时表达式为

$$Z_2 = \frac{60}{\sqrt{\varepsilon_t}} \lambda' n(r_6/r_5) \qquad (4-88)$$

$$\varepsilon_t = \lambda' n(d/r_5) \Big/ \left[\frac{1}{\varepsilon_3} \lambda' n(d/r_6) + \frac{1}{\varepsilon_2} \lambda' n(r_6/r_5) \right]$$

隧道敷设时需以电磁暂态方程的电缆常数程序计算。

c. 空气中敷设时为

$$Z_2 = \frac{1}{2\pi} \sqrt{\frac{\mu}{\varepsilon}} \lambda n \frac{D}{r_1} \qquad (4-89)$$

$$D = 660 \sqrt{\rho/f}$$

式中，r_1 为电缆缆心导体半径，mm；r_2，r_3 分别为电缆绝缘层内、外半径，mm；r_4，r_5 分别为电缆金属层平均内半径、外半径，mm；r_6 为电缆外护层的外半径，mm；d 为管的内半径，mm；D 为地中电流等值深度，m；ρ 为土壤电阻率，$\Omega \cdot$m；μ 为透磁常数，接近于 1；f 为电流频率，Hz；ε_1，ε_2 分别为绝缘层、外护层的介电常数，对 XLPE 和 PE 取 2.3，PVC 取 3.5～4.0；ε_3 为管中空隙的介电常数，若为干燥状态，取 1.2。

2. 不设保护器时护层所受的冲击电压

此时，不接地端护层所受的冲击电压可按图 4-21(b)所示等值电路进行估算。

图中，Z_1 为电缆芯线和金属护套间的波阻抗，Z_2 为金属护套和大地间的波阻抗，Z_0 为架空线的波阻抗，U_0 为沿线路袭来的雷

电进行波幅值。

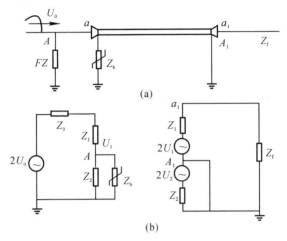

(a)

(b)

图 4-21　护层过电压计算电路(首端不接地)

由等值电路图可知,此时金属护套不接地端护层所受的电压为

$$U_A = U_2 = 2U_0 \frac{Z_2}{Z_0 + Z_1 + Z_2} \qquad (4-90)$$

式中

$$Z_1 = \frac{1}{2\pi} \sqrt{\frac{\mu_0}{\varepsilon_r}} \ln \frac{r_s}{r_1}$$

$$Z_2 = \frac{1}{2\pi} \sqrt{\frac{\mu_r}{\varepsilon_r}} \ln \frac{D}{r_s}$$

式中,D 为地中电流等值深度,$D = 660 \sqrt{\rho/f}$。

由于地中电流分布复杂,故 U_A 应通过实测确定,例如:对于 110 kV 电缆,$U_0 = 700$ kV,$Z_0 = 500$ Ω,$Z_1 = 17.8$ Ω,$Z_2 = 100$ Ω(非直埋),可得

$$U_A = 2 \times 700 \times \frac{100}{500 + 17.8 + 100} = 226.5 \text{ kV}$$

当电缆首端与架空线连接处装有 FZ — 110J 并动作时,$U_0 = U_5 = 332$ kV(避雷器的残压),则 $U_A = 107.4$ kV。

对于直埋电缆,$Z_2 = 15$ Ω,同理,可以计算出 $U_A = 39.4 \sim 18.5$ kV。 不设保护器,且金属护层首端接地时,不接地端护层所受冲击过电压可按图 4 – 22 所示等值电路进行估算。此时金属护套不接地端护层所受冲击过电压将为

$$U_{A_1} = -4U_0 \frac{Z_1}{Z_0 + Z_1} \frac{Z_2}{Z_1 + Z_2 + Z_f} \qquad (4-91)$$

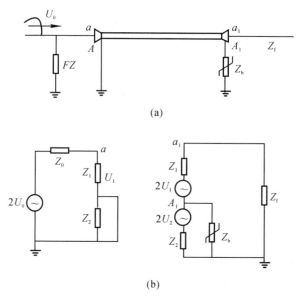

图 4 – 22 护层过电压计算电路(末端不接地)

它和末端所接负载 Z_f 有关。当电缆末端不接负载(a_1 处开路)时,U_{A_1} 将为零,然而当电缆末端接有大电容或末端主绝缘对地击穿(a_1 点接地)时,U_{A_1} 可上升为

$$U_{A_1} = -4 \times 700 \times \frac{17.8}{500 + 17.8} \times \frac{100}{17.8 + 100} = -81.7 \text{ kV}$$

当电缆与架空线连接处设有 FZ—110J 并动作时,则

$$U_{A_1} = -4 \times 332 \times \frac{17.8}{500 + 17.8} \times \frac{100}{17.8 + 100} = -38.7 \text{ kV}$$

同理,对于直埋电缆:

$$U_{A_1} = 44 \sim 20.3 \text{ kV}$$

厂家所给出的护层冲击绝缘强度一般为 37.5 kV,因此,无论金属护套首端或末端接地,其不接地端一般均须加保护器。

3. 电缆直连 GIS 终端绝缘筒的过电压

GIS 的开关切合时产生的操作过电压,具有约 20 MHz 高频衰减振荡波形、波头长 0.1 μs 陡度的特征。该行波沿缆芯侵入、在金属层感生暂态过电压的相关因素形态和等值电路如图4-23所示。

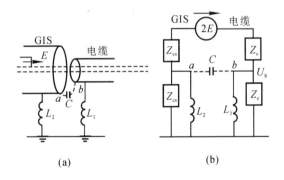

(a)　　　　　　　　　(b)

图 4-23　电缆直连 GIS 终端绝缘筒的暂态过电压计算用等值电路

(a) 连接形态;　(b) 等值电路

可得 GIS 终端绝缘筒间过电压 U_{ab}、电缆金属层对地过电压 U_s 的表达式为

$$U_{ab} = 2E \, \frac{\dfrac{L_2 Z_{cs}}{L_2 + Z_{cs}} + \dfrac{L_1 Z_2}{L_1 + Z_2}}{Z_c + Z_{ab} + \dfrac{L_2 Z_{cs}}{L_2 + Z_{cs}} + \dfrac{L_1 Z_2}{L_1 + Z_2}} \tag{4-92}$$

$$U_s = \frac{Z_2}{Z_2 + Z_{cs}} U_{ab} (1 - \varepsilon^{-\alpha t}) \tag{4-93}$$

$$\alpha = \frac{1}{C} \frac{Z_c + Z_{cb} + Z_2 + Z_2}{(Z_c + Z_{cb})(Z_2 + Z_2)} \tag{4-94}$$

式中,E 为 GIS 的开关切合过电压沿缆芯行波幅值,kV;Z_{cb} 为气体绝缘母线的芯线与护层间波阻抗,Ω;Z_{cs} 为气体绝缘母线的护层与大地间波阻抗,Ω;L_1,L_2 分别为气体绝缘母线和电缆各自接地线的感抗,Ω;C 为两护层间的杂散电容,F。

由于 Z_2,L_1,L_2 的值不易定量把握,因而一般难以计算准确,如表 4-11 中第一列实测值为 75%,而计算值为 89.3%。

表 4-11　　GIS 终端绝缘筒无保护时暂态过电压实测及其推算示例

	系统电压 /kV	66	77	154	275
	绝缘冲击耐压水平 /kV	40	40	50	50
66 kV 充油电缆试验线路		40.4	(47.2)	(94.3)	(168.4)
66 kV XLPE×1 200 mm² 电缆线路		44.9	(52.4)	(104.4)	(186.4)
77 kV XLPE 电缆线路		(30.2)	(35.2)	(70.4)	(125.7)

注:括号所示是据实测值推算。

根据计算结果和实际情况,GIS 终端绝缘筒过电压非常高,必须在实际线路设计时,在绝缘筒两端增加一个保护器或电容器以减少过电压在此的放电过程。

4. 绝缘接头金属分隔层的过电压

交叉互联电缆线路的首端绝缘接头,在任一相外护层承受的过电压波形,因关联的其他相绝缘接头部位入射和反射波叠加而变成复杂形状的振荡波,若考虑最大幅值,则以第一个侵入波为基础,等值电路如图 4-24 所示,且假定 3 根单相电缆呈"品"字形配置时,可得绝缘接头金属分隔层的暂态过电压 U_A 的表达式为

$$U_A = 2E_{2I} = 4E \frac{Z_2 - Z_m}{4Z_1 + 3(Z_2 - Z_m)} \tag{4-95}$$

式中,Z_m 为不同电缆金属层之间的波阻抗,Ω。

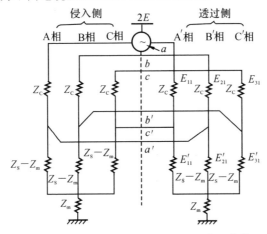

图 4-24　绝缘接头金属分隔层过电压计算用等值电路

对于频率高波头陡的雷电波等,有认为交叉互联线较长(10 m 以上)时,阻抗可视为无穷大,则 U_A 表达式变成

$$U_A = 4E \frac{1 \Big/ \Big[\dfrac{2}{Z_2 - Z_m - Z_1} + \dfrac{1}{Z_m} \Big] + Z_2 - Z_m}{1 \Big/ \Big[\dfrac{2}{Z_2 - Z_m - Z_1} + \dfrac{1}{Z_m} \Big] + Z_2 - Z_m - Z_1}$$

$$\tag{4-96}$$

当电缆以沟道敷设、其交叉互联线仅 2～10 m 时,式(4-95)较适合;而直埋敷设的交叉互联线较长时,就适于使用式(4-96)。

日本曾将实测值与式(4-95)计算值比较,见表4-12;又将实测值与式(4-95)、式(4-96)的计算值相比较,结果见表4-13。

表4-12　沿缆芯侵入波实测与计算 U_A 值示例一

穿管敷设的电缆规格			波阻抗 /Ω			护层对地暂态电压 %		金属分隔层暂态电压 %	
电压 kV	截面 mm²	型式	Z_C	Z_{Se}	Z_m	计算	实测	计算	实测
77	400	铅包充油	14.3	12.7	12.4	24	21~24	48	46~48
154	1 200	铅包充油	15.3	5.3	0.7	12.3	15	25	25
77	2 000	铜丝屏蔽 XLPE	19.9	55.9	34.2	30		60	81

注:电压(%)为过电压与侵入波幅值之比。

此外,有论述所示表达式为

$$U_A = -4E\frac{Z_1}{Z_0+Z_1}\frac{Z_2}{2Z_1+3Z_2/2} \qquad (4-97)$$

或按敷设方式分别有表达式为

直埋时为
$$U_A = 4E\frac{Z_2}{4Z_1+3Z_2} \qquad (4-98)$$

隧道中为
$$U_A = 4E\frac{Z_m}{4Z_1+3Z_m} \qquad (4-99)$$

表4-13　沿缆芯侵入波实测与计算 U_A 值示例二

内　容	实测	式(4-95)计算值	式(4-96)计算值
缆芯过电压行波幅值 /kV	34	34	34
电缆护层对地暂态过电压 /kV	32	17.7	29.2
绝缘接头金属分隔层过电压 /kV	49	35.4	58.4

此外,当交叉互联以及保护器连接用同轴电缆如CIGRE接法

时,计入连接线行波产生冲击电压叠加影响的表达式有

$$U_A = 2E(1 - e^{-\frac{2t}{T}}) \Big/ \left[1 + 2\frac{Z_C}{Z_{1b}} + 2\frac{Z_C}{Z_{Se}} \times \frac{1 + (Z_{Se}/Z_{2b})}{2 + (Z_{Se}/Z_{2b})}\right]$$

$$(4-100)$$

$$Z_{1b} = \sqrt{L_{1b}/C_{1b}}$$

$$Z_{2b} = \sqrt{L_{2b}/C_{2b}}$$

$$L_{1b} = 2 \times 10^{-7} \ln \frac{d_2}{d_1}$$

$$L_{2b} = 2 \times 10^{-7} \ln \frac{d_4}{d_3}$$

$$C_{1b} = \varepsilon_1 \times 10^{-9} \Big/ 18\ln \frac{d_2}{d_1}$$

$$C_{2b} = \varepsilon_2 \times 10^{-9} \Big/ 18\ln \frac{d_3}{d_1}$$

$$t_{1b} = \lambda \sqrt{L_{1b}C_{1b}}$$

$$t_{2b} = \lambda' \sqrt{L_{2b}C_{2b}}$$

$$T = \Delta\tau/\ln 9$$

式中,t 为行波在连接线传播的时间,μs;$\Delta\tau$ 为波头时间,通常为 0.1~0.9 μs;λ 为连接线长度,m;L_{1b},L_{2b} 分别为同轴电缆的线芯对屏蔽层、屏蔽层对大地的电感,H/m;C_{1b},C_{2b} 分别为同轴电缆的线芯对屏蔽层、屏蔽层对大地的电容,F/m;Z_{1b},Z_{2b} 分别为同轴电缆的线芯对屏蔽层、屏蔽层对大地的波阻抗,Ω;d_1,d_2 分别为连接线缆芯导体外径、屏蔽线内径,mm;d_3,d_4 分别为同轴电缆屏蔽层外径、总外径,mm;ε_1,ε_2 分别为绝缘、外护层的介电常数,XLPE 可取 2.3,PVC 可取 4.5。

不同电缆金属层之间波阻抗 Z_m 表达式为

$$Z_m = \sqrt{L_m/C_m}$$

式中,L_m,C_m 分别为护层之间的电感单位、电容单位。

算例:条件 $Z_C = 17.7\ \Omega$,$Z_s = 9.6\ \Omega$ 和同轴电缆连接线 $d_1 = 15\ mm$,$d_2 = 23.8\ mm$,$d_3 = 28.5\ mm$,$d_4 = 35\ mm$,$\varepsilon = 4.5$,$\Delta\tau = 0.1\ \mu s$。当同轴电缆长度为 2 m 或 10 m 时,分别算出 $U_A = 0.145\ 4e$ 或 $0.299\ 2e$;此外,若用塑料线和连接线时 $Z_{1b} = Z_{2b} = 13.06\ \Omega$,对应 2 m 或 10 m 长有 $U_A = 0.153\ 5e$ 或 $0.315\ 9e$。可见引线长度愈短就愈有助降低暂态过电压,且同轴电缆比普通塑料线较为有利。

单相电缆波阻抗 Z_m 与电缆波阻抗 Z_1,Z_2 的实测值与计算值示例见表 4 - 14 ～ 表 4 - 16。

表 4 - 14　　单相电缆波阻抗 Z_m 在不同条件下的算值

电缆敷设方式	隧　　　道								直　埋	
墙面介质;半径;电缆与墙距 /m	铁;2.4;2.4		土;2.4;2.4		土;2.4;0.2		土;1.05;0.2			
周波数 /kHz	1	1 000	1	1 000	1	1 000	1	1 000	1	1 000
Z_m	167	166	250	184	146	101	141	95	11	7

注:埋深均 10 m,隧道墙厚 0.15 m。

表 4 - 15　　电缆波阻抗 Z_1,Z_2 实测与计算值示例

敷设方式	单相电缆形式规格			实测值 /Ω		计算值 /Ω	
	电压 kV	截面 mm²	形式	Z_1	Z_2	Z_1	Z_2
隧道	275	2 500	充油	17.6	77	17.6	78.4
	275	1 600	充油	18.2 ～ 18.7	41.9 ～ 100	18.7	80.8
	275	1 400	充油	23.2		19.5	81.6
	220	2 500	充油	17.8	53.9	15.5	79.2
	220	1 000	充油	21.8		19.3	84.2
	154*	1 200	充油	15.3	4.7	15	85
	154	800	充油	13	21.4 ～ 22.6	10.9	87.5

续 表

敷设方式	单相电缆形式规格			实测值 /Ω		计算值 /Ω	
	电压 kV	截面 mm²	形式	Z_1	Z_2	Z_1	Z_2
穿管	154	2 200	充油	13.9 ~ 15.3	43.3 ~ 44.7	13.3	6.3
	154	1 200	充油	15.3	5.3	14.8	6.9
	154	800	充油	17.6	24.6	16.6	5.7
	154	800	充油	15	22 ~ 25	16.6	5.7
	154	400	充油	14.3	42	13.2	5.6
	77	2 000	XLPE	19.9	55.9	15.7	5.1
	77	400	XLPE	29.6	25.5	26.4	6.9
	77	400	充油	14.3	12.7	13.2	8.6
直埋	275*	1 000	充油	19	10.9	19.2	2.6
	225*	400	充油	30	12.1	23.6	3.3
	110*	1 400	充油	10	11.5	8.8	3.2

* 为 CIGRE 数据,其余为日本多个单位所示数据。

表 4 - 16　单相电缆波阻抗 Z_m 实测与计算值示例

电压 kV	截面 mm²	形式	敷设方式	电缆配置特征	实测 /Ω	算值 /Ω
275	2 500	XLPE	隧道	紧靠品字形	100	80*
					99	87*
					98	83*
154	2 000	充油	穿管		13.1 ~	40(等价 ε 算)
					17.2	7.3(按直埋算)

* 按 50 kHz 时计算。

5. 流经保护器的冲击电流的计算

在金属护套的不接地端加装保护器后,雷电行波将经由保护器接通,起到降低护层所受冲击过电压的作用。

　　当金属护套末端接地时,流经保护器的电流可按如图4-25(b)左图所示的等值电路进行估算。考虑到保护器在大冲击电流下所呈现的等值电阻 Z_b 很小,一般在1Ω以下,远小于电缆的波阻抗,因此在计算时可以忽略保护器的电阻而把等值电路简化为如图4-25(b)右图所示的形式。

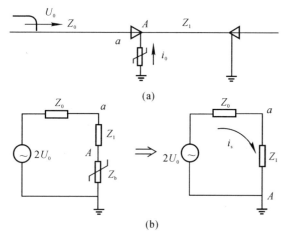

(a)

(b)

图 4-25　末端接地首端保护器

　　图4-26所示为金属护套首端接地时估算流经末端保护器冲击电流所用的等值线路图。

　　由此可得流经首端保护器的电流为

$$i_s = \frac{2U_0}{Z_0 + Z_1 + Z_b} = \frac{2U_0}{Z_0 + Z_1} = \frac{2 \times 700}{500 + 17.8} = 2.7 \text{ kA}$$

(4-101)

流经末端保护器的电流为

$$i_m = \frac{2U_1}{Z_1 + Z_f + \left(\dfrac{Z_b Z_2}{Z_b + Z_2}\right)} = \frac{2U_1}{Z_1 + Z_f} =$$

$$\frac{4U_0 Z_1}{(Z_0 + Z_1)(Z_1 + Z_f)} \qquad (4-102)$$

而后者在电缆末端有大电容或主绝缘击穿($Z_f = 0$) 时为

$$i_m = \frac{4U_0}{Z_0 + Z_1} = \frac{4 \times 700}{500 + 17.8} = 5.4 \text{ kA} \qquad (4-103)$$

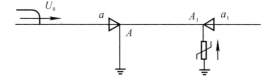

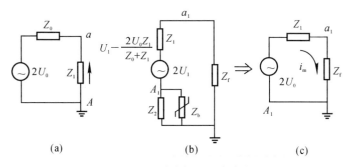

图 4 - 26　末端接保护器首端接地

　　下述进一步讨论在电缆段的多次折射对流经保护器电流的影响,从而得出流经保护器的冲击电流的波及其持续时间。由于忽略了保护器的电阻,在讨论时完全可以用在电缆首末端的接地线来取代保护器(见图 4 - 27(a)),此时所得的流经首末两端接地线的冲击电流 i_s 和 i_m 也就是流经首末端保护器的冲击电流。此外由于在讨论波的折、反射时,只须考虑过电压波的长度远大于电缆长度的情况,因此在所讨论的时间内,可以认为沿线路袭来的雷电

行波恒为 U_0。

在图 4 - 27(b) 中,有

$$\alpha_1 = \frac{2Z_1}{Z_0 + Z_1}, \quad \beta_1 = \frac{Z_1 - Z_0}{Z_0 + Z_1}$$

$$\alpha_2 = \frac{2Z_f}{Z_1 + Z_f}, \quad \beta_2 = \frac{Z_f - Z_1}{Z_f + Z_1}$$

图 4 - 27(b) 描述了波在电缆段发生多次折、反射情况。由图显见,在过电压波到达末端前 $\left(0 < t < \frac{l}{v}\right)$,沿电缆线芯传送的只有前行电压波 $U_0\alpha_1$ 以及前行电流波 $\frac{U_0\alpha_1}{Z_1}$,此电流将由金属护套返回首端接地点入地,因此流经首端接地线的电流将为

$$i_{s_1} = \frac{U_0\alpha_1}{Z_1} = \frac{2U_0}{Z_0 + Z_1} \tag{4 - 104}$$

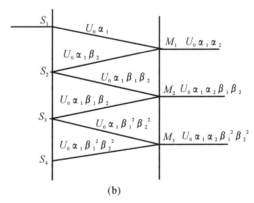

(a)

(b)

图 4 - 27　行波在电缆线路上多次折、反射

当前行波到达电缆末端（M_1）时将生成沿 Z_f 前行电压波 $U_0\alpha_1\alpha_2$ 以及沿 Z_1 反行电压波 $U_0\alpha_1\beta_2$，由之决定了沿 Z_f 前行的前行电流波 $\dfrac{U_0\alpha_1\alpha_2}{Z_f}$ 及沿 Z_1 反行的反行电流波 $-\dfrac{U_0\alpha_1\beta_2}{Z_1}$，显然

$$\frac{U_0\alpha_1\alpha_2}{Z_f} = \frac{U_0\alpha_1}{Z_1} - \frac{U_0\alpha_1\beta_2}{Z_1} \tag{4-105}$$

这一沿 Z_f 前行的电流将经末端金属护套的接地线返回金属护套，因此流经末端接地线的电流将为

$$i_m = \frac{U_0\alpha_1}{Z_1}(1-\beta_2) = \frac{2U_0}{Z_0+Z_1}(1-\beta_2) \tag{4-106}$$

当反行电压波 $U_0\alpha_1\beta_2$ 回到首端（S_2）时所生的折、反射将形成第二个沿 Z_1 的前行电压波 $U_0\alpha_1\beta_1\beta_2$ 以及第二个沿 Z_1 的前行电流波 $\dfrac{U_0\alpha_1\beta_1\beta_2}{Z_1}$ 而使流过首端接地线的电流变为

$$i_{s_2} = \frac{U_0\alpha_1}{Z_1} - \frac{U_0\alpha_1\beta_2}{Z_1} + \frac{U_0\alpha_1\beta_1\beta_2}{Z_1} =$$
$$\frac{U_0\alpha_1}{Z_1}(1-\beta_2)(1+\beta_1\beta_2) + \beta_2\frac{U_0\alpha_1}{Z_1}(\beta_1\beta_2)$$
$$\tag{4-107}$$

第二个前行波到达末端时（M_2）所生的第二次折、反射将造成第二个沿 Z_1 的反行电压波 $U_0\alpha_1\beta_1\beta_2$ 及反行电流波 $-\dfrac{U_0\alpha_1\beta_1\beta_2}{Z_1}$，此时流过末端接地线的电流将为

$$i_{m_2} = \frac{U_0\alpha_1}{Z_1}(1-\beta_2) + \frac{U_0\alpha_1\beta_1\beta_2}{Z_1}(1-\beta_2) =$$
$$\frac{U_0\alpha_1}{Z_1}(1-\beta_2)(1+\beta_1\beta_2) \tag{4-108}$$

依此类推，可得 n 次反射后流经首端地线的电流（适用于 $n \geqslant 2$ 时）为

$$i_{sn} = \frac{U_0\alpha_1}{Z_1}(1-\beta_2)\left[1 + \beta_1\beta_2 + \cdots + (\beta_1\beta_2)^{n-1}\right] +$$

$$\beta_2\frac{U_0\alpha_1}{Z_1}(\beta_1\beta_2)^{n-1} = \frac{U_0\alpha_1}{Z_1}(1-\beta_2)\frac{1-(\beta_1\beta_2)^n}{1-\beta_1\beta_2} +$$

$$\beta_2\frac{U_0\alpha_1}{Z_1}(\beta_1\beta_2)^{n-1} \qquad\qquad (4-109)$$

流经末端接地线的电流为

$$i_{mn} = \frac{U_0\alpha_1}{Z_1}(1-\beta_2)\left[1 + \beta_1\beta_2 + \cdots + (\beta_1\beta_2)^{n-1}\right] =$$

$$\frac{U_0\alpha_1}{Z_1}(1-\beta_2)\frac{1-(\beta_1\beta_2)^n}{1-\beta_1\beta_2} \qquad\qquad (4-110)$$

第一电流的持续时间为 $\frac{2L}{v}$，其中 L 为电缆的长度，v 为电缆的波速，其值为

$$v = \frac{1}{\sqrt{3.5\varepsilon_0\mu_0}} = 160 \text{ m}/\mu\text{s}$$

当电缆末端开路 $(Z_f \rightarrow \infty)$ 时，将有 $\beta_2=1, \alpha_2=2$，由此可得

$$i_{sn} = \frac{U_0\alpha_1}{Z_1}\beta_1^{n-1}, \quad i_{mn}=0 \qquad (4-111)$$

当电缆末端短路 $(Z_f=0)$ 时，将有 $\beta_2=-1, \alpha_2=0$，此时可得

$$i_{s1} = \frac{U_0\alpha_1}{Z_0}, \quad i_{m1} = \frac{2U_0\alpha_1}{Z_0}$$

$$i_{sn} = \frac{2U_0\alpha_1}{Z_1}\frac{1-(-\beta_1)^n}{1+\beta_1} - \frac{U_0\alpha_1}{Z_1}(-\beta_1)^{n-1} \quad (n \geqslant 2)$$
$$(4-112)$$

$$i_{mn} = \frac{2U_0\alpha_1}{Z_1}\frac{1-(-\beta_1)^n}{1+\beta_1} \quad (n \geqslant 2) \qquad (4-113)$$

对于不同电压等级的电缆，在雷电冲击电压作用下流经保护器的通流容量可参阅表4-17中数值确定。对于图4-19所示的电缆线路，对铁塔处的保护器的通流容量应进行另外考虑，必须根据

线路侧短路容量的大小进行配套。因此铁塔接地电阻均高于变电
站,会引起短路电流经过保护器和电缆金属护层流回变电所。

表 4 - 17　保护器标准波的通流容量　　单位:kA

U/kV	8/20 μs		20/40 μs	
	保护器在首端	保护器在末端	保护器在首端	保护器在末端
110	5.1	0.28	3.0	0.1
220	10.0	0.44	6.0	0.3
330	15.0	1.25	8.0	1.0
500	20.0	3.10	12.0	1.8

6. 交叉互联不加保护器的电缆护层过电压计算

随着我国城市电力网的发展,近几年来出现了不少长达 1 km
以上的 110 ~ 220 kV 电缆线路,如前所述,高压传输系统中单芯
电缆的应用,使得有必要将金属护套采用特殊的连接,以消除或减
小其中的感应电压和由它引起的电流,否则这个电流会限制电缆
的负荷容量,对于短电缆(如 300 ~ 500 m),三相金属护套可在变电
站内或架空线连接处互联后接地,但全线只有一个接地点;对于长
电缆线路(1 km 以上),一般采用金属护套的中间点交叉互联的形
式,即将电缆分 3 倍段等长的基本部分,三相金属护套的中间点交叉
连接,而两端互联后再接地,由于金属护套电路在两交叉连接处循
环换位,就可以大大减小金属护套中的感应电压,如图 4 - 28 所示。

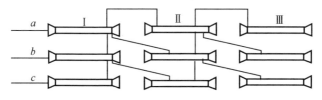

图 4 - 28　单芯电缆金属护套的交叉互联接地

这样做的缺点是:扰乱了电缆内部导体和金属护套标准的同轴位置,由于雷击,开关操作易引起过电压波,当此电压波通过护套接合处产生波的反射和折射时,将导致护套中断部分和护套对地处出现过电压。

在无保护器的交叉互联线路中,护层所受冲击电压将达到很大的数值。根据有关文献记载可达首端所加电压的 $30\% \sim 65\%$,因此目前国内外广泛使用保护器来加以限制。

交叉互联后,过电压之所以仍不能降低的原因可以解释如下:

由图 $4-29(a)$ 可见,交叉互联后虽然金属护套没有完全断开,但是过电压由 a_1 点侵入到过 a_2 后并不能直接从 A_2 点回到 A 相第一段金属护套外皮 A_1 点,而是经过很多波阻抗,例如,$A_2 \xrightarrow{Z_1} C_1 \xrightarrow{Z_1} C \to C_2 \xrightarrow{Z_2} C_2 \to B_1 \xrightarrow{Z_1} b_1 \to b_2 \to B_2 \to A_1$ 的途径,大部分过电压波将以大地为回路,从而造成 A_1 点电压升高。

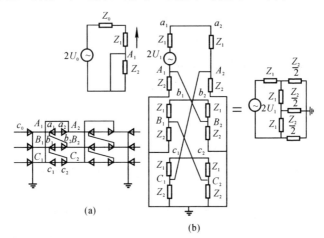

图 $4-29$　交叉互联 A 相进波时接线图及等值电路

(a)原理接线;　(b)等值电路

如图 $4-29(b)$ 所示是交叉互联不加保护器,护套受过电压时的计算等值电路。等值电路图上 A_1 和 A_2 点间的电位差即为交叉互联处的过电压，A_1 和 A_2 点对地的电位差，即为护套所受的过电压。还应指出，按上述等值电路计算结果，只是一次折射和反射结果。实际电缆不是无限长，在多次反射后电压可以升高，其数值根据文献资料用电子计算机计算所得如下：7 次折射和反射后护套所受电压为首端所加电压的 64％，17 次为 65％，对于交叉互联，此时在金属护套断连处 A_1 和 A_2 的冲击过电压将分别为

$$\left.\begin{aligned}
U_{A_1} &= -U_0 \frac{Z_1}{Z_0 + Z_1} \frac{Z_2}{2Z_1 + \frac{3}{2}Z_2} \\[2ex]
U_{A_2} &= U_0 \frac{Z_1}{Z_0 + Z_1} \frac{Z_2}{2Z_1 + \frac{3}{2}Z_2}
\end{aligned}\right\} \quad (4-114)$$

而加在电缆绝缘接头上的冲击过电压为

$$U_{A_1 A_2} = -2U_0 \frac{Z_1}{Z_0 + Z_1} \frac{Z_2}{2Z_1 + \frac{3}{2}Z_2} \quad (4-115)$$

式中，U_0 为架空线路的来波电压，kV；Z_0 为架空线路的波阻抗，Ω。

现以 110 kV 和 220 kV 电缆为例，其冲击过电压计算结果见表 4-18。

表 4-18　电缆护层冲击过电压的计算结果

额定电压 kV	U_0 kV	Z_1 Ω	Z_2 Ω	$U_{A_1} = U_{A_2}$ kV	$U_{A_1 A_2}$ kV	附　　注
110	700	17.8	100	62.3	126.4	○ 七工程电缆长 1.41 km，敷设于电缆沟内，故 Z_2 按 100 Ω 计算
220	1 400	25	20	38.0	76.0	黄棠电缆长 3.2 km，直埋敷设，故 Z_2 按 20 Ω 计算

4.6.3　电缆护层系统过电压保护的配置

1. 1点接地方式的电缆线路

（1）电缆线路末端直接接地的1侧或线路中央1点直接接地的两侧，在其端部通常需经由保护器接地或连至回流线；保护器的连接导线绝缘水平应与电缆外护层相当；导线应尽可能短或用同轴电缆。

当保护器连接的导线较长时，试验显示其保护效果较差，甚至接近无保护时情况，曾测试1点接地方式时终端过电压与保护器连接线长短的关系如图4-30所示。

（2）至于1点接地电缆线路一端接地（或相应另一端接保护器）较好，原则上一端直接接地部位，宜选择在架空线直连侧，或接地电阻较低侧。

（3）当系统中单相短路，作用于保护器的工频过电压超出保护器的相应工频耐压，或者对并列控制电缆、通信电缆的干扰需抑制感应电势时，还需沿电缆线路附加敷设并行回流线。

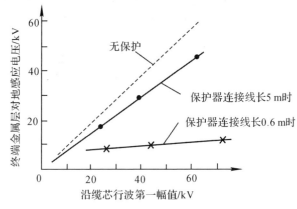

图4-30　1点接地终端过电压与保护器连接线长短关系

2. 电缆直连的 GIS 终端绝缘筒

《CIGRE 导则》《电力工程电缆设计规范(GB50217)》均未明示 GIS 终端绝缘筒需考虑过电压保护,表 4-11 阐明了暂态过电压可能超出其耐压水平。

对 GIS 终端绝缘筒的过电压保护,可设置跨接电容器或保护器,甚至二者同时配置,或者设置数量增为 2 个,现借鉴日本关于不同保护组合方案的计算、试验和实测结果,借以评估择取。

(1) 从 20 世纪 80 年代的计算与实测结果可见,绝缘筒跨接电容器或者同时配置保护器与电容器的抑制 U_a 效果较好;即或保护器的接地引线稍长(适于一般 GIS 装置的实际配置需 6.5 ~ 8.5 m),不影响保护效果,采用铜排也没有必要。

(2) 日本 1982—1991 年的 14 条 500 kV 充油、XLPE 绝缘电缆直连 GIS 终端的工程,实施绝缘筒保护配置方式归纳为 4 种,如图 4-31 所示。我国 220 kV 电压等级以上的电缆应在 GIS 绝缘筒两端采用如图 4-31 中(b)或(c)所示两种接线方式较好。

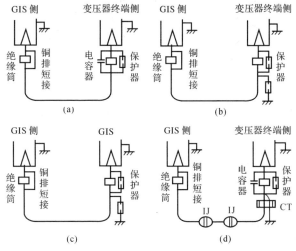

图 4-31　GIS 终端绝缘筒实施过电压保护 4 种方式示例

14 条电缆工程采取的保护配置方式,按特征分述如下:除 1 条交叉互联电缆线路采取方式(d)外,其余均为 1 点接地方式电缆线路,内有 2 条用方式(c),其中 1 250 m,1×600 mm^2 充油,620 m,1×1 400 mm^{2}XLPE;有 2 条用方式(b),其中 1215 m,1×1 600 mm^2 充油,200 m,1×800 mm^{2}XLPE;有 9 条用方式(a),且多为 1988 年以前投产的,含 50 ~ 550 m 长、1×1 200 ~ 1×2 000 mm^2 充油型的电缆线路。

(3)绝缘筒配置的旁路电容器,可采取电子系统所用电容器装置如图 4-32 所示,其主要特性有:1 kHz 下电容值 $\geqslant 0.03$ μF,tan$\delta \leqslant 0.012$;冲击耐压 20 kV、3 次无异常;绝缘电阻 $\geqslant 1 \times 10^4$ MΩ,分别在 20℃ 与 70℃ 水中浸泡 30 min、间隔 3 次后应无异常(日本工业标准 JISC5102)。

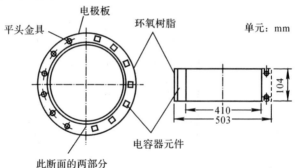

图 4-32   275 kV GIS 终端绝缘筒过电压保护用并联电容器

(4)综上所述,对 GIS 终端绝缘筒保护配置有以下几种方式。

1)在电缆系统预定为非 2 点接地方式下,采取铜排短接绝缘筒;但当电缆线路两侧均与 GIS 终端直连时,就不能对两侧绝缘筒同时用此方式。

2)绝缘筒跨接 1 或 2 个保护器,采用电缆外护层系统通用形式。

3）绝缘筒跨接 1 或 2 个电容器,采用电子设备通常装置式;
$0.03\ \mu F \leqslant$ 电容值 $\leqslant 0.1\ \mu F$;电容器装置冲击耐压 $\geqslant 20\ kV$,3 次。

就限制暂态过电压效果而论,方式 3）比方式 1）和 2）好;但也
有认为当较低的高频过电压作用时,方式 3）不及方式 2）。此外,
同时配置方式 2）与方式 3）较妥善。

我国工程实践中有采取方式 2）的做法。

3. 交叉互联接地方式的电缆线路

（1）保护配置原则。通常在长电缆线路两侧由各首端起顺序
设置的 2 个单元交叉互联段中所含 4 组绝缘接头(IJ)部位,必须对
每组各相均设置保护器（图 4 - 37 所示为理论基础）。其他中间单
元的交叉互联区段,在未标明不需附加过电压保护时,对线路中全
部绝缘接头部位,都同样应设置保护器;但若标明可能的暂态过电
压不致超出外护层系统冲击耐压水平时,也有不设置保护器的做
法,如图 4 - 33 和图 4 - 34 所示。

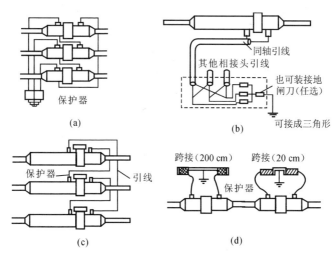

图 4 - 33　交联互联电缆过电压保护器的部分配置方式示意图

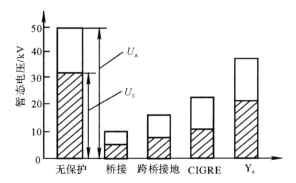

图 4-34　部分保护器配置方式和无保护时暂态过电压

(在施加行波 0.08/1 750 μs 幅值 100 kV 作用下)

(2) 保护器的各种配置方式。在需要实施过电压保护区段的电缆绝缘接头部位,按设置保护器数量及其连接方式或每组 3 相接法特征,保护器配置有以下 6 种方式。

1) Y_0 接地,如图 4-33(a)所示。交叉互联线与保护器连接线各自独立,此法应用最早。

2) CIGRE 法,如图 4-33(b)所示。用同轴电缆的缆芯导体与金属屏蔽线来分接保护器并实现交叉互联;保护器呈双 Y_0 式。此法在 20 世纪 70 年代提出。

3) Y 接法。我国早已提出,《CIGRE 导则》也载有。它限制暂态过电压的功能与 Y_0 接法相近,而当系统中短路时出现工频过电压作用于保护器时,Y 接法比 Y_0 接法较低,有助于满足不超出保护器的工频耐压;此外,《CIGRE 导则》示明当接地电阻大于 0.2 Ω 时,宜用 Y 接法。

4) 桥接式或 △ 接法,如图 4-33(c)所示。中国和日本约在 20 世纪 80 年代分别提出,《CIGRE 导则》也载有。

5) 双保护器跨桥接地式,如图 4-33(d)所示。日本于 20 世纪 80 年代提出,当时有两个方案:① 保护器安置于隧道或工井的墙上,跨接铜排约 200 cm 长;② 跨接铜排尽量缩短,可缩至约 20 cm。方案 ② 比方案 ① 在限制过电压效果方面要好。

6)Y_0 加桥接的双保护器复合式,参见图 4-36 中的 ⑥,它是日本在 20 世纪 90 年代提出的。

(3)不同保护器配置方式限制过电压效果。

1)曾以模拟试验对部分不同保护器配置方式下测得电缆金属层与大地间,绝缘接头金属分隔层间的暂态过电压 U_A,如图 4-35 所示。其中保护器连接线:桥接、跨桥接地式均为 60 mm^2 塑料线 80 cm 和铜排 50 cm 长分接两侧;CIGRE 用同轴电缆 60 mm^2 约 10 m;Y_0 接法用塑料线 60 mm^2 长 10 m,另交叉互联线长 4 m。

同时,就部分不用保护器配置方式的连接线长度与绝缘接头金属分隔层暂态过电压 U_A 测试结果,见图 4-35,图中保护方式序号与上述(2)所述相同。

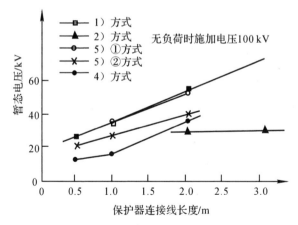

图 4-35　部分保护器配置方式的连接线长度与 U_A 关系

结果显示保护效果 Y_0 接法最差,且保护器连接导线越长就越严重。

2) 曾按敷设于隧道中呈"品"字形配置 275 kV,$1 \times 1\,400$ mm^2 XLPE 绝缘电缆,含 2 个单元交叉互联 4 组绝缘接头的 2 400 m 长线路,在首端模拟操作过电压幅值 E 为 250 kV,尾侧无反向终端的条件参数,对 4 种保护器配置方式,进行计算分析,其结果如图 4-36 所示。

在图 4-36(a) 中以箭头示出进行波的通路,如 Y_0 接法,由于行波通过连接线的回路较长,致使首端绝缘接头(IJ) 金属分隔层间的过电压较高。

由图 4-36 可知,限制过电压保护效果,以 ⑥ 方式较佳,顺次有 ⑥ > ⑤ > ④ > ①。

此外,还显示了首端 IJ 以后的 IJ 及其区段过电压大幅度下降,再次验证了前面所述日本在 154 kV 及以下电压级交叉互联电缆线路,除首侧 1~2 个单元交叉互联区段外,其他区段 IJ 不设置过电压保护,这在采取 ④ ~ ⑥ 保护器配置方式下尤其较为可靠。

3) 日本就桥接式与跨桥接地式两种保护器配置,在出现下列异常情况如:① 保护回路断线;② 保护器元件短路;③ 线路首侧电缆终端的直接接地引线过长,也进行了暂态过电压测试,结果主要有:

a. 当保护器回路断线时,U_s 值两者相当,但桥接式比跨桥接地式 U_A 显著较高;

b. 当电缆终端接地线长于 5 m 时,桥接式 U_s 显著较高。

综上所述,从限制暂态过电压保护效果来评估保护器配置方式,依次为 ⑥ > ⑤,④ > ② > ①,③。

(4) 保护配置方式应用和合理选择。

1)《CIGRE 导则》推荐桥接式(△ 接法) 适于隧道或工井,而本节所述 CIGRE 法适于直埋。后者以每组 3 个保护器接成星形经刀闸接地,且合装于保护装置箱中,断开或不设置刀闸可由 Y_0 转换成 Y 接法,它适合接地电阻大于 0.2 Ω 的情况。

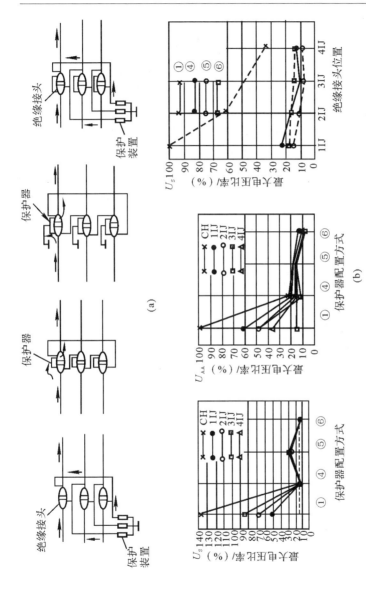

图4-36　交叉互联电缆线路部分不同的保护器配置方式下暂态过电压测试结果
(a)保护器配置方式示意图；(b)行波侵入相在绝缘接头(IJ)折封侧对地过电压(U_S)或金属分隔过电压(U_A)比值

2) 应用现况:

a. 电缆以直埋占多数的欧洲,多使用 CIGRE 法。

b. 日本以往用 Y_0 接法,现主要使用桥接式、跨桥接地式,近有趋于采用 Y_0 桥接式。除基于正常运行限制暂态过电压效果外,还考虑保护器回路断线、短路等异常情况。

c. 我国广泛使用 Y_0,CIGRE 法,保护装置箱内连接回路多是刀闸装于每个保护器前;此外,Y 接法曾有少数应用。

3) 合理选择。保护配置方式的合理选择,既要基于限制暂态过电压效果,也要考虑有利于简化运行管理的常规因素,虽以前者为必要,也宜充分兼顾后者。

Y_0,CIGRE 接法的限制暂态过电压效果比其他保护器配置方式较差,且若连接线长时将更甚。这时,由于保护水平受其限制,难以使保护器有较高的工频耐压,就可能在有些系统中因短路时产生工频过电压较高,出现保护器过热损坏的概率增多。但该接法的运行管理较简单,诸如阀片老化检测、电缆外护绝缘监察、阀片烧坏或短路故障的探寻等,却有其长处。从发展来看,若一旦认为这种配置方式不利于安全运行,就需考虑以其他较妥的保护器配置方式替代。

4) 实测案例。交叉互联线路的绝缘接头在含交叉互联多个单元的长电缆线路中,由于各直通式接头均接地,以致使任一侧侵入的暂态过电压进行波沿线路从首端至尾端呈指数关系衰减,图 4-37 所示为关西电力小曾根至丰崎线 145 kV $1 \times 1\,200$ mm^2 充油电缆线路(5.5 km),从图中可以看到,在电缆线路 1 000 m 多的位置,第 9 个测量点的过电压已经降到接近 4 kV,而我国的护层保护器的 $U_{1\,mA} = 5$ kV,因此,只需要在前两组接头的交叉互联上接护层保护器,后面的接头上过电压数值低于护层保护器标准配置,也就有如图 4-38 所示的护层保护器连接方法。

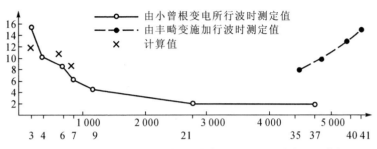

图 4-37　长线路暂态波入侵时，各保护器过电压分布实测数据

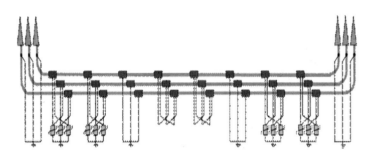

图 4-38　长线路护层保护器 Y。连接其他方法的混接方法

如果电缆线路两端均连接于组合电器，而组合电器进出均采用严格的防护措施，可以保证过电压不进入电缆线路，因此，电缆线路也可以采用图 4-39 所示的连接方式。

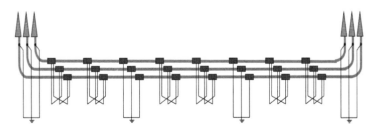

图 4-39　不接护层保护器的电缆线路

4.6.4 内过电压作用下,护层过电压和通流容量的计算

1. 护层过电压

1978 年第一机械工业部编写的《电线电缆手册》关于操作过电压护层过电压的计算曾推荐下式:

$$U_s = 0.153kU_{\varphi m} \qquad (4-116)$$

式中,$kU_{\varphi m}$ 为电缆芯线过电压值,决定于系统使用开关和避雷器的保护特性;k 为过电压倍数;$U_{\varphi m}$ 为运行相电压最大值;0.153 为实测值。

国内个别单位进行过切空长电缆试验,但由于开关未发生重燃,均未出现过电压。例如上海供电局 1980 年曾对 110 kV,长 7.46 km 电缆空载切除 10 次,少油断路器 SW_6-110 均未发生重燃,合空载电缆最大过电压倍数为 1.9,平均值为 1.395,标准偏差为 0.267,统计最大值为 2.21。

1984 年 3 月在湖南凤滩电站对 220 kV 电缆进行护层过电压实测,采用方波响应来模拟切合空载电缆的结果如下:

220 kV 电缆 $\qquad U_s = (0.1 \sim 0.3)kU_{\varphi m} \qquad (4-117)$

国外对 138 kV,长 8.7 km 电缆,测得内过电压下护层电压为

$$U_s = (0.19 \sim 0.284)kU_{\varphi m} \qquad (4-118)$$

2. 护层保护器的通流容量

在操作电压作用下,保护器通流容量可参照表 4-19 确定。在操作电压作用下,流经保护器的电流有两个阶段,即换算到 8/20 μs 波形的 I_m' 和持续 $2 \sim 3$ ms 的方波电流 I_c,保护器应具有释放内过电压能量的通流能力。

比较雷电冲击作用下保护器的通流容量 I_m(见表 4-17),和操作电压作用下保护器的通流容量 I_m'(见表 4-19),通常取最大者为保护器冲击通流容量的设计值。

表 4 - 19　　电缆在操作波作用下保护器的通流容量

电缆回路数	110 kV		220 kV		330 kV		500 kV	
	I_m'/kA	I_c/A	I_m'/kA	I_c/A	I_m'/kA	I_c/A	I_m'/kA	I_c/A
2	6.9	1.7	8.6	3.3	9.1	5.6	10.7	23.0
3	8.9	2.3	11.3	4.5	12.0	7.6	15.5	31.3
4	9.9	2.7	12.6	5.7	13.4	8.7	18.0	35.5
5	10.5	2.9	13.4	5.5	14.3	9.3	19.6	37.7
6	10.9	3.0	13.9	5.8	14.9	9.7	20.4	39.7
7	11.1	3.2	14.3	6.0	15.3	10.0	21.6	40.8

第5章 XLPE绝缘电缆附件电性参数

5.1 电缆附件电场分布

电力电缆两端与架空线或变压器、开关连接处必定有终端头，当一根电缆不够线路总长时，必须由两根电缆相接而成，中间设置一个接头。当电压等级、附件结构不一样时，其附件（终端或接头）外部形式也会不一样。但是不论何种附件、电缆，由于屏蔽断开，电场分布发生畸变，并且电缆终端处电场分布畸变要比接头中的电场畸变严重，因此电场在该处不但有垂直分量，而且出现切向分量，使得绝缘较为薄弱的界面上承受较高场强，在屏蔽断口处的场强最集中。电缆附件的作用即通过物理或化学方法改变该处电场强度，使之能够承受电缆长期运行的需要，图5-1所示为终端电场分布。

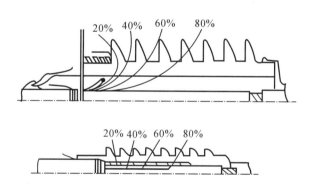

图5-1 终端电位线分布

图 5 - 2 所示为接头电场分布。

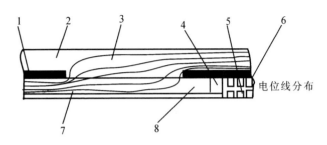

图 5 - 2　接头电位线分布
1— 应力锥;2— 硅橡胶管;3— 等位线;4— 气隙;
5— 压接管;6— 应力锥;7— 芯绝缘;8— 导体

5.2　应力控制结构及计算

电力电缆终端或接头中的应力控制结构主要有两种:应力锥和应力层(应力带或应力管)。这两种控制应力方法的原理是完全不同的。此外还有电容堆式应力控制法。

5.2.1　应力锥控制电场分布

应力锥结构是通过几何结构使屏蔽端部增加了很多杂散电容 C_{21},C_{22},$\cdots$,C_{2n},如图 5 - 3 所示,这些杂散电容和原电缆绝缘及表面电容 C_r 和 C_s 组成电容链来补偿原电容链的不足,使终端绝缘流入半导电端部的电容电流分散到各杂散电容上(见图 5 - 4),使屏蔽端部电场达到均匀分布,从而达到理想的直线分布要求。应力锥的结构严格说须按照一定的几何尺寸,但实际在制作应力锥时,不可能达到这一点,因此,电压分布曲线不可能为直线,如图 5 - 5 所示。

由理论计算可知,应力锥尺寸可由下式近似得到

$$
\left.
\begin{array}{l}
L_{k1} = \left[\dfrac{R_n - R}{R \ln \dfrac{R}{r_c} \ln \dfrac{\ln(R_n / r_c)}{\ln(R / r_c)}} \right] L_k \\
L_k = (U/E_t) \ln [\ln(R_n / r_c) / \ln(R / r_c)]
\end{array}
\right\}
\tag{5-1}
$$

式中,R 为绝缘半径,mm;R_n 为增绕半导电层半径,$R_n = r_e e^{u/r_e E_n}$,mm;r_e 为线芯半导电层半径,mm;L_k 为应力锥面长度,mm;L_{k1} 为简化后应力锥面长度,mm;U 为计算电压,kV;E_n 为电缆最大法向场强,kV/mm;E_t 为允许最大切向场强,kV/mm。

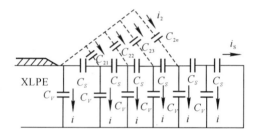

图 5-3　　应力锥电容分布情况

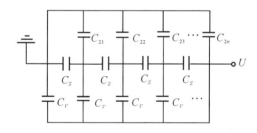

图 5-4　　等值电路

预制注射或模压成型的应力锥的绝缘场强,除界面之外,各方向都是相同的。而 $x = 0$ 点的 E_{t0},即 $x = 0$ 点处界面上的轴向场强,比其他任何点的 E_t 或 E 都小,取它作为设计中的最大 E_t 值是比较安全的。根据经验,E_{t0} 可取 $1 \sim 1.6$ kV/mm。当半导体面是直线组成的圆锥面时,沿锥各点的轴向场强都小于 E_{t0},如图 5-6 所示。

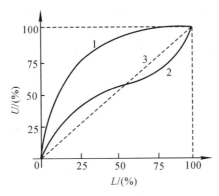

图 5-5　各种情况电压分布

1— 未补偿分布;2— 补偿后分布;3— 理想分布

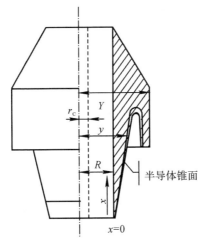

图 5-6　预制应力锥结构示意图

应力锥在半导体面的上端,向外翻成倒 U 形环,叫作导向环。它的作用:一是使此处电场均匀化;二是导引此处的等位面向下,从而使应力锥与空气接触的外表面上形成比较均匀的电场分布。

增绕绝缘的最大值可用下式来计算:

$$R_{a} = r_{c} \exp \frac{U}{KE_{max} \cdot r_{c}} \qquad (5-2)$$

式中,E_{max} 为电缆允许最大工作场强;K 为系数,约为 0.5。

设计和计算的最后目的是要使终端内外绝缘强度有最佳的配合。电场分布最集中处在应力锥内的导向环顶部。此处的场强当然要比没有应力锥时的 $x=0$ 处的小。界面上的 E_t 分量也相应有所降低,这些都会在很大程度上提高终端的局部放电水平。在应力锥与空气的接触面上,也要求电场分布均匀,并限制其场强数值在空气游离场强之下,保证在任何情况下不会引起表面放电并有足够的耐受强度,图 5-7 说明了上述设计要求 *。

预制应力锥几何结构设计。设计中另一关键是防止应力锥内腔与电缆工厂绝缘的接触界面上产生气隙,从而降低局部放电水平。气隙的生成主要是由于结构设计不合理、各种组成材料间性能不配合、材料本身性能不够稳定,在长期负荷循环作用下,引起老化变形及应力松弛等原因所造成的。防止气隙生成的主要措施是应力锥内腔及电缆工厂绝缘的表面都要光洁,并呈圆柱形,两个圆柱体间应有一定的配合尺寸。这种配合尺寸与电缆绝缘外径和应力锥所用材料特性有关,一般配合尺寸如下所述。

---

　　* 正确计算和描绘这种电场分布可参考:1. "用有限元素法计算电缆终端电场分布",见刘子玉著《电气绝缘结构设计原理》P335;2. "500 kV 电缆终端电场分析",见1977 年复旦大学及上海电缆研究所论文。

电缆工厂绝缘外径＊为

$$D = c + kd \qquad (5-3)$$

式中，d 为应力锥孔径，mm；c 为常数，对大直径电缆，c 可以等于零；k 为系数。在实际设计中，D 至少要比 d 大 1 mm。

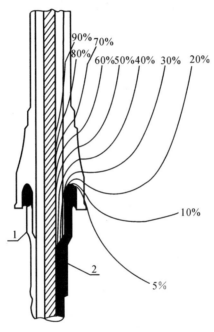

图 5-7　预制应力锥的电场分布

1— 半导体带填满应力锥与外半导体间可能产生的间隙；

2— 弹性良好的绝缘带在外半导体上产生不变的压力

＊　对 15 kV 以下低压电缆，同样圆柱形内孔，在一定配合尺寸下，也可以套在扇形绝缘芯上。

　　在一定条件下,终端的工频击穿强度与交界面长度 L 几乎成正比例。通常,L 为应力锥半导体部分高度的 $2\sim3$ 倍。应力锥的配合尺寸见图 5-8 和图 5-9、表 5-1 和表 5-2。

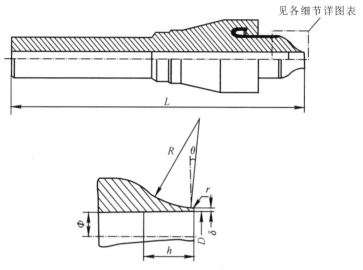

图 5-8　12～24 kV 电缆终端

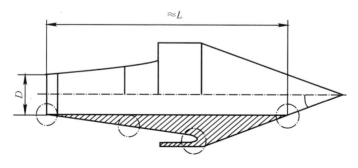

图 5-9　72～84 kV 应力锥

表 5 - 1　12 ～ 24 kV 电缆终端参数

电缆绝缘外径 D_k/mm	电缆截面 A_k/mm²		L	D	ϕ	δ_{max}	R	r	θ	h
	12 kV	24 kV								
13.7 ～ 15.9	25 ～ 35	10	267	13.4	12.8	1	29	0.8	7°	15
15.8 ～ 18.8	50 ～ 70	16 ～ 25	267	15.4	14.8	1	34	0.8	7°	15
18.1 ～ 21.5	95	35 ～ 50	267	17.6	17.0	1	43	0.8	7°	15
23.9 ～ 28.5	185 ～ 240	120 ～ 150	261	23.4	22.8	1	37	0.8	7°	17
28.4 ～ 33.6	308 ～ 400	185 ～ 300	255	27.2	26.6	1	30	0.8	7°	11
20.7 ～ 24.6	120 ～ 150	70 ～ 95	265	20.4	19.8	1	44	0.8	7°	21

* 对 15 kV 以下低压电缆,同样圆柱形内孔,在一定配合尺寸下,也可以套在扇形绝缘芯上。

表 5 - 2　72 ～ 84 kV 应力锥表(电缆外径 ϕ 38 ～ 76 mm)

尺　寸		尺　寸		尺　寸		注
D/mm	≈ L/mm	D/mm	≈ L/mm	D/mm	≈ L/mm	
38	492	56	381.5	70	295.5	
40	479.5	58	369	72	283.5	
42	467.5	60	357	74	271	
44	455	62	345	76	259	
46	443	64	332.5			
48	430.5	66	320			
50	418.5	68	308			
52	406					

　　终端头的工频击穿强度(或局部放电水平)与应力锥和工厂绝缘界面上的应力大小及应力分布有密切关系。界面的工频击穿强度随着应力增加而增加,应力达到约 300 kPa 时,工频击穿强度的提高趋于顶点。界面应力大小取决于应力锥厚度、尺寸配合、材

料特性(如老化前后的弹性、机械强度和残余变形等)及长期负荷循环的影响等。设计应保证在寿命期内界面应力在$(2\sim3)\times10^5$ Pa范围以内。过高的初应力会引起橡胶变形,反而加速应力松弛。应力锥的厚度是沿纵向变化的,故界面压力难保均匀。特别在应力锥根部,$x=0$处,锥壁薄、应力小,界面最易产生气隙。因此应力锥根部壁厚往往要增加一些,并用半导体带填充至一定厚度,在外面,用有良好弹性的绝缘带包扎结实,加以一恒定压力。在特殊情况下,有时用压紧弹簧在应力锥根部施加恒定压力。

如上设计和制成的预应力锥,作为终端头的一个零件,在出厂时必须通过局部放电的例行试验。$10\sim35$ kV的预制应力锥在相电压30 kV下不能超过5PC。

预制应力锥终端的爬电距离。对无瓷套应力锥终端头,可在户外使用时须在应力锥体外部加罩雨裙,增加其爬电距离。加罩多少个雨裙视电压高低、空气污染程度、需爬电距离而定。户外预制终端的爬电距离取40 mm/kV为宜。对$6\sim20$ kV户外终端用$2\sim4$个雨裙(包括顶端雨裙),对较高电压可用$4\sim6$个为宜。在污染环境下,35 kV户外终端要采用瓷套保护。"直面开口"的雨裙设计校好,其积尘聚污易被雨水冲洗。雨裙可用$\phi112$ mm及$\phi165$ mm两种规格,采取积木式方法装配成套。

5.2.2　应力层(应力管或应力带)控制电场分布

应力层在电缆终端或接头中控制电场分布是基于其通过应力层特殊的电气特性,如高介电常数、中电阻率,而电场中电力线在两种不同介电常数介质的界面上遵循一定的折射规律(见图5-10),即

$$\varepsilon_1/\varepsilon_2=\tan\alpha_1/\tan\alpha_2 \qquad (5-4)$$

由此可知,两种介质的介电常数差别越大,发生折射的角度也越大。当高介电常数的材料有一定厚度时,电力线在另一面的位

移就大(见图 5 - 11),即

$$\Delta l = t\tan\alpha_2 \qquad\qquad (5-5)$$

式中,Δl 为位移量,mm;t 为应力层厚度,mm;α_2 为应力层折射角,(°)。

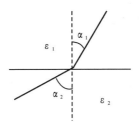

图 5 - 10　界面上折射

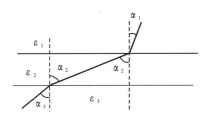

图 5 - 11　应力层中电力线位移

以任一点处 $\tan\alpha_2 = 12$ 来计算,此时,$\alpha_2 = 85°$,若取 $t = 2$ mm,则在该处应力层中的电力线位移量就达到 24 mm 之多。从原理等式中可知,位移量是入射角的函数,在屏蔽端部,入射角(α_1)很小,电力线位移也较小,但这一位移量也要比没有应力层的终端大得多。界面绝缘材料切向耐受能力要比法向小得多。在两条电力线之间,由于电位一定,位移的大小和场强成反比关系,位移越大,场强越小,这就是应力层控制场强分布的原理。

以下以电缆终端应力层中电位分布等值电路来计算各参数。

如图 5 - 12 所示为电缆终端电场分布等值电路模型。

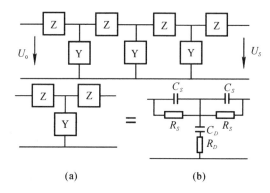

图 5 - 12　　终端应力层等值电路模型

(a) 等值电路；　(b) 等值参数电路

根据理论推知,应力层表面的电位分布满足：

$$V_x = U_0 \cosh T(s - X)/\cosh Ts \tag{5-6}$$

没有应力层时绝缘表面电位分布为

$$V_x' = U_0 \cosh T'(s - X')/\cosh T's \tag{5-7}$$

式中,U_0 为相电压,kV；s 为应力层长度,cm；T,T' 分别为有应力层和无应力层时的波导系数,$T = \sqrt{ZY}$ cm^{-1}；Z 为应力层单位长度电阻,Ω/cm；Y 为绝缘层单位长度导纳,S/cm；X,X' 分别为有应力层和无应力层时的距离。

从上两式发现,对于同一点,应力层内外的电位是不相等的。由于应力层电阻率远小于绝缘电阻率,即 $T \ll T'$,要使 $V_x = V_x'$,则必然出现 $X < X'$。实际上,有

$$| Y | = \omega C_D \tag{5-8}$$

式中

$$\omega = 2\pi f \ (f \ \text{为频率})$$

$$C_D = 2\pi\varepsilon_0\varepsilon_r/\ln(d_2/d_1)$$

其中,d_2 为主绝缘外径,cm;d_1 为导线直径,cm;ε_0 为真空介电常数,$\varepsilon_0 = 8.85 \times 10^{12}$ F/cm;ε_r 为电缆绝缘相对介电常数,$\varepsilon_{rXLPE} = 2.3$。

应力层表面轴向场强为

$$E_x = dV_x/dX = TV_0 \sinh T(s - X)/\cosh Ts \qquad (5-9)$$

当 $X = 0$ 时,即在屏蔽端部,电场取最大值,即

$$E_{x\max} = TV_0 \tanh Ts \qquad (5-10)$$

因为 $\tanh Ts$ 的最大值为 1,所以电场最大值 $E_{x\max} \approx TV_0$,在终端设计时,要确保运行安全,必须使屏蔽端部不发生放电(工频时,气体游离场强为 2.21 kV/mm),也就是 $E_{x\max} \approx TV_0$。

对于 35 kV,场强 $\leqslant 2.21$ kV/mm,导线直径 $\phi14$,绝缘直径 $\phi32$,应力层厚度 2 mm,应力层长度 200 mm 的 XLPE 绝缘电缆而言,有

$$T = 1.049\ 5$$

$$Z < 2.318 \times 10^9\ \Omega/\text{cm}$$

$$C_S \approx 2\pi\varepsilon_0\varepsilon_r d_2 t_2 \approx 18.9\varepsilon_r \times 10^{-14}\ \text{F} \cdot \text{cm}$$

$$X_S = 1/(\omega C_S) = 16.83/\varepsilon_r \times 10^9\ \Omega/\text{cm}$$

R_S 的值应不超过 10^9 Ω/cm,当 R_S 大于该值时,X_S 对电场的改善起主要作用。根据 X_S 表达式,如果 $\varepsilon_r = 10 \sim 40$,这时 R_S 和 X_S 具有相同数量级。但如果 R_S 小于 2.368×10^9 Ω/cm,则在实际运行时会引起两个新问题:

(1)电场会在应力层端集中,造成应力层末端放电。

(2)运行中应力层会发热,影响寿命。

因此对于中低压附件,X_S 和 R_S 有相同的数量级 10^9 Ω/cm,对工艺、制造、安装运行比较合适。而对于 110 kV 及以上电力电缆应使 R_S 值尽量大,利用 X_S 即应力层介电常数来改善电场分布。因为在工频和雷电下,X_S 的范围应为 $1.69 \times 10^5 \sim 2.368 \times 10^9$ Ω/cm,所以超高压电缆应力层的介电常数还在制造工艺所能承受的范围之内。

除了上述对应力控制管材料的电性能参数严格控制外,管长、壁厚对其阻抗都有着直接影响。应力控制管的最佳阻抗随电缆的电压等级、绝缘半径、绝缘形式变化。应力控制管的最小长度按经验公式确定,即

$$L = KU_0 \qquad (5-11)$$

式中,U_0 为相电压,kV;K 为泄漏距离,一般取 $K = 1.2$ cm/kV。

6～35 kV 级电缆的应力管长度可按表 5-3 查取。

表 5-3　6～35 kV 应力管的长度

额定电压 /kV	U_0/kV	$L_{\min}$/cm
6	3.5	4.2
8	4.6	6
10	5.8	7
15	8.7	11
35	20.2	25

5.2.3　两种应力控制方式性能对比

从上述分析可知,在应力控制中,虽然应力层控制电场分布有体积小、结构简单等优点,但对于超高压电缆来说,应力层中材料参数的选择至关重要,体积电阻率选择太小,会使应力层在运行时电阻电流发热而老化,同时介电常数过大,电容电流也会产生热量而使应力层发热老化,故必须根据电压等级选择应力材料参数。应力锥结构虽然参数比较容易控制,但体积较大,加工工艺要求严格,如果喇叭口制作的不合适会引起电场在此集中,特别是现场绕包的应力锥更易出现操作缺陷,而预制式应力锥基本能够克服上述缺点,因而目前是国外较常采用的一种方法。

5.3　电缆附件边界特性

5.3.1　界面电气特性

XLPE 绝缘电缆附件的性能主要由界面特性决定,对于高压电缆应力控制和界面压力应从两个方面考虑。前文已经详细地解释了应力控制原理及方法,现在来讨论附件界面特性。这种方法同时还适用于各种固体绝缘电力电缆。

附件中的界面可设想为一层很薄且由多种介质复合的绝缘体。这种绝缘中包含有不均匀散布的材料粒子、上下绝缘凸凹物、少量水分、气体和溶剂等,由于以上各种因素及外界压力的作用,使界面基本上没有本征的电气参数。这些参数,随内因和外界条件的变化而变化。在此就界面长度及外界压力对其电气性能的影响作一个初步计算。

设在界面瞬间击穿时,忽略散热,以温度达到界面任一介质分解温度 T_m 为击穿依据,则界面的热平衡方程为

$$C_v dT/dt = \gamma E^2 \qquad (5-12)$$

式中,C_v 为复合界面热容,$\mathrm{J \cdot K^{-1}}$;γ 为界面电导,S;E 为电场强度,kV/mm;T 为温度,K;t 为时间,s。

如果界面击穿时间为 t_B,同时考虑高电场下的电导和电场、外界压力,则

$$\gamma = q n_0 \mu_0 \, e^{AEe^{-BP}} \qquad (5-13)$$

式中,A,B 为常数;P 为压强。

介质达到分解所需热量为

$$Q = \int_T^{T_m} C_v dv = \int_0^{t_B} q n_0 \mu_0 \, e^{AEe^{-BP}} E^2 dt \qquad (5-14)$$

由此得到在直流和交流电压作用下界面击穿强度 E。

（1）直流作用下：

$$E = AI^{-1/3} \tag{5-15}$$

（2）交流作用下：

$$U = U_0 \sin(\omega t + \varphi)$$

$$E = AI^{-1/5} \tag{5-16}$$

对于一般交联聚乙烯电缆界面，C_v 取 $8 \sim 10$，从试验曲线图 5-13 可知，界面长度 L 与击穿电压 U_B 之间存在 $U_B = AL^{-n}$ 的关系，在工频下，$n = -4/5$，$A = 8.77$，即 $E_B = AL^{-4/5}$，且参数 A 与外界压力、温度、工艺等有关。

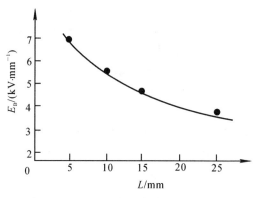

图 5-13　界面长度与击穿强度关系曲线

5.3.2　界面的力学特性

当前使用的交联聚乙烯电力电缆，由于其交联聚乙烯材料独特的绝缘特性，使这种电缆的绝缘强度很高，在一般情况下，本体主绝缘击穿的可能性很小。同时配合交联聚乙烯的电缆附件，不论是什么形式（如热缩、预制、冷缩、接插式等）都是用很好绝缘特性的绝缘材料制成的，附件本身的绝缘也不成问题，因此只剩下电缆绝缘本体和附件之间的界面绝缘问题。

　　这个界面是电缆附件最薄弱的部分,尽管在设计电缆附件时采用了适当的裕度,保证一般电缆在使用中不会出现问题,但由于目前国内电力电缆的制造工艺水平千差万别,使得同一截面电缆的绝缘外径相差非常大。例如,按照规程,240 mm² 线芯直径应为 21.5 mm,而目前现实的大多数电缆直径只有 19.2 mm 左右,而标准 185 mm² 截面线芯直径为 19.7 mm,因而难免出现两种截面认错的问题,如果这时电缆附件设计的裕度过小,就会出现界面没有紧密配合的问题。

　　根据有关资料介绍,交联聚乙烯电缆附件界面的绝缘强度与界面上受到的握紧力有指数关系,如图 5-14 所示。

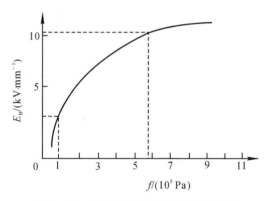

图 5-14　界面压力与击穿强度关系曲线

　　根据理论可知,橡塑材料在受扩张力作用下会产生形变 Δr。由胡克定律知,产生这些形变的材料所产生的反抗弹力为

$$f = Yg(\Delta r) = \frac{Y}{r_i} \int_{r_1}^{r_2} \frac{\xi - r}{r} dr, \quad \xi = \sqrt{r^2 + 2br_1 + b^2}$$

$$(5-17)$$

式中,Y 表示橡胶的弹性模量;r_i 表示电缆主绝缘打磨完成后的外半径;r_1,r_2 分别表示预制橡胶件内、外半径;b 表示过盈量。

　　界面正是在这样一个力的作用下保持电性能稳定的,而目前

国内大多数厂家还不知这一原理,总是介绍附件材料有多好,结构
如何合理等,但对此界面是由什么保证的知之甚少,因此各供电部
门应对此有足够的认识。根据国外技术人员分析,当界面压力达
到 98 kPa 时,它的击穿场强能达到 3 kV/mm 以上;如界面压力达
到 500~588 kPa,它的击穿强度能达到 11 kV/mm。而设计附件
时,一般界面的工作场强均取击穿场强的 1/10~1/15,在
0.2 kV/mm 以下,甚至更低一些,这主要取决于材料特性。当材
料弹性较小时,取 0.05 kV/mm 以下为好,如热缩附件、沥青环
氧、聚氨酯附件,而像预制件、冷缩附件、接插附件可以取到
0.2 kV/mm,这也就是常看到的国外进口附件,如 110 kV 和
10 kV 预制附件,绝缘露出一般在 200 mm 以下(对接头盒、GIS 终
端等),热缩附件绝缘露出大于 250 mm 以上的原因。

　　0.2 kV/mm 是如何取来的,一般认为,界面的最大击穿场强
是 2.1 kV/mm(即空气的游离场强),从油纸绝缘电缆材料击穿
强度与表面击穿强度的关系可知,材料表面击穿强度等于 1/10~
1/15 材料击穿强度。根据近 10 年的经验,这种取法基本是正确
的,对 XLPE 绝缘电缆附件的绝缘裕度是适中的。将这一法则用
于 XLPE 绝缘 110 kV,66 kV,35 kV,10 kV 等各种电缆上,通过
一定的运行时间,表明这样的基础场强对于 XLPE 绝缘电缆是非
常合适的。

　　值得注意的是,这样一个场强必须是在界面有一定压力的前
提条件下,如果不存在界面正压力,界面的长度就要和户外长度一
样计算。

5.3.3　边界的机械特性

　　所有附件可能出现电缆绝缘层和附加绝缘层之间的复合边界
问题(附加绝缘是应力锥或接头绝缘部分)。边界是一个附件最薄
弱的部分。如果电缆附件的结构设计不同,它将使绝缘边界有不同

的作用,在接头中不同位置的机械力分布可参考图5-15。

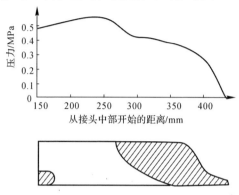

图 5-15　在接头中不同位置的机械力分布

　　此外,涂抹硅脂或不涂抹硅脂,击穿场强的也有可能发生很大的变化。图5-16所示是指在应力锥上不涂抹硅脂和涂抹硅脂时,当压力变化时,其边界的绝缘强度也随着变化。研究表明,边界的寿命和状态之间的关系和有或没有硅脂有关,图5-17所示是当绝缘边界涂抹或不涂抹硅脂时由样品试验获得的边界寿命指数。这个样品边界的相对粗糙度为1,就是说,这个样品边界粗糙度为1.0,通过研究这个样品的使用寿命是 40 多年。

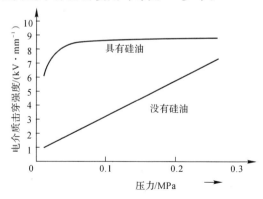

图 5-16　边界有无硅脂时绝缘强度随压力变化情况

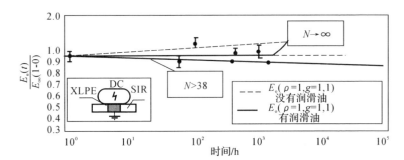

图 5-17 当绝缘边界涂抹或不涂抹硅脂时由样品试验获得的边界寿命指数

表面粗糙度或绝缘面的故障也大大影响了边界的稳定性,图 5-18所示为界面绝缘击穿电压和粗糙度的关系曲线。图5-19所示为有边界和在相同的材料无边界之间的关系。

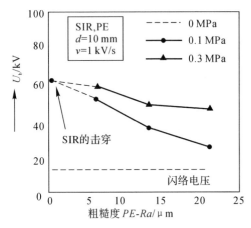

图 5-18 硅橡胶和 XLPE 界面绝缘击穿电压与粗糙度的关系曲线

当界面粗糙度小于5 μm时,模拟样品的测试结果证明了击穿电压变化不大,而且随着面粗糙度的增加,击穿电压会同时下降,且界面的压力增加会提高边界的绝缘击穿电压。其次,相同材料存在于界面将使绝缘界面的特性发生明显的变化,但对较长界面,击穿电压由材料特性决定,例如,当界面长度大于 15 mm 时。

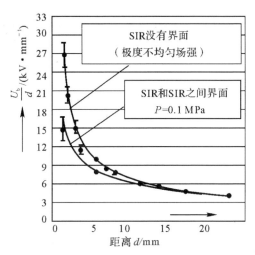

图 5 - 19　有边界和在相同的材料无边界之间的关系

越来越多的研究已证明,基本威布尔分布 $F = 0.63$,绝缘界面的参数是击穿强度、表面粗糙度、界面压力等,这是相关的实际参数,它可以得到相对击穿强度 E_{D63},相对界面粗糙度 T_z,相对界面压力 P',图 5 - 20 ～ 图 5 - 23 所示为边界击穿强度、粗糙度和边界压力的关系。

最后,应力锥的扩张量影响到电缆附件的使用寿命。图 5 - 24 所示为用试验模型通过试验确定应力锥扩张的界限。

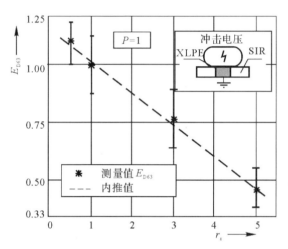

图 5-20　在一定压力下,相对冲击强度和相对粗糙度之间的关系

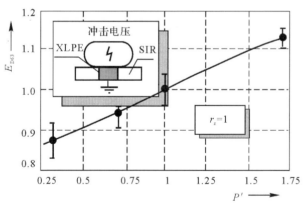

图 5-21　在一定粗糙度时,界面压力与相对冲击击穿强度之间的关系

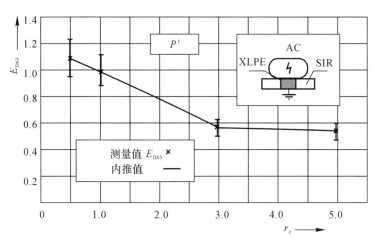

图 5 - 22　压力一定时,交流击穿强度与相对粗糙度之间的关系

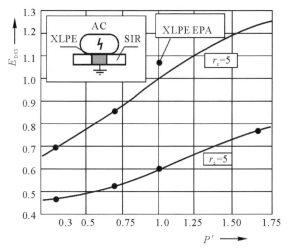

图 5 - 23　一定粗糙度时,交流击穿强度与相对界面压力之间的关系

根据测试结果,该类型硅橡胶应力锥的扩张限制为15%～35%,界面击穿强度等于相对击穿强度,比值约为1。

根据图5-24,当设计实际电缆附件时,必须提供一个额外的绝缘裕度,它等于25%左右。由于应力锥扩张时绝缘界面的强度将下降,相对击穿强度已经到达 $E_{D63} = 0.75$。同时应该考虑在实际的设计中尺寸的放大会带来的不利因素。

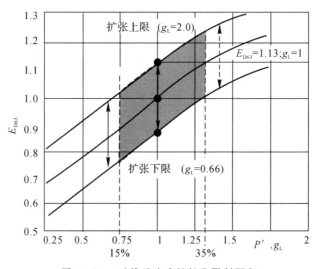

图 5-24　硅橡胶应力锥扩张限制研究

在设计中还发现,应力锥的安装高度会影响其电性能,试验时会发生闪络现象,图5-25 ━线是具有50%击穿概率的样品,━曲线试验已经通过样品型式试验,例如110 kV 终端的耐压试验电压到达 275 kV/15min(干),218 kV(湿);220 kV 终端试验电压可以到达 425 kV/15min(干),390 kV(湿)。

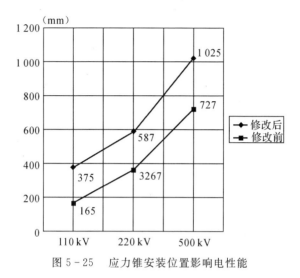

图 5 - 25　应力锥安装位置影响电性能

5.3.4　材料的工艺特性

现在的高压电缆附件绝缘材料往往是两种材料：硅橡胶和三元乙丙橡胶，其特性在表 5 - 4 中给出。

两种物质的分子结构有较大差异，有机硅分子主链含有氧和硅分子，在它燃烧或遇高温电弧后，将分解形成水、二氧化硅和碳，水会在高温下汽化，二氧化硅将残留在绝缘表面，二氧化硅是一种绝缘材料；三元乙丙橡胶分子主链是 C—O— 结构，在燃烧或遇高温电弧后，将形成水、二氧化碳和碳，水会在高温下汽化，碳将残留在绝缘表面，形成导电路径，使绝缘面电场分布发生了变异，最终产生击穿。

表 5 - 4　EPDM(三元乙丙橡胶) 和 SIR(硅橡胶) 的特性

项目	SIR	EPDM
密度 /(g·cm⁻³)	$1.07 \sim 1.38$	1.2
热阻系数 /(℃·cm·W⁻¹)	400	500
体积电阻率 /(Ω·cm)	2×10^{15}	$\geqslant 5 \times 10^{18}$
介质损耗 /(%)	0.3	0.015
介电常数	$2.7 \sim 3.6$	3.2
介质击穿强度 /(kV·mm⁻¹)	$23 \sim 28$	24
工作温度 /℃	$-80 \sim 180$	$-40 \sim 150$
拉伸强度 /(10^5 Pa)	$56 \sim 126$	$84 \sim 137$
伸长率 /(%)	$100 \sim 800$	$300 \sim 500$
收缩百分比 /(%)	$2.5 \sim 3.0$	

此外,材料的电阻率、工作温度、电场强度是相关的:

$$\left.\begin{array}{l} \rho = \rho_0 \exp\left(\dfrac{-eaE}{2kT}\right) \\ \rho(E) \propto E^{-\gamma} \end{array}\right\} \tag{5-18}$$

式中,$\gamma \approx 2.5$。

据测试,图 5 - 26 和图 5 - 27 所示是在不同温度和不同直径下两种材料体积电阻率和击穿强度相关联的具体表现。

研究同时指出,硅橡胶在高温状态下体积电阻率很低,但在 25 kV/mm 的场强以下几乎与场强无关。然而,EPDM 确在这样的温度下体积电阻率下降,击穿发生的场强也在降低。图 5 - 28 和图 5 - 29 所示为 EPDM 和 SIR 在 $T = 70℃$ 时体积电阻率和场强的关系曲线,再次证明了目前 HV 和 EHV 电缆附件使用 SIR 的正确性。

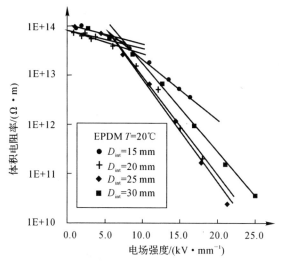

图 5 - 26　在相同温度和不同直径下 EPDM 体积电阻率和击穿强度的关系

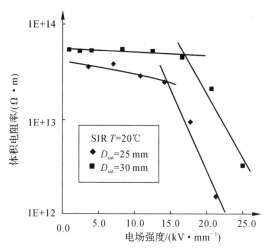

图 5 - 27　在相同温度和不同直径下 SIR 体积电阻率和击穿强度的关系

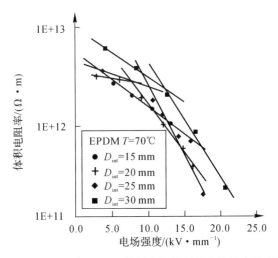

图 5 - 28　在 $T = 70℃$ 时,EPDM 的最大使用场强和体积电阻率的关系曲线

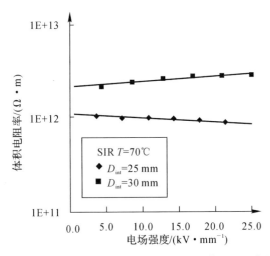

图 5 - 29　在 $T = 70℃$ 时,SIR 的最大使用场强和体积电阻率的关系曲线

5.3.5　绝缘结构设计

（1）对电容屏和电容饼式电缆终端，从改善电场来说，理论证明它们的效果是最好的，但是，它们的工艺要求非常高，而且无法进行机械化生产，特别不适应现场机械化安装生产。

（2）在设计预制型电缆附件应力锥时，应控制好它的电场分布，然后注意绝缘界面上发生空气游离的问题，通过计算界面尺寸配合以及爬电距离来保证电缆附件的长期安全运行，同时结合前述材料方面的经验，最终确定应力锥的结构。

当前，应力锥的电极所采用的形式，是保证这种电极形状边缘附近的电场强度不会比在电极中间的均匀电场的电场强度大。经过"许瓦兹变换"，电缆终端处的电场为

$$E = \frac{U/r}{\sqrt{1 - \cos^2 \psi}} \qquad (5-19)$$

如果令 $E = U/r$，则得 $\psi = 0.5\pi$，即在 $\psi = 0.5\pi$ 的等位线上任意一点的电场强度都不会超过 U/r。用这条等位线作为应力锥形状，可以防止放电的发生，这种电极也叫罗高夫斯基电极。但是，这样的电极在实际工作中是无法制造的，必须简化后才能使用。目前，常用的方法是采用三段曲线来代替罗高夫斯基电极。也可采用相同的方法设计出 500 kV 电缆终端应力锥结构，如图 5-30 所示。

计算终端应力锥的方法仍然采用双对数公式进行设计：

$$X = \frac{U}{E_{\text{t}}} \ln \frac{\ln Y/r_{\text{c}}}{\ln R/r_{\text{c}}} \qquad (5-20)$$

式中，U 为额定工作电压；E_{t} 为绝缘界面最大轴向电场强度，一般取 $0.15 \sim 1.5$ V/mm；r_{c} 为电缆导体半径，290/500 kV $1 \times 2\,500\,\text{mm}^2$ 电缆导体半径为 29.25 mm。将设计完成的 500 kV 应

力锥参数代入公式计算得绝缘界面最大轴向电场强度为 $E_{\mathrm{t}} = 0.836\ \mathrm{kV/mm}$。

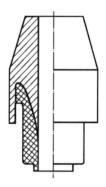

图 5-30　500 kV 电缆终端应力锥结构

应力锥最大外径可由下面公式确定:

$$R_{\mathrm{n}} = r_{\mathrm{c}}\exp\left(\frac{U}{kE_{\max}r_{\mathrm{c}}}\right) \tag{5-21}$$

式中,R_{n} 为应力锥最大外径;$E_{\max}$ 为电缆允许最大工作场强,具有上述结构电缆 $E_{\max} = 12.89\ \mathrm{kV/mm}$;$k$ 为电场分布系数,为 $0.4 \sim 0.5$。

计算得应力锥最大外径为 370 mm。

(3) 通过数值计算方法,采用 ANSYS10 软件对已设计出的 500 kV 电缆终端场强进行计算,结论如图 5-31 和图 5-32 所示。所得结论和通过公式计算的结果几乎一致。

从图 5-31 看到(数值计算划分区域是电缆附件上端高 10 倍作为上界,两侧 8 倍电缆附件长度作为两边界,电缆附件长约 5 m,下侧从电缆附件下法兰向下 1 m 作为 0 电位边界和所有接地体等电位),在应力锥和电缆绝缘的结合面上最大的电场强度为 $0.347\ 2 \sim 0.809\ 8\ \mathrm{kV/mm}$(50 Hz 运行电压时),$1.856 \sim$

4.328 kV/mm(雷 电 冲 击 电 压 1 550 kV 时) 和 0.694 ～
1.62 kV/mm(580 kV/60 min 耐压试验时),在应力锥最顶端处
的 X 轴方向有最大的电场强度－4.921 kV/mm(50 Hz 运行电压
时),－ 26.302 kV/mm(雷 电 冲 击 电 压 1 550 kV 时) 和
－9.842 kV/mm(580 kV/60 min 耐压试验时)。从前面试验结
果可以看到,500 kV 电缆绝缘屏蔽处的运行电压下场强最高可达
5.5 ～ 7 kV/mm,是计算结果的 8.64 ～ 15 倍;同样,在冲击电压
下场强最高可达 70 ～ 85 kV/mm,是计算结果的 19.64 ～ 37.72
倍,绝缘材料完全能够承受。

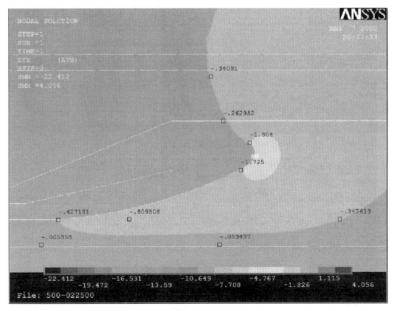

图 5 - 31 500 kV 应力锥中 X 轴方向电场分布计算结果

　　另外,由于考虑到应力锥和电缆的配合应遵循前面的试验结果,但同时应考虑现场安装时的难易程度,选择应力锥在使用中扩张 18% ~ 20%。

　　还有,对前面分析结果研究后,认为 500 kV 电压等级电缆终端中电场强度较大,设计时应充分考虑硅胶过盈配合所产生的界面压力要求。为此,设计了一个类似背锥的结构,通过绝缘厚度来增加绝缘屏蔽处压力不足的现象(见图 5-30)。

　　(4) 绝缘表面光滑问题是和其他结构问题同等重要的问题,为了保证 500 kV 电缆终端的安全,要求在打磨绝缘表面时,最后的砂纸细度必须达到 1 000 目,然后再用白布进行抛光处理。

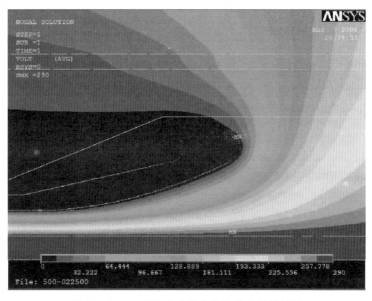

图 5-32　500 kV 应力锥中电位分布计算结果

5.3.6　材料特性对电场的影响

经过多年的 XLPE 绝缘电缆的使用,虽然在便于存储、敷设、安装和运行检修方面体现出 XLPE 优良的一面,也发现某些其他的问题。例如,中间接头在运行一段时间经检修过后,当再次合闸投入运行时,会在瞬间或极短的运行时间内出现击穿现象,这个现象已经在国内电力系统运行中出现过多起,经现场解剖分析发现击穿主要发生在接头应力锥内半导电屏蔽管在电缆绝缘搭接的部分,如图 5-33 所示。

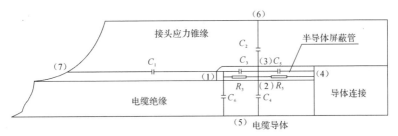

图 5-33　中间接头内屏蔽结构示意图

根据全国数十例接头击穿事故研究分析,普遍认为事故不完全是工艺原因或安装原因,有更深层次的问题。为了更好地从理论角度描述击穿的过程,在此设计一个接头应力锥内半导电屏蔽管在电缆绝缘搭接的部分的等值电路,用来计算半导电屏蔽管伸出部分的电位分布,如图 5-34 所示。

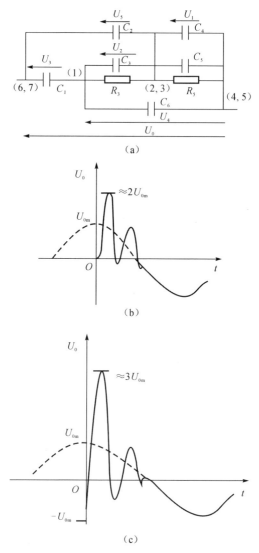

图 5-34　接头内屏蔽处等值电路及施加的电压

(a)等值电路；　(b)操作时过电压；　(c)自动重合闸时过电压

如图 5-34 所示的等值电路,C_1 为应力锥和绝缘界面共同组成的等值电容;C_2 为应力锥附加绝缘单位长度等值电容;C_4,C_6 为电缆主绝缘单位长度等值电容,如图可知 $C_4 = C_6$。同时,假设 $C_1 = n^{-1} C_2$(由于 XLPE 的介电常数 $\varepsilon_4 = 2.3$ 和硅橡胶介电常数 $\varepsilon_2 = 3.2$,根据电介质物理中复合界面介电常数的定义,由于两个介质均匀参与界面构成,混合比例系数 $\alpha = 0.5$,合成的介电常数 $\varepsilon = 2.45$,接近 XLPE 材料,应力锥绝缘单位长度的电容和单位宽度复合界面的电容可以近似看成电容极间距之反比),其中,$n = L_1 l_1^{-1} \approx 7.8$(对 110kV 电缆,复合界面长度 L_1,约为 250 mm;应力锥绝缘厚度 l_1 约为 32 mm);$C_3 = k^{-1} C_5$,$R_3 = k R_5$(由于 C_3 与 C_5 材料相同,图 5-34 中的(1)点是任取的点,将伸出屏蔽层分为两部分,$k = l_2 (L_2 - l_2)^{-1}$ 是两部分长度之比,其中 L_2 是从结合处屏蔽管伸出的总长度;l_2 是端部到图 5-34 中(1)点到(6,7)点距离,k 取 0.01);半导电屏蔽管硅橡胶等效介电常数 ε_3。在频率和电阻满足欧姆定理的条件下,根据架空线路操作过电压和重合闸过电压理论(见图 5-34(b)和(c)),由上述等值电路得

$$\left.\begin{aligned} -\mathrm{j}\omega C_1 U_3 &= \frac{U_2}{R_3} - \mathrm{j}\omega C_3 U_2 - \mathrm{j}\omega C_6 U_4 \\ \left(\frac{1}{R_5} - \mathrm{j}\omega C_5 - \mathrm{j}\omega C_4\right) U_1 &= -\mathrm{j}\omega C_2 U_5 + \left(\frac{1}{R_3} - \mathrm{j}\omega C_3\right) U_2 \end{aligned}\right\}$$

$$(5-22)$$

经化简,得

$$\frac{U_1}{U_0} = \frac{a + \mathrm{j}a_1}{b + \mathrm{j}b_1} \qquad (5-23)$$

其中

$$a = \omega(C_1 C_2 + C_2 C_3 + C_2 C_6 + C_1 C_3)$$

$$a_1 = \frac{1}{R_3}(C_1 + C_2)$$

$$b = \omega\left[C_3(C_1 + C_6) + (C_2 + C_4 + C_5)(C_1 + C_3 + C_6)\right] - \frac{1}{R_3 R_5}$$

$$b_1 = \frac{1}{R_3}(C_1 + C_2 + C_4 + C_5 + C_6) + \frac{1}{R_5}(C_1 + C_3 + C_6)$$

根据矢量 $A = a + ja_1$，$B = b + jb_1$ 转换成极坐标形式 $A = A'e^{\varphi}$，$B = B'e^{\varphi}$，其中 $A' = \sqrt{a^2 + a_1^2}$，$B' = \sqrt{b^2 + b_1^2}$，式(5-23)就可以表示为 $\frac{U_1}{U_0} = \frac{A}{B} = \frac{A'e^{\varphi}}{B'e^{\varphi}}$，根据模型，可知

$$\left|\frac{U_1}{U_0}\right| = \frac{A'}{B'} \leqslant 1 \qquad (5-24)$$

从式(5-24)简化而得

$$R_3 \leqslant \frac{k}{C_2} A \qquad (5-25)$$

其中

$$A = \sqrt{\dfrac{1}{B + \left(1 + \dfrac{1}{n}\right)^2 - D}}$$

$$B = 2\omega\left[\frac{C_3}{C_2}\left(\frac{1}{n} + \frac{C_4}{C_2}\right) + \left(1 + \frac{2C_4}{C_2}\right)\left(1 + \frac{C_3}{C_2} + \frac{C_4}{C_2}\right)\right]$$

$$D = \left[\left(1 + \frac{1}{n} + \frac{2C_4}{C_2} + \frac{kC_3}{C_2}\right) + k\left(\frac{1}{n} + \frac{C_3}{C_2} + \frac{C_4}{C_2}\right)\right]^2$$

又已知，一个 110 kV 1×630 mm² XLPE 绝缘电缆导体屏蔽外半径 $D_C = 30$ mm；电缆绝缘外直径 $D_1 = 62$ mm；接头应力锥内屏蔽外直径 $D_2 = 92$ mm；应力锥绝缘外直径 $D_3 = 156$ mm。根据圆柱体电容公式，可算出图 5-34 等值电路中 C_2，C_3，C_4 的值为

$$\left.\begin{array}{l} C_2 = \dfrac{2\pi\varepsilon_o\varepsilon_2}{\ln\left(\dfrac{D_3}{D_2}\right)} = 3.16 \times 10^{-10}\,(\mathrm{F/m}) \\[3ex] C_3 = 2\pi\varepsilon_o\varepsilon_3\left(\pi\left(\dfrac{D_2}{2}\right)^2 - \pi\left(\dfrac{D_1}{2}\right)^2\right) = 2.02\varepsilon_3 \times 10^{-7}\,(\mathrm{F/m}) \\[3ex] C_4 = \dfrac{2\pi\varepsilon_o\varepsilon_4}{\ln\left(\dfrac{D_1}{D_C}\right)} = 1.687 \times 10^{-10}\,(\mathrm{F/m}) \end{array}\right\}$$

$$(5-26)$$

将式(5-26)计算结果代入式(5-25)，得表 5-5 所示的接头屏蔽管等效介电常数、电阻和电源频率的关系。

表 5-5　接头屏蔽管等效介电常数、电阻和电源频率关系

介电常数	计算公式	频率 /Hz	电阻 R_3/Ω
$\varepsilon_3 = 3$	$\dfrac{1}{A^2} = (1.043\omega - 0.164) \times 10^4$	50	$\leqslant 17.49 \times 10^3$
		100	$\leqslant 12.36 \times 10^3$
		500	$\leqslant 5.528 \times 10^3$
		1 000	$\leqslant 3.909 \times 10^3$
		10 000	$\leqslant 1.236 \times 10^3$
$\varepsilon_3 = 10$	$\dfrac{1}{A^2} = (2.35\omega - 4168) \times 10^4$	50	—
		100	—
		500	$\leqslant 5.58 \times 10^3$
		1 000	$\leqslant 3.074 \times 10^3$
		10 000	$\leqslant 1.307 \times 10^3$
$\varepsilon_3 = 100$	$\dfrac{1}{A^2} = (3.45\omega - 16.34) \times 10^5$	50	$\leqslant 5.799 \times 10^3$
		100	$\leqslant 2.158 \times 10^3$
		500	$\leqslant 0.961\,9 \times 10^3$
		1 000	$\leqslant 0.679\,9 \times 10^3$
		10 000	$\leqslant 0.399\,3 \times 10^3$

续　　表

介电常数	计算公式	频率 /Hz	电阻 R_3/Ω
$\varepsilon_3 = 1\,000$	$\dfrac{1}{A^2} = (3.47\omega - 163.4) \times 10^6$	50	$\leqslant 1.039 \times 10^3$
		100	$\leqslant 0.704\,6 \times 10^3$
		500	$\leqslant 0.305\,4 \times 10^3$
		1\,000	$\leqslant 0.215\,1 \times 10^3$
		10\,000	$\leqslant 0.067\,79 \times 10^3$
$\varepsilon_3 = 10\,000$	$\dfrac{1}{A^2} = (3.47\omega - 1634) \times 10^7$	50	—
		100	$\leqslant 0.428\,3 \times 10^3$
		500	$\leqslant 0.103\,9 \times 10^3$
		1\,000	$\leqslant 0.070\,46 \times 10^3$
		10\,000	$\leqslant 0.021\,51 \times 10^3$

　　通过上述理论计算,首先可以从容抗的定义看到,介电常数越大,容抗越小。但是,屏蔽管材料为半导体材料,没有介电常数的概念,它的介电常数原理上是一个虚拟的概念图。从图5-35和图5-36可以看出,不论屏蔽材料如何变化,在不同频率下,阻抗大于容抗,总阻抗取决于容抗,频率对于屏蔽材料特性的影响很大。其次,当屏蔽材料的介电常数和频率增大,屏蔽材料的电阻迅速下降(见表5-5),特别是频率大于1 000 Hz时,要求的电阻值不能超过1 000 Ω。这样的电阻在现实生产中,必须大量地加入无机导电填料,而填料的大量增加又会使材料的机械强度下降。就目前调研的情况,实用屏蔽材料电阻一般都远高于1 000 Ω,甚至达到几兆的量级。最后,根据操作波的频率特性、材料的欧姆特性和生产状况不难发现,要满足上述所有情况,电阻值最好为几十欧姆,但现实中几乎是不可能的。根据使用情况和计算结果,适当选取电阻值小于500 Ω,基本能够避免大多数高频电压对屏蔽管现有结

构产生不良的电场影响。

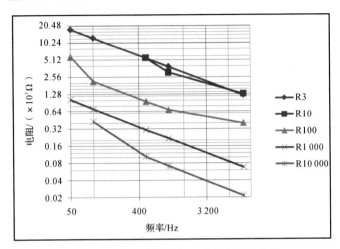

图 5 - 35　屏蔽管材料电阻随频率变化曲线

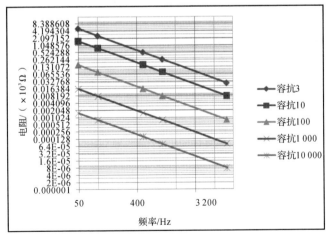

图 5 - 36　屏蔽管材料等效介电常数引起的容抗随频率变化曲线

据已有文献报道,当 $f \leqslant 10 \text{ kHz}$ 时,半导电硅橡胶的介电常数与频率呈现反比例关系,频率越高,介电常数越低,当 $f >$ 10 kHz时,介电常数基本不随频率而变化。如果采用了半导电屏蔽材料介电常数的变化来进行电场仿真计算,选取中间接头长度的中心点作为 x 轴的坐标原点,工作电压为工频相电压($U_0 =$ 64 kV),不同等效介电常数下,可以计算出电缆中间接头结合处屏蔽管伸出方向上的电场强度分布(材料介电常数如前所述)。

从计算结果图 5-37 和图 5-38 可知,在较低频率、半导电硅橡胶等效介电常数较大($\varepsilon > 100$)时,中间接头内半导电屏蔽管伸出段和金属屏蔽罩结合处($x = \pm 78$ mm)最大电场强度 $E_{\max}$ 低于 1 kV/mm;内半导电屏蔽管与导体屏蔽罩重叠部分上(x 从 -78 mm 到 78 mm 范围内)的电场强度低于 0.1 kV/mm,表明其内半导电屏蔽管起到了较好的屏蔽作用,内半导电屏蔽管厚度方向基本不承受电场。

随着半导电硅橡胶等效介电常数降低($\varepsilon < 10$)、频率升高,超过 1 kHz 时,阻抗随之降低(见表 5-5),中间接头内半导电屏蔽管在结合处最大电场强度 $E_{\max}$ 将高于 2.6 kV/mm(见图 5-36),内半导电屏蔽管与导体屏蔽罩重叠部分的电场强度超过 1 kV/mm,特别是当接头经受前述电压时,该处的场强将会达到 2 倍甚至 3 倍 2.6 kV/mm。由于结合处为气隙绝缘,根据一般气体电晕放电场强(2 kV/mm),说明其结合处此时已经开始放电,内半导电屏蔽管失去屏蔽作用。

在相关附件国标 GB11017 — 2014 与 GB22078 — 2008 虽未对半导电橡胶材料的电阻率进行规定,但对电缆用导体屏蔽料(半导电 XLPE)电阻率要求是 $\leqslant 1~000~\Omega \cdot m$(90℃ ± 2℃);绝缘屏蔽为 $\leqslant 500~\Omega \cdot m$(90℃ ± 2℃);导体屏蔽绕包半导电带体积电阻率 $\leqslant 1~000~\Omega \cdot m$(23℃)。经过对国内外十几个高压电缆附件厂的材料特性调研,发现屏蔽管半导体材料只有一个厂家生产的电阻接近 500 Ω,其余均远远大于此,个别厂家的电阻甚至超过兆欧姆(电阻值是使用万用表测量得到的,测量方法为两个表笔间距离

10 mm在成品材料上测量的结果)。这就解释了为什么大量发生在合闸陡波时,高频波侵入,出现非欧姆状态,场强急剧变化,造成击穿事故。

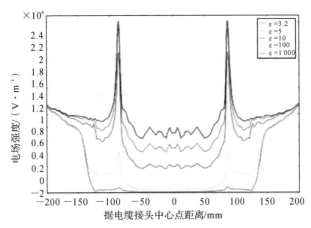

图 5-37　内半导电屏蔽管伸出 38 mm 时的场强分布

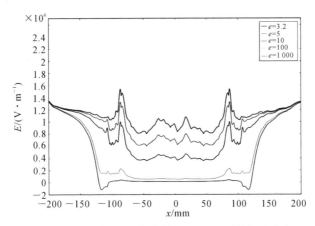

图 5-38　内半导电屏蔽管伸出 20 mm 时的场强分布

另据文献报道,在硅橡胶的配方生产中,当硅橡胶材料电阻率

$\rho \leqslant 1 \times 10^4$ Ω·m 时,就不随频率 f 变化(见图 5-39 和图 5-40),在实际产品上,由于厚度的存在,采用上述方法测量的电阻要比这个值小一个数量级。反过来,它的阻值如果大于此值,必然随着频率变化。这也从另一个角度证明实际接头中屏蔽材料电阻过大时,一定会出现屏蔽效果随频率增加而恶化的现象。

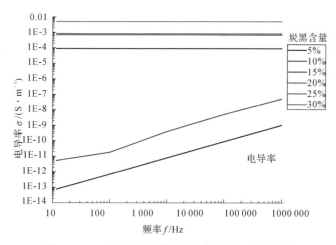

图 5-39　硅橡胶中炭黑含量与体积电阻率的关系

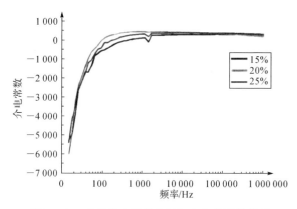

图 5-40　硅橡胶中炭黑含量与介电常数的关系

　　内半导电屏蔽管上场强分布与伸出长度 L 密切相关。按照中间接头的实物 1∶1 建模,通过电场仿真计算,得到内半导电屏蔽管伸出结合处长度和结合处电场关系如图 5-41 所示。

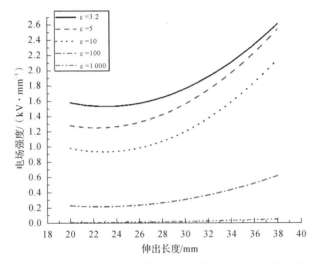

图 5-41　接头内半导电屏蔽管伸出结合处长度和电场的关系

　　由图 5-41 可见,伸出长度 L 增大,中间接头内半导电屏蔽管在结合处最大电场强度 E_{max} 也随之增强。当半导电硅橡胶等效介电常数较大($\varepsilon > 100$),中间接头内半导电屏蔽管在结合处最大电场强度 E_{max} 随 L 变化不大;而当半导电硅橡胶等效介电常数 $\varepsilon \leqslant 100$ 时,中间接头内半导电屏蔽管在结合处最大电场强度 E_{max} 随 L 变化是先略微降低后升高,出现了一个临界值,这一临界长度(L_{min})随着等效介电常数减小而减小,但 L_{min} 在 23~28 mm 的范围内。如果以结合处击穿强度等于 2 kV/mm 为设计基准,当 $\varepsilon = 10$ 时,$L = 37$ mm,即伸出长度超出 37 mm 时,结合处就会发生气隙放电,最终可发展成中间接头击穿。

　　内半导电屏蔽管伸出长度的设计初衷,一方面是考虑到运行时电缆绝缘受温度影响产生回缩变化,因此中间接头的内半导电屏蔽管需要伸出一定长度来补偿这种温度和机械力的影响;另一方面则如果伸出长度过短,考虑到安装中间接头时,安装人员难免造成居中偏差,使得结合处直接暴露在绝缘中,两者之间的气隙在运行状态下放电,影响接头安全运行。

5.3.7　直流附件的边界条件

(1)直流电缆附件绝缘所遵循的基本方程为

$$J = \sigma E \qquad (5-27)$$

式中,J 代表绝缘层中各点电流密度;σ 代表交联聚乙烯绝缘材料电导率,它可表示为温度、电场以及绝缘半径的函数。电场和温度的变化影响对交流电场中本征参数 ε 的影响较小,而对直流电场的基本方程(式(5-27))中本征参数 σ 影响显著,有时 σ 的变化范围可达数个数量级。

增强绝缘与 XLPE 绝缘界面必须满足

$$\varphi_1 = \varphi_2 \qquad (5-28)$$

$$\gamma_1 \frac{\partial \varphi_1}{\partial n} = \gamma_2 \frac{\partial \varphi_2}{\partial n} \qquad (5-29)$$

式中,φ_1 和 φ_2 分别为 XLPE 层和增强绝缘层的电位;n 为界面法向矢量;γ_1 和 γ_2 分别为 XLPE 层和增强绝缘层的电导率。由于电流守恒,附件又必须满足

$$\nabla \cdot J = Q_i \qquad (5-30)$$

$$J = \sigma E + J_e \qquad (5-31)$$

$$E = -\nabla V \qquad (5-32)$$

(2)直流附件温度场边界条件。直流电缆运行中,导体由于发热将处于高温侧,而接地的外屏蔽层则处于低温侧。电缆绝缘温度由内向外从高温到低温呈梯度分布。在同一电压等级下,导

体内径越小,绝缘内外温度梯度越大;对同一导体外径,电压等级越高,绝缘内外温度梯度越大。而温度对电导率的影响将导致极性翻转,即场强集中于外屏蔽层。绝缘材料的电导率与温度和场强的关系为

$$\sigma = A\exp\left(\frac{-\varphi q}{k_b T}\right)\frac{\sinh(10^6 B\,|\,E\,|\,)}{10^6\,|\,E\,|} \tag{5-33}$$

式中,A 表示与材料相关的常数,$V/(\Omega \cdot m^2)$;φ 表示活化能,$\varphi = 0.56$,eV;q 表示电子电荷量,C;k_b 表示玻尔兹曼常数,J/K;T 表示材料温度,K;B 表示电场系数,$B = 2.77 \times 10^{-13}$,m/V;E 表示场强,kV/mm。

$$\rho C_P u \cdot \nabla T = \nabla \cdot (K \nabla T) + Q \tag{5-34}$$

式中,C_P 为热容;ρ 为材料的质量密度;K 为热导率;Q 为热源,主要是指铜芯上的电阻损耗以及绝缘层的电导损耗产生的热量,有

$$T = T_0 \tag{5-35}$$

式中,T_0 表示线芯温度。

考虑到环境对表面辐射,散热应满足方程

$$-n \cdot (-K \nabla T) = \varepsilon\sigma(T_{amb}^4 - T^4) \tag{5-36}$$

式中,ε 表示表面发射率;T_{amb} 为环境温度。

5.4　终端电气计算

5.4.1　终端外绝缘

终端外绝缘有三个要素必须计算,即干闪距离、湿闪距离和污闪距离(见表 5-6),这三个参数对外绝缘将产生不同的影响。对于一种附件,只有取三个参数计算出的最大绝缘距离,才能保证整个运行时的安全。

表 5-6 电缆附件基础外绝缘距离

分 类	绝缘距离/ mm					
	10 kV		35 kV		110 kV	
	户内	户外	户内	户外	户内	户外
干闪距离	125	250	300	500	900	1 100
湿闪距离		175		400		1 000
污闪距离		280		900		2 200

1. 干闪距离

干闪距离是指上金属电极至下金属电极间的最近直线距离。例如,我国电缆运行规程规定:10 kV 户内电缆终端金具与地和其他相的最小距离不得小于 125 mm,这就是指最小干闪距离,因为在户内不存在污闪和湿闪问题。现在很多 10 kV 附件,虽然主绝缘露出长度都小于这一数值,但由于在安装工艺中,将接线端子和接地线的一部分金属绝缘起来,从而延长了主绝缘,使得总长度仍然大于 125 mm,对于户外 10 kV 附件,一般干闪距离应大于 250 mm。如图 5-42 所示,终端外绝缘长度为

$$L = a + c + d \qquad (5-37)$$

或

$$L = 0.32(U_干 - 14) \qquad (5-38)$$

式中,$U_干$ 为干放电电压,kV。

2. 湿闪距离

湿闪距离是指当雨水以 45° 角淋在附件上时,附件上仍存在的干区长度,如图 5-42 所示,$a+b$ 等的组合。湿闪电压一般为干闪的 70% ~ 80%,当正常运行时,在电压一定的情况下,一般附件设计主要以湿闪为依据,如果能满足湿闪要求,干闪基本可以说没有问题,当然这不包括其他金属物接近附件引起的闪络。 如图

5 - 42 所示,有

$$湿闪距离 = n \times b \text{ (cm)} \tag{5 - 39}$$

式中,n 为裙边数。

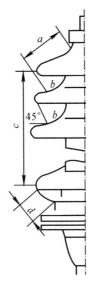

图 5 - 42   终端外绝缘

3. 污闪距离(泄漏比距)

污闪距离是指附件外绝缘从上金具至下接地部位全部绝缘表面距离。这是由于污秽是均匀附着于附件绝缘表面上的,当有潮湿空气将其湿润时,就发生导电现象,以至闪络。电力工业部对污闪划分了等级。由于我国工业发展污染越来越严重,因此附件污闪距离一般取四级污秽等级为好,也就是取 3.1 cm/kV;对于户内一般取三级,即 2.5 cm/kV(见表 5 - 7)。例如,10 kV 户外污闪距离一般应大于 3.1 cm/kV × 8.7 kV = 278.4 mm。110 kV 户外污闪距离一般应大于 3.2 cm/kV × 69 kV = 2 208 mm。

表 5-7　国际上对污秽等级的划分

污秽环境等级	泄漏比距 cm·kV⁻¹	试验方法		
		盐雾法 kg·m⁻³	固体层法	
			等值盐(NaCl)密度 mg·cm⁻³	电导 μS
Ⅰ—轻	1.6	5～10	0.03～0.06	5～10
Ⅱ—中	2.0	14～28	0.05～0.20	10～15
Ⅲ—重	2.5	40～80	0.10～0.60	15～25
Ⅳ—很重	3.1	80～160	0.25～1.0	25～40

5.4.2　终端内绝缘

　　终端内绝缘的设计应从三方面考虑,即附加绝缘厚度、界面长度和应力控制方式。在前面已经讲了应力控制,并作了对比,因此就不再详细讲述。但是有一点还要强调,不同的应力控制方式,对于主绝缘的厚度影响差别较大。用应力管控制终端电场时,根据模拟计算,一般绝缘厚度为 3～5 mm 就可满足要求,同时 3～5 mm 厚的绝缘老化寿命能够保证在 15～20 年内外绝缘性能、机械性能不会下降。对于用应力锥形式控制电场的附件,附加绝缘应取得较厚,这主要是由于应力锥是通过几何形状来改变终端电场中的电容链,一般 10 kV 取 15 mm 左右,此时一般不从老化角度考虑问题,主要从改善电场角度出发。 35 kV 取 20～35 mm;110 kV 取 50～70 mm。

　　终端界面长度影响因素较多,如绝缘光滑程度、干净程度、界面压力、材质等,因而不能一概而论。但从前面所述的理论看,界面长度与击穿场强度有一定关系,在这个基础之上,再加上裕度和安全系数就能确定界面长度。目前所遇见的几种附件界面长度大致可以由以下方法确定。

(1) 热缩附件：

10 kV　户内　8.7/0.04 = 217 mm

　　　　户外　8.7/0.02 = 435 mm　（考虑裕度及安全系数）

35 kV　户内　26/0.09 = 290 mm

　　　　户外　26/0.05 = 520 mm　（考虑裕度及安全系数）

(2) 预制类附件：

10 kV　户内　8.7/0.09 = 97 mm

　　　　户外　8.7/0.08 = 110 mm

35 kV　户内　26/0.1 = 260 mm

　　　　户外　26/0.08 = 325 mm

66 kV　户内　42/0.08 = 525 mm

　　　　户外　42/0.06 = 700 mm

以上数据是分析国内外各制造厂商及试验室的试验分析结果而得到的。可以明显看出，预制附件的界面工作场强高于热缩附件。

5.4.3　直流终端电气计算

(1) 外绝缘爬距和交流的公式相同，但是其泄漏比距应考虑直流的因素：

$$L = \delta_{DC} U \tag{5-40}$$

$$\delta_{DC} = \sqrt{3} \times \delta_{AC} \times \frac{K_{SR/P}}{K_{DC/AC}} \tag{5-41}$$

式中，L 表示爬电距离；δ_{DC} 表示直流泄漏比距；δ_{AC} 表示交流下泄漏比距；U 表示直流电缆的电压等级；$K_{SR/P}$ 表示复合绝缘护套与瓷绝缘子泄漏比距的比值，取 0.75；$K_{DC/AC}$ 表示复合绝缘护套的直交比，由于交流直流电压下伞群护套污闪电压无极性效应，两种极性污闪电压基本一致，伞群护套的直交比变化比较小，在 1.0

左右。

(2) 内爬电距离应考虑的问题:① 在直流电压下不因内爬距过短而击穿,即内爬距至少需大于直流电压与界面的允许切向电场强度的比值;② 外绝缘保护内绝缘,外绝缘表面发生闪络后,其绝缘强度可恢复,而内绝缘发生闪络则会损伤其绝缘,不可恢复;③ 内绝缘的安全系数应高于外绝缘,这样外绝缘可在一定程度上保护内绝缘;④ 在污染较重的情况中,直流伞群护套污闪梯度约为 1 kV/mm。为达到以上要求,需满足 $L_{in} > 0.183L$,其中,L_{in}表示内爬距;⑤ 最后根据伞群护套和内爬距之间的结构配合,可确定满足条件的内爬距。

5.4.4　终端接地

电缆接地线首先应满足良好的接地要求,只有这样才能保证安全运行。根据国家标准(简称国标)要求,电缆附件接地线应采用镀锡编织铜线,10 kV 电缆截面为 120 mm² 及以下的采用16 mm² 编织铜地线,120 mm² 及以上的采用 25 mm² 接地线,66 kV 及以上电压等级电缆附件的接地线面积应按短路容量计算确定。目前为了更好地检测电缆外护套,有些地区供电局要求中低压附件采用双接地线制,即铜屏蔽层和钢带铠装的接地线分开焊接两根地线,正常运行时将两根地线并接后接地。当预试时用摇表测量护套对地电阻,从而证明护套的完整性。对于 35 kV 及以上电压等级电缆的接地,见表 5-8。

表 5-8　高压电力电缆接地线推荐截面

系统电压 /kV	35	66	110	220	500
接地线截面 /mm²	35	50	70	95	150

对于 35 kV 及以上电压等级电力电缆的接地应考虑采用单端直接接地,另一端通过保护器接地。这是因为高压电力电缆多为

单芯电缆,因而会在铜带屏蔽层上产生感应电压。如果两端均直接接地,就会在屏蔽层中形成环流,造成损耗,减少电缆输电能力。感应电压的大小已在 GB50217 中明确规定:如果没有任何安全预防措施,所产生的电压不能超过 50 V,如果有安全防范措施的使用,所产生的电压不能超过 300 V。对于长电缆线路,感应电压一定会超过 300 V,应该使用中间交叉互连的方法来消除感应电压。与此同时,必须调整电缆护套厚度,防止所产生感应电压损伤电缆护套。

5.5　接头电气计算

电力电缆接头的电气性能主要是由内绝缘结构来确定的,对于中低压附件,接头的设计比较简单,一般取附加绝缘厚度为主绝缘的 2 倍,同时考虑连接管表面的光滑,并恢复内屏蔽和外屏蔽,最后对外屏蔽断开点的电场集中处通过采用应力管或应力锥方式控制该处电场,确保恢复的外护套能够和原电缆外套具有同等密封性能,因此中低压电缆接头中最关键的问题仍然是界面问题,界面的好坏直接影响接头质量。目前国内外各种附件,由于所选材料不同,使得接头大小有很大差别。热缩和冷浇注式接头由于界面压力小,必须选择较长界面来改变这种状态,所以热缩和冷浇注接头的界面一般都取在 200 ～ 250 mm 为好。对于冷缩、预制和接插式以及绕包式接头,在连接部位及半导电断口处理较好的情况下,界面长 100 ～ 150 mm 就可以达到绝缘要求。国外较先进的附件,接头的界面长度只有 80 mm。

所有电缆接头的形状都能通过接头的电气计算确定,特别是高压电缆接头的附加绝缘厚度、应力锥和反应力锥长度必须进行严格理论计算,才能确保运行安全。

5.5.1 附加绝缘厚度

附加绝缘厚度是根据连接表面的最大工作场强取定后而计算出来的,且电缆本体的最大工作场强为 $3 \sim 4 \ kV/mm$(XLPE 绝缘电缆),国外电缆的最大工作场强有时选取得还要高,一般连接管表面最大工作场强取电缆本体最大工作场强的 $45\% \sim 60\%$。但有一点必须记住,该处最大工作场强不要超过空气游离时的场强,即 $2.1 \ kV/mm$,则有

$$\Delta n = R_n - R = r_1 \exp \frac{U}{r_1 E_n} - R \qquad (5-42)$$

式中,r_1 为连接管外半径,mm;R 为电缆工厂绝缘层外半径,mm;U 为电缆承受最大相电压,kV;E_n 为连接管表面最大工作场强,kV/mm。

5.5.2 应力锥长度及形状

对于中低压电缆接头,如采用应力控制管,就应按照应力控制管参数来确定形状。这里主要说明应力锥改善电场的情况。设计原理是按其界面在一定压力作用下,界面所能承受的最大击穿场强的 $1/10 \sim 1/15$ 来计算。也就是说,首先确定在一定压力作用下界面的击穿场强,然后依此为基础确定出最大界面工作场强(E_t)和应力锥长度,参阅图 5-43,则有

$$L_K = \frac{U}{E_t} \ln \frac{\ln(R/r_c)}{\ln(R_n/r_c)} \qquad (5-43)$$

式中,E_t 为界面最大工作场强,kV/mm;U 为电缆承受最高系统相电压,kV;R_n 为附加绝缘半径,mm;R 为电缆工厂绝缘半径,mm;r_c 为线芯半径,mm。

由上式计算的应力锥应为一曲线,但在实际安装中,手工绕包这样的曲线是不可能的,因而现场常用一直线来代替。目前各国生产的预制接头中的应力锥,在工厂中通过工艺使之达到标准

曲线。

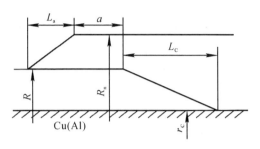

图 5 - 43　接头几何尺寸示意图

5.5.3　反应力锥长度及形状

反应力锥也是根据沿面轴向场强为一常数而确定的。计算反应力锥长度(见图 5 - 43)的公式为

$$L_c = \frac{U}{E_t} \ln \frac{\ln(R/r_c)}{\ln(R_n/r_c)} \qquad (5 - 44)$$

式中,E_t 为界面最大工作场强,kV/mm;U 为电缆承受最高系统相电压,kV;R_n 为附加绝缘半径,mm;R 为电缆工厂绝缘半径,mm;r_c 为线芯半径,mm。

同样,按上式计算出的反应力锥为一曲线,在实际安装中多用直线代替,正、反应力锥之间的距离一般取 10 ~ 150 mm。

5.5.4　界面长度

交联聚乙烯(XLPE)绝缘电缆接头中的界面长度的确定主要取决于界面情况。对于预制或绕包式接头,如能保证界面良好,界面长度可以取得很短,如 3M 公司和 ABB 公司、F&G 公司的接头绝缘长度都在 100 mm 以下,有的甚至接近 50 mm,日本腾仓公司、住友公司、昭和公司 110 kV 预制接头中绝缘长度也小于

200 mm,因此最大工作场强可达到 0.345 kV/mm,大于 2.1/10,即空气游离场强的 1/10。这主要是因为预制件能够保证界面压力大于 3 kg/cm²,而一般国内 10 kV 热缩接头,界面长度一般应大于 150 mm,这时的最大工作场强为 8.7/150=0.058 kV/mm,预制附件一般在 150 ～ 100 mm 之间,因而最大工作场强为 8.7/100=0.087 kV/mm。对于 35 kV 及以上电压等级电缆,由于制作时工艺要求严格,几何形状一定,对电场改善好,因此可以适当提高最大界面工作场强,以提高材料利用率。在综合考虑安全系数的情况下,最大工作场强可达到 2.1/10=0.21 kV/mm,再加上 15% 的安全裕度,即 0.21×85%=0.178 kV/mm。对于 110 kV XLPE 绝缘电缆绕包式接头,除反应力锥以外绝缘长度 $L=69/0.178=387$ mm;对于 66 kV XLPE 绝缘电缆,$L=42/0.178=235$ mm;对于 35 kV XLPE 绝缘电缆,$L=26/0.178=146$ mm。其他接头形式可根据具体情况计算出界面长度。

5.5.5　直流电缆接头电气计算

(1)根据资料,直流电缆接头界面自由电荷的表达式为

$$q = \frac{(\varepsilon_2\sigma_1 - \varepsilon_2\sigma_2)U}{\left(\sigma_1\ln\dfrac{R_n}{r_C} + \sigma_2\ln\dfrac{r_i}{r_C}\right)r_i} \tag{5-45}$$

式中,R_n 表示增强绝缘的半径;r_i 表示双层绝缘界面处半径;r_C 表示接管半径;ε_1、ε_2 分别表示内绝缘和增强绝缘材料的介电常数;U 表示电缆工作电压;q 表示介质表面自由电荷;σ_1、σ_2 分别表示内绝缘和增强绝缘材料的电导率。

(2)由于双层界面两侧材料电导率的不同,界面处出现自由电荷使电流保持连续性。由于自由电荷的存在,绝缘中电场分为两部分:Laplace 电场和 Poisson 电场,则有

$$E = E_L + E_P \qquad (5-46)$$

E_L 表示 Laplace 电场；E_P 表示 Poisson 电场。由此可推导绝缘层中电场强度分布的一般表达式为

$$E_{1,2} = \frac{\varepsilon_{2,1} U}{\left(\varepsilon_{1,2}\ln\dfrac{R_n}{r_C} + \varepsilon_{2,1}\ln\dfrac{r_i}{r_C}\right) r} + \frac{1}{r}\int_{r_C}^{r}\frac{q_{(r)}}{\varepsilon_{(r)}}r\mathrm{d}r \quad (5-47)$$

式中，$E_{1,2}$ 表示绝缘层 1 或绝缘层 2 中电场强度；$q_{(r)}$ 表示空间电荷密度，可由实验测得。

（3）由上式可以计算应力锥轴向长度为

$$L_K = \frac{U}{E_t} \times \frac{\varepsilon_1\ln\dfrac{R_n}{r_i}}{\varepsilon_2\ln\dfrac{R_n}{r_i} + \varepsilon_1\ln\dfrac{r_i}{r_C}} + \frac{1}{E_t}\int_{r_C}^{R_n}\left(\frac{1}{r}\int_{r_C}^{r}\frac{q(r)}{\varepsilon}r\mathrm{d}r\right)\mathrm{d}r$$

$$(5-48)$$

式中，E_t 为预制应力锥与电缆主绝缘交界面上的切向空间电场强度值。

5.6　电缆的回缩

XLPE 材料在生产时内部存留应力，当电缆安装切断时，这些应力要自行消失，因此 XLPE 绝缘电缆的回缩问题是电缆附件中比较严重的问题。由于传统油纸电缆的使用习惯，过去对这一问题认识不够，现在随着 XLPE 绝缘电缆的大量使用，使得必须面对这一问题。实际上这一问题最好的解决办法就是利用时间，让其自然回缩，消除应力后再安装附件。但是由于现场安装工期要求，只好利用加热来加速回缩。对于 35 kV 及以下附件，终端的回缩有限，一般不作考虑，但在接头中应采用法拉第笼或其他方式克服回缩现象。例如，在预制接头中，连接管处的半导电体可选得较长，使它的长度两边分别和绝缘搭接 10～15 mm（见图 5-44），起到屏蔽作用，即使绝缘回缩，一般也只有 10 mm 以下，屏蔽作用

仍然存在。

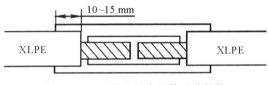

图 5 - 44　连接处的半导体屏蔽结构

　　对于高压 XLPE 绝缘电缆的附件安装,亦必须认真考虑回缩问题,一般在加热校直的同时消除 XLPE 内的应力,因为高压电缆接头中不可能制造出屏蔽结构,接头中任何一点的 XLPE 回缩都会给接头带来致命的缺陷,即气隙(见图 5 - 45),该气隙内产生局部放电,将会导致接头击穿。

　　现场用于消除回缩应力的方法为:用加热带绕包在每相绝缘上,加热到 80～90℃ 保持 6～8 h,然后做其他处理,再安装接头。这样处理后的电缆 95% 以上的回缩应力能够消除,剩余部分对接头安全没有影响。目前生产厂商在生产设备上增加一种应力消除装置,以用来有效地消除制造应力,现场安装时可以不做上述应力消除工作。在订货时一定要准确了解生产厂商在产品上是否安装该装置,然后再确定安装工艺。

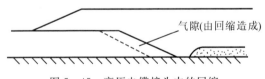

图 5 - 45　高压电缆接头中的回缩

5.7　配套单元

　　根据现代电缆附件的发展,以及运行部门对电缆附件运行要求,附件中需要增加专用的监测接口,主要是局部放电、测温、红外等,这些监测单元应在电缆附件安装时预埋在附件绝缘表面或内部,在电缆附件的尾管或铜(铝)壳体上设有专门的接口,它的防水要求等同于附件本身,同时接口应按照相关标准要求。监测单元的取电设备的使用寿命和防水也应等同电缆附件,必须使取电设备的发热量控制在最低,以防止降低电缆载流量。所有配套单元的防火措施和要求应满足电缆线路要求。

第6章 XLPE 绝缘电缆线路设计参数确定

在电力电缆线路的设计中,由于各种因素均对电力电缆的输送能力有很大影响,因此必须在线路设计之初首先确定一些基本参数,如使用于什么系统,电缆敷设环境所具有的散热情况,电缆本身载流量,电缆护层中可能出现的过电压情况,等等,这些参数的确定对电缆的正常运行将有很大帮助。

6.1 电力系统和电缆绝缘等级

6.1.1 电力系统的接地方式

电力系统的接地方式有很多,各国都在根据自己的情况(如管理水平、保护水平、维护状态等)选择各自的接地方式。各种接地方式归纳起来可分为直接接地、电阻接地、消弧线圈接地和不接地系统等。

(1)直接接地系统:一般在 110 kV 及以上高压和超高压电网中采用,系统的可靠性好,容量大,对一相故障接地,可迅速切断,切断时间可控制在几秒之内,由此可使系统过电压大为降低。

(2)电阻接地系统:用于 35 kV 及以下电压等级的配电网中,系统容量较小。为了限制故障电流值,常采用小电阻接地方式,同时为保证系统的连续供电,在单相故障时,一定要采用双回或多回系统,由此使系统造价成倍上升。

(3)消弧线圈接地系统:常用于 35 kV 及以下电压等级的配电

系统中,一相故障后,可继续供电,虽有使工程造价便宜的优点,但它会使系统过电压倍数增大,且一相故障接地时,其他两相将承受线电压,经常出现这样的故障将使电缆寿命缩短。

(4)不接地系统:中心点不接地系统和消弧线圈接地系统基本上属于一类。对于使用条件,我国做了明确规定:当 10 kV 和 3 ~ 6 kV 系统的电容电流 I_c 分别小于 20 A 和 30 A,35 kV 系统电容电流 $I_c < 10$ A 时,应采用不接地系统运行,否则对切断电容电流不利,必须采用消弧线圈接地系统,以补偿线路的电容电流。

6.1.2 电缆绝缘水平

在各种系统接地方式中,运行于系统的电缆绝缘水平由其过电压倍数和单相接地故障时间所决定。

在正常运行的电缆线路上,绝缘将承受相电压。对于中心点接地系统,它等于 $1/\sqrt{3}$ 线电压;对于中心点非有效接地系统,例如经消弧线圈接地,一般规定消弧线圈上压降不超过相电压的 15%,在单相接地故障时,其他两相的电压就会达到线电压的 75% ~ 80%(对中心点非有效接地系统);而中心点不接地系统,可能达到线电压的 100%。我国对于 110 kV 及以上电压等级线路,规定采用中心点有效接地系统,表6-1所列为我国几个大中城市系统基本情况。

表6-1 几个大中城市系统基本情况(中低压)

指 标	上海	华东	沈阳	北京
消弧线圈接地系统过电压	$3 \sim 5U_0$	$4U_0$	$4U_0$	$4U_0$
故障接地时间 /h	2	2	2	2
采用不接地系统规定 I_c/A	< 10	< 10		
采用消弧线圈系统规定 I_c/A	> 10	> 10		

原水利电力部《电气事故处理规程》中规定,对于不接地系统

或非有效接地系统,允许故障接地时间为 2 h,而从表 6-1 中看出,采用消弧线圈接地系统时,系统过电压较高,因此希望将电缆绝缘水平提高一些。

线路故障时间和次数也对电缆绝缘水平影响较大。由于各地系统不一样,管理水平不同,因而故障的切除时间相差甚大,如一些供电局中低压故障时间约为 125 h/a,其中约有 20% 的故障超过国家规定值,10 kV 系统个别故障长达 8 h,电缆绝缘这样长时间地承受线电压对寿命影响会很大。

另外,电缆是一个分布参数的元件,因而这些过电压波进入电缆后会出现叠加现象,各种过电压对其绝缘的破坏程度要比其他电器设备严重得多。

大气过电压是由大气雷电引起系统的过电压,它的波形与发生和反击的距离及系统参数有关,而过电压幅值大小主要由避雷器特性决定。为了保证线路在出现可能最高工频电压时,避雷器不动作,避雷器灭弧电压应大于可能出现的最大工频电压。线路一相接地,另一相可能出现过电压 U_{om},对有效接地系统,U_{om} 为系统最高工作线电压(U_m)的 0.8 倍,对非有效接地系统则等于系统最高工作线电压,即

$$U_p = 保护比 \times (100 - 80)\% \times 系统最高工作线电压$$

而电缆的冲击绝缘水平要比避雷器的保护绝缘水平高出 30% ~ 70%,即

$$BIL(基本绝缘水平) \geqslant (20\% ~ 30\%)U_p$$

电源和负载开断、合闸、短路故障等引起的内部过电压,由于波形变化缓慢,持续时间长,因而对电缆线路的破坏要大于大气过电压。对于中心点非有效接地系统,使用无并联电阻断路器时,操作过电压幅值可达相电压的 4 倍;中心点有效接地系统可达最大相电压 3 倍左右。表 6-2 列出了 10 kV 以上电力系统可能出现的最大工频及大气过电压、操作过电压概算值。

表 6 - 2　　电力系统中过电压概算值　　单位:kV

	额定线电压 U_L	10	35	110①	110	说　明
工频	最高工作线电压 U_m	11.5 1.15U_L	40.5 1.15U_L	126 1.15U_L	126 1.15U_L	$U_m = (1.15 \sim 1.05)U_L$
	额定相电压 U_0	5.8	20	64	64	$U_0 = \dfrac{1}{\sqrt{3}}U_L$
	最高工作相电压 U_{om}	6.6	23	85	73	$U_{om} = \dfrac{1}{\sqrt{3}}U_m$
	一相接地,另一相可能出现过电压 U_{om}'	4.8	19	126	100	非有效接地系统 $U_{om}' = 100\%U_m$ 有效接地系统 $U_{om}' = 80\%U_m$
大气过电压	避雷器最高工作电压 U_a	4.8	19	126	100	$U_a = U_{om}'$
	磁吹避雷器保护水平 U_{p1}	—	—	340	270	$U_{p1} = 1.9\sqrt{2}U_a$
	阀型 FZ 避雷器保护水平 U_{p2}	16.3	65	429	340	$U_{p2} = 2.4\sqrt{2}U_a$
	老式阀型避雷器保护水平 U_{p3}	19.7	78	505	410	$U_{p3} = 2.8\sqrt{2}U_a$
操作过电压	无并联电阻断路器,最大操作过电压幅值 U_{p1}'	28	98	480	30	$U_{p1}' = (3 \sim 4)\sqrt{2}U_{om}$
	有并联电阻断路程,最大操作过电压幅值 U_{p2}'					$U_{p2}' = 2.6\sqrt{2}U_{om}$

续　表

额定线电压 U_L		220	330	500	750	说　明
工频	最高工作线电压 U_m	252 1.15U_L	363 1.10U_L	525 1.05U_L	788 1.05U_L	$U_m = (1.15 \sim 1.05)U_L$
	额定相电压 U_0	127	191	289	435	$U_0 = \dfrac{1}{\sqrt{3}}U_L$
	最高工作相电压 U_{om}	146	210	304	455	$U_{om} = \dfrac{1}{\sqrt{3}}U_m$
	一相接地,另一相可能出现过电压 $U_{om}{}'$	202	290	420	630	非有效接地系统 $U_{om}{}' = 100\%U_m$ 有效接地系统 $U_{om}{}' = 80\%U_m$
大气过电压	避雷器最高工作电压 U_a	202	290	420	630	$U_a = U_{om}{}'$
	磁吹避雷器保护水平 U_{p1}	545	782			$U_{p1} = 1.9\sqrt{2}U_a$
	阀型 FZ 避雷器保护水平 U_{p2}	686				$U_{p2} = 2.4\sqrt{2}U_a$
	老式阀型避雷器保护水平 U_{p3}					$U_{p3} = 2.8\sqrt{2}U_a$
操作过电压	无并联电阻断路器,最大操作过电压幅值 $U_{p1}{}'$					$U_{p1}{}' = (3 \sim 4)\sqrt{2}U_{om}$
	有并联电阻断路器,最大操作过电压幅值 $U_{p2}{}'$	540	745			$U_{p2}{}' = 2.6\sqrt{2}U_{om}$

① 中心点非有效接地。

6.1.3　绝缘等级

电缆及附件标称电压表示方法为 U_0/U,其中 U_0 为设计用每相导体与外屏蔽之间的额定设计电压(有效值),U 为系统标称电压,为系统线电压有效值。同一系统电压下有着不同绝缘等级的电缆,其选择由接地方式及单相接地允许时间所决定。

按照绝缘等级分类 IEC183 — 1965 中有关高压电缆选用的规定,选用电缆绝缘等级时分两大类:第一类短路故障可在 1 h 内切除(径向电场分布的电缆允许延长到 8 h);第二类为不包括第一类的所有系统。1984 年 IEC 明确分为三类:

A 类:接地故障应尽快切除,时间不大于 1 min;

B 类:故障应短时切除,时间不超过 1 h;

C 类:可承受不包括 A 类和 B 类在内的任何故障系统。

绝缘等级选用不同,电缆的绝缘水平也不相同,使得电缆造价相差较大。 例如,6/10 kV XLPE 绝缘电缆的绝缘厚度为 3.4 mm;8.7/10 kV XLPE 绝缘电缆的绝缘厚度为 4.5 mm;21/35 kV XLPE 绝缘电缆的绝缘厚度为 9.3 mm;26/35 kV XLPE 绝缘电缆的绝缘厚度为 10.5 mm;等等。

目前,我国电力电缆绝缘等级分类基本依照 IEC183 — 1987 的规定选取电缆的电压 U_0/U,见表 6-3。选择电缆应按电缆绝缘设计的 U_0 为依据,而不能只看系统电压 U,特别应指出,新的国家标准对电缆竣工交接试验电压也是以 U_0 为基础,在同一 U 下可能有 $2\sim3$ 个不同的 U_0,U_0 不同,绝缘厚度也不相同。为了考虑绝缘裕度对系统的安全,同时还要经济,我国标准规定中低压系统接地允许时间为 2 h,按上述 IEC 或美国标准的原则均应选择 173% 的绝缘水平,这就意味着 $U_0=U$,相当于提高一个电压等级,甚至高到 2 级,由此而引起电缆价格的上升。我国目前的绝缘水平的 C 类不按 173%,而是参照国际标准选取约 150%。例如,8.7/10

kV 即是国际上 8.7/15 kV 等级,水平升高了一个电压等级;而 35 kV 只选用 26/35 kV,约为 130% 绝缘水平;64/110 kV 的最高工作电压取为 126 kV。

表 6 - 3　IEC 规定的有关 U_0/U 和 U_m 数值

电缆及附件标称电压 U_0/U	最高工作电压 U_m/kV	电缆及附件标称电压 U_0/U	最高工作电压 U_m/kV
1.8/3,3/3	3.6	36/60	72.5
3.6/6,6/6	7.2	50/88	100
6/10,8.7/10	12	64/110	126
8.7/15	17.5	76/132	145
12/20	24	87/150	170
18/30	36	127/220	245
26/45	52	160/275	300

注:我国还有 21/35 kV,26/35 kV 等级。

6.2　电缆载流量的选择

XLPE 绝缘电力电缆的允许载流量是由导电线芯上的最高允许温度、电缆周围的环境温度和电缆周围的热传导等因素决定的。在计算电力电缆的载流量中,这些因素缺一不可。但其具体数值是不同的,导电线芯最高允许温度又是由绝缘物的耐热性及老化性决定的。绝缘物在温度升高时会逐渐老化,失去固有的绝缘水平和机械强度。因此绝缘物的工作温度必须限制在一定范围以内。

为了统一计算方法起见,对各项参数应规定明确的定义。

(1) 连续工作电流(Continuous Current):在一定条件下,电缆可以长期传送的恒定电流。

（2）周期负荷（Cyclic Loading）：使导电芯达到与连续工作电流同样温度的周期变换的电流。

（3）超载负荷（Emergocy Loading）：短期内超过正常电流并使导电芯温度达到比允许连续工作电流所导致的更高温度。

（4）短路电流（Short Circuit Current）：在短路时电缆流过的均方根值电流。

（5）开路屏蔽或开路护层：电缆的金属屏蔽或金属护层在电缆线路中仅一端接地。

（6）闭路屏蔽或闭路护层：电缆的金属屏蔽或金属护层在电缆线路中两端都接地。

（7）交叉换位屏蔽：在屏蔽层中感应电压与电缆长度成正比。若电缆中负荷电流很大，电缆很长，感应电压会达到有害的程度，故开路屏蔽只用于较短的电缆。对大长度电缆，可用交叉换位屏蔽方法（要有特制的绝缘接头盒）以降低感应电压，如图 6-1 所示。

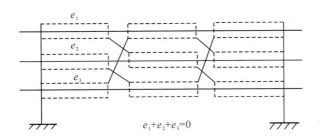

图 6-1　交叉换位屏蔽

6.2.1　电缆允许工作温度

根据电缆运行和使用经验，XLPE 绝缘电缆长期允许的最高工作温度，10 kV 及以下电压等级电缆为 90℃；20 kV 及以上为

80℃。短期允许最高温度(最长持续时间 5 s)为 250℃;短路时电缆导体允许温度铜导体为 250℃,铝导体为 200℃,一般电缆不超过这个规定值,电缆可在 15 ～ 20 年内安全运行。反之,工作温度过高,绝缘老化加速,电缆寿命会缩短。当然即使在允许值范围内,由于其他原因也会使电缆工作寿命减少。但往往影响电缆正常工作的温度不是由于电流过大引起温升超过规定值,而是由于电缆线路中其他薄弱因素导致温度超标。

载流量的大小完全取决于导体的最高许可温度,但这个温度不是最高限定值,国际、国内有关专家认为这一温度取决于很多因素。例如,从安全角度来看,油浸低绝缘电缆的最高导体允许温度不宜超过 85℃,这一温度的取定是以铅包膨胀,引起游离放电为依据。现在一般对此温度有所降低,取 65℃ 或 70℃。IEC60505:2002 规定,对于 XLPE 绝缘电缆选择的最高允许温度为 90℃,已很高,特别是短时过载温度为 130℃,更是偏高。日本、瑞典等国建议 IEC 降低 XLPE 绝缘电缆的短时过载温度为 110℃,而从XLPE 材料特性出发认为 105℃ 较为合适,因为 XLPE 材料在此温度下,电性、物性、化学性能均出现一个明显转折点(参见 6.3节)。

另外,导体的最高允许温度虽有基本规定,但它不能单独确定电缆的载流量,电缆在运行中会产生热量向周围媒质散发,而周围媒质热阻的大小对散热速度影响较大,散热快,电缆的负荷就可加大,反之,负荷必须降低。这可以说明为什么同一电缆敷设在一个地区,会因季节的变化而载流量发生变化。制造部门和运行部门为了计算不同温度下的载流量和选择电缆,一般都假定一个周围温度。例如,直埋在地下和敷设于水底的电缆土壤和水底的温度为15℃;隧管、隧道、电缆沟里以及空气中敷设电缆按 25℃ 计算。当实际温度高于或低于上述温度时,可通过温度校正系数来校正。

在电缆线路设计时,如在室外敷设场所空气温度应采用该地区一年中,最少重复三次以上的,一昼夜所得的最高平均温度,而直埋土壤的温度一般是指该地区最高各月的平均温度。

电缆线路与热力管络交叉或平行时,周围土壤温度会受到热力管散热的影响,只有当任何时间该地段的土壤温度都不会超过其他地方同样深度的温度 10℃ 以上时,电缆的载流量才可以认为不变,否则必须降低电缆负荷。对于同沟敷设的电缆,由于多条电缆的相互影响,电缆负荷应降低,否则对电缆寿命有影响。

当电缆线路在运行中发生事故时,流经的电流忽然增加很多倍,由于时间很短,热量来不及散出,致使导体温度很快升高,在这种情况下,如果电缆线上有中间接头存在,而且接触不太良好,必将在接头处引起温度超过规定值。由于电缆本体出现这种情况较少,因此对电缆中间连接盒中的导体连接管短路允许温度规定见表 6-4。

表 6-4　　各种连接方式允许短路温度

连接方式	允许短路温度 /℃
焊锡接头	120
冷压接头	150
电焊或气焊接头	电缆导体短路时允许温度

6.2.2　电缆及其周围媒质热阻

根据发热方程及图 6-2 所示等值热阻,可知电缆及其周围的媒质由绝缘热阻、内衬层热阻、外护层热阻及土壤和管路热阻等组成。以下根据理论计算各热阻。

θ_c　　　　　　　　　　　　　　　　　　　　θ_0

T_1　　　T_2　　　T_3　　　T_4

XLPE热阻　内衬层热阻　外护层热阻　周围媒质热阻

图 6-2　电缆及周围等值热阻

1. 绝缘热阻 T_1

$$T_1 = \frac{\rho_{T1}}{2\pi}G = \frac{\rho_{T1}}{2\pi}[\ln(1+2t_1/d_1)] = \frac{\rho_{T1}}{2\pi n}G_1F_1 \quad (6-1)$$

式中,ρ_{T1} 为绝缘热阻率(见表 6-5),$\text{m} \cdot ℃ \cdot \text{W}^{-1}$;$G$ 为几何因数;F_1 为屏蔽层影响因数,F_1 可从图 6-3 查得,一般金属带屏蔽降低率取 0.6;G,G_1 可根据图 6-4 查得。

表 6-5 各种材料的热阻率

材料名称	热阻率 $\text{m} \cdot ℃ \cdot \text{W}^{-1}$	材料名称	热阻率 $\text{m} \cdot ℃ \cdot \text{W}^{-1}$
绝缘材料 XLPE	3.50	敷设管道材料	
内衬及护层		纤维管	4.8
PE	3.50	石棉管	2.00
PVC	7.00	陶土管	1.20
金属材料		水泥	1.00
铜	0.27×10^{-2}	周围土壤	
铝	0.48×10^{-2}	潮湿土壤	0.60
铅	2.90×10^{-2}	普遍土壤	1.00
铁或钢	2.00×10^{-2}	干燥土壤	1.50

图 6-3 中

$$\alpha = \frac{\Delta_s' \rho_{T_1}}{\Delta_c' \rho_c'} \quad (6-2)$$

式中,Δ_s 为分相屏蔽厚度;Δ_c' 为线芯外径;ρ_{T_1} 为绝缘层热阻率;ρ_c' 为分相屏蔽层热阻率;Δ_1 为导体与护套间的绝缘厚度;D_c 为导体直径。

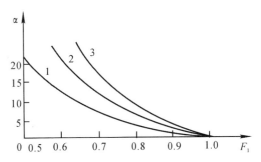

图 6 - 3　三芯分相屏蔽型电缆屏蔽层影响因数 F_1 与 α 关系曲线

1—$\Delta_1/D_C = 0.2$；2—$\Delta_1/D_C = 0.6$；3—$\Delta_1/D_C = 1.0$

2. 内衬（外护）层热阻 T_2

$$T_2 = \frac{\rho_{T_2}}{2\pi} \ln(d_4/d_3) \tag{6-3}$$

式中，ρ_{T_2} 为内衬（外护）层热阻率，m · ℃ · W^{-1}；d_4 为内衬（外护）层内径，mm；d_3 为内衬（外护）层内径，mm。

3. 电缆表面散热 T_3

对于暗沟—沟—条敷设：

$$T_3 = 10\rho_s/(\pi d_s) \tag{6-4}$$

对于暗沟—沟三条敷设：

$$T_3 = 30\rho_s/(2.16\pi d_s) \quad （每一条值）\tag{6-5}$$

式中，d_s 为电缆外径，mm；ρ_s 为材料热阻率，m · ℃ · W^{-1}，对于 PVC 和 PE 护套 $\rho_s = 9.00$ m · ℃ · W^{-1}。

对于架空敷设，没有日照影响时，T_3 同上。

对于架空敷设，有日照时，为

$$T_3 = M/[\pi d_5(K_C + K_r C_S) \times 10^{-2}] \tag{6-6}$$

式中，d_s 为电缆外径，mm；M 为电缆根数；C_S 为电缆表面和黑体辐射系数之比，$C_S = 0.9$；K_r 为辐射热导率，W · (m · K)$^{-1}$，$K_r =$

$0.000\ 567\ \times\ \{[(273+\theta_S)/100]^4 - [(273+\theta_S)/100]^4\}/(\theta_S -$

$\theta_0)$；K_C 为对流传导热导率，$W \cdot (m \cdot K)^{-1}$，$K_C = 0.005\ 72 \times$

$\sqrt{v/d_5 \times 10^{-2}}/[273 + \theta_0 + (\theta_S - \theta_0)/2]$，其中 v 为风速，$v =$

$0.5\ m/s$；θ_0 为电缆周围空气温度，℃；θ_S 为电缆表面温度，℃。

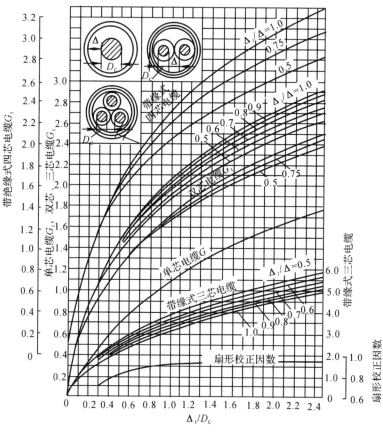

图 6-4   各种形式电缆几何因数

4. 土壤和管路热阻 T_4

$$T_4 = \frac{n_c g \eta_2}{2\pi}\left(\ln\frac{4L_0}{d_s} + \sum_{n=1}^{N_c-1}\ln\sqrt{\frac{4L_0 L_m}{X_m^2}} + 1\right) \quad (6-7)$$

式中，n_c 为管路敷设时一孔中电缆根数；g 为土壤上或管路平均热阻率，$m \cdot \text{℃} \cdot W^{-1}$；$\eta_2$ 为管路直埋时土壤热阻的降低率，见表 6-6；L_0 为基准电缆的地表面到电缆中心深度，mm；d_s 为电缆外径，管路时指管道内径，mm；L_m 为从 M 号电缆到地面深度，mm；X_m 为基准电缆和 M 号电缆的中心距，mm；N_c 为直埋电缆条数或管路中插入电缆数。

电缆线路周围热阻应为这几个热阻之和，即 $\sum T_m$。

表 6-6　管路敷设时的 η_2

孔　数	1	2	3	4	5	6	7	8	9	10
1孔1条	1.0	0.9	0.85	0.80	0.80	0.80	0.75	0.75	0.75	0.75
1孔3条	0.9	0.85	0.680	0.75	0.70					

注：直埋时，$\eta_2 = 1.0$（单条敷设），$\eta_2 = 0.9$（2 条敷设）。

6.2.3　电缆额定载流量计算

1. 电缆敷设时环境温度的选择

为了在电缆载流量的计算时有一个基准，对于不同敷设方式规定有不同基准环境温度：如管道敷设时，25℃；直埋敷设时，25℃；空气或暗沟敷设时，40℃；室内敷设时，30℃。

2. 电缆额定载流量

$$I = \sqrt{\frac{(\theta_C - \theta_O) - nW_i \cdot \frac{1}{2}(T_1 + T_2 + T_3 + T_4)}{nR(T_1 + (1+\lambda_1)T_2 + (1+\lambda_1+\lambda_2)(T_3+T_4))}}$$

$$(6-8)$$

式中，R 为导线电阻，Ω；θ_C 为长期允许工作温度，℃；θ_O 为环境温度，℃。

$$W_i = \frac{2\pi fnCU^2}{3\tan\delta} \times 10^5 \quad (\text{W/cm}) \qquad (6-9)$$

式中,对于三芯电缆,$n=3$;C 为单位长度电容,单位为 $\mu F/km$;λ_1 和 λ_2 分别为护套损耗及铠装损耗与线芯损耗之比。表 6-7 所示为环境温度变化时载流量校正系数。

表 6-7　　载流量校正系数

$\frac{\theta_C}{℃}$	$\frac{\theta_O}{℃}$	实际使用温度 /℃											
		5	10	15	20	25	30	35	40	45	50	0	−5
80	25	1.17	1.13	1.04	1.05	1.00	0.96	0.91	0.85	0.80	0.74	1.21	1.25
	46			1.27	1.23	1.18	1.12	1.07	1.00	0.94	0.87	1.41	1.46
90	25				1.04	1.10	0.96	0.92	0.88	0.83	0.78	1.18	1.21
	40				1.18	1.14	1.09	1.05	1.00	0.95	0.90	1.34	1.38

　　电缆在电缆沟、管道中和架空敷设时,由于周围热阻不同,散热条件不同,可对载流量进行校正。而对直埋电缆,因土壤条件不同,如泥土、沙地、水池附近、建筑物附近等,也要通过当时条件进行载流量校正。表 6-8 和表 6-9 分别为敷设在空气中和土地中的载流量。

表 6-8　　10 ～ 35 kV XLPE 绝缘电缆空气敷设载流量

导线截面 /mm²	空气敷设长期允许载流量 /A			
	10 kV 三芯电缆		35 kV 单芯电缆	
	铜芯	铝芯	铜芯	铝芯
16	121	94		
25	158	123		
35	190	147		
50	231	130	260	206
70	280	218	317	247
95	335	261	377	296
120	388	303	433	339
150	445	347	492	386
185	504	394	557	437
240	587	461	650	512
300	671	527	740	586

注:导线工作温度 80℃,环境温度 25℃,同于 YJV 和 YJLV。

　　由同一电压等级载流量表 6-8 和表 6-9 中看出,当敷设方式一样时,铜芯和铝芯的载流量差别为一个等级,即 185 mm² 铜芯电缆载流量和 240 mm² 铝芯电缆载流量相同,因此当铜芯与铝芯电缆连接时应注意考虑截面配合,实际上这种配合也是不严格的,最好使用同一种电缆。

　　上述电缆载流量表误差较大,实验室试验发现表 6-8 和表 6-9 电缆载流量误差较大,一般比实际大 30 A 左右。也就是说,如果按照表中载流量通电,则电缆的线芯温度就会超过 XLPE 绝缘电缆导体最大允许长期工作温度(90℃),所以在电缆线路设计时必须综合考虑这一点。

表 6-9　10～35 kV XLPE 绝缘电缆直埋敷设载流量

导线截面 /mm²	直埋敷设长期允许载流量 /A			
	10 kV 三芯电缆		35 kV 单芯电缆	
	铜芯	铝芯	铜芯	铝芯
16	118	92		
25	151	117		
35	180	140		
50	217	169	213	166
70	260	202	256	202
95	307	240	301	240
120	348	272	342	269
150	394	308	385	303
185	441	344	429	339
240	504	396	495	390
300	567	481	550	439

注:导线工作温度为 80℃,环境温度为 25℃,同于 YJV 和 YJLV。

3. 实际电缆额定载流量

上面计算电缆载流量的方法是电缆工作在一个持续不变的负载状态下理论上的方法,而实际运行的电缆中没有一个这样的情况,负载随时间而变化,电缆处在一个变化的不稳定热流场中。

对于敷设在土地中或土地水泥管道中的电缆,由于周围媒质热容很大,电缆达到稳态温度需要较长时间。若取最大平均负载计算温升,结果必然高于要求,不符合实际情况。

根据大量统计数据,一般的传输,配电电力电缆负载的损失因数与负载因数有经验关系式:

$$LF = 0.3(lf) + 0.7(lf)^2 \qquad (6-10)$$

式中,lf 为电缆负载的负载因数;LF 为电缆负载的损失因数,它等于电缆负载的平均电流与最大每小时平均电流的比值(见图 6-5)。

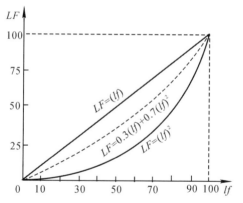

图 6-5　电缆负载的损失因数与负载因数的关系
(图中虚线为实测曲线)

由于这个原因,各种热阻值也有相应变化。

对于直埋电缆,有

$$T_4 = \frac{\rho_{T_4}}{2\pi}\left[\ln(D_x/D_c) + (LF)\ln(4L/D_x F_e)\right] \quad (6-11)$$

D_x 可根据经验公式确定：

$$D_x = 1.26\sqrt{\alpha_e \tau} = 0.21 \text{ m}$$

式中，α_e 为土壤的扩散系数，$\alpha_e = 1/K_e\rho_e$，对于一般土地，有 $K_e = 2.25 \times 10^6 \text{ J/(m}^2 \cdot \text{℃)}^{-1}$，$\rho_e = 1.20T \text{ Ω} \cdot \text{m}$；$\tau$ 为负载循环周期，$\tau = 24 \times 3\ 600 \text{ s}$。

如有其他热源影响时，在计算电缆载流量的公式中应减去热源增加的温升。

当电缆表面受日光辐射时，有

$$\Delta\theta = 0.176(\pi D_e)T_4 \quad (6-12)$$

与蒸汽管道有共同地沟的电缆，则

$$\Delta\theta = \left[(\theta_y - \theta_O)/T_{ya}\right]T_{int} \quad (6-13)$$

式中，θ_y 为蒸汽温度，℃；θ_O 为周围媒质温度，℃；T_{ya} 为蒸汽管道的周围媒质热阻，℃·W^{-1}；T_{int} 为干扰热源等效热阻，℃·W^{-1}。

4. XLPE 绝缘电力电缆载流量校正系数

电缆的结构尺寸，各部分材料的性能及敷设条件等因素均会影响电缆的载流量。电缆在运行中的热量来源一般有以下几种：①电流通过导电线芯产生的热量；②介质损耗产生的热量；③由于电磁感应所引起的涡流损耗产生的热量。产生的这些热量大多以热传导的方式使热流径向经过绝缘层和护层散出。显然，热阻大，散热困难，必然会影响传输功率。当电缆的结构和材料一定时，减少本身的热阻较困难，有效的方法就是减少周围媒质的热阻，所以靠近电缆外层的介质需要用热稳定性好、热导率较高的材料。

电力电缆由于敷设状态等因素不同，因而实际的载流量也有所不同，但状态千差万别，必须以某些特殊条件为基准点，而代表这些基准点的参数为：XLPE 绝缘电缆导电线芯最高允许工作温度为 90℃，短路温度为 250℃，敷设环境温度为 40℃（空气中），25℃

(土壤中);直埋 100 cm 时土壤热阻率为 100 cm·℃·W^{-1},XLPE 材料热阻率为 400 cm·℃·W^{-1},护套热阻率为 700 cm·℃·W^{-1}。

电缆敷设在水中时,其周围媒质热阻可以按 30 Ω·cm 计算,同样电缆在水中载流量比直埋时提高 15%～25%。

对于直接埋地电缆,埋地深度、地温及土地热阻都会影响电缆的载流量,如若干电缆埋设在同一地沟里,电缆间的热影响也必须考虑。负荷的形式,电缆的表面温度及土地的特性等因素也会影响载流量。表 6-10 是由不同地温而得出的载流量系数表,直埋深度 0.5～1.5 m。不同土壤热阻对电缆载流量的影响不同,表 6-11 是计算载流量的校正系数表。

表 6-10　不同地温的载流量系数

导电线芯温度 ℃	地温/℃							
	—5	0	5	10	15	20	25	30
90	1.13	1.10	1.06	1.03	1.0	0.96	0.93	0.89
80	1.14	1.11	1.07	1.04	1.0	0.96	0.92	0.88
70	1.17	1.13	1.09	1.04	1.0	0.95	0.90	0.85
65	1.18	1.14	1.10	1.05	1.0	0.95	0.89	0.84

表 6-11　不同土壤热阻对电缆载流量的校正系数

$\dfrac{土壤热阻}{m·℃·W^{-1}}$		0.7	1.0	1.2	1.5	2.0	2.5	3.0
1 kV	≤25 mm²	1.11	1	0.94	0.87	0.78	0.72	0.67
	35～95 mm²	1.13	1	0.95	0.86	0.76	0.70	0.64
	120～500 mm²	1.14	1	0.92	0.85	0.75	0.69	0.63

续 表

土壤热阻 $\dfrac{}{m \cdot \text{℃} \cdot W^{-1}}$		0.7	1.0	1.2	1.5	2.0	2.5	3.0
2 kV	≤25 mm²	1.09	1	0.95	0.85	0.80	0.74	0.69
	35～95 mm²	1.11	1	0.94	0.87	0.78	0.72	0.66
	120～500 mm²	1.12	1	0.93	0.86	0.77	0.70	0.65
24 kV	≤25 mm²	1.08	1	0.96	0.90	0.81	0.75	0.70
	35～95 mm²	1.10	1	0.95	0.89	0.79	0.73	0.67
	120～500 mm²	1.11	1	0.94	0.88	0.78	0.72	0.66
36～ 72 kV	≤95 mm²	1.08	1	0.95	0.90	0.82	0.76	0.71
	120～500 mm²	1.09	1	0.95	0.89	0.80	0.74	0.69

（1）地沟土的干燥对载流量的影响。在电缆正常运行时，由于电缆发热，紧靠电缆的土层会变得干燥而热阻升高，当温度不断升高，会失去热稳定性，从而导致极高温度而损伤电缆。在最普通的负荷下，如白天有 1 或 2 个高峰负荷，晚间是轻负荷，可不考虑土壤热阻问题。当加长时间的连续负荷时就会有干燥的危险，电缆的表面温度越高，危险性就越大。失却热稳定性的温度视土壤的特性而定，有时电缆温度仅 40℃ 时，土壤干燥就开始了。因此建议承受连续负荷的电缆其表面温度不要超过 50℃。

电缆敷设时，若采用不同颗粒的沙子或沙子混以水泥的混合物作垫层来防止土壤干燥，虽然可以适当缓解土壤干燥，有一定的热稳定性，但混合物的热导率仅为 0.75 W/(m·K)，不利于将电缆正常运行时产生的热量散出，且绝缘与混合物的热膨胀系数相差很大会造成绝缘的蠕动和开裂，电缆的载流量会有所下降。更为主要的缺点在于用混凝土浇注后，电缆与混凝土形成一个脆而易裂的整体，由于混凝土属于刚性材料，抗沉陷能力差，地基下沉时会出现多处断裂所导致的断缆及裂缝出现，导致水泥进入腐蚀电缆,严重地危害电缆的绝缘介质。维修时必须击碎坚硬的混凝土,难以更换电缆,给抢险维修带来极大不便,供电质量必将大大降低,故不推广此方法的使用。

(2)电缆表面温度对载流量的影响。直埋电缆的表面温度是由电缆的导电线芯温度、电缆的热阻和土壤热阻决定的。在额定负荷时,纸和PVC绝缘电缆的表面温度一般不会超过50℃。导电芯温度较高(或较低),热阻较大的XLPE绝缘电缆的表面温度在连续负荷下会超过50℃。此时,XLPE绝缘电缆要加大导电芯截面或用热导率高的材料来保证热稳定性。

(3)不同埋设深度对电缆载流量的影响见表6-12。

在同一地沟内,平行埋设的三芯电缆或三个单芯电缆组所导致的载流量校正系数见表6-13。

表6-12　各种埋设深度下的载流量校正系数

深　度	工 作 电 压	
m	1 kV	12～27 kV
0.5～0.70	1.0	1.0
0.71～0.90	0.97	0.99
0.91～1.10	0.95	0.98
1.11～1.30	0.95	0.96
1.31～1.50	0.92	0.95

表6-13　平行埋设三芯或三个单芯电缆载流量校正系数

电缆间隔	组　数				
	2	3	4	5	6
a.相互接触	0.79	0.69	0.63	0.58	0.55
b. 70 mm	0.85	0.75	0.68	0.64	0.60
c. 250 mm	0.87	0.97	0.75	0.72	0.69

　　(4)电缆敷设在管道内对载流量的影响。电缆敷设在管道内时,周围有一部分空气,空气的热导率大约是 1 W/(m·K),排管敷设就是利用空气的热传导特性,且施工简单,投资少,检修更换较为方便等。因此,在目前的工程施工中较为普遍采用,传统套管敷设的电力电缆多数采用镀锌钢管和碳素螺旋管或 PVC 塑料管。镀锌钢管热传导优于其他管材,具有较高的机械强度和较强的抗压能力,但也有不耐腐蚀、易生锈的弱点,管内表面毛刺因素穿缆时易刮伤电缆,同时它又是磁性材料,易产生涡流,有一部分涡流损耗。若电缆敷设于埋在地下的 PVC 或碳素螺旋管管道内,由于它的热导率为0.23 W/(m·K),热导率较小,不利于电缆热量的散失,将使电缆的载流量有所下降。它的管强度不够高,施工时易损坏,不防火,若采用管材作电缆防护管时,必须用水泥砼包封。纯塑钢管虽克服了镀锌钢管的弱点,由于价格昂贵,提高了工程造价。如能降低该管材的价格,纯塑钢管将是较为理想的管材。维伦水泥管又称海泡石管,它有一定的环向刚度,性能优于 PVC 管及碳素螺旋管,价格适中,但它的缺点主要在于耐弯曲性差、管身短、接头多、不抗下沉、施工时需做水泥砼基层处理,且存在施工劳动强度大、工期长,重载压力下会导致管体破碎而卡死电缆,无法更换。玻璃纤维夹砂管是现代科技发展中的一种新型材料,它采用增强玻璃纤维浸渍高分子聚酯不饱和树脂缠绕夹砂制造而成,该管材加入了一定的石英砂,不仅提高了它的机械强度,更主要的是增大了导热性,一般的玻璃钢管的热导率为 0.43 W/(m·K),而加入一定比例的石英砂后可以提高到1.2 W/(m·K),减小了导管的热阻,从而提高了电缆的载流量。它的刚度高,强度高,就同壁厚的导管而言,玻璃纤维夹砂电缆导管的各项性能指标是普通钢管的1.5～2倍,且它又具有质量轻、耐腐蚀、内壁光滑摩擦因数小、易穿电缆、易施工等优点,它还有一定柔性,抗弯曲性好的特点,对一般性的地基下沉不会导致管材的折断,且管身长、接头少、易施工,并具有较好的耐寒性和耐热性,产品可在-30~130℃环境中长期使用,属绝缘材料,非磁性,无涡流产生。铺设时玻璃纤维可在行车道下直埋,无须浇注混凝土保护层,对于一般土壤地段,要在沟底敷设 100 mm 黄沙和土压实即可,大大利用了回填土,减少了工作量,提高了工作效率。它属于柔性管,有一定的弯曲量。基础垫层下沉时可随之下沉,而不会像维伦水泥管那样出现折断破损,从而避免了卡死电缆等情况的产生。表6-14所示为玻璃纤维夹砂管的载流量校正系数。

玻璃纤维夹砂电缆导管的连接方式采用承插式,承接端内置橡胶密封圈,地温改变产生应力时,它会随应力的变化而变化,不会像混凝土浇注的管体那样,因应力改变而折断,从而有效克服了泥流进入。埋设时玻璃纤维可以分段进行,无需作水泥基础,不用包封,沙或土回填,平整路面,有效地解决了直埋敷设和电缆沟敷设的长时间破坏路面带来的不便。

表 6-14　玻璃纤维夹砂管道组合载流量校正系数

管道间距离	管道数量					
	1	2	3	4	5	6
a.接触	0.98	0.94	0.88	0.80	0.75	0.66
b. 7 cm		0.96	0.91	0.84	0.77	0.69
c. 25 cm		0.97	0.93	0.86	0.78	0.72

表 6-15 是几种管材的性能指标和经济性比较。

表 6-15　几种管材的性能指标和经济性比较

项目	夹砂钢管	维伦水泥管(海泡石)	涂塑钢管	PVC 管	碳素螺旋管	镀锌钢管
壁厚 mm	5	11	5	8	8	5
重量 kg	1.0	11	7	4~7	4~6	6

续 表

项目	夹砂钢管	维伦水泥管（海泡石）	涂塑钢管	PVC 管	碳素螺旋管	镀锌钢管
设计抗压	≥2.5 MPa	≤1.2 MPa	≤2.0 MPa	≤1.2 MPa	≤1.2 MPa	≤2.0 MPa
单管长度 m	6	3	5～6	4	10	6
接头密封	承插方式可试压	胶粘接	粘接	粘接	焊接	焊接
内壁	光滑、无毛刺	不光滑，易伤电缆	不光滑，有毛刺	光滑、无毛刺	光滑、无毛刺	不光滑，有毛刺
寿命	耐疲劳次数150万次，寿命50年	一般10～20年质量差不到10年	20～30 年	10 年	10～15 年	5～10 年
抗地沉陷	柔性管抗沉陷能力好	刚性管抗沉陷能力低，必须做水泥垫层	好	刚性管抗沉陷能力低，须做水泥包封	必须做水泥包封	好
抗拉强度	300 MPa	30 MPa	200 MPa	30 MPa	50 MPa	200 MPa
管材费用	较高	高	高	低	高	高
施工费用	低	高	低	高	高	低
综合造价	低	高	高	高	高	高

　　玻璃纤维夹砂电缆导管具有它独特的优点,现已在较发达地区的电力系统中得到了使用和推广,它将会广泛地应用于我国的电力电缆、通信电缆以及光缆的防护工作中,为电缆的入地提供了必要的保障,既提高了载流量,又保证了供电质量。

　　综上所述,不同的管材、不同的施工工艺、不同的热阻系数均会影响电缆载流量,选择电缆保护管的导热系数,将会决定电缆使用的寿命。对于管群的填充应采用沙、土工艺,有助于电缆载流量的提高,采用整体水泥砼包封工艺,将严重危及电缆载流量的提高。

　　XLPE 绝缘电力电缆载流量校正系数可参考表 6-16～表6-19的规定进行校正。

表 6-16　环境温度校正系数

空气温度/℃	25	30	35	40	45
校正系数	1.14	1.09	1.05	1.0	0.95
土壤温度/℃	20	25	30	35	
校正系数	1.04	1.0	0.98	0.92	

表 6-17　并列电缆架上敷设校正系数

敷设根数	敷设方式	S=d	S=2d	S=3d
1	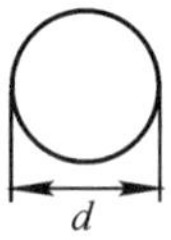	1.00	1.00	1.00
2	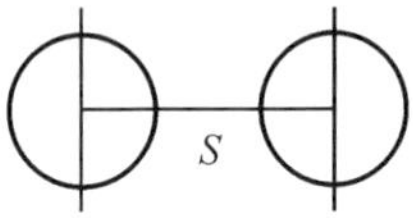	0.85	0.95	1.00
3	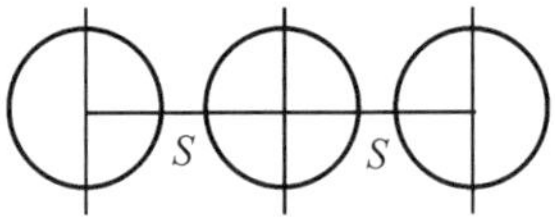	0.80	0.95	1.00
4	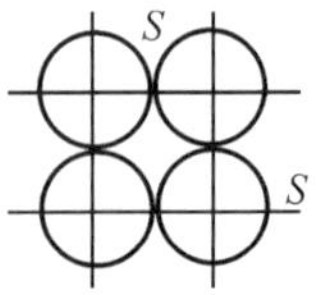	0.70	0.95	0.95

续　表

敷设根数	敷设方式	S＝d	S＝2d	S＝3d
5		0.70	0.90	0.95
6		0.60	0.90	0.95

表 6-18　土壤热阻率的校正系数

土壤热阻率 cm・℃・W^{-1}	60	80	100	120	140	160	200
校正系数	1.17	1.08	1.00	0.94	0.89	0.84	0.77

表 6-19　各种土壤热阻的校正系数

土壤类别	校正系数	土壤热阻 Ω・cm
湿度在 4％以下沙地,多石的土壤	0.75	300
湿度在 4％～7％沙地,湿度在 8％～12％多沙的黏土	0.87	200
标准土壤,湿度在 7％～9％沙地,湿度在 12％～14％多沙黏土	1.0	120
湿度在 9％以上沙地,湿度在 14％以上黏土	1.05	80

6.2.4 影响载流量的因素

电缆线路在设计时除应考虑电缆结构、敷设条件等因素对载流量的影响外,也应注意电缆本身特性对电缆载流量的影响。

1. 电缆本身选材对电缆载流量的影响

从理论计算(从略)可以看出,电缆的传输容量与线芯半径的 $\frac{3}{2}$ 次方成正比,与线芯材料电阻系数的 $\frac{1}{2}$ 次方成反比。也就是说,增大电缆线芯截面积,线芯采用高电导系数材料可以提高电缆传输容量。由此可知,在选用电缆时,一定要了解厂家制造电缆所选用的线芯铜材质量。提高电缆绝缘工作温度和最大工作场强,减小绝缘层厚度,降低绝缘层的热阻,可以提高电缆的传输容量。

2. 电缆电容电流对电缆载流量的影响

电缆属电容性负载,当电缆长度超过一个限值时,电缆的电容电流会达到额定值。根据理论计算:

$$I_s/I_R = I_R/I_T\cos\varphi + \mathrm{j}(I_c/I_T - I_R/I_T\sin\varphi) \qquad (6-14)$$

式中,I_s 为输入端电流;I_R 为负载端电流;I_T 为电缆额定电流;I_c 为总电容电流,$I_e = i_c L_a$。

由上述可知,要使 I_s 不大于 I_T,I_R 必然小于 I_T。当功率因素为某一定值时,I_c 愈大,I_R 愈小,即电缆最大可传输功率随电缆长度增加而减小。图6-6所示为几种电压等级电缆传输功率与长度的关系。

图6-7所示为 I_s 和 I_R 的向量关系。I_s 不一定大于 I_R,由于负载的滞后作用补偿部分电容电流,I_R 就可能比 I_s 大,当然不得大于 I_T,无论 I_R 和 I_s 都不得超过半径为 I_T 的圆。但当负载功率因数为滞后时的情况有所不同,电缆本身的电容电流和负载电流的滞后无功分量可以相补偿,但电缆长度不能超过2倍电缆临界长度。

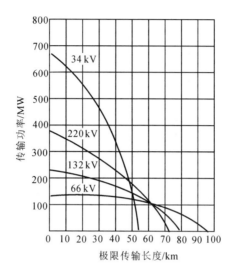

图 6-6　不同工作电压电缆的临界长度与传输功率的关系

（$\cos\varphi=1$；线芯截面积 $=500$ mm^2）

图 6-7　I_s 与 I_R 的向量关系

（滞后功率因数）

应当指出,在电缆滞后负载的补偿下,电缆中的实际电容电流仍低于或等于最大允许值,这时可在其线路上再并联电抗器以补偿电缆的电容电流,但这种方法补偿的电缆线路很可能由于负载变化而引起超载过热。图6-8所示为电缆最大传输功率与电缆长度的关系。

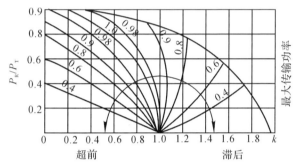

图6-8　电缆最大传输功率与电缆长度的关系

3.谐波对电缆载流量的影响

负荷电流若含有高次谐波,其集肤效应和邻近效应影响交流电阻,使其增大,当电压较高时,谐波还使介损增加,均导致附加发热,从而使电缆载流量能力降低。

当按高次谐波计算交流电阻时,在IEC287列出的集肤效应系数 Y_s 和邻近效应系数 Y_p 算式不适于3次以上谐波;日本JCS第168号E标准虽载有完整表达式,但贝塞尔函数及其展开式的计算极繁;美国有论述列出近似求算用的表列函数值,显示可简化计算,然因其基波按60 Hz,且该文表述漏显量纲,也难以引用。另见法国论述载有按 Y_s 的参变量 X_s 数值范围作如下考虑:

当 $X_s \leqslant 2.8$ 时,沿用IEC287算式,其他 X_s 值则用Golden bery推荐表达式。

当 $2.8 < X_s \leqslant 3.8$ 时,有

$$Y_s = -0.136 - 0.017\,7X_s + 0.056\,3X_s^2 \qquad (6-15)$$

当 $X_s > 3.8$ 时,有

$$Y_s = -0.783\,3 + 0.354X_s \qquad (6-16)$$

解决了交流电阻实用算法,就易于求算含高次谐波的电缆载流量 I_{RH}。如中低压电缆可忽略包含高次谐波影响介损的 θ_d 值,对于单芯电缆有

$$\left.\begin{aligned} I_{RH} &= K_h I_R \\ K_h &= \sqrt{R_1 / \sum \alpha_n^2 R_n} \end{aligned}\right\} \qquad (6-17)$$

式中,α_n 为第 n 次波电流含量与基波电流之比值;R_n 为第 n 次波电流作用下的交流电阻;R_1 为基波电流作用下的交流电阻。

当低压电缆三芯加有中性线,且存在零序谐波电流时,可参照上式变换纳入。

最近,曾对某电气化铁道变电站 220 kV 单芯 XLPE 绝缘电缆供电工程进行分析计算,按其高次谐波影响,包括交流电阻与介损均计入时,算得 K_h 为 0.95。这大致表示了高次谐波对载流量影响程度,似不宜忽视。

4. 水分迁移影响电缆载流量

电缆在持续电流作用下稳态运行时 ρ(热阻系数)值,与缆芯温度或载流量密切关联,当择取 ρ 比客观存在值小时,使计算的载流量偏大或选定缆芯截面较小,实际上将由于 ρ 较大而导致缆芯温度偏高,其效果欠安全;反之,当择取 ρ 比实际值大时,导致选定缆芯截面偏大,这样就不经济。

土壤含水分程度越少,其 ρ 值就越高。英国根据长期实践观测发现当电缆外皮温度持续超过 50℃(对应于缆芯工作温度大于 70℃)并在一定条件下,沿电缆旁一等温线范围的土壤会出现水分迁移,随着 ρ 增大又导致电缆温度升高,从而继续加剧水分迁移,

如是恶性循环以致电缆过热。水分迁移造成土壤干燥后的 ρ 值可达 $2.5\sim3$ K·m/W 及以上,疏松的沙土则达 3.5 K·m/W 及以下。

新西兰的奥克兰市地区商业中心的 110 kV 电缆线路曾因接头过热发生事故停电 3 周,其起因是电缆直埋周围沙土的 ρ 值因干燥变至 $2\sim6$ K·m/W,已非初始预计的 1.2 K·m/W。

对 θ_M 连续保持高于 70℃ 时电缆直埋情况计算 I_{R1},显然需考虑水分迁移影响,即 ρ 的动态变化,IEC 虽表示出算式,但式中土壤临界温升等参数在工程设计阶段难以确定,该算式实际无法应用,在其他国家也有此看法。有的做法是确定 I_R 时直接限制 θ_M,如瑞典 $1\sim24$ kV 电缆载流量标准对 XLPE 绝缘电缆直埋时 I_R 给出 θ_M 为 65℃,90℃ 两项,美国 IEEEstd835《电缆系列载流量表》标准对 XLPE 绝缘电缆直埋时 I_R 给出 θ_M 为 50℃,65℃,80℃,90℃ 对应值,都意味着需要时可按 θ_M 小于 90℃ 的考虑温度来查找 I_R 值。GB50217 不正面涉及 θ_M,却提示 ρ 宜增大至可能值来计,其效果自然限制了缆芯工作温度达不到 70℃ 以上,因而本质上与瑞典、美国表达方式"异曲同工"。

但是,并非直埋 XLPE 绝缘电缆都需如此对待。GB50217 条文中以持续允许载流量(即 100% 最大工作电流)和存在水分迁移为前提;且冠以"宜"的要求,意味着不硬性规定。因为即或缆芯 θ_M 超过 70℃ 时也不是绝对都有水分迁移;而日负荷率小于 1 的城网等供电电缆,如果 θ_M 仅短暂高于 70℃,加以雨水不时补给,就不一定形成土壤干涸;何况当双回或环网供电,正常负荷约 50%,偶尔短时接近或达到满载的埋地电缆,更不易出现水分迁移。

直埋电缆日负荷率 L_f 小于 1 与 100% 负荷率时在同一土壤条件下 ρ 值的差别见表 6-20。

表 6 - 20　ρ 和 L_f 之间的关系

相应 $\rho/(K \cdot m \cdot W^{-1})$ 的埋土特征	1 年中 $L_1 =$ 100% 的电缆	L_f 小于 1	
		I_R 夏季最大	I_R 冬季最大
多砾石或道渣	1.5	1.3	
回填碾碎的石灰石	1.2		1.2
水分将耗尽的沙	2.5	2.0	1.5
配制的填土	1.8	1.6	1.2
黏土			$0.8 \sim 0.9$
除上述外的一般土壤	$1.2 \sim 1.5$	$1 \sim 1.2$	$0.8 \sim 1.0$

6.2.5　经济电流密度

前述计算的电缆载流量是根据电缆的发热情况而进行的载流量计算,这对于防止电缆过热是适合的,但在经济运行方面并不一定合算,如果单独按照长时间的最大容许负荷来选择电缆截面,电缆上的能量损失会很大。因此除了按长期最大容许负荷来选择电缆外,同时要根据与最大负荷利用小时数有关的经济电流密度来考虑电缆线路(见表 6 - 21)。一般只有在按经济电流密度计算的载流量超过缆芯最高允许工作温度时,才按照电缆的发热情况来确定最大的负载电流。

对于铝芯电缆,可首先计算出铜芯电缆截面后,增加一个挡位标称截面。例如,计算出铜芯电缆截面为 150 mm²,那么能够通过相同负载电流的铝芯电缆截面即为 185 mm²。

表 6 - 21　电缆的经济电流密度

每年最大负荷利用时间 /h	铜芯电缆经济电流密度 /(A · mm⁻²)
3 000 及以下	2.5
3 000 ～ 5 000	2.25
5 000	2.0

6.3   电缆短路容量和过载能力

6.3.1   短路电流的概念

短路电流的大小主要取决于三个因素,即所加的电压、电网及设备的阻抗、与相变有关的短路时间。起始短路电流值一般较高,因为在它的交流分量上叠加了一个逐渐衰减的直流分量。这样就得到一个合成冲击电流,它的幅度(Amplitude)在半个周波内降至 80%。冲击短路电流 I_s 的最大瞬时值往往是稳定短路电流 I_k 的 2～3 倍。低压电网采用 2 倍,一般高压电网常用 2.55 倍。电网的短路特性常用短路容量(Short-circuit Power)来表示,它是电网的开路电压(Open-circuit Voltage)和短路电流的乘积。离电网愈远,即距发电机组愈远的一端,短路容量将愈小。短路电流将流过一系列起阻尼作用的阻抗,这些阻抗是架空线路、变压器、电缆,有时还有装在电网内的限制电抗器(Limiting Seactors)等。例如,在 12 kV 电网内的一点,短路容量为 420 MV·A,这相当于短路电流 20 kA,因而电网的总阻抗等于 $\dfrac{12\,000 \text{ V}}{\sqrt{3}\,20\,000 \text{ A}} = 0.346 \text{ }\Omega$,相当于一根 1 000 m 长的 3×240 mm^2 铜芯电缆接在这个点上。电缆相阻抗是 0.11 Ω。若在电缆的另一端短路,短路电流将是 $\dfrac{12\,000}{\sqrt{3} \times 0.45} = 15\,410$ A,或以短路容量计是 320 MV·A。这样,增加这段电缆就降低了 100 MV·A 短路容量。如果将此接于 400 V 线电压的低压电网,它的阻尼作用将提高约 30 倍 $\left(\dfrac{400}{\sqrt{3} \times 0.45} = 513 \text{ A}\right)$。由此可以得出结论:实际上,很高的短路电流是难以"进入"低压电网的。而对 10～20 kV 及更高电压而言,电源端将会遇到很大"范围"的短路电流。

电缆的允许短路电流需从绝缘的耐热性、电缆结构及其安装的机械强度等方面综合考虑。

6.3.2 电缆短路的热过程

在电缆短路过程中,导电体材料的温度迅速上升。由于过程非常快,所发热能几乎都储藏在导体之中,在两三周波以后,可以假定短路电流是常数,而且由于导体电阻率上升,温度上升的指数大于1。在260℃时,温度-时间曲线的梯度是正常温度下的2倍。这意味着在短短的十分之几秒的热能释放时间内(Slease Time——即释放热能的时间),电缆绝缘所受热应力(Thermal Stress)不断地增加。可以设想,导体如此迅速达到的温度,在热能释放瞬时结束后还将在 2 ~ 3 s 甚至更长时间内对绝缘起作用。特别是在大直径导体周围的绝缘材料承受此种作用更甚。在导体及绝缘物的接触面上有着热能的交换,叫作热穿透效应(Penetration Effect)。小直径导线及屏蔽或护层的导线有较好的分散性,对绝缘相对有较大的接触面,故有较好的热穿透效应。表 6-22 所列若干例子可作为电缆设计的参考。

表 6-22 对电缆金属屏蔽层的热短路试验

电缆种类	屏蔽结构(Φ) mm	屏蔽截面 mm²	电流密度 A·mm⁻²	时间 s	温升 理论 K	温升 实际 K	绝缘状况
EKFR 48×1.5	Cu0.8	10	260	1	680	~320	无损伤
EKKJ 2×3	Cu0.7	4	320	1	>1000	~350	无损伤
AKKJ 3×50	Cu0.8	16	294	1	>1000	~800	半导体及绝缘损伤
AKKJ 3×70	Cu0.87	25	247	1	~00	447	外护层轻微融熔迹象
AKKJ 3×70	Cu0.87	25	276	1	~800	535	半导体及绝缘烧坏
AXKJ 3×150	Cu0.83	25	283	1	~800	443	轻微损坏
AXAL 1×95	Al-PE0.3	25	160	1	~550	200	无损伤

　　电缆导体的温度变化还会引起电缆的轴向热膨胀,膨胀的数值往往不可忽视。特别是铝芯电缆,其轴向膨胀系数为铜芯电缆的1.5倍。在温度升高100℃时,其长度增长2.4 m/km,故在安装时要特别注意并采取有效措施,如留有伸缩欧姆圈等以消除影响。

　　在制订电缆允许短路电流额定值时应首先给定绝缘材料的短时耐温参数。电缆绝缘短时耐温见表6-23,护套材料的短路温度极限见表6-24,导体及其接头的最高温度见表6-25。

表6-23　　绝缘电缆短时耐温值

材　　料	短时耐温/℃
聚氯乙烯(PVC)	135(导体300 mm² 以上) 160(导体300 mm² 及以下)
聚乙烯(PE)	135
交联聚乙烯(XLPE)	250
黏性浸渍纸	250
硅橡胶	350

表6-24　　护套材料的短路温度极限

材　　料	短路温度极限/℃
聚氯乙烯(PVC)	200
聚乙烯(PE)	150
氯磺化聚乙烯(CSP)	220

6.3.3　XLPE绝缘电缆允许短路容量

　　计算电缆发生短路的温度和容许电流时,因为短路时间很短,可以认为线芯损耗产生的热量全部使线芯温度升高,而向绝缘散发热量可以忽略不计,同时认为线芯的热容系数、线芯交流电阻和直流电阻之值均与温度无关,于是有

$$I_{\mathrm{SC}} = \sqrt{\frac{k_{\mathrm{TC}}}{R_{20}\alpha t}\ln\frac{1+\alpha(\theta_{\mathrm{SC}}-20)}{1+\alpha(\theta_0-20)}} \qquad (6-18)$$

式中，I_{SC} 为短路电流；R_{20} 为单位长度电缆线芯在 20℃ 时的交流电阻值；θ_{SC} 为线芯短路时温度；k_{TC} 为单位长度电缆线芯的热容。

表 6 - 25　导体及其接头的最高温度

材　　料	条　　件	温度极限 /℃
铜及铝	导体	250/200
导　体	焊接接头（weld）	等同导体
	焊接接头（solder）	120**
	压力焊接（冷焊）	*
	机械压接	150
铅		170
合金铅		200
铁		*

* 与它们所接触的材料所限；** 电缆的工作温度往往为接头所限。

单位长度电缆线芯的热容是 $k_{\mathrm{TC}}=R_{\mathrm{C}}A\times1$，而单位长度上的线芯交流电阻 $R_{20}=\rho_{20}/A(1+Y_{\mathrm{P}}+Y_{\mathrm{S}})$ 代入式（6-18），得

$$I_{\mathrm{SC}} = \sqrt{\frac{A^2 k_{\mathrm{C}}}{\alpha(1+Y_{\mathrm{P}}+Y_{\mathrm{S}})\rho_{20}}\ln\frac{1+\alpha(\theta_{\mathrm{SC}}-20)}{1+\alpha(\theta_0-20)}} = v\frac{A}{\sqrt{t}}$$

$$(6-19)$$

显然

$$v = \sqrt{\frac{k_{\mathrm{C}}}{1+\alpha(1+Y_{\mathrm{P}}+Y_{\mathrm{S}})\rho_{20}}\ln\frac{1+\alpha(\theta_{\mathrm{SC}}-20)}{1+\alpha(\theta_0-20)}} \quad (6-20)$$

式中，A 为线芯截面积；k_{C} 为导线材料热容系数；α 为导体材料电阻温度系数；ρ_{20} 为导体材料电阻率；Y_{S}，Y_{P} 为集肤效应及邻近效应引入的系数；θ_{SC} 为短路容许最高工作温度；θ_0 为短路开始时间的温度。

式(6-1)经变换,可以在已知短路电流条件下求取短路时的最高温度,它表示为

$$\theta_{SC} = \theta_0 + \frac{1 + \alpha(\theta_0 - 20)}{\alpha}\left(\exp\frac{R_{20}I_{SC}^2\alpha t_{SC}}{k_{TC}} - 1\right) \quad (6-21)$$

在上述讨论中,认为线芯的发热全部转化为电缆线芯的温升,这样的考虑是偏保守的,实际上总有一部分热量散发出去。此外,假定短路电流不随时间变化,也是以最恶劣情况考虑的,实际上短路电流从开始短路值最大逐渐下降到某一值。考虑这种情况,短路允许容量还可以由下式得出:

$$I_{SC} = \sqrt{\frac{(\theta_{SC} - \theta_0)k_{TC}}{\beta t_{SC}R}} \quad (6-22)$$

式中,t_{SC} 可取电缆线路设备保护时间,当 $t_{SC} = 2$ s 时,β 为 $0.82 \sim 0.93$,当 $t_{SC} \approx 6$ s 时,β 值为 $0.74 \sim 0.84$;k_{TC} 等于线芯材料体积热容系数乘以线芯体积。导体的参数值见表 6-26。

表 6-26　各种导体的参数值

材料	$\dfrac{K^*}{\text{A} \cdot \text{s}^{\frac{1}{2}} \cdot \text{mm}^{-2}}$	$\dfrac{\beta}{℃}$	$\dfrac{Q_c}{\text{J} \cdot (℃ \cdot \text{mm}^3)^{-1}}$	$\dfrac{\rho_{20}}{\Omega \cdot \text{mm}}$
铜	226	234.5	3.45×10^{-8}	17.241×10^{-6}
铝	148	228	2.5×10^{-8}	28.264×10^{-6}
铅	42	230	1.45×10^{-8}	214×10^{-6}
铁	78	202	3.8×10^{-8}	138×10^{-6}

$*: K = \sqrt{\dfrac{Q_c(\beta + 20)}{\rho_{20}}}$,式中,$Q_c$ 为载流体在 20℃ 时体积比热。

如果用非传导热法(Non-adibatic Method)计算短路温升,导体中的短路电流将是

$$K = \left(\frac{I_a}{I}\right)^2 \quad (6-23)$$

式中，I_a 为允许导体电流；I 为非允许导体电流，则有

$$I = \frac{I_a}{\sqrt{K}} = \frac{SK}{\sqrt{K} \cdot \sqrt{t}} \sqrt{\ln \frac{\theta + \beta}{\theta_0 + \beta}} \qquad (6-24)$$

式中，t 为短路时间，s；K 为与载流材料有关的常数，A·$s^{1/2}/mm^2$；S 为载流导体及金属屏蔽的截面，mm^2；θ 为最终短路温度，℃；θ_0 为起始温度，℃；β 为载件在一定温度时的温度系数倒数。

K 是与导体材料有关的常数，见表 6 - 27。

表 6 - 27　　与导体有关的常数 K 值

导体材料	绝　　缘	"K"公式
铜	PVC 油纸	$K = \dfrac{1}{1 + 0.29\sqrt{t/s} + 0.06(t/s)}$
铜	XLPE EPR	$K = \dfrac{1}{1 + 0.42\sqrt{t/s} + 0.12(t/s)}$
铝	PVC 油纸	$K = \dfrac{1}{1 + 0.4\sqrt{t/s} + 0.08(t/s)}$
铝	XLPE EPR	$K = \dfrac{1}{1 + 0.57\sqrt{t/s} + 0.16(t/s)}$

导体最高允许工作温度不能仅凭导体本身所能承受的温度来决定，因为电缆接头大部分是用锡焊接、冷压接等方式连接的，温度过高时会导致脱焊、表面氧化等事故。因此应按照下列连接方式中导体最高允许工作温度来确定电缆工作温度。

（1）电缆线路中没有锡焊接头或冷压接头时：10 kV 及以下电缆短路温度：铜芯 250℃，铝芯 200℃；35 kV 及以上电缆短路温度：175℃。

（2）线路中有各种连接接头时：焊接接头 120℃，冷压接头 150℃。

根据理论公式及电缆线路连接方式，导体允许的工作温度，可

作出如图 6-9 和图 6-10 所示的铜(铝)导体 XLPE 绝缘电缆短路额定电流曲线,该曲线可以确定短路能量。

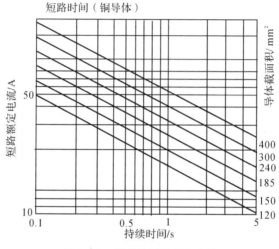

图 6-9　铜导体短路额定电流

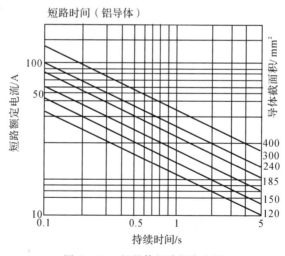

图 6-10　铝导体短路额定电流

6.3.4 电缆短路时产生的机械应力

两根平行载流导体之间产生斥力,斥力的大小可按下面公式计算:

$$F = \frac{0.2}{d} I_s^2 \qquad (6-25)$$

式中,I_s 为冲击短路电流,kA;d 为导体间的距离,m;F 为每米电缆间的斥力,N。

由于电流是平方函数,冲击电流 I_s 对机械应力起决定作用。在短路电流变得愈来愈大的情况下,对多芯电缆的短路机械应力也很大,对其产生的破坏性往往要采取特殊措施来加以预防。从公式中可以看出,一个 100 kA 的冲击电流在线芯距离 0.02 m 时,将产生爆炸作用力每米电缆 10 t(98 070 N)的斥力。目前 220 kV 电缆的短路容量均在 40 kA 左右,它产生在一米电缆的作用力是 4 t,如果电缆固定不够,可能使电缆受损。一般聚合物固态绝缘多芯电缆除一层 PVC 或 PE 外护套外,只有较细的铜线或铜带和塑料尼龙带等扎在一起,显然对每米 10 t 这样大的斥力是难以承受的。三芯电缆受到巨大斥力时,会使电缆芯绕着轴线扭转同时向外挤出。经试验,发现屏蔽铜丝和纵包在电缆上的扎带等都会断裂,扇形电缆芯将发生翻身,由于外半导体层受损也危及绝缘。从这些试验结果得出结论,电缆必须能承受 60 kA 的冲击电流,即约 24 kA 对称短路电流。钢带铠装的纸绝缘铅包电缆则可以承受 100 ~ 120 kA,而加强的 XLPE 绝缘电缆则可承受约 95 kA。应根据可能发生的 I_s 来选择不同结构的多芯电缆或考虑给以加强。对多芯电缆的附件及其安装方法须非常注意。对此,SEN241434 中有明确规定。

当前单芯电缆用途愈来愈广,由于芯间敷设距离较大,短路时斥力自应较小。但对安装也要非常小心,如在电缆架上的紧固方法和紧固当距等都要慎重,当前虽无具体规定,不久将有标准规范。

表6-28和表6-29两表中给出了考虑到热和力的作用计算出的最高允许短路电流。给出的是1 s短路时间和最高导电线芯温度250℃。如果短路时间不是1 s,可用下面公式核算:

$$I_k = I_1/(t_k^2) \qquad\qquad (6-26)$$

式中,I_k为允许短路电流,A;I_1为允许1 s短路电流,A;t_k为实际短路时间。

表6-28　XLPE绝缘铜导体电缆的最大允许短路电流(1 s)

单位:A

导体截面/mm²	起始温度/℃				
	35	50	65	80	90
10	1 810	1 730	1 640	1 570	1 510
16	2 870	2 740	2 600	2 490	2 390
25	4 450	4 240	4 030	3 850	2 690
35	6 200	5 910	5 620	5 370	5 150
50	8 810	8 400	7 980	7 620	7 310
70	12 300	11 700	11 100	10 600	10 200
95	16 600	15 800	15 000	14 400	13 800
120	20 900	19 900	19 000	18 100	17 400
150	26 100	24 900	23 700	22 600	21 700
185	32 100	30 600	29 100	27 800	26 700
240	41 600	39 700	37 700	36 000	34 600
300	51 900	49 500	47 100	44 900	43 100
400	69 100	65 900	62 600	59 800	57 400
500	86 400	82 300	78 300	74 700	71 700
630	107 000	102 000	96 900	92 500	88 800
800	137 000	130 000	124 000	11 800	114 000
1 000	171 000	163 000	155 000	14 800	142 000

表 6 - 29　XLPE 绝缘铝导体电缆的最大允许短路电流(1 s)

单位:A

导体截面 /mm²	起始温度 /℃				
	35	50	65	80	90
10	1 190	1 130	1 080	1 030	986
16	1 880	1 800	1 710	1 630	1 560
25	2 910	2 780	2 650	2 520	2 420
35	4 060	3 880	3 700	2 520	3 370
50	5 770	5 510	5 250	5 000	4 790
70	8 040	7 690	7 330	6 970	6 680
95	10 900	10 400	9 900	9 420	9 030
120	13 700	13 100	12 500	11 900	11 400
150	17 100	16 300	15 600	14 800	14 200
185	21 100	20 100	19 200	18 200	17 500
240	27 300	26 000	24 800	23 600	22 600
300	34 000	32 500	31 000	29 500	28 200
400	45 200	43 200	41 200	39 200	37 600
500	56 600	54 600	51 500	49 000	47 000
630	70 600	66 900	63 800	60 600	58 000
800	89 600	85 600	81 600	77 600	74 400
1 000	112 000	107 000	102 000	97 000	93 000

表 6 - 30 给出了三芯 $XLPE$ 电缆允许冲击电流,冲击电流一般大于短路电流 I_k 的 2 ~ 3 倍。

表 6 - 30 中数据是根据 SS42407 制定的,更高电流会使电缆遭受机械损伤。

表 6-30　　三芯 XLPE 绝缘电缆的允许冲击短路电流(I_s)

导体截面 m m^2	冲击电流(I_s) kA	导体截面 m m^2	冲击电流(I_s) kA
60	55	150	70
70	60	185	70
95	65	240	70
120	65	300	70

6.3.5　XLPE 绝缘电缆过负载计算

电缆在实际运行时,导体始终达到满负荷的情况是不常见的,一般一天内只在一定时间出现满负荷状态,其余时间电缆的负载均低于额定值。并且电缆各种材料都有热容,它必须经过一段时间才能达到热平衡过程。电缆自开始加上额定电流后,起初温度升得较快,以后就慢下来,导体温升与时间的关系,可以用公式表示为

$$\theta_t = \theta_F(1 - e^{-t/T}) \tag{6-27}$$

式中,θ_t 为 t 时间内的导体温升,℃;θ_F 为导体最高许可温升,℃;T 为时间常数,与电缆大小及敷设条件有关,即

$$T = S\sum VC \tag{6-28}$$

式中,S 为电缆及周围环境的单位长度热阻,Ω/cm;V 为电缆单位长度内各组成部分体积,cm^3/cm;C 为各组成材料体积导热系数,$W/(K \cdot cm)$,铜 3.42,铝 2.46,铅 1.45,填料 1.04,铜铠 1.44,XLPE 0.004,即

$$\sum VC = V_芯 C_芯 + \frac{1}{2}(V_{XLPE}C_{XLPE} + VC_铜 + VC_钢) \tag{6-29}$$

一般为便于管理,运行部门应假设一些条件,如过负荷前负荷

率为 $0\%,50\%,75\%$,以及过负荷的时间为 $\frac{1}{2}$ h,1 h,2 h 等,然后制成表格,以便查找。在没有温升曲线时,电缆的允许过负荷也可以用近似公式计算:

$$I' = I\sqrt{(1 - m^2 e^{-t/T})/(1 - e^{-t/T})} \qquad (6-30)$$

式中,I 为电缆最大允许载流量,A;m 为电缆过载前负荷(I_0)和最大允许载流量(I)的比值,即 $m = I_0/I$;T 为时间常数,与材料、敷设条件等有关。

6.3.6 XLPE 绝缘电缆过载能力

电缆正常工作时,载流线芯发热引起温升不允许超过电缆长期允许工作温度。运行经验表明,XLPE绝缘电缆线芯截面是由绝缘材料 XLPE 允许工作温度所决定的。因为相同截面电缆,根据电压调整率及经济电流密度所允许的载流量都比根据绝缘材料允许温升所确定的载流量要大。

对于油纸电缆,确定电缆截面是结合上述几个因素考虑的。这时材料工作温度已不再是决定因素,从电缆纸的物理和电性能上来看,在隔绝潮气的状态下,纸的绝缘水平几乎与温度没有很大关系,只有在很高温度下才会出现由于 $\tan\delta$ 的无限增大而引起的绝缘水平下降趋势。虽然 XLPE 材料有比油纸热阻率低的良好导热性,使得运行温度相对提高,但从 XLPE 各方面性能分析来看,XLPE 绝缘电缆额定载流量是依它的长期允许工作温度来考核的,基本上已使 XLPE 运行载流量达到最大极限。如果使 XLPE 绝缘电缆运行在超负荷状态,那么 XLPE 的运行温度将高于最大长期允许使用温度 90℃,向 XLPE 绝缘电缆短时最大使用温度 130℃ 靠拢。从对 XLPE 材料理论分析可知,目前国际上一些较发达的国家对 130℃ 提出疑问,认为 105℃ 较好,理论分析也证明了这一点。这样,高温运行的 XLPE 材料向转化点 105℃ 接近,这时的材料各项性能下降较快,从而老化的速度也较正常快很多倍。正是由于确定载流量的起点不同,使得油纸和 XLPE 绝缘电缆在过载能力方面有了很大区别。不能将传统油纸电缆上使用的电缆过载能力直接用于 XLPE 绝缘电缆,同时也不要认为 XLPE绝缘电缆允许运行温度高,过载能力就大。

现在以上述过载经验公式来讨论 XLPE 绝缘电缆过载能力。已知 XLPE、油浸纸绝缘和不滴流纸绝缘电缆的热阻率分别为350 cm • ℃ • W^{-1},600 cm • ℃ • W^{-1},600 cm • ℃ • W^{-1},XLPE绝缘电缆本身的热阻率比其他要低一半,假定和其他一样,那么时间常数就是油纸电缆的一半。XLPE 绝缘电缆允许载流 $I = \sqrt{\Delta Q/(nR \sum T)}$,油纸电缆温度从 60℃ 升高到 85℃,XLPE 绝缘电缆从 90℃ 升高到 105℃ 的计算结果见表 6 - 31。

表 6 - 31　油纸和 XLPE 绝缘电缆载流量
随温度变化的计算结果

项目	油纸电缆		XLPE 绝缘电缆	
温度 /℃	60	85	90	105
载流量 /A	205	268	205	227
变化率	268/205 = 1.3		227/205 = 1.1	

比较表 6 - 31 中两种电缆的数据可知,同样达到上限温度时,相同额定载流量的油纸和 XLPE 绝缘电缆的过载能力,前者要大于后者。因此,应清楚认识到,虽然 XLPE 绝缘电缆的耐温等级有所提高,导体截面可相应减小,但就载流量相同的两种电缆而言,油纸电缆的过载能力要大于 XLPE 绝缘电缆。

此外,美国标准规定短时过载温度可达 130℃,在紧急过载时,负荷如超过 10%,时间持续不得大于 15 min,其他国家规定短时过载温度一般均不超过 120℃(见表 6 - 32)。

表 6 - 32 短时过载温度和过载系数的关系

短时过载温度 /℃	95	100	105	110	115	120	125	130
过载系数	1.04	1.08	1.12	1.15	1.18	1.21	1.24	1.27

XLPE 绝缘电缆过载温度下的过载电流可用下式计算：

$$I_K = IK \qquad (6-31)$$

式中，I 为 XLPE 正常载流量；I_K 为过载温度下的过载电流；K 为过载系数。

第7章 XLPE 绝缘电缆附件设计参数确定

电缆线路中必须使用电缆附件(终端或接头盒)。由于 XLPE 绝缘电缆本身的独有特性,对电缆附件提出了新要求,过去适用于油纸电缆的附件不一定都适用于 XLPE 绝缘电缆,特别是在高压电缆线路中,附件中应力控制方面已经基本淘汰了原始绕包应力锥方法,而采用预制型应力锥。

7.1 附件基本要求

电缆制造厂在制造电缆时,除特别订货外,考虑到运输的便利,每盘电缆长度都有一定值,如 10 kV 及以下电力电缆,每盘可绕 300~1 000 m,35 kV 及以上电力电缆,一般只有 100~800 m 不等,高压电缆一般每盘 500~900 m,特殊情况可做到每盘 1 200 m,这主要取决于生产设备。

在这些电缆敷设后,各段之间必须连接起来,这些连接点叫作接头;在线路两边末端,用一个密封盒子保护绝缘内免进潮气,并能有效地把线芯导体和外面电气设备连接起来,这个盒子叫作终端头。接头和终端以及配件总称电缆附件。

电缆附件是线路的一个重要组成部分,其所以重要是由于它是施工中工艺复杂的环节,也是整条电缆线路绝缘最薄弱之处,运行经验表明,线路事故 85% 以上是由于附件事故,为此,从长期安全运行考虑,附件应在线芯连接、绝缘性能、密封性能及机械强度等几个方面有较严格的质量要求。

7.1.1　线芯连接要好

接触电阻应小而稳定,能经受故障电流的冲击,运行中的接头电阻不大于电缆线芯本身电阻的 1.2 倍。

7.1.2　绝缘性能

附件绝缘的耐压强度不应低于电缆本身,介质损耗应达到相应国家标准和厂家要求;户外部分还要考虑在严酷气候条件下能安全运行,一般应按电力部标准中三级污秽确定外绝缘长度,而外露导电部分对地距离和相间距离应符合表 7 - 1 的要求。

表 7 - 1　带电导体外露部分的相间及对地最小距离

电压/kV	1~3	6	10	20	35	63	110
户内/mm	75	100	125	180	300	600	1 000
户外/mm	200	200	200	300	400	800	1 200

7.1.3　密封性能

对于中低压电缆附件,由于 XLPE 绝缘电缆附件多为干式绝缘结构的附件,同时密封的主要作用就是防止运行中环境的潮气和导电介质浸入绝缘内部,引起树枝放电等危害。对于超高压电缆,如 110 kV 及以上电压等级 XLPE 绝缘电缆,密封不但有上述作用,而且对防止附件内部充油的泄漏起关键作用。

7.1.4　良好的机械强度

附件在安装和运行状态下要受到很多外力作用,如人为内力、电动力等,特别是 110 kV 以上电压等级电缆附件、电缆本身回缩、弹力等也对附件本身提出较高的要求。

7.2　金　具　选　择

对于 XLPE 绝缘电力电缆,线芯均为紧压型多股绞线,这一点和油浸纸或充油电缆导体不同,新的国家标准 GB14315 中也对此作了明确规定,紧压线芯电缆应使用紧压型金具,正常安装使用时应多加注意,因为非紧压金具用于 XLPE 绝缘电力电缆时,同一标称截面的电缆和金具之间配合不好,如果使用一般压接方式,其结果是压接接触电阻较大,很可能达到标准值的 100 倍,在试验室中,出现过这样的问题。但在实际中,由于电流不大或持续时间不长,从而还很少有报导这类事故的,但接管发热引起击穿事故已有报导。例如,185 mm^2 铝芯基本可以用 150 mm^2 接管(或端子)插入,如果用 185 mm^2 接管(或端子),其内部至少还可插入 4～6 根线芯,表 7 - 2 所列为新国标中紧压、非紧压型金具的名称、型号及用途。

表 7 - 2　新国标各种金具的名称、型号及用途

型　号	名　称	用　途
DTS DTJS	非密封式短型非紧压导体用接线端子 非密封式短型紧压导体用接线端子	适合电力电缆等铜绞合导体;在导体连接处,密封不高且不要求承受很大拉力时
DT DTJ	非密封式长型非紧压导体用接线端子 非密封式长型紧压导体用接线端子	适合电力电缆等铜绞合导体,密封不高,但要求承受较高拉力时
DTM DTMJ	密封式长型非紧压导体用接线端子 密封式长型紧压导体用接线端子	适合油浸纸和 XLPE 绝缘电缆等铜绞合导体;在导体连接处,要求堵油或防潮并能承受较高拉力时

续　表

型　号	名　　称	用　　途
DLM DLMJ	密封式长型非紧压导体用铝接线端子 密封式长型紧压导体用铝接线端子	适合油浸纸、XLPE 绝缘电缆等铝绞合导体；在导体连接处，要求能堵油或防潮并能承受较高拉力时
GTS GTJS	直通式短型非紧压导体用铜连接管 直通式短型紧压导体用铜连接管	适合电力电缆等铜绞导体；在导体连接处，不要求承受很大拉力时
GL GLJ	直通式长型非紧压导体用铝连接管 直通式长型紧压导体用铝连接管	适合电力电缆等铝铰合导体；在导体连接处，要求承受很大拉力时
GT GTJ	直通式长型非紧压导体用铜连接管 直通式长型紧压导体用铜连接管	适合电力电缆等铜绞合导体；在导体连接处，要求承受很大拉力时
GLM GLMJ	堵油式长型非紧压导体用铝连接管 堵油式长型紧压导体用铝连接管	适合油浸纸和挤出绝缘电力电缆等铝绞合导体；在导体连接处，要求能堵油并能承受较高拉力时

以上所述紧压线芯电力电缆均指 XLPE 或塑料类绝缘电力电缆,具体端子或连接管尺寸,见 GB14315,但由于新标准对于压模宽度没有做具体规定,已造成误解,建议有关压模依然采用 GB14315—1993 标准中相关附录内容。

连接金具(接管和端子)的选用应从以下几方面考虑:

(1) XLPE 绝缘电缆所用连接金具必须按照 GB14135 标准要求,但压模尺寸建议采用 GB14315—1993 标准要求。

(2) 圆管的横截面积应与电缆线芯的截面积相适应,以保证电流的通过,原则上铝圆管的截面积应不小于被连接导体截面积的

1.5 倍;铜圆管的壁厚截面积可取电缆导体截面积的 1.0～1.5 倍。

(3)铜芯压接和铝芯压接。由于铜硬度大,且外径小于铝连接金具,因此要求压钳吨位较大,对压模所用材料硬度也要求较高。一般压接 120 mm² 铜芯须要压钳产生的总压力为 12×10^4 N,240 mm² 要产生 18×10^4 N,400 mm² 要求 29×10^4 N。一般通用压钳,在压接铜芯时,应选用比铜芯截面小一级的通用压接模具,例如,压接 95 mm² 的铜芯采用 70 mm² 通用压模压接,150 mm² 铜芯可采用 120 mm² 通用压模,等等。对于 110 kV 及以上电压等级电缆附件中的接线端子和接线管压按使用的压钳和吨位可根据厂商要求设计。压接次序应该是:终端应从接线端子孔内侧向外,连接管应首先从中间向两边压接。

(4)铜芯和铝芯连接应采用过渡金具。铜和铝连接时,由于两种金属的标准电极电位相差较大(铜为 + 0.334 V,铝为 −1.33 V),当铜和铝接触面上有电解液存在时,将形成以铝为负极、铜为正极的原电池,使铝产生电化腐蚀,从而使接触电阻增加,故应尽量避免使用铜芯电缆和铝芯电缆的对接。根据电缆载流量可知,铜铝接管截面也应有所不同,相差一级,例如 185 mm² 铝芯和 150 mm² 铜芯。对于其他非标准电缆截面之间的连接,应遵循最大电流量应由最小截面或相应最小截面取决的基本原则。对于分支接头盒,分支处两个或多个分支截面积之和应等于或小于主干线电缆截面积。

7.3 电缆附件选择

7.3.1 基本要求

XLPE 绝缘电缆由于其独特的性能,从而给附件配合方面增加了许多新要求。XLPE 绝缘材料热膨胀系数较大,在运行温度下能够达到 2％～4％的直径膨胀,这就要求与之配合的附加绝缘材料要么具有和它相当的膨胀系数,要么具有较高弹性,以使附加绝缘界面始终能够随 XLPE 的热胀冷缩运动而运动,并保持界面正压力和电气性能稳定。而油浸纸或充油电力电缆,由于有流动的油作补充绝缘,能够在任何时间自动填充绝缘与附加绝缘界面的不匹配问题,在正常情况下,这个界面始终保持在稳定状态。由此可推知,适用于油纸或充油电缆的有些附件,不一定适用于 XLPE 绝缘电缆,例如老式 WD 系列,35 kV 的 558 内浇沥青终端、环氧终端和接头等。以下所述电缆附件均适用于 XLPE 绝缘电缆。

电缆附件在制作中由于需将金属护套和原有的绝缘割断,线芯连接处的截面被加大,附加绝缘的厚度、介电常数与原 XLPE 绝缘不同,使该处电场分布发生了较大变化,一般电缆附件中的附加绝缘或应力锥,均是使屏蔽断开处的辐向应力相对降低,但是随之而来的是沿电缆轴向的绝缘表面产生了轴向电场。根据前面对电缆附件电气参数计算可知,界面的击穿场强远远低于绝缘材料本身的击穿强度。试验证明,界面击穿强度随压力增长成指数增长,而随长度增长成指数降低,因此国标要求 1 kV 及以上电力电缆附件中应使用应力锥或应力材料改善电场分布,使屏蔽断点处的电场分布均匀。

在接头和终端中,从电缆线芯导体裸露部分沿绝缘表面至最近的接地点的距离,叫作爬行距离。表 7 - 3 列出了各种额定电压下的最小爬行距离。

根据我国的传统习惯,对电缆附件都要求具有严格的密封性能,特别是在目前供电环境恶劣的情况下,更应注意此问题。用于 XLPE 绝缘电缆的许多附件,如预制件、冷缩件、接插件等都不具备这一要求。这是因为欧美地区的地理环境为少雨区,水位较低,一般的年平均湿度都在 30％以下。而在我国的华南、华东等湿度较大的地区,不密封的电缆附件是电缆线路中的隐患。对于

XLPE 绝缘电缆来说,这一问题在较短时间内还不会发现,但随着
电缆运行时间的推移,必然在电缆应力最集中区引发局部水树等
事故隐患。

表 7-3　附件中最小允许爬行距离

额定电压/kV	最小允许爬行距离/mm
3	50
6	100
10	125
20	200
35	300
66	500
110	900

7.3.2　电缆附件形式

7.3.2.1　绕包型附件

1. 中间接头

这种形式接头的绝缘层及内外屏蔽层都是现场手工或绕包机
绕包制作,工艺简便,使用经验较丰富,价格便宜,目前这种附件已
经很少在交联聚乙烯电缆中使用,特别对于 110 kV 及以上电压
等级 XLPE 绝缘电缆更是如此。但在 19 世纪 70 年代末期以前,
这种接头大量在电缆线路中使用,如美国 138 kV XLPE 和日本
154 kV XLPE 绝缘电缆接头都是绕包带型。这种附件所用材料
通常可分为绝缘带、保护带和半导电带,一般合成橡胶制作的自粘
带都作绝缘带用,如 J-50,J-30,J-20,J-21,J-10 等。国产带
J-20,J-21,J-10 用于 10 kV 及以下;J-30 用于 35 kV 及以下;
J-50 用于 110 kV 及以下。其他国外进口带如 3M 公司
Scotrch 23 带,日本绝缘带等,除乙丙、丁基自粘橡胶带外,还有浸
渍涤纶带,乙丙橡胶加辐照聚乙烯复合带,聚乙烯、聚四氟乙烯带,

导电带有乙丙、丁基半导电自粘橡胶带,美国 3M 公司 Scotch 220 半导电带,日本住友公司热缩半导电带。还有用于户外绝缘硅橡胶耐漏痕迹自粘带、防火自粘带、防水自粘带、铠钾带等。这种附件的最大缺点是工作场强较低,结构尺寸较大,接头质量直接受施工条件、绕包技术、环境等影响,但是这种附件运行经验丰富,同时绕包接头的纵向(轴向)防水性能好于其他任何接头,一般对抢修急用的接头推荐使用绕包型接头。

绕包型接头的使用范围根据外壳而选取,由于绕包型接头,一般附加绝缘均较厚,取 1.5~2 倍绝缘厚度,因而散热较差。要保证连接部位良好,防止产生热,对于电缆共同沟中的电缆接头,如附近有热力管道或通风较差的电缆隧道,应在考虑绝缘情况下,尽量减薄附加绝缘厚度,以利散热。一般 35 kV 及以下附加绝缘厚度取 1.8~2 倍,10 kV 及以下取 2 倍。

对于高压 35~110 kV 电力电缆,绕包的应力锥尺寸可按照第 5 章 XLPE 绝缘电缆附件的电气参数设计,10 kV 及以下电压等级的应力锥长度为 30 mm。应力锥的位置有所讲究,通常应在半导电屏蔽前 10~20 mm 的绝缘表面开始绕包应力锥,然后用半导电带将屏蔽引上应力锥表面。这一点在超高压电缆的制作中格外重要,原因是由于应力锥起始点和屏蔽部都是绝缘最薄弱点,如果将这两点放在一起,就会使弱点相加不利于运行。同时,应在应力锥外增加一个靠背锥,详见第 9 章 9.2 节。国外进口的 110 kV 绕包型附件均采用这一技术,如图 7-1 所示。

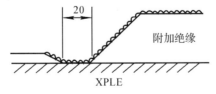

图 7-1　应力锥起始位置

2. 终端头

绕包型终端头,用在 35 kV 及以下电压等级电缆上已经很少了,只在抢修时作为临时处理,一旦停电抢修就要求制作正规附件,而在 35 kV 及以上电压等级,特别是 110 kV 和 220 kV 在 19 世纪 70 年代末主要采用绕包型结构外加电瓷套保护,对于 10～35 kV 绕包材料一般选用硅橡胶带、乙丙橡胶带、聚丙烯带等,外面没有保护和防潮处理,仅靠带材自身防潮特性。在应力锥绕包中,为了提高终端头的电气性能,一方面须要提高带材绝缘性能,使应力锥结构更加合理,另一方面应在绕锥过程中增加电容屏,用电容分压改善电场,如图 7 - 2 所示。

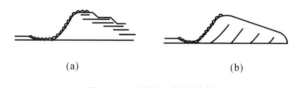

(a)　　　　　　　　　　(b)

图 7 - 2　两种电容屏结构

图 7 - 2(a)和(b)之间的区别在于图(b)中的电场结构可以使应力锥中的绝缘材料得到最大限度的使用,因而体积要比图(a)应力锥小得多。但在这种附件安装中须严格控制屏间厚度,使其电场强度小于 2 kV/mm,应力锥外不充硅油的终端,可以外包绕两层硅橡胶带提高耐电晕性和耐环境污染性。一般 110 kV 以上电压等级绕包型应力锥外都应使用瓷套并内充硅油,其作用是避免了合成外壳体的老化问题,避免了干式绝缘中局部放电对终端寿命的影响。

7.3.2.2　模塑型附件

1. 中间接头

模型接头是采用与 XLPE 绝缘电缆绝缘材料相同的带材(化学交联或辐射交联聚乙烯热缩膜),绕包成接头的形状后,经过加热放入一定型模具中成形,使增绕绝缘与 XLPE 绝缘电缆融成一体。这种附件的最大优点就是消除了界面不良对整个附件的影响,而且结构简单,性能良好,对于高压 XLPE 绝缘电缆,例如对110~220 kV XLPE 绝缘电缆是一种较好的附件,特别适合水底电缆的连接。

一般模型接头都是不通用模具,当接头绕包附加绝缘热缩膜达到一定厚度时,外绕两层保护带,以防止外层绝缘在高温120℃下老化,加热 6~8 h。这种方法的缺点是一种截面电缆需一套模具,不能通用,而且绕包绝缘尺寸要求严格。

目前常用桶状加热体,对附加绝缘体积不加限制,保护层采用一种耐高温,0.1 mm 厚的透明聚酰亚胺或聚四氟乙烯树脂薄膜,利用辐照聚乙烯带在 110~130℃ 显透明状态,通过外保护层详细监视绝缘融合的过程和质量情况。由于采用桶状加热媒体,中间有空气作为导热媒质,所以热量散发比较均匀,待能直接观察到内部半导电层时,说明加热时间已到,可以停止加热了。如图7-3和图 7-4 所示。

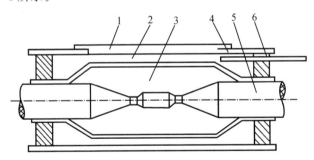

图 7-3　空气传热模型工艺

1—观察窗;2—透明树脂薄膜;3—辐照聚乙烯;

4—温度计;5—电缆绝缘;6—可分开金属加热套

此方法在硫化时,因要使辐照带和乙丙橡胶带同时硫化,温度

一般控制在150℃,所以使辐照带表面温度高于150℃,有时达到
180℃以上,而对于400 mm² 以上电缆,线芯散热较快,为了使乙
丙橡胶带达到硫化温度150℃,模塑带表面温度就会超过200℃,
因此,此方法只适用于400 mm² 及以下电缆,对于400 mm² 以上
电缆应采用绕包或预制,浇注附件。

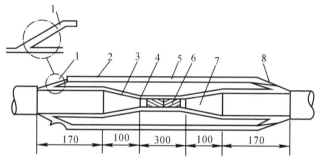

图 7-4　138 kV XLPE 电缆模塑接头结构
1—外半导电层;2—乙丙橡胶带;3—辐照聚乙烯模塑带;
4—接管;5—半导电屏蔽;6—线芯;7—反应力锥;8—应力锥

　　模塑型接头由于工艺性能较好,在加热模塑的同时能将留在
附加绝缘中的空气、潮气排出,使绝缘利用率增加,因此在设计附
加绝缘厚度时可适当减少绝缘厚度,提高附加绝缘内的场强,但一
般不要超过4 kV/mm,最高工作场强的提高,必须在制作内半导
电层时严格遵守工艺,防止出现表面不光滑现象。

　　2. 终端头

　　终端头也用同一种材料绕包后模塑成形,但在制作应力锥时
应格外注意。由于终端部的电力线分布和接头内的电力线分布有
很大区别,因此终端部的导电材料表面应再附加一定厚度绝缘,这
一厚度将根据表面起始放电电压而定。终端应力锥应按照图7-5
所示结构进行加工。

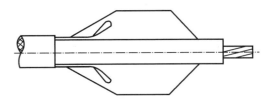

图 7-5　模塑应力锥结构示意图

为使成形后的应力锥内部不存在放电气隙,最好使用真空下加压模塑成形工艺,为防止模具热量将表面热缩聚乙烯膜破坏,应在外层绕两层聚四氟乙烯带或其他耐高温材料绝缘带。用导电聚乙烯带或导电辐照聚乙烯带制作应力锥时,应使末端具有适当的曲率半径,防止该处场强集中降低放电起始电压,从而引发应力锥击穿。

7.3.2.3　热收缩附件

1. 终端头

热收缩材料是 20 世纪 60 年代后期由美国瑞侃公司应用于电力系统的一种新技术,它具有良好的收缩性能,耐热、耐应力开裂及防腐蚀性能。用热收缩管代替原瓷套和应力锥,使附件安装简化,且绝缘性能和密封性能提高。这种结构简单、便于安装和连接的电缆头,不仅可用于 XLPE 绝缘电缆,也可用于油浸纸绝缘电缆,但从油浸纸绝缘电缆上使用的经验来看,这种附件不太适应我国的油浸纸电缆,而更适应于 XLPE 绝缘电缆。

热缩电缆附件由于每层管材之间界面的绝缘强度限制,最高使用电压一般在 66 kV 及以下,推荐使用在 35 kV 及直流75 kV电压等级以下。国外某些质量较好厂商的产品可以用在高压电缆上。

热缩电缆附件和其他类型附件相比有以下优点。

(1)热缩电缆附件电气性能优异,除电气性能和密封性能满足运行的基本要求外,热缩附件具有良好的抗污秽性能和耐气候性,可使用在各种环境条件,如严寒的东北地区、湿热的南方地区以及沿海地区、工业污染区等。

（2）与其他各类附件相比,热缩电缆体积小、质量轻。

（3）热缩电缆安装工艺简便,易于施工,对技工要求不高。

（4）一套热缩附件适用多种规格电缆,便于管理。

（5）热缩电缆没有金属或瓷外壳,无须浇注绝缘胶,即使运行中发生附件击穿事故也不会形成危害严重的爆炸。

（6）热缩电缆附件配套齐全,便于抢修使用,安装完毕后可立即供电。

（7）热缩附件由于使用全塑材料,便于大规模机械化生产,因而成本低,价格便宜,节省施工费用。

图 7-6 和图 7-7 所示热缩终端结构适用于 35 kV 及以下电压等级 XLPE 绝缘电缆,也适用于 75 kV 直流电缆,具体剥切尺寸应根据安装工艺确定。

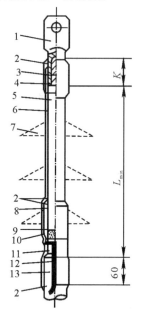

1—接线端子;

2—密封管密封胶;

3—线芯;

4—填充;

5—绝缘(XLPE);

6—外绝缘热缩管;

7—雨裙;

8—应力管;

9—半导电端和应力管端的过渡处理;

10—绝缘半导电屏蔽层;

11—铜带屏蔽层;

12—接地线;

13—电缆外护套

图 7-6　单芯 XLPE 热缩终端头结构

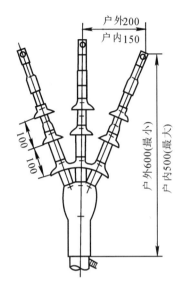

图 7 - 7　三芯 XLPE 热缩终端头结构

2. 接头

热缩接头目前市场上的结构比较多,但从应力控制方面来区分有应力管,也有应力锥。前者结构如图 7 - 8 所示。

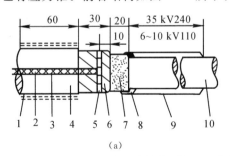

(a)

图 7 - 8　具有应力管热缩接头结构(单芯)示意图

1—密封胶;2—接地线;3—防潮段;4—电缆外护套;5—焊点;6—铜带屏蔽;

7—绝缘半导电屏蔽;8—半导电带;9—应力管;10—电缆绝缘(XLPE)

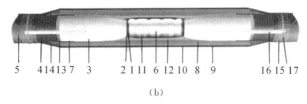

(b)

续图 7-8　具有应力管热缩接头结构(单芯)示意图

1—导体;2—内半导电层;3—XLPE 绝缘;4—外半导电层;5—铜屏蔽带;6—连接管;
7—应力控制管;8—内绝缘管;9—外绝缘管;10—屏蔽管;11—半导电带;12—填充胶;
13—应力疏散胶;14—密封胶;15—铜屏蔽网;16—铜编织带;17—扎线

这种接头中应力管参数应满足基本性能($\rho_v = 10^{10}$ Ω・cm),如果应力管参数不好,电场将在屏蔽端部或应力管端部造成击穿。

由于制造工艺问题,我国目前还不能生产厚壁绝缘管,因而附件中采用多层薄壁绝缘管,每层管子之间存在气隙,易引起局部放电。

连接管的电场处理应使用半导电带绕包,使该处外表面光滑,半导电带应在绝缘上搭接 10～15 mm,将接管屏蔽起来。

热缩附件最大缺点:热缩材料热胀冷缩不能同步于 XLPE,其次接头须要剥切较大尺寸,详见安装工艺部分。

7.3.2.4　冷浇注附件

这种附件只适用于中低压配电 XLPE 绝缘电缆,它有工艺简单等优点,但因价格较贵、三相不易定位等问题而无法大量推广。在研制这种附件中发现,定位板所放位置对附件寿命至关重要,目前生产这种附件的厂家有无锡电缆附件厂、长沙电缆附件厂及 3M 公司等,产品主要为对接头。

7.3.2.5　预制附件

预制附件是目前最有发展前途的电缆附件形式之一,这是由于预制附件在绝缘结构、工艺操作水平、运行情况等方面都比热缩附件或其他形式附件有很大优越性,价格虽比热缩附件略高,但比冷缩和接插附件要低,因而越来越受到供电部门欢迎。

1. 终端

预制式终端(见图 7-9)是近 20 年发展起来的新型终端,它主要适用于单芯电力电缆,已有较长时间的运行经验。在这种终端内的应力控制方面,目前世界上均采用杂散电容分压形应力锥,现在使用较复杂的机加设备一次注橡成形。20 世纪 80 年代末期该技术引入我国,为了适应我国的国情,国内厂商及外商均在此基础上作了很多改动,如用热缩管将三芯电缆变成三个单芯电缆,绝缘配合上也作了较适合我国电缆直径的变化,使界面压力达到要求。

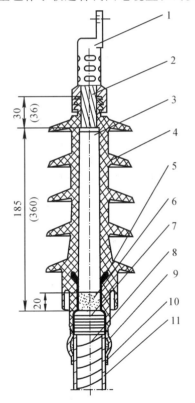

1—接线端子;

2—线芯;

3—XLPE 绝缘;

4—预制件;

5—应力锥;

6—外半导层;

7—包绕半导体带;

8—铜带屏蔽;

9—填充胶;

10—尼龙带;

11—铠装

图 7-9　预制终端结构图

　　这种终端的优点是安装工艺简单,劳动强度低,安装时间短,易于现场安装,但是由于价格较贵,且在防水密封上远没有达到现场运行要求,一般最好使用于较为干燥地区或较高地区。

　　目前用于高压 XLPE 绝缘电缆的预制终端多采用预制应力锥,外套采用瓷套充硅油,这是比较安全的一种方法,可避免合成外套日光自然老化问题。在这种附件形式中应该注意的问题是制造应力锥的材料特性、应力锥结构及界面压力。110 kV XLPE 绝缘电缆终端中应力锥材料,应该对参数有较严格的要求,电阻率应选择得较高,而介电常数较大。不适当的电气参数会给高压电缆带来中低压电缆附件所不会遇到的问题,如产生局部发热,介损增加等。这一结果最终将导致材料加速老化,使电场分布控制功能下降。如果采用杂散电容式应力锥,屏蔽端部应埋入绝缘内部,且曲率半径越大越好。如果采用电容饼式应力锥,其轴向绝缘厚度(每层极板间绝缘之和应为电缆绝缘厚度的1.8~2.2 倍或更大,如果无法达到这一要求,当制作屏端时有意增加屏端下绝缘厚度,如图7-10 所示电容饼式应力锥屏端结构。

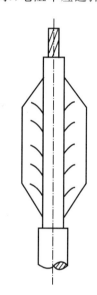

图 7-10　电容饼式应力锥结构

　　110 kV 电缆附件中轴向长度的选择应依据电缆附件中应力锥能够给 XLPE 表面带来多大正压力而定,一般为 196~294 kPa 压力,界面长度应取在 1 200 mm 左右。而正压力为 490~588 kPa 时,界面击穿强度能够达到 10 kV/mm;轴向界面长度取为 200~500 mm 就能达到要求,最后界面长度应根据整体设计取定。

　　2. 接头

　　中低压电缆预制接头(见图 7-11),由于预制绝缘结构为桶状,因此,其安装和热缩电缆附件一样,总长度较长,先将预制部分套入预留端,接好后再将此拉过来。这样做的最大问题,是在没有润滑剂或施工不当时,可能损伤绝缘件内表面引起放电,同时这样的结构不可能对内表面施加更大压力来提高界面击穿场强。

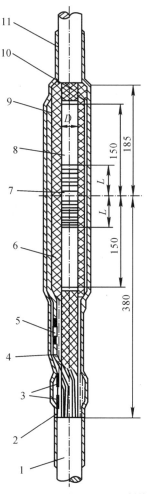

1—电缆外护套;

2—钢带铠装;

3—焊点;

4—过渡铜编织线接地线;

5—连接器;

6—附加绝缘;

7—连接金具;

8—电缆绝缘;

9—半导电层;

10—绝缘半导电屏蔽;

11—外密封热缩护套

图 7-11　预制接头结构(中低压)

　　高压电缆预制式接头,为了给界面提供压力,一般采用单独应力锥和绝缘件相配合方式,绝缘件一般采用环氧或其他强度较大的材料,应力锥采用乙丙或硅橡胶。用机械力将应力锥挤入已安装部位,这种机械力将一直保留在应力锥上,并传递到界面上,国外110 kV预制接头处的绝缘剥切长度之所以只有200 mm左右,就是因为这种机械力使绝缘界面承受大于588 kPa的压力,在200 mm长度界面上足以承受200 kV工频耐压试验和运行中电缆最高耐受电压。图7-12为高压电缆预制接头。

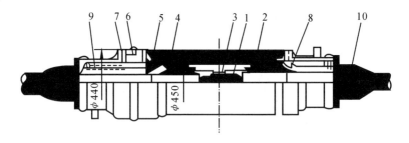

图7-12　110 kV XLPE绝缘电缆预制接头

1—连接金具;2—应力锥;3—均压接触器;4—应力锥套;

5—应力锥锁卡;6—绝缘隔离件;7—紧固法兰;

8—应力锥托架;9—应力锥加力丝杆;10—尾套

7.3.2.6　冷缩附件

　　冷缩附件和其他附件的安装方式完全不同,显示出它的独特性。冷缩附件也可以和热缩附件一样,适应多种截面,各个绝缘部件任意配套使用。冷缩附件的最大优点是在安装过程中不使用火源,因而特别适应于须避免火源的施工现场,如煤矿、石化企业、棉纺厂等地安装。

　　冷缩附件一般只适用于35 kV以下电压等级XLPE绝缘电缆。

　　值得注意的是,冷缩附件用于国内市场时,安装完成后应严格密封,这主要是考虑我国历史条件、环境状况等。因为冷缩附件收缩后,管子两端没有热缩附件的热熔胶将开口端部粘接在电缆或护套上,界面在运行中不可避免地受潮,故安装完成后应采用硅橡胶带,将两端密封,室内终端用乙丙橡胶带密封。

冷缩附件的主要材料为硅橡胶或三元乙丙橡胶。应力控制有两种:一是三元乙丙橡胶应力管(冷缩);二是 3M 公司自产的应力带。目前冷缩接头是在原有的技术基础上,进行改进并融合了其他附件的优点,能使整个附件全部采用胶粘密封结构,性能良好,更适应我国国情。

7.3.2.7　接插附件

(1)接插件是 20 世纪 80 年代国外首先发展起来的新型电缆附件,这种附件综合了预制的优点,且将特种金具和绝缘在生产车间里一次制成为一体,克服了现场压接金具不配套,可能出现的接触不良问题。这种附件有欧标和美标两种,美标的肘型接插附件最大电流不能超 200 A,欧标产品最大电流可以达到 630 A 左右。

在金具连接上有较大改变,首先,要求金具生产精度高,并且有很多辅助措施防止在长期运行过程中,连接部位产生移动而带来接触电阻增加。目前供电局要求这种连接时其螺栓的紧固螺母下必须使用弹簧垫圈,防止运行中震动产生的松动。

(2)这种结构形式为电缆的一进多出分支,"T"接等特种连接创造了条件,可替代现在供电部门常用的电缆分接箱。这种接插件的出现为今后居民小区预留电缆分支提供了有利条件。过去电缆敷设是每条电缆对一个专业用户,当一个变电站或开关站周围用户很多时就会出现变电站出线电缆相互交叉和集中的现象,故变电站必须安排多个高压柜与之相配合,设备投资较大,每一根电缆两边都有高压柜和相同的记录仪表,不好统一管理,如果采用带负荷开关的接插式电缆附件,变电站出线电缆的敷设安排,可特选几个主要方向敷设大截面电力电缆,而在每户可能需要分线的附近预留一组接插式电缆附件,在该处敷设一根较小截面电缆直接到相应用户(见图 7－13),这样可节省不必要的电缆和配电柜。

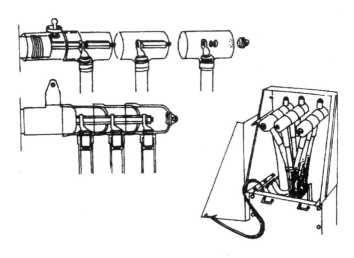

图 7－13　分支接插附件安装示意图

(3)接插件的出现为一些特殊夹层或箱式变电站中较小空间内电缆转弯带来了可能。在某些特殊建筑物内电缆的安装空间很小,在转弯处不可能按照电缆的一般要求转弯,这时可使用接插转90°弯而不会给电缆带来损伤,图 7－13 所示箱式变电站在我国已经大量使用,电缆进线方间和变压器连接端正好为 90°,过去的电缆附件无法完成这种连接,接插附件即可很好满足这一要求,如图 7－14 所示。

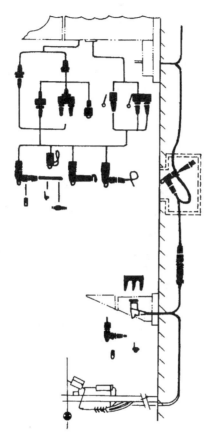

图 7-14　分支接插系统示意图

　　(4)接插件的设计必须使电缆进线和连接位有 90°的角,这种设计是防止附件在运行热胀冷缩作用下电线绝缘运行中的力使附件脱离,因为美式接插附件的导体没有固定,欧式附件不会出现这一现象。

7.3.3　超高压电缆附件形式

超高压电缆附件指的是电压等级超过 220 kV 的电缆附件，例如,500 kV 电缆附件。500 kV 电缆附件的电场非常高,它不能像低于 110 kV 电压等级电缆附件那样采用应力控制管的形式来改善电缆绝缘屏蔽切断处的电场分布。超高压电缆附件必须采用应力锥的形式控制电场分布,图 7 - 15 所示为几种常用超高压电缆终端形式。

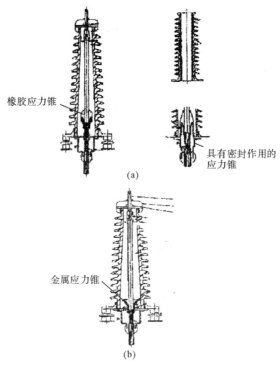

橡胶应力锥

具有密封作用的应力锥

(a)

金属应力锥

(b)

图 7 - 15　几种常用的超高压电缆终端形式

(a)常用的应力锥结构形式；　(b)金属应力锥形式

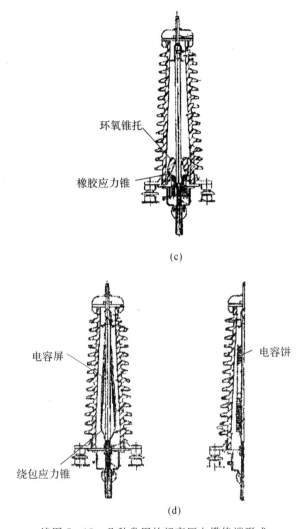

续图 7-15　几种常用的超高压电缆终端形式

(c)具有弹簧锁紧装置应力锥结构形式；　(d)具有电容屏和电容饼结构应力锥形式

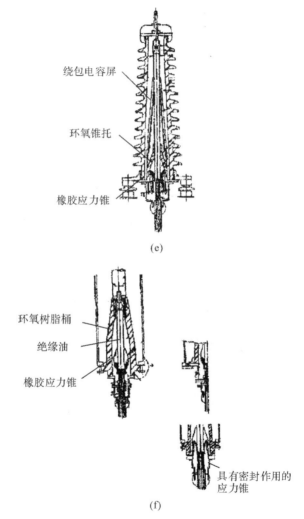

绕包电容屏

环氧锥托

橡胶应力锥

(e)

环氧树脂桶

绝缘油

橡胶应力锥

具有密封作用的
应力锥

(f)

续图 7-15　几种常用的超高压电缆终端形式

(e)具有电容屏和弹簧锁紧装置应力锥结构形式；

(f)具有常规应力锥和充油的 GIS 终端形式

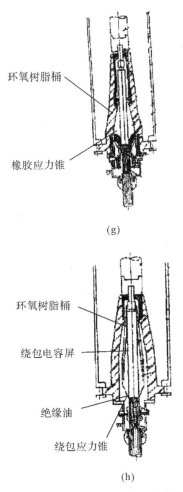

续图 7-15　几种常用的超高压电缆终端形式
(g)干式 GIS 终端；　(h)具有电容屏充油 GIS 终端形式

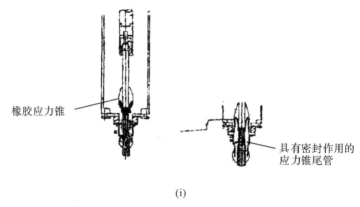

橡胶应力锥

具有密封作用的应力锥尾管

(i)

续图 7 - 15　　几种常用的超高压电缆终端形式

(i)无环氧套管 GIS 终端

第 8 章　XLPE 绝缘电缆的敷设安装

8.1　电缆敷设环境和条件

XLPE 绝缘电缆在敷设前应对敷设场所条件、天气情况、施工机具等要素进行检查。

8.1.1　敷设温度

XLPE 绝缘电缆为塑料制成,当温度较低时,绝缘材料脆性增加,这时如果敷设不注意,会造成电缆外护层开裂、绝缘损伤等事故。国标规定电缆的敷设温度最好高于 5℃。若无法躲开寒冷期施工,应采取适当措施。

(1)提高周围温度,这种方法需要较大热源,户外施工现场一般无法做到,户内可采用供暖使房间内温度提高。

(2)用电流通过导体的方法加热,但加热电流不得大于电缆额定电流,经加热后的电缆应尽快敷设下去。

敷设前放置时间一般不超过 1 h,当环境温度低于表 8 - 1 所列温度时,电缆不宜弯曲。

8.1.2　敷设现场条件

对于各种敷设现场(如隧道、直埋、沟道、水下等),应了解敷设总长度、各转弯点位置、工井位置、上下坡度以及地下管线位置特性等因素。

在检查电缆线路总长度时,应首先检查线路上有无预留位置,俗称 Ω 圈。这种为今后电缆检修所留的电缆余量,按照规定应在终端、接头、过马路、穿管、过建筑物等处,因为这些位置是电缆最易损坏部位,否则日后重新安装检修时,将不易进行。同时为了使电缆运行可靠,应尽量减少电缆接头,对高压电缆(35 kV 及以上电压等级电缆)可采用假接头形式完成交叉互联,这样可以不破坏导体的连续性,提高电缆输电能力。电缆盘放置最好选在转弯处、接头处、上下坡起始点,对于 66 kV 及 110 kV 电缆的敷设应考虑牵引机具的放置位置。其次,要测量各转弯处电缆的弯曲半径是否合乎要求(见表 8 - 2)。

表 8 - 1　　电缆允许敷设最低温度

电缆类型	电缆结构	允许敷设最低温度/℃
橡皮绝缘电力电缆	橡皮或 PVC 护套	−15
	裸铅套	−20
	铅护套钢带铠装	−7
塑料绝缘电力电缆		0
控制电缆	耐寒护套	−20
	橡皮绝缘 PVC 护套	−15
	PVC 绝缘 PVC 护套	−10

表 8 - 2　　橡塑电缆最小弯曲半径

电缆形式		多 芯	单 芯
控制电缆		10D	
橡皮电缆	无铅包、钢铠护套	10D	10D
	裸铅包护套	15D	15D
	钢铠护套	20D	20D
PVC 绝缘电力电缆		10D	10D
XLPE 绝缘电缆		15D	20D

　　电缆中间接头处应做防水处理,因为 XLPE 绝缘电缆的接头,不论附加密封多么良好,总低于原电缆护套,而中低压电缆,由于没有金属护套,密封处一旦进水,将使绝缘部分直接暴露于水中。特别是在安装期间,突然下雨或来水会从电缆锯断处进水,造成损失。高压电缆接头虽有金属护套,但金属护套的连接处仍然存在弱点。因此接头位置最好在电缆沟道、直埋处增加防水措施。例如直埋,可在接头位置修建一水泥槽,在进线处作密封处理后,再填砂盖板,然后直埋。同时接头应尽可能高于水位,防止电缆内原已进入的水和新的进水向接头迁移。

　　对于在沟道、隧道内敷设的电缆,应检查电缆支持支架的安装情况,按国标要求,在上述两种情况下,电缆支架间距应满足表 8 - 3 要求。全塑电力电缆水平敷设沿支架把电缆固定时,支架间距允许为 800 mm 或不低于电缆外径的 1.5 倍。

表 8 - 3　　电缆各支持点间的距离　　　　　单位:mm

电缆种类	敷设方式	
	水　平	垂　直
中低压全塑电力电缆	400	1 000
35 kV 及以上高压电缆	1 500	2 000
控制电缆	800	1 000
220 kV 高压大截面电缆	4 000～6 000	

8.2　电缆敷设方式及要求

　　电缆敷设方式的选择应根据工程条件、环境特点、电缆类型和数量等因素,且按照运行可靠、便于维护的要求和技术经济合理的原则来选择。一般可归纳为直埋敷设、穿管敷设、浅槽敷设、沟道敷设、隧道敷设等以及由上述几种方式交互结合的方式敷设。

8.2.1　直埋敷设

直埋敷设方式,一般较易实施,具有投资省的显著优点。直埋一般适应于具有钢铠、PVC 外护套的电力电缆。这是由于随着城市的发展,公共建设出现外力破坏的可能性较大。直埋敷设由于没有很好的保护基础,外力在接触电缆时,电缆外护层必须承受这些破坏力的作用,导致电缆事故大幅度升高。据统计,某大城市 10 kV 供电电缆 2 200 km,近 6 年电缆故障为 7 次/(100 km·a),其中外力破坏就占 41%。同时直埋敷设的电缆应避开含有酸、碱强腐蚀,杂散电流,电化学腐蚀较严重地段,避开白蚁危害地带,也应和热源、气源管道等设施保持一定距离(见表 8 - 4)。同时,电缆的敷设深度一般应大于 0.7 m,位于行车道时,应适当加深至 1 m 以上。当同时直埋敷设多条电缆时,应对电缆接头的配置加以注意,以防止电缆接头发生事故时损伤其他接头。一般电缆接头与邻近电缆的净距大于 0.25 m,两接头的错开位置在 0.5 m 以上。为了不使敷设的接头受外力作用,处于斜坡地段时,应将接头水平状放置。

直埋敷设前,壕沟里沿电缆上下均应铺 100 mm 的软土或砂层,然后在砂土上覆盖 200 mm 宽的保护板,以增强抗外力破坏能力,回填完成后,应在电缆接头、电缆接转弯处、进入建筑物处等特殊位置明显的方位标志和标桩。

8.2.2　穿管敷设

在爆炸危险区明敷的电缆,露出地面须加以保护的电缆,与公路、铁路交叉的电缆,须通过房屋、广场地段的电缆,敷设在将要规划作为道路的地段以及地下管网较密的工厂区、城市道路狭窄且交通繁忙或道路挖掘频繁的通道等下的电缆,均应采用穿管式敷设。穿管敷设,一般比沟道投资省,且可避免电缆线路相互影响,防护能力更好,但由于管材一般都采用 PVC 或 ABS 塑料管,也有用水泥管的,这些材料外加在电缆上使电缆的散热条件下降,电缆载流能力相对下降,对于 XLPE 绝缘电缆这方面更明显些。

**表 8 - 4　电缆与电缆或管、道路、建筑物
等相互间允许最小距离**　　　单位:m

电缆直埋敷设时的配置情况		平行	交叉
控制电缆之间			0.5
电力电缆之间或与控制电缆之间	10 kV 及以下电力电缆	0.1	0.5
	10 kV 及以上电力电缆	0.25	0.5
不同部门使用的电缆		0.5	0.5
电缆与地下管沟	热力管沟	2.0	0.5
	油管或易燃气管道	1.0	0.5
	其他管道	0.5	0.5
电缆与铁路	非直流电气化铁路路轨	3	1.0
	直流电气化铁路路轨	10	1.0
电缆与建筑物基础		0.6	0.3
电缆与公路或与排水沟		1.0	
电缆与树木的主干		0.7	
电缆与 1 kV 以下架空线电杆		1.0	
电缆与 1 kV 以上架空线杆基础		4.0	

　　敷在隧管里的电缆,施工方法是把电缆盘放在工井口,然后借预先穿过管子的钢丝绳把电缆拖过隧管到另一个工井(见图 8 - 1)。拉引的力量平均为电缆重量的 50％～70％。如果隧管并非直线,而中间有弯曲部分,则电缆盘应该放在靠近弯曲一端的工井,把电缆送入,这样可以减小电缆所受的拉力。为了便于施放,减少电缆和管壁间的摩擦阻力,电缆入管之前,电缆外护套表面须

涂以润滑物,如黄油或滑石粉等,这些材料对电缆外护套无腐蚀。

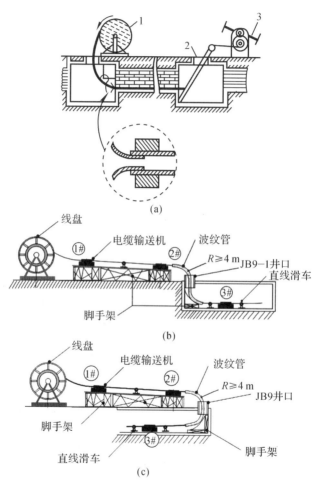

图 8-1　隧管、穿管电缆下井时敷设方法

(a)穿管口的保护；　(b)接头井敷设设备布置(1)；　(c)接头井敷设设备布置(2)

1—电缆盘；2—工井；3—绞车

　　隧管口应套以光滑的喇叭管,工井口应装有适当的滑轮组(见图 8-1)。此外在施工放线之前,必须详细检查管子内部是否畅通,管壁是否光滑,因为任何不平和尖刺的地方,都会造成日后电缆的损坏。检查和疏通隧管可用两端带有铁制环的芯轴,且芯轴的外径为电缆管内径的 0.85 倍,长度 60 cm(见图 8-2),其直径比管子的直径小一些,或者采用一段将要敷设的电缆绑在牵引绳上。用绳子扣住芯轴的两端,然后将其穿入隧管内来回拖动,这样就可除去积污并刮光不平的地方。

图 8-2　疏通电缆隧管用的芯轴

　　穿管所用的管材,对于单芯电缆,不能选用导磁性材料,如钢管、铁管。如只有钢管可选,可以在钢管沿轴向用气割割开一条缝,再用铜焊焊上以增加磁阻对输送容量大于 1 500 A 的线路不宜使用钢管,即使进行处理也不能不考虑涡流存在。对于塑料管材,应对材料的难燃性、抗冲击性、承压能力作出选择,不宜选用热阻率较大的材料管材,不需要电性能。

　　目前国内外很多厂商生产的波纹 PVC 管性能很好,可作为钢管、水泥管的代用品。

　　穿管的内径不宜小于电缆外径或多根电缆包络外径的 1.5 倍,排管内径不宜小于 75 mm。穿管应埋设在地下 0.5 m 以下,与铁路交叉处应距路基 1 m 以上,与排水沟底应距 0.5 m 以下。D 为电缆外径(见图 8-3),以保证散热。当电缆采用穿管敷设时应力求减少弯头。每段管弯头不宜超过 4 个,应在电缆牵引张力限制的间距处,电缆分支、接头处或管方向改变较大处设置工作工井,两工井间距离取 100~200 m 为宜,也可根据理论计算选取工井间间距,参阅表 8-4。

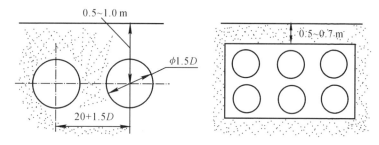

图 8 - 3　排管埋设尺寸

8.2.3　沟道、隧道内敷设

　　电缆沟道、隧道内敷设是一种较为多用的敷设方式,虽然一次性投资较大,但其中敷设的电缆条数可以很多,且可随时增加或减少,无须再次开沟作业。同时由于电缆沟道和隧道内有多层支架使电力电缆按电压等级分开敷设,因此与控制电缆分开成为可能。目前电力电缆与控制电缆分开敷设显得越来越重要,原因是随着发电厂或其他企业中机组容量和自动化的提高,以及各种电缆数量的增加,特别是远动控制电缆抗干扰要求的日益严格,电力电缆与控制信号电缆敷设在一起,会产生干扰,造成设备误动作;二是电力电缆故障发生火灾后波及控制电缆,使控制设备动作失灵,事故进一步扩大,修复困难。电缆应按电压等级上下排列,应按照相关规程排列,也可在一定条件下按强电和弱电的顺序自下而上排列。图 8 - 4 所示为洞道内电缆排列敷设方式。

　　为了便于检查和敷设,在每隔 150～200 m 的地方以及在隧管转弯和分歧的地方,都须建筑一个工井,按照现在人员安全规定,电缆接头工井应有两个井盖,以利排气(见图 8 - 5)。隧道、穿管通向工井应有少许的倾斜度,以便管内的水分流向井内。敷设电缆就是在工井处进行的。每段电缆的长度应该等于相邻两个工井间的长度,因此接头盒可放在工井里。图 8 - 6 所示为几种比较常见的工井形式和其中电缆接头的布置情况。

另一方面,由于排列电缆间距对电缆截流量、温升、防火灾影响较大,国标对电缆沟道、隧道中通道净宽作出了明确规定,见表 8-5。

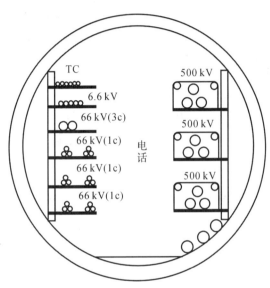

图 8-4　洞道敷设

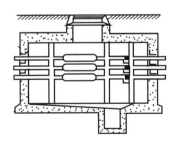

图 8-5　电缆工井

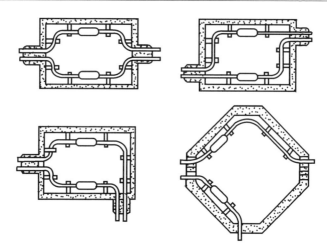

图 8-6　常见的电缆工井形式和其中电缆接头的布置情况

表 8-5　电缆沟道、隧道中通道净宽允许最小值　　单位:mm

电缆支架特征	电缆沟道深			电缆隧道
	≤600	600~1 000	≥1 000	
两侧支架间净通道	300	500	700	1 000
单列支架与壁间通道	300	450	600	900

在 110 kV 及以上高压电缆接头中心两侧 3 000 mm 范围内,通道净宽不小于 1 500 mm。

为了适应多根电缆敷设于一层上,且使更换和增减方便,国标规定,水平敷设情况下电缆支架的各层间垂直距离应符合表 8-6 的规定。

对于隧道敷设,还应注意电力电缆均为发热源,当有较多电缆缆芯工作温度持续达到 70℃ 以上或其他影响使环境温度显著升高时,电缆隧道必须采取自然通风措施。因为当环境温度升高时,电缆的载流能力将下降,特别是 XLPE 绝缘电缆对环境影响较为敏感。这是由于 XLPE 绝缘电缆的过载能力远低于油纸电缆。

表 8 - 6　电缆支架层间垂直距离的允许最小值

单位：mm

电缆电压等级、类型、敷设特征		普通支架、吊架	桥架
控制电缆明敷		120	200
电力电缆明敷	10 kV 及以下，但 6～10 kV XLPE 绝缘电缆除外	150～200	250
	6～10 kV XLPE 绝缘电缆	200～250	300
	35 kV 单芯	250	300
	110～220 kV，每层 1 根		
	35 kV 三芯	300	350
	110～220 kV，每层 1 根以上		
电缆敷设在槽盒中		$h+80$	$h+100$

注：h 表示槽盒外壳高度。

　　电缆共同沟内的电缆敷设在今后将是城区内电缆敷设的一个很大的课题，电缆共同沟内有水、电气、通信等各种管路及线路。图 8 - 7 所示为通信与电力电缆共同敷设，在这里敷设电缆，电缆与热力管道、热力设备之间净距，平行时不应小于 1 m，交叉时不应小于 0.5 m。在这样的隧道内应多采用防护、在线检测等其他措施，从而避免由于其他事故而波及电力电缆运行安全。

8.2.4　桥梁及水下敷设

　　当电力电缆通过桥梁时，由于桥梁上没有很多防护措施，且为了避免由于电缆事故而引起桥梁安全问题：其一，电缆应敷设于桥梁人行道下的电缆沟内或穿入耐火的管道中，应避免在桥梁中安装接头盒；其二，由于桥梁属于振动较大的基础，电缆在其上常年振动会引起电缆进入桥梁部位金属疲劳，因此为防止疲劳，桥梁两伸缝处应留有松弛部分,如图 8-9～图 8-11 所示;其三,对于采用悬吊架的电缆,一般悬吊距离应大于 0.5 m,如图 8-8 所示。

共同沟

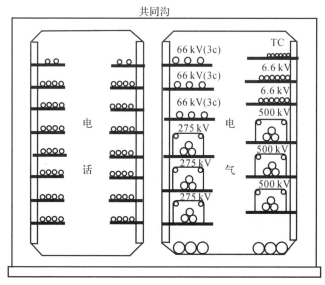

图 8-7　共同沟敷设

桥梁添架管路

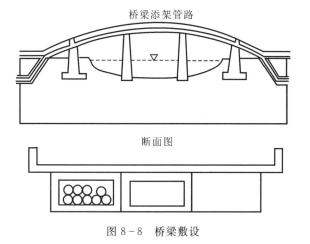

断面图

图 8-8　桥梁敷设

图 8-9　桥和陆地之间过渡

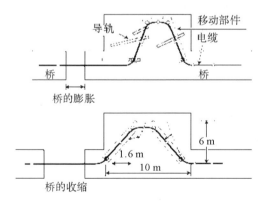

图 8-10　桥和陆地之间连接处伸缩装置

图 8 - 11　实际使用的伸缩装置

　　我国是一个多江河湖泊的国家,几大中心城市市区布满河流和湖泊,还有沿海岛屿上的供电,这些都要求电力电缆须通过水面。

　　由于在水中的电缆没有支持物,完全靠电缆自身维持,这就给电力电缆提出一个机械强度方面的问题。由于缆芯不能承受过大拉力,因此水中电力电缆首先在结构上应区别于一般电缆,常采用钢丝铠装来补充机械强度,对于过海电缆,由于跨度大,必须采用双层钢丝铠装。

　　XLPE 绝缘电缆由于没有防水的金属护层(对于 35 kV 及以下),PVC 护套的透水性较大,因此敷设于水底的 XLPE 绝缘电缆,要么采用金属护套,要么采用 PE(聚乙烯)护套,这样的措施能够降低电缆进水的程度。对 110 kV 及以上电压的 XLPE 绝缘电缆在用于水下电缆时必须采用金属护套和阻水层、阻水线芯结构,防止故障时水进入电缆。

由于在码头、渡口、水工构件附近等处,机械作业较多,对电缆的外力破坏概率较大,因此电缆不宜敷设于此。再有,水中有沉船、石山、拖网渔船活动区域,也不易敷设,这是由于水的流动会带动电缆一起运动,当电缆碰上这些东西时会造成电缆损伤。水下电缆相互间严禁交叉、重叠,相邻的电缆应保持足够的安全距离。国标规定,在主航道内,电缆相互间距不宜小于平均最大水深的1.2 倍。在非通行的流速未超过 1 m/s 的小河中,同回路单芯电缆相互间距不得小于 0.5 m,不同回路电缆间距不得小于 5 m。当水中电缆与工业管路相遇时,水平距离不应小于 50 m。对于电缆引至岸上的区段,应采取保护措施,如沟槽敷设,必要时设置工井,但底层应在水平面 1 m 以下,也可采用迂回形式预留适当备用长度电缆,并做警告标志。

8.2.5　屋内电缆的敷设

在很多情况下电缆是敷设在屋内的,例如发电厂、变配电所以及一般工矿企业内部的配电线等。电缆在房屋内部可以敷设在地沟里、装在支架上、挂在墙上或吊在天花板上(见图 8 - 12～图 8 - 14)。

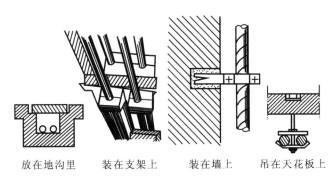

放在地沟里　　装在支架上　　装在墙上　　吊在天花板上

图 8 - 12　屋内电缆的设置方法

图8-13　电缆在屋内的敷设方式　　图8-14　电缆在屋内的敷设方式

在房屋里,电缆外面应增加防火带或涂料。地沟一般是由混凝土灌成的,隐藏在地面下。沟顶部和地板齐平的地方,可用有孔铁板、水泥盖板或木板盖住。如果采用木板,则底面必须用耐火材料如石棉、铁皮等包住,以防着火。电缆在沟里可以放在沟底或用支架承托,无须卡牢。电缆从地沟引出到地面的部分,共离地2 m高度内的一段必须用铁管或铁皮做的盖罩保护,以免被外物碰伤。采用裸铅包电缆时,必须注意避免铅包与新灌的水泥或潮湿的混凝土表面接触;否则,铅包会受化学作用,渐渐被腐蚀以至烂穿。在这种情况下,可用软土或黄砂衬垫或把电缆装在支架上。地沟应保持干燥,在通向层外的地方如果有地下水,而且水面在沟底以上,则应当采取防止水流入沟内的措施。

装在屋内墙上、支架上或天花板上的电缆,应牢固地加以固定。直敷时须在每一支持点处固定;平敷时须在各终端点、拐弯处及接头匣处固定。电缆支架的距离不应超过下述的数值:平敷时电力电缆为1 m,控制电缆为0.8 m;直敷时电力电缆为2 m,控制电缆为1 m。

电缆夹具一般是用铁制的,但对于单芯电缆,须改用非磁性的材料制造,如黄铜、青铜、铝、木料或塑料等。所有支架及夹具都应当涂以防锈漆或加以镀锌,所有金属夹具必须用地线连接,可靠接地。裸铅包电缆在夹具卡牢的地方,应用麻带、铅皮或其他软的材料衬垫,以免铅包受伤。有数条电缆并列装置时,可用同时卡牢二根或多根电缆的夹具。

电缆相互交叉时必须用支架隔开,如图 8-13 和 8-14 所示,电缆重叠会造成散热不良,载流量下降,严重时会引起电缆热击穿和火灾。

8.2.6 电缆在托盘、梯架中敷设

1. 电缆托盘、梯架所用板材的允许最小厚度

电缆托盘、梯架所用板材的允许最小厚度见表 8-7。

2. 托盘内允许电缆充填面积

托盘内允许电缆充填面积见表 8-8。

关于填充率,各国也不一样。为便于选用,推荐动力电缆按 45%~50% 的填充率,控制电缆按 50%~70% 的填充率。

表 8-7 电缆托盘、梯架所用板材的允许最小厚度

托盘、梯架宽度/mm	允许最小板厚/mm
<150	1.0
150~300	1.4
300~500	1.6
500~700	2.0
>700	2.3

表 8-8 托盘内允许电缆充填面积

托盘宽度/mm	多导线电缆充填面积最大值/mm²	
	桥架或有通风孔型托盘	实底托盘
150	4 375	3 438
300	8 750	6 876
450	13 125	10 314
600	17 500	13 752
750	21 875	17 190
900	26 250	20 628

关于托盘、梯架的发展裕量,根据《电缆托架设计导则》(美 C. J. Kalupa)"电缆托架内要为以后增加电缆或为正在设计中的托架进行扩充留出足够的备用空位。一般留 $10\%\sim25\%$ 备用空位是合适的"。因此,选用托盘、梯架横截面积的公式为

$$\left.\begin{array}{l}S_{D}=n_{1}\pi d_{1}^{2}/4+n_{2}\pi d_{2}^{2}/4+\cdots+n_{n}\pi d_{n}^{2}/4\\ S=KS_{D}/\eta\end{array}\right\} \quad (8-1)$$

式中,S_D 为电缆总截面积,mm^2;$n_1,n_2,\cdots,n_n$ 为同型号规格电缆根数;$d_1,d_2,\cdots,d_n$ 为同型号规格电缆直径,mm;S 为托盘、梯架横截面积,mm^2;K 为裕量系数,取 $1.10\sim1.25$;η 为填充率,$\%$。

3. 荷载等级的选择

在荷载等级中规定的额定均布荷载是在 2 m 的跨距条件下确定的,但在实际工程中往往小于或大于 2 m,为此,在安装或检修有附加集中荷载时,它的等效均布荷载值 q,为

$$q=2P/L \quad (8-2)$$

式中,P 为附加集中荷载,N;L 为跨距,m。

上式是根据最大弯矩值相等的条件推导出的。只有一个集中荷载 P 作用在简支梁的跨中时的最大弯矩为

$$M_{1max}=PL/4 \quad (8-3)$$

而受均布荷载作用时的最大弯矩为

$$M_{2max}=qL^2/8 \quad (8-4)$$

式中,q 为均布荷载。

当 M_{1max} 与 M_{2max} 相等时,就得出等效均布荷载值的表达式。

实际工程中,特殊荷载条件如超重、大跨距(大于 6 m)的情况是经常碰到的。其支架、吊架、托盘、梯架形式可由设计部门提出详图,也可以委托厂方设计或计算,但都必须满足强度、刚度、稳定性的要求。

4. 支、吊架配置

均布荷载与支、吊架跨距的二次方成反比。例如,在跨距 $L=$

2 m 时,额定均布荷载为 q_E,如果实际桥架的跨距 L_G 不等于 2 m 时,工作均布荷载 q_G 应满足:

$$q_G \leqslant q_E(L/L_G)^2 \qquad (8-5)$$

若实际跨距为 3 m,4 m,5 m,6 m 时,代入上式,可得

$$
\left.
\begin{array}{ll}
3 \text{ m} & q_G \leqslant 0.44q_E \\
4 \text{ m} & q_G \leqslant 0.25q_E \\
5 \text{ m} & q_G \leqslant 0.16q_E \\
6 \text{ m} & q_G \leqslant 0.11q_E
\end{array}
\right\}
$$

可见,支、吊架跨距越大,托盘、梯架的承载能力越小。

在确定支、吊架跨距时,除满足工作均布荷载小于或等于额定均布荷载之外,还要满足相对挠度小于或等于 1/200。

在实际工程中,户内支、吊架跨距多为 1~3 m 之间,户外立柱间距则多为 6 m,因此须经过校核计算。

5. 托盘、桥架的接地

用作设备接地线的电缆桥架的金属横截面积要求见表 8-9。

表　8-9　最小截面积要求

桥架上电缆回路中的最大自动过电流保护的额定值或整定值/A	金属最小横截面积[1]/in²	
	钢质电缆桥架	铝质电缆桥架
0~6	0.20(129 mm²)	0.20
60~100	0.40(258 mm²)	0.20
101~200	0.70(452 mm²)	0.20
201~400	1.00(645 mm²)	0.40
401~600	1.50[2](968 mm²)	0.40
601~1 000		0.60
1 001~1 200		1.00
1 201~1 600		1.50
1 601~2 000		2.00[2]

注:[1]走线梯或走线架型电缆桥架的两个边栏的总横截面积,导槽型电缆桥架或单套构件电缆桥架中的金属最小横截面积。

[2]不应将钢质电缆桥架用作保护装置为 600 A 以上的线路的设备接地线。不应将铝质电缆桥架用作保护为 2 000 A 以上线路的设备接地线。

8.3　电缆敷设方法

电力电缆的敷设方法主要分为人工敷设和机械敷设,在机械敷设中,又分为陆上和水下敷设两种,这两种方法使用的机械不一样。

8.3.1　人工敷设

人工敷设是指用人力来完成电缆的敷设工作,这种敷设方式多用于明沟、直埋、山地等无法使用机械的地方,有时也用于隧道内敷设,这种方法费用小,不受地形限制。但在人力搬动过程中,很易损伤电缆。

人工敷设方法的步骤:

(1)首先将电缆盘移动到现场最近处,安放好。

(2)然后将电缆从电缆盘上倒下来,注意倒下的电缆必须以"8"字形放在地上,不能缠绕和挤压,转弯处的半径应符合要求。

(3)视电缆的大小,每隔 2～5 m 站一人,将电缆抬起。切不要将电缆在地上拖拉,这样不仅可能损坏电缆外护套,而且会使阻力过大损伤钢带铠装。

(4)将电缆小心放入挖好的电缆沟内,然后填砂,盖保护板。

人工敷设一般不考虑电缆受力问题,只须注意电缆扭曲和人工安全问题。

8.3.2　陆上机械敷设

8.3.2.1　敷设中的要求

陆上机械敷设可分为电缆输送机牵引敷设和钢丝牵引敷设。

1.电缆输送机牵引敷设

电缆输送机敷设,是将电缆输送机按一定间隔排列在隧道、沟道内。电缆端头用牵引钢丝牵引。根据国标要求,机械敷设电缆时应注意使最大牵引强度不大于表 8-10 规定。同时电缆输送机的速度不超过 15 m/min,对于 110 kV 及以上电缆或在复杂路径上敷设时,其速度可适当放慢。采用牵引头牵引电缆是将牵引头与电缆线芯固定在一起,受力者为线芯;采用钢丝网套时是电缆护套受力,其牵引强度如表 8-10 规定。一般的制造厂商已将牵引头安装在电缆上(对于 110 kV 及以上电压等级电缆)。

表 8-10　电缆最大牵引强度　　单位:N/mm²

牵引方式	牵引头		钢丝网套		
受力部位	铜芯	铝芯	铅芯	铝套	塑料护套
允许牵引强度	70	40	10	40	7

使用电缆输送机敷设方法应注意的事项如下。

(1)在敷设路径落差较大或弯曲较多时,用机械敷设 35 kV 及以上电缆时,即使已作过详细计算,然而很可能在施工中超过允许值,为此,要在牵引钢丝和牵引头之间串联一个测力仪,随时核实拉力。

(2)当盘在卷扬机上的钢丝绳放开时,牵引绳本身会产生扭力,如果直接和牵引头或钢丝网套连接,会将此扭力传递到电缆上,使电缆受到不必要的附加应力,故必须在它们之间串联一个防捻器。

(3)上面提到的输送速度问题,如果不按该速度输送,当速度过快时,电缆会发生以下问题:①电缆容易脱出滑轮;②造成侧压力过大损伤电缆外护套,如使外护套起纹等;③使外护套和内部绝缘产生滑动,破坏电缆整体结构。

(4)牵引速度应和电缆输送机速度保持一致。这两个速度的调整是保证电缆敷设质量的关键,两者的微小差别会通过输送机直接反映到电缆的外护层上。

(5)当有弯曲路径的电缆敷设时,牵引和输送机的速度应适当放慢。过快的牵引或输送都会在电缆内侧或外侧产生过大的侧压力,而 XLPE 绝缘电缆外护层为 PVC 或 PE 材料制成,当侧压力大于 3 kN/m² 时,就会对外护层产生损伤。

敷设电缆时,施工人员对于拉引力应当有一个估计,以便安排合适的牵引工具和足够的劳动力。电缆的拉力一般都是用普通的摩擦力原理来计算的。应用这个原理是假定电缆的拉引速度不变,所以不把弹性和惰性的影响计算在内,由于电缆的质量,在它和滑轮或隧管的接触面之间,产生了压力。这个压力乘以接触面的摩擦因数,所得的摩擦力就是拉引时所必须克服的阻力。在平直的线路上,除了电缆质量所产生的压力之外,没有其他的压力存在,拉引力量就和电缆质量及摩擦因数成正比,可用下列公式表示:

$$T = KWLg \qquad (8-6)$$

式中,T 为拉引力量,N;K 为摩擦因数;W 为单位长度电缆的质量,kg/m;L 为电缆长度,m。

K 的数值变化较大,视电缆和隧管表面的光滑程度、滑轮的灵活性等而定,其平均值在 0.4 ~ 0.6 之间,一般可以较安全地采用 0.75。电缆线路的拐弯对拉引有一定的阻碍,因此在土沟中敷设时,在弯曲地点要另加牵引力,但在隧管中敷设时,这样做就不可能。在这种情况下,在电缆头处所施的拉力就必须相应地增大,它可以按电缆等值直线的长度来计算。换言之,即把弯曲部分的长度换算为等值直线的长度。换算公式如下:

(1)水平弯曲(见图 8-15(a))为

$$L_2 = L_1 \cosh k\theta + \left(\sqrt{L_1^2 + \left(\frac{R}{K}\right)^2} \sinh k\theta \right) \qquad (8-7)$$

(2)水平敷设,带有上坡的弯曲(见图 8-15(b))为

$$L_2 = L_1 e^{k\theta} - \frac{R_1}{1+K^2}\left[2\sin\theta - \frac{1-K^2}{K}(e^{k\theta} - \cos\theta)\right] \qquad (8-8)$$

$$L_3 = L_2 + d\left(\frac{1}{K}\sin\theta + \cos\theta\right) \qquad (8-9)$$

$$L_4 = L_3 e^{k\theta} + \frac{R_2}{1+K^2}\left[2e^{k\theta}\sin\theta + \frac{1-K^2}{K}(1 - e^{k\theta}\cos\theta)\right]$$
$$\qquad (8-10)$$

（3）水平敷设，带有下坡的弯曲（见图 8-15(c)）为

$$L_2 = L_1 e^{k\theta} + \frac{R_1}{1+K^2}\left[2\sin\theta - \frac{1-K^2}{K}(e^{k\theta} - \cos\theta)\right]$$
$$\qquad (8-11)$$

$$L_3 = L_2 - d\left(\frac{1}{K}\sin\theta - \cos\theta\right) \qquad (8-12)$$

$$L_4 = L_3 e^{k\theta} - \frac{R_2}{1+K^2}\left[2e^{k\theta}\sin\theta + \frac{1-K^2}{K}(1 - e^{k\theta}\cos\theta)\right]$$
$$\qquad (8-13)$$

式中，L_1，L_3 为电缆在弯曲起始点处的等值直线长度，m；L_2，L_4 为电缆在弯曲终点处的等值直线长度，m；R，R_1，R_2 为电缆弯曲半径，m；θ 为弯曲角度，rad；d 为两个弯曲中间的直线部分长度，m；k 为摩擦因数；e 为自然对数的底数。

在实际工程应用中，敷设电缆如图 8-16 和图 8-17 所示。

【例 1】　图 8-15(d) 表示一根 6 kV 统包型，三芯 95 mm² 裸铅包电缆，敷设在甲、乙之间的隧管中。隧管中间有一个水平 45° 的弯曲，其半径为 10 m，另有一个垂直 90° 的弯曲，其半径为 3 m。电缆水平部分的直线长度 d_1，d_2 分别为 120 m 和 100 m，垂直部分长度 d_3 为 20 m。单位长度电缆的质量为 5.2 kg/m。假定摩擦因数为 0.5，求乙端的拉力。

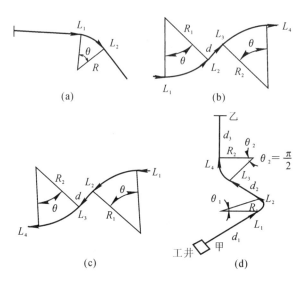

图 8 - 15　电缆敷设带有不同的弯曲情况

（a）水平弯曲；　（b）水平敷设，带有上坡的弯曲；

（c）水平敷设，带有下坡的弯曲；　（d）垂直敷设，带有水平的弯曲

图 8 - 16　水平蛇行敷设

图 8-17　　垂直蛇行敷设

解　应用式(8-7),得

$$L_1 = d_1 = 120 \text{ m}$$

$$L_2 = 120\cosh\left(0.5\frac{\pi}{4}\right) +$$

$$\left[\sqrt{120^2 + \left(\frac{10}{0.5}\right)^2}\sinh\left(0.5\frac{\pi}{4}\right)\right] =$$

$$129.2 + 49 = 789.2 \text{ m}$$

$$L_3 = L_2 + d_2 = 278.2 \text{ m}$$

应用式(8-13),得

$$L_4 = 278.2 e^{\frac{0.5\pi}{2}} -$$

$$\frac{3}{1+0.25}\left[2\sin\frac{\pi}{2} - \frac{1-0.25}{0.5}\left(e^{\frac{0.5\pi}{2}} - \cos\frac{\pi}{2}\right)\right] =$$

$$612 + 3.12 = 615.12 \text{ m}$$

在 L_4 处的拉引力,用式(8-1)计算,$0.5 \times 5.2 \times 615 \times 9.8 \approx$ 16 000 N;在乙端的总拉力应等于垂直部分电缆的质量再加上在 L_4 处所需的拉力,因此,等于 16 000 + 5.2 × 20 × 9.8 ≈ 17 040 N。

从上述例子可以看出,电缆的实际长度约为 260 m,如果全部敷设于平直的隧管中,则所需的拉力不过 6 700 N 左右。现因弯曲关系,使拉力增加了约1.5倍,较之电缆全部质量尚超过25%。这种情况当然是不合理的,但作为一个例子,可以弯曲对敷设电缆所产生的影响变得更明了。

2. 钢丝牵引敷设

单纯钢丝牵引法特别适用于大截面电缆。当电缆自重较大时,如果仍然采用传统方法,会使得使用滑轮较多,对牵引头作用力已经超过电缆导体最大位伸力。如图8-18和图8-19所示。具体做法是:首先选用 2 倍于电缆长的钢丝绳,将牵引用卷扬机放在电缆盘的对面位置,将滑轮按一定距离安放全线路,钢丝绳从电缆盘开始沿路线通过各滑轮,最后到达卷扬机上。然后将电缆按 2 m 间距做一个绑扎,均匀绑在钢丝绳上,这时一边使卷扬机收钢丝,一边将电缆盘上放下的电缆绑在钢丝上。这种敷设方法由于牵引力全部作用在牵引钢丝上,而牵引电缆的力通过绑扎点均匀作用在全部电缆上,因而不会造成对电缆的损伤,且费用较小,比较适用于小型安装队,但使用这种方法应注意以下问题:

(1)两绑扎点的距离取决于电缆自重,自重较轻的电缆可选用较大间距。两绑扎点的距离可由下式得出:

$$LfW \leqslant P \qquad (8-14)$$

式中,L 为两绑扎点距离,m;f 为摩擦因数,各种牵引条件下的摩擦因数见表8-11;W 为电缆单位长度质量,kg/m;P 为护套和内层产生滑动的最小力。

(2)在电缆转弯处,由于钢丝和电缆的转弯半径不同,必须在此设置各自转弯用滑轮组,当电缆开始进入转弯时,应解开绑扎,转弯完成后再扎紧。

(3)绑扎时应注意:应该用一段绳子首先在钢丝上绑扎牢,再用另一端将电缆扎牢,如果将电缆和钢丝扎在一起,很可能在牵引时钢丝和电缆护套之间形成相对滑动损伤外护层。

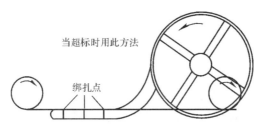

图 8-18 钢丝绳牵引敷设

(a)   (b)

图 8-19 电缆敷设

(4) 牵引速度应考虑电缆转弯处的侧压力问题。由于钢丝绳走小弯, 它的速度在此处相对电缆要快一些, 这样会在电缆上增加一个附加侧压力, 只有降低速度方可使这个应力逐渐消失, 否则会损伤电缆外护层。

表 8-11 各种牵引条件下的摩擦因数 (仅供参考)

牵引条件	摩擦因数
钢管内	$0.17 \sim 0.19$
塑料管内	0.4
混凝土管, 无润滑剂	$0.5 \sim 0.7$
混凝土管, 有润滑剂	$0.3 \sim 0.4$
混凝土管, 有水	$0.2 \sim 0.4$
滚轮上牵引	$0.1 \sim 0.2$
沙中牵引	$1.5 \sim 3.5$

注: 对于外护套上有石墨层的电缆, 其摩擦力要远小于正常值。

8.3.2.2　敷设完成后的固定

电力电缆在敷设完成后应根据需要对不同区域进行固定,这些固定方式分为三类,即刚性固定、挠性固定,以及介于两者之间的固定方式。

1. 电缆的刚性固定

电缆的刚性固定是电缆的热膨胀位移受到约束的固定的方式。最常见的直埋敷设就是这种刚性固定方式。设计电缆系统刚性固定的准则如下:

(1)电缆附件的结构必须能耐受电缆导体和金属套的最大推力而不致受到损伤或变形。

(2)电缆的连接金具必须能够承受由电缆热胀冷缩所引起的最大拉力。

虽然在刚性固定系统中电缆实际上不会发生位移,但在电缆线路的直线部分,金属套在每次热循环时其压缩应变也随之变化,压缩应变 ε 由下式决定:

$$\varepsilon = \alpha_s \Delta\theta_s \qquad (8-15)$$

式中,α_s 和 $\Delta\theta_s$ 分别为金属套的线膨胀系数和相对环境温度的温升。对于直埋电缆和敷设在空气中作刚性固定的大部分电缆,其金属套的温升 $\Delta\theta_s$ 是很小的,因此对金属套疲劳寿命影响不大。但是当 $\Delta\theta_s$ 超过 35℃ 时,特别是对铅套电缆就会产生较大的影响。从这一点看,铅套电缆不如铝套电缆。因此对铅套电缆应尽量提高其最大允许应变。

在电缆系统的弯曲部分,导体的最大推力会对绝缘施加横向压力,有

$$p = \frac{F_c}{Rd} \qquad (8-16)$$

式中,p 为横向压力,Pa;F_c 为电缆导体上的最大推力,N;R 为弯曲半径,m;d 为导体直径,m。

在式(8-16)中,电缆导体上的最大推力 F_c 为

$$F_c = k_c \alpha_c \Delta\theta_c E_c A_c \qquad (8-17)$$

式中,k_c 为导体的松弛因数,一般为 0.75,视导体的结构而定;α_c 为导体的膨胀系数,$℃^{-1}$,对铜导体为 $17 \times 10^{-6} ℃^{-1}$,对铝导体为 $24 \times 10^{-6} ℃^{-1}$;$\Delta\theta_c$ 为导体最高温度相对于环境温度的温升,$℃$;E_c 为导体的等值弹性模量,N/m^2,取决于导体结构和材料,以及导体周围绝缘层对它的约束程度,由于各制造厂在绞合导体中单线根数或分割情况、扭绞系数、退火程度的不同而导致导体结构的不同,要获得正确的等值弹性模量必须进行实际测量;A_c 为导体的截面积,m^2。

　　上述横向压力对充油电缆并不重要,但对压缩弹性模量较小的 XLPE 绝缘电缆应加以限制。过大的横向压力将会使导体向弯曲部分的外侧位移。一般导体的允许位移量以绝缘厚度的 10% 作为其极限值,如小于此极限值在解除电流负荷后导体不会产生永久性位移。在运行时导体温度为 90℃ 的情况下,导体位移为绝缘厚度的 10% 时,相应的横向压强约为 0.9 MPa,于是可根据式 $(8-16)$ 算出电缆系统的最小允许弯曲半径 R_{min},如果此值超过制造厂规定的电缆在安装后的最小允许弯曲半径,应以 R_{min} 为准,否则会使电缆受到不应有的损伤。由此可知,电缆在安装时的允许最小弯曲半径除了受金属套的可弯性限制外,还受到电缆运行时的导体最大推力,也就是导体温度的限制。因此建议在预鉴定试验后应解剖被试电缆系统的弯曲部分,观察导体是否发生了永久性的位移。

　　当直埋线路电缆离开地面至终端时,为保持刚性一致,一般用密集排列的电缆夹子将电缆固定在支架上作刚性固定。作这种刚性固定时,直线部分电缆夹子之间的电缆在不发生横向位移的情况下能够承受的最大推力称为临界力 F_c。因此电缆的最大推力 F 必须小于 F_c,并应留有适当的安全裕度。F_c 可按材料力学中压杆端部各种不同约束情况下临界力的欧拉公式确定:

$$F_c = \pi^2 EJ/(\mu l)^2 > F$$

$$l < \frac{\pi}{\mu}\sqrt{\frac{EJ}{F}} \qquad (8-18)$$

式中,l 为电缆夹子之间的距离,m;E 为由实验室测定的电缆的等值弹性模量,N/m^2;J 为电缆横截面的惯性矩,m^4,弹性模量与惯性矩的乘积 EJ 称为电缆的弯曲刚度,N·m^2;F 为电缆的最大推力,N;μ 为长度因数。

在材料力学中,当压杆两端均由铰链支承时,$\mu=1$;当压杆两端均完全固定时,$\mu=0.5$。对于弯曲刚度较大的铝套电缆受推力作用时,在夹子的约束部分相当于"铰链",取 $\mu=1$;而对于弯曲刚度较小的铅套电缆受推力作用时,夹子的约束部分介于"铰链"和"完全固定"之间,取 $\mu=0.7$。电缆夹子的结构会影响这两种不同金属套电缆的工况,以上是基于夹子为具有倒角的常规夹子,并且在电缆与夹子之间有一层厚度为 3～5 mm 的橡皮衬垫层。

选用上述方法确定电缆夹子之间的间距后,在直线部分不会发生横向位移,但在弯曲部分会发生一些挠曲而产生附加的应变的变化,为了防止这一现象的发生,通常是在电缆的弯曲部分将固定夹子的间距缩小至直线部分夹子间距的 50% 或更小,视弯曲半径大小而定。

2. 电缆的挠性固定

电缆在隧道中一般采用允许电缆在长度方向伸缩和在横向可以位移以容纳在发热时的膨胀并在冷却时收缩而恢复到原始状态的这种挠性固定方式。

为了能将电缆的横向位移控制在预先确定的限度之内而不产生过度的疲劳应变,通常将电缆的初始形状敷设成近似的正弦波形(亦称蛇形),并以合适的间距用夹子固定电缆,使产生的膨胀转变为正弦波幅的增加。

在隧道内,可以有电缆在垂直平面内运动或在水平面内运动的两种挠性固定方式。

(1)电缆在垂直平面内运动的挠性固定。这是最常用的电缆挠性固定系统。这时电缆被彼此间隔较大距离的一些夹子固定,如图 8-20 所示。在夹子之间的初始偏距 f_0 随温度的增加而增大。

对夹子间距的要求不像刚性固定那么严格,可以在以下给出的限度内选择,以适应可采用的各种固定。一般而言,为了经济,在这些限度内应选择尽可能大的间距。

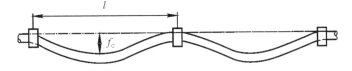

图 8-20　电缆在垂直平面内运动的挠性固定系统

电缆的质量由夹子支承,如果夹子的间距过大,在夹子中电缆的侧压力也过大,这将在夹子的边缘产生过分的弯曲。如假定夹子的长度大致与电缆外径相等并且夹子的边缘有适当的圆角,在实践中有经验公式:

$$l \leqslant \frac{D_e^2}{65W} \qquad (8-19)$$

式中,l 为夹子间的距离,m;W 为电缆的单位质量,kg/m;D_e 为电缆外径,mm。

此外,为避免在夹子边缘处的电缆过分弯曲,电缆由于自重而产生的位移 δ 应至少小于夹子间所要求的偏距 f_0 的 1/5,以确保获得满意的膨胀和收缩运动。因此必须估算初始的夹子间距并核对 δ 和 f_0 的判据,即

$$\delta = \frac{Wl_4}{39.2EJ} \leqslant \frac{f_0}{5} \qquad (8-20)$$

式中,δ 为由自重而产生的电缆的位移,m;EJ 为电缆的弯曲刚度,N·m^2;f_0 为初始偏距,m;l 为夹子间距,m;W 为电缆的单位质量,kg/m。

在确定夹子间距后,再计算 f_0 值,一般不小于 $2D_e$。但有些情况下需大于 $2D_e$,以便确保由热运动产生的在金属套中的应变

的变化不超过由金属套的疲劳特性所确定的最大值。为简化对金属套应变的计算,假定整条电缆的纵向膨胀随着导体膨胀而一起膨胀。于是金属套的总应变为由电缆的伸长引起的应变以及由于导体和金属套不同膨胀引起的应变的绝对值之和。根据以上假定,可以表明金属套最大应变的变化 $\Delta\varepsilon_{\max}$ 将不会很大,只要

$$f_0 \geqslant \frac{2\alpha_c \Delta\theta_c D}{\mid \Delta\varepsilon_{\max} \mid - \mid \alpha_c \Delta\theta_c - \alpha_s \Delta\theta_s \mid} \qquad (8-21)$$

式中,α_c 为导体的线膨胀系数,$℃^{-1}$;$\Delta\theta_c$ 为导体最高温度相对于环境温度的温升,℃;α_s 为金属套的线膨胀系数,$℃^{-1}$;$\Delta\theta_s$ 为金属套最高温度相对于环境温度的温升,℃;D 为金属套外径(或皱纹铝套的平均外径),mm;$\Delta\varepsilon_{\max}$ 为电缆正常运行时由于负荷电流热循环产生的金属套最大应变的允许值,对设计寿命为 30～40 年的典型系统而言,铅合金套为 0.1%,铝套则为 0.25%。

(2)电缆在水平面内运动的挠性固定。这种挠性固定系统是将电缆在水平面上敷设成正弦波形,而夹子则装在正弦曲线的节点上,如图 8-21 所示。这种夹子一般被设计成能够旋转,当电缆运行时可绕其垂直轴旋转口。

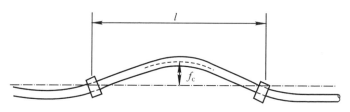

图 8-21　电缆在水平面内运动的挠性固定系统平面图

但旋转夹子的成本高,而且难以确保这种夹子在线路的整个使用寿命期内一直能自由旋转,因此还是采用固定夹子为好,夹子的长度大致与电缆外径相同,并且采用厚 3～5 mm 的橡皮垫片。这种夹子必须按如图 8-21 所示的合适的角度去安装。电缆

因热循环产生的运动在很大程度上会受到夹子间电缆的外表面与支撑面之间的摩擦力的影响,为此应降低电缆在支撑面上运动时产生的摩擦力,使电缆只能在水平面上运动,并使空气能沿电缆周围作适当的流动以利于散热。在实践中,夹子的间距 l 为

$$l = \frac{D_e}{20}\ (\mathrm{m}) \tag{8-22}$$

式中,D_e 为电缆的外径,mm。

电缆的初始偏距 f_0 可按式(8-21)确定。对于设计寿命为 30～40 年的典型的电缆线路,每日应变的变化对铝合金套电缆的最大允许值为 0.1%,而对铝套则为 0.25%。

3. 刚性和挠性固定的交界处

在一般情况下,在一条电缆线路上最好采用相同的一种固定方式,但在实际上有时要采用刚性和挠性两种固定方式,从一种固定方式过渡到另一种固定方式时,在它们之间的交界处应采取特殊措施,在 IEC62067 中也要求将这些措施包括在预鉴定试验中。如果不采取特殊措施则电缆导体会从刚性固定部分位移到挠性固定部分。这种位移会危及绝缘层,而且可能产生金属套的过度应变。同样,在设计电缆线路时也应采取措施。

对充油电缆开发了一种特殊的锚锭接头,在原则上也可应用于交联电缆,但这种接头虽对铝套电缆而言是最可靠的方案,但成本太高。为此也可在交界处的直埋部分将电缆敷设成一系列的波浪形使金属套内的缆芯在运动时受到较大的摩擦阻力,从而限制了导体的位移。对于铝套电缆可允许非常有限的两种混合固定方式。在按挠性固定方式敷设的电缆线路中允许有一段短的刚性固定(如在穿越道路时电缆敷设在有填充物的管道中),但刚性固定部分的长度应尽可能地短,以不超过几米为妥。

8.3.3 水底电缆敷设

水底电缆敷设方法比较复杂,应注意很多问题。水底敷设时,由于电缆接头制作比较困难,同时要求密封性高于其他接头,因此应尽量避免使用接头,应按跨越长度订货。

敷设方法分为以下两种。

(1)当水面不宽时,可将电缆盘放在岸上,将电缆浮于水面,由对岸钢丝牵引敷设。这种敷设方法应注意的问题在于,电缆牵引力应小于电缆最大承受力,这时电缆线路的自重和水阻力是造成抗拉力的主要因素,摩擦力基本不考虑。同时,长度敷设时,钢丝绳退扭会引起电缆打扭,为此必须增加防捻器。

(2)当在宽江面或海面上敷设时,或在航行船频繁处施工时,应将电缆放在敷设船上,边航行边施工。为了减少接头,这些电缆的制造长度较长,只能先将电缆散装圈绕在敷设船内,电缆的圈绕方向应根据铠装的绕包方向而定。同时,为了消除电缆在圈内和放出时因旋转而产生的剩余扭力,防止敷设打扭,电缆放出时必须经过具有足够退扭高度的放线架以及滑轮,刹车至入水槽,然后敷设至水底,电缆敷设过程中应始终保持一定的张力,一旦张力为零,由于电缆铠装的扭应力,会造成电缆打扭。如图8-22所示,电缆敷设过程中是靠控制入水角度来控制电缆张力的。电缆敷设时张力近似计算公式为

$$T = \frac{W_s H}{1 - \cos\alpha} \tag{8-23}$$

式中,W_s 为电缆在水中的质量,kg;H 为水的深度,m;α 为电缆入水角。

自入水点至电缆接触水底之间的距离可按下式计算:

$$D = H \cdot \frac{\operatorname{arcsinh}(\tan\alpha)}{\sec\alpha - 1} \tag{8-24}$$

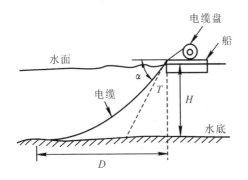

图 8-22　水底电缆自船上入水的情况

为了便于运算,式(8-23)中 $\dfrac{T}{W_{s}H}$ 和公式(8-24)中 $\dfrac{D}{H}$ 对入水角 α 的关系,可用曲线表示,如图 8-23 所示。电缆的入水角一般应在 30°～60° 之间。当水深超过 30 m 时,这个角度应接近 60°,使电缆所受的拉力不至过大。电缆的入水角可按下式计算:

$$\cos\alpha = -\frac{W_{s}}{176rv^{2}} + \sqrt{\left(\frac{W_{s}}{176rv^{2}}\right)^{2} + 1} \qquad (8-25)$$

式中,r 为电缆半径,m;v 为电缆船的绝对速度,m/s。

电缆在水中的质量,由于水的浮力作用,较在空气中轻。但电缆入水后,其保护层吸收了一些水分,因此计算时须将在空气中的质量作约 8% 的调整。电缆在水中的质量可用下式求得:

$$W_{s} = 1.08W - \pi r^{2} \times 1\,000 \quad (\text{kg/m}) \qquad (8-26)$$

式中,W 为单位长度电缆在空气中的质量,kg/m;r 为电缆半径,m。

敷设水底电缆的最大允许拉引力,应根据电缆钢丝铠的机械强度来决定,一般应有 5 倍以上的安全因数。

钢丝铠的机械强度可按下式计算:

$$P = \frac{\pi d^{2}}{4} n R_{p} \qquad (8-27)$$

式中,d 为每根钢丝的直径,mm;n 为钢丝根数;R_p 为钢丝拉断应力,×10 MPa;一般低碳钢丝为(35～50)×10 MPa。

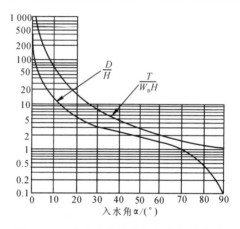

图 8-23　水底电缆拉力与入水角的关系

应根据以上各参数的实际值控制入水角的大小,一般入水角应控制在 30°～60° 范围,入水角过大,会使电缆打圈,入水角过小,敷设时拉力过大,可能超过电缆允许拉力而损坏电缆。一般敷设速度控制在 20～30 m/min 时,比较容易控制敷设张力,保证施工质量和安全。如果使用非钢丝绳牵引的敷设船敷设电缆,船速一般应控制在 3～5 km/h。

另外,水底电缆在登陆,船身转向,甩出余线时,水底电缆易打扭,一般余线入水时必须保持张力,应顺潮流入水,敷设船不能后退或原地打转,余线应全部浮托在水面上,再牵引上岸。

8.4　电缆防火与阻燃

塑料电缆,特别是 XLPE 绝缘电缆,由于 XLPE 材料本身为易燃材料,在电流存在的情况下,即使使用阻燃护套也一样会燃烧。根据调查,自 1962 年以来,仅发电厂发生的电缆火灾事故就达 62 起之多,随着机组容量增加,电缆增多,特别是近年引入塑料外护套的塑料电缆以来,电缆火灾事故所造成的直接或间接经济损失日益严重。因此在保证电缆敷设和电缆附件安装质量的前提下,在施工中按设计做好防止外部或内部引起电缆火灾和起火后延燃工作至关重要。

8.4.1　常用于电缆的材料燃烧特性

常用于电缆的材料的燃烧特性见表 8 - 12。

表 8 - 12　常用于电缆的材料的燃烧特性

材料名称	软化温度 ℃	熔化温度 ℃	自燃温度 ℃	引燃温度 ℃	比热 kcal·kg⁻¹
PVC	80~100	200~210	~455	350~400	4 300~6 700
PE		220	~355	~344	11 000~ 11 400
矿物油			320 *	510	11 000
Al, Pd, Cu, 钢的熔化温度	660, 320, 1 083, 1 084				

8.4.2　塑料电缆燃烧时析出有毒气体的含量

PVC 燃烧后一般析出 HCL(氯化氢)有毒气体,析出含量在 100℃时大约为 50%,在 300℃时约为 85%。在表 8 - 13 中可以看到电缆燃烧时气体析出含量。

在一般情况下,HCL 的浓度超过 $1\,000\times10^{-6}$ 的吸入量,人类将有生命危险。一氧化碳气体的摄入量在 400×10^{-6},30 min 的作用将危及生命。浓度为 7%~10% 的二氧化碳对人体作用几分钟后,人就会失去意识。

表 8 - 13　　电缆燃烧时气体析出含量

电缆类型和基材		PVC			氯丁(二烯)橡胶	
		普通	难燃	非常难燃	普通	难燃
析出数量/(mg·g⁻¹)		339~580	210~280	90~160	190	150
几分钟后析 出数量	CO/(%)	5	0.1			
	CO_2/(%)	15	0.5			

8.4.3　电缆燃烧时的烟雾含量

燃烧塑料电缆将产生大量烟雾,浓烟对处于该环境中的人的感觉或逃生将产生不利的影响,对消防操作也同样产生不利影响。为此,各国纷纷制定了一些标准,美国材料测试标准和美国 ASTM E662(1983),美国 ASTM D4100(1982)等使用的 Dm 标志,IEC1034(1991,1997)为所有电缆或美国保险协会标准,UL910(1991,1998)UL1685 等,使用 It(透光率)标志。

中国标准 GB12666.7 和 IEC1034 相当。使用不同阻燃剂的 PVC 的 Dm 等于 116~229,卤素聚烯烃材料的 Dm 等于 28~120(ASTM622),无卤素和柔性的交联聚乙烯绝缘材料的 Dm 分别为50 和 90。

中国标准要求普通聚氯乙烯复合阻燃电缆护套,低烟 PVC 护套料和低卤阻燃电缆材料的 Dm 分别为 500~600 和 170~220。

8.4.4　防火层对热阻的影响

对于电缆通过防火保护层的一部分,正常电缆的热电阻将增加或热量分布将会恶化,局部电缆的温度将会升高,通过没有散热的密封层部分电缆是一种最严重的情况,可以得出以下公式:

$$\frac{\theta_{\mathrm{m}}-\theta_{\mathrm{o}}}{\theta_{\infty}-\theta_{\mathrm{o}}}=1+\frac{2}{n^{\frac{1}{4}}}\frac{L}{D}\sqrt{\frac{DU}{K}}+\frac{2}{n^{\frac{1}{2}}}\frac{DU}{K}\left(\frac{L}{D}\right)^{2} \tag{8-28}$$

式中,θ_{m} 是防火层中电缆线芯温度,℃;θ_{∞} 是远离防火层电缆导体温度,℃;θ_{o} 是环境温度,℃;D 是电缆导体直径,m;L 是防火层厚度,m;n 是通过防火层的电缆数量;U 是在电缆槽盒中所有电缆热交换系数,5.5～8.8 W/(m^2·℃);K 是电缆的热传播系数,W/(m·℃)。

美国使用 305 mm 发泡防火层来试验温度升高,θ_{m} 和 θ_{∞} 中心温度分别是 4℃和 19℃。使用 203 mm 厚的有机硅发泡防火阻燃材料时,测得的电缆载流量校正系数从 0.81 到 0.91。中国使用厚度分别是 120 mm,240 mm,300 mm 的防火墙作为防火措施,测得的通过中心电缆线芯温差($\theta_{\mathrm{m}}-\theta_{\mathrm{o}}$)是 8℃,15.6℃,18.6℃,相应的载流量校正系数是 0.9,0.82 和 0.78。如果在常温下采用良好传热材料,$\theta_{\mathrm{m}}-\theta_{\mathrm{o}}$ 的值是非常小的。

8.4.5　热传导对背火面温度的影响

金属导体将把火的高温传导到背火的一面,所引起的温度升高可以用下列公式进行计算:

$$\left.\begin{array}{l}\theta(x,t)=\theta_{\mathrm{o}}+(\theta_{\mathrm{f}}-\theta_{\mathrm{o}})\mathrm{e}^{-mx}\\[2mm]m=\sqrt{\dfrac{hp}{kA}}\end{array}\right\} \tag{8-29}$$

式中,$\theta(x,t)$ 在背火面 x 处电缆表面的温度,℃;θ_{o} 是环境温度,℃;θ_{f} 是面对火源方向电缆温度,℃;h 是从电缆向空气中散布热量的热交换系数,kJ/(m^2·h·℃);k 是电缆导体的热交换系数,kJ/(m^2·h·℃);p 是电缆横截面外径面积,m;A 是电缆导体截面面积,m^2。

日本曾经使用在正面 1 010℃/2h 火源,在背火面相距 150 mm 的 3×60 mm^2 电缆和 3×14 mm^2 电缆的 $\theta(x,t)$ 是 430℃和 280℃(而根据公式计算的值为 440℃和 294℃)。因此,在防火电缆的邻近电缆中使用防火涂料和防火包最好。

8.4.6　附加阻燃剂和防火方法对运行中电缆载流量的影响

1. 防火涂料和防火包的影响

日本已经使用 3 mm 的非膨胀型防火涂料进行测试和测量，确定由于使用防火涂料电缆的载流量 I_R 将下降 $1\% \sim 3\%$；美国也使用涂敷法在密集排列的电缆上涂敷防火涂料厚度达到 3.1 mm 和 6.2 mm，结果测试发现电缆载流量在这两种情况下分别下降 2% 和 3%；中国已经使用 0.7 mm 厚的防火包带用于 50% 回路上，这样的结果就能达到防火效果，并且测量显示电缆线芯的温升不超过 $0.6 \sim 1℃$，电缆载流量 I_R 比正常情况下降小于 1%。

2. 在钢铁电缆槽盒中电缆载流量 I_R 下降值的测试结果

测试结果见表 8-14 和表 8-15。

表 8-15　电缆复合材料密封电缆槽盒 K_1 值

槽　　盒			在槽盒中电缆和结构特征			K_1
类型	宽×高×厚	形式	电缆数量	排列层数	电缆距离	
难燃玻璃钢制品		VJLV-3×240	1	1		0.9
		VLV-3×25	18	3×6	紧靠	0.889
复合玻璃钢制品		3×35　VLV-1	4		$S=2d$	0.885
		LYV-10	4		$S=2d$	0.945
		VLV-1	8		紧靠	0.874

表8-14 在钢制槽盒中电缆载流量 I_R 校正系数的测试结果

结构特征	热保护覆盖盖	槽盒的宽×高/mm	电缆芯数	单芯电缆的排列	排列层数	电缆数量	当电缆排列时，有间距、无间距，及间距数值	K_2	K_1
在苏联使用的全封闭槽盒	没有	500×200	单芯		1	6	电缆外直径的宽度	0.82	0.93
		650×600	单芯		3	18	一些排列较紧，一些等于电缆直径	0.72	0.96
		500×200	3		3	18	一些排列较紧，一些等于电缆直径	0.80	0.83
			3		2	8	是	0.74	0.76
			3		1	7	紧密	0.71	0.75
在美国使用的全封闭槽盒	没有	610×76，1.5 mm厚度的板	3		2	68	电缆占槽盒宽78%，占槽盒深96%	0.71	
在日本使用的全封闭槽盒	是			硅酸盐盖板					0.70
				玻璃纤维盖板					0.60
在中国使用的具有透气性的半封闭槽盒	是		3		1	4			0.86
						7			0.80
在中国使用的半封闭槽盒	是		3		1	7			0.98
					2	14			0.945

* K_1 是在槽盒封闭和打开情况下，具有相同电缆类型和数量的电缆载流量 I_R 的比值。K_2 是在槽盒中有多根电缆和槽盒打开中有单根电缆两种情况下，电缆载流量 I_R 的比值。

8.4.7 防火安全措施

(1)为了防止电缆着火后使整条线路延燃和蔓延到其他重要部门,在电缆穿过竖井、墙壁、楼板或进入电气盘、柜的引洞处,用防火堵料封堵密实。

(2)在重要的电缆沟和隧道中,要求分段(一般为 200 m)或用软质耐火材料设置阻火墙,竖井中每隔约 7 m 设置防火隔层。

(3)对重要回路的电缆,可单独敷设于专门的沟道中或耐火封闭槽盒内,或对其施加防火涂料及防火包带。

(4)在电力电缆接头两侧及相邻电缆 2~3 m 长区段,增加防火涂料或防火包带。

(5)对于在外部火势作用一定时间内须维持通电电缆的,应选用耐火性电缆。

除此以外,电缆隧道内还可施放灭火装置和报警器。

目前几种防火材料及措施的具体施工要求如下:

(1)防火涂料应按一定浓度稀释,搅拌均匀,并应顺电缆长度方向进行涂刷。涂刷层次或次数,应符合涂料使用要求。

(2)防火包带绕包时,应拉紧密实,缠绕层数或厚度应符合技术要求,绕包完毕后,每隔一定距离,应绑扎牢固。

(3)封堵电缆孔洞用的砂、水泥或膨胀材料,应严实可靠,不应有明显裂缝和可见孔隙。

(4)难燃电缆,现行国家标准将电缆的难燃分为三类,即 A,B,C。在实现有效阻止电缆延燃,同时有附加防火阻燃措施和使用难燃电缆的情况下,难燃电缆选用 A 类比 B,C 类有利于简化附加措施;反之,增加防火阻燃措施时用 B 和 C 类难燃电缆。

8.4.8 防火试验标准

(1)IEC60331:1999,这个标准是在 1970 年发表的,虽经过了近 30 年,修订时标准的基本特征没有改变。试验是在水平安装喷嘴和 750℃/3h 的状态下,被测试电缆挂在规定的高度,在此期间,电缆应能在额定电压下保持足够的绝缘。

(2)英国标准 BS6387(1984,1994)和 IEC60331 测试方法相似,具有相同的一般条件。温度和作用时间分别为:650℃/3h,750℃/3h,950℃/3h 和 950℃/20min(一般情况),对应于:A,B,C,S 等级;650℃/30min 为 W 类(淋雨);650℃/15min,750℃/15min 和 950℃/15min 是 X,Y,Z 等级(脉冲)。

(3)中国测试标准等效于 IEC60331,但按照 950℃(A),750℃(B)类别划分,时间为 1.5 h。标准中温度类别可用于严酷环境,而缩减耐火时间就足以适应通用电缆群的持续燃烧过程,并有相当大的安全裕度。

第 9 章　XLPE 绝缘电缆附件安装

电缆附件是电缆线路中各种电缆接头和终端的统称。电缆接头是电缆与电缆相互连接的装置,起着使电路畅通,保证相间和相对地绝缘、密封和机械保护等作用。电缆终端是装配到电缆线路末端用以保证与电网其他用电设备的电气连接,并提供作为电缆导电线芯绝缘引出的一种装置。

由于电缆品种很多,使用环境复杂,连接方式和要求各不相同,从而使电缆附件品种也相对较多。而对 XLPE 绝缘电缆,其附件大致可分为以下几种。

户内终端在室内条件下使用,不受大气影响。目前用于 XLPE 绝缘电缆的户内终端形式多样,体积较小,例如 20 世纪 80 年代后期国内使用的预制件、热缩件、冷缩件、接插式附件(肘型)等。接插式附件终端可以在无电压、有电压无电流、有电压有负荷等几种状态下接插,给运行检修带来很大方便。

户外终端是在户外使用的终端,相对环境比较差,附件要承受日晒、雨淋、气温变化、工业污染等条件且要保证运行良好。

接头对于中低压电缆来说,其目的都只有一个,而对于高压电缆来说,由于需要消除护层感应电压的危害,因而出现了交叉换位功能,所以就有绝缘接头和直通接头之分。

9.1　电缆附件的基本性能

各种电缆附件都有其优点和缺点,要保证长期运行的安全性,电缆附件就必须达到下述最基本的技术和工艺要求。

9.1.1　电气绝缘性能

电缆附件所用材料的绝缘电阻、介质损耗、介电常数、击穿强度,以及由材料与结构确定的最大工作场强要满足不同电压等级电缆的使用要求。此外,还应考虑干闪距离、湿闪距离、爬电距离等;有机材料作为外绝缘时还应考虑抗漏电痕迹、抗腐蚀性、自然老化等性能。只有满足这些要求才能说附件基本上达到了电气上满足。

9.1.2　附件的耐热性

电缆附件材料除了电气老化外,还有热老化问题。材料在长期热状态下运行,会对安全运行和使用寿命产生影响,因此电缆附件除了考虑介质损耗发热外,还应考虑导体不良接触发热、热阻率和散热能力等因素。否则,再好的绝缘,热量散发不出去也会造成局部热量集中,当这个热量达到材料的最高极限时,材料就会分解或软化,而使绝缘出现热击穿。

9.1.3　电缆附件结构的合理性

电缆附件中除了上面提及的因素外,结构的合理性十分重要。如果结构不合理,在某处出现电场集中,这时,再厚的绝缘也无法阻止击穿的发生。还有,即使绝缘结构设计安装合理,如果在密封结构上不注意,运行中进入潮气,同样会导致击穿。

9.1.4　工艺性

电缆附件安装时,应严格遵守制作工艺规程,因为这些工艺流程,都是经过千百次试验安装编写出来的,它能保证在安装后长期可靠运行,特别是近年来新发展的几种附件,如冷缩、预制、接插式附件,工艺要求很严。千万不能把工艺简单和工艺要求等同看待,越是工艺简单的附件如预制件,接插式附件,它们的工艺要求越严格。

同时还得注意环境要求,一般在室外制作 6 kV 及以下电缆终端和接头时,其空气相对湿度宜为 70% 以下;制作 10 kV 及以上电缆安装附件时,其空气相对湿度应低于 50%。当湿度大时,可提高环境温度或加热电缆,使用局部去湿机,特别是 66 kV 及以上高压电缆附件施工时,应搭临时工棚,防止杂质落入绝缘,环境温度要严格控制,温度宜为 10~30℃。

每次移动或弯曲过热缩电缆附件最好用火焰再一次收缩,防止移动或弯曲后,由于外力使绝缘界面产分离影响绝缘性能。同时,每次检修应对附件中的连接部螺栓再次紧固,防止接触不良事故发生。

9.2　绕包附件安装

9.2.1　10 kV 终端

绕包附件一般用于户内临时终端。外面附加热缩管或冷缩管可作为长期附件,其工艺如下。

(1)电缆准备:剥切外护套、钢铠、半导电屏蔽绝缘,尺寸见图 9-1 及表 9-1。

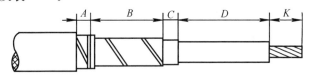

图 9-1　10 kV 电缆终端剥切尺寸示意图

A—铠装长度;B—金属屏蔽长度;C—外半导体长度;

D—绝缘长度;K—导体连接长度

表9-1　绕包终端剥切尺寸(推荐尺寸)

电缆截面/mm²	A/mm	B*/mm	C/mm	D/mm	K/mm
120 及以下	40	100	20	200	55
150 及以上	40	200	20	200	65

*尺寸 B 可根据要求加长。

(2)绕包应力锥:离开半导电屏蔽 10 mm 处开始绕包应力锥,锥长 50 mm,锥最高处附加绝缘厚 5 mm,然后用半导电带将半导电屏蔽引到最高点之外 10 mm 处,再一次用绝缘带绕包全部电缆表面 2 mm 厚。如用应力带可在半导电带上搭接 20 mm 长后,绕包 100 mm 长,半搭叠,第二层长度 50 mm,然后用绝缘带绕包其上。

(3)焊地线:将地线绕三相一周并点焊,然后和铜带、钢铠连接并焊牢后引出,再用绝缘带将钢铠、铜带屏蔽保护起来,即完成。

如用热缩材料,首先安装地线,并用热缩手套密封,再包应力锥,最后用热缩管密封应力锥。

9.2.2　10 kV 接头

(1)电缆准备:剥切外护套、钢铠、半导电屏蔽绝缘,尺寸见图 9-2 及表 9-2。

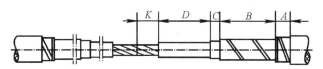

图 9-2　电缆接头剥切尺寸示意图

A—铠装长度;B—金属屏蔽长度;C—外半导体屏蔽长度;

D—绝缘长度;K—导体连接长度

表 9-2　绕包接头剥切尺寸(推荐尺寸)

电缆截面/mm²	A/mm	B*/mm	C/mm	D/mm	K/mm
120 及以下	40	100	40	150	55
150 及以上	40	150	40	150	65

(2)在两电缆各相离半导电屏蔽 10 mm 处开始绕包应力锥(如使用应力带,方法同终端,长度为 70 mm,第二层为 40 mm),长度为 50 mm,最高点处厚度与附加绝缘厚度一样为 9 mm,然后用保护 PVC 带包好,开始连接。

(3)连接好的接管表面打磨、清洗,用半导电带半叠搭绕两层,去除临时 PVC 带,开始绕包绝缘带。先从接管处绕起,直至附加绝缘绕包厚度达 9 mm 为止,图 9-3 所示为绕包结构图。

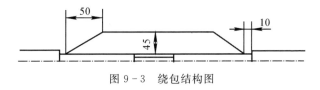

图 9-3　绕包结构图

(4)用半导电带将两屏蔽接起来,再用铜编织网恢复铜屏蔽。

(5)用绝缘带将三相收紧后,绕包一定厚度,用过渡编织铜线连接两边钢铠(或用金属壳体)。

(6)最后用热缩护套管恢复外护套,两边和电缆外护套搭接100 mm。

9.2.3　35～110 kV 接头

图 9-4 所示为 110 kV 绕包型直线接头示意图。

(1)电缆准备:剥切电缆外护套、金属护套、防水层、半导电屏蔽绝缘、线芯,尺寸见图 9-5 及表 9-3。绝缘表面用 80(120),150,

200,400,600,1 000 号六种砂纸打磨,将电缆外护金属管套入两边电缆上,两边外护套上应刮去 200 mm 长的半导电层。

(2)连接:使用 60 t 以上压钳,用六角压接(然后用圆形压接),再用砂纸打磨,在绝缘上用硅脂涂一层后用布擦去多余硅脂。

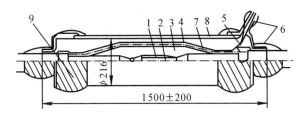

图 9 - 4　绕包结构(110 kV XLPE 绝缘电缆直线连接头)

1—连接管;2—半导电带;3—附加绝缘;4—半导电带;5—接地线;

6—密封;7—防水带;8—金属外壳;9—外防水密封绝缘带

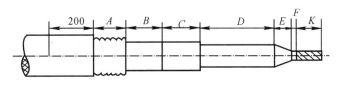

图 9 - 5　电缆剥切尺寸

A—金属护套长度;B—防水带长度;C—绝缘半导体长度;D—绝缘长度;

E—反应力锥长度;F—内半导体长度;K—导体连接长度

表 9 - 3　绕包 35~110 kV 接头剥切尺寸(推荐尺寸)

电压等级/kV	A mm	B mm	C mm	D mm	E mm	F mm	K mm
35		100	50	200	50	5	
66	150	50	50	275	95	10	
110	200	50	50	350	110	20	

（3）用半导电带半叠搭在连接管上来回绕包两层，再开始从接管处包绕绝缘，增绕绝缘厚度 d（根据第 5 章 5.5 节计算确定）。

（4）应力锥位置从半导电屏蔽 20 mm 处开始。

（5）用半导电带恢复外半导电屏蔽（对于绝缘接头，外半导电屏蔽两侧应有一定的绝缘，两屏蔽之间的绝缘厚度为 8 mm 左右）。

（6）为了防止应力锥变形，恢复完半导电屏蔽层后，用绝缘带在应力锥外增绕一加强锥，从应力锥高 2/3 处开始做一长度为 100 mm 的附锥，如图 9 - 6 所示。

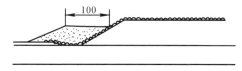

图 9 - 6　加强锥结构

（7）用防水胶带绕包整个接头表面两层，并和原电缆防水布带或波纹铝护套连接。

（8）安装金属护管，将已套入两边的金属护套提出并连接（如为绝缘接头，该连接处也应绝缘起来）。两边焊接至电缆金属护套上，并用密封填充胶将两端密封及中间连接处密封，然后在壳体内浇注树脂。

（9）用热缩护套（或玻璃丝环氧带）绝缘金属壳体，最后用防水胶带再次绕包连接处，安装完毕，用防水胶带再次绕包连接处。

9.3　热缩附件安装

9.3.1　10～35 kV 户内外终端

9.3.1.1　10 kV 终端（三芯）

1. 安装注意事项

（1）XLPE 绝缘电缆热缩头的安装质量关键在于准备工作，如剥切护层、去除屏蔽和清洁绝缘表面等,各项工作应仔细进行。

（2）剥去护层、金属铠装、金属屏蔽和绝缘屏蔽时不得损伤主绝缘,屏蔽层的端部要平整,不要有毛刺和凸缘,对可剥离屏蔽层,应注意在剥离根部时不要产生微气隙。

（3）要彻底清洁绝缘表面残留碳粒,必要时用砂布打磨,最后用溶剂清洁干净。

（4）焊接地线用烙铁,不得使用喷灯,避免损伤绝缘。

（5）接线端子选用密封端子,不要使用管材制作的端子,避免潮气侵入线芯。

（6）在刀割热缩管时端面要平整,不要有尖端、裂口,否则收缩时将因应力集中而开裂,应力管不得随意切割。

2.安装步骤

（1）剥除电缆护层、铠装、填充物,对无铠装电缆,铜屏蔽护层端应予绑扎,见图 9－7 及表 9－4。

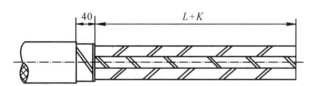

图 9－7　电缆剥切尺寸

表 9－4　户内、户外电缆剥切尺寸

分类	L_{min}/mm	K/mm
户内	400	接线端子孔深加 5
户外	450	

（2）焊接地线,选用镀锡编织扁铜线作为引出线,地线应在每相线芯上缠绕一周并与铜带屏蔽多点焊牢,如图 9－8 所示。

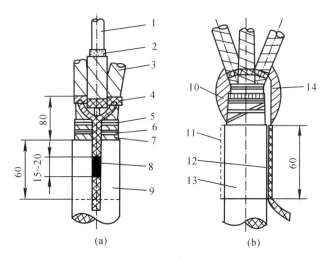

(a)　　　　　　　　(b)

图 9 - 8　地线焊接及填充

(a)单芯；　(b)三芯

1—电缆绝缘；2—绝缘屏蔽；3—铜带屏蔽；4—接地线焊点；5—绑扎线；
6—绑扎线及焊点；7—钢铠；8—密封段、地线；9—电缆外护套；
10—绕包填充；11—密封胶；12—接地线；13—电缆外护套；14—接地线

（3）安装分支套,在电缆护层上作明显限位标记,清洁护层表面,平整地线,包绕密封胶带两层,地线夹在胶带中间适当填充三叉部位周围,使其平整,套装分支套,从中部开始收缩,均匀加热使热熔胶充分熔化挤出。

（4）按尺寸剥除铜屏蔽和绝缘屏蔽,如图 9 - 9(a)所示。

（5）按需要确定引线长度,剥除端部绝缘,压接端子,填充绝缘和端子间隙使之平滑,如图 9 - 9(b)所示。

（6）清洁绝缘表面,应确保平整光滑,表面无碳迹,套入应力管(黑色)加热收缩,应力管端部与分支套对接平整,目前有的附件屏蔽断口远离分支套,这时应保证应力管搭接铜屏蔽 5 mm,其余相同,如图 9 - 9(c)所示。

　　(7)三相分别套入外管,涂胶端与分支套密封,由下往上收缩(外管长度应刚好与线端子接齐),套入过渡密封套,收缩于端子和外管间。冷却后擦净绝缘表面,户内热缩头即告完成。

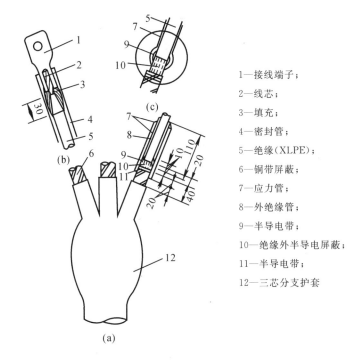

1—接线端子;

2—线芯;

3—填充;

4—密封管;

5—绝缘(XLPE);

6—铜带屏蔽;

7—应力管;

8—外绝缘管;

9—半导电带;

10—绝缘外半导电屏蔽;

11—半导电带;

12—三芯分支护套

图 9 - 9　应力管安装及密封

　　(8)安装雨裙:三孔雨裙,三孔雨裙应尽量往下,定位后收缩固定。按推荐尺寸定位单孔雨裙,端正收缩,户外热缩头即告完成,如图 9 - 10 所示。

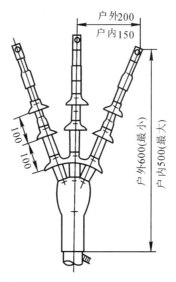

图 9-10 三芯热缩附件整体结构

9.3.1.2 35 kV 终端(三芯)

1. 安装注意事项

(1)应仔细进行各项操作,确保安装质量。

(2)剥除护层、金属铠装、铜带和外屏蔽时不得损伤主绝缘,屏蔽端部要平整光滑,不要有毛刺和凸凹。

(3)彻底清洁绝缘表面,不得有残留碳迹或刮痕,必要时可用细砂布打磨抛光,最后用溶剂清洁擦净。

(4)焊接地线用烙铁,不要直接使用喷灯,以免损伤绝缘,地线应先绑扎牢固后再锡焊,地线引出密封后,在护套外再用绑线绑扎一次,以防损伤分支护套。

(5)XLPE 绝缘电缆铝导体为紧压线芯,外径小于同等标称截面的非紧压(扇形)线芯,因此在选用接线端子时应慎重。接线端子应选用密封端子,不得使用管材压制的端子,避免潮气直接进入线芯。

(6)线芯最小弯曲半径为 $10D$(D 为线芯外径),三芯分相后的各线芯均应加装热缩管保护,各密封部位要用木锉或粗砂布打毛,增加黏结密封效果。

2. 加热收缩技术

(1)所有热缩管件均系橡塑材料,经特殊工艺加工制作,温度达 110～120℃ 时材料开始收缩,收缩率为 30%～40%;材料在 140℃ 时短时间作用性能不受影响,但局部高温长时间作用将损伤甚至烧毁材料。

(2)开始加热收缩管件时,要将火焰缓慢接近材料,在其周围移动,确保径向未收缩均匀后再缓慢延伸,将火焰朝向未收缩方向,以便预热管材收缩均匀,应遵循工艺中推荐的起始收缩部位和方向,由下往上或由一边向另一边收缩以有利于排除气体和密封。

(3)为确保附加热缩管和包敷材料的紧密接触和黏结强度,套入每层管件前,被包敷部位和黏结密封段应预热,随后用溶剂清洁,去除火焰碳沉积物,使层间界面接触良好。

(4)收缩完全的管子应光滑无皱褶,能清晰看出其内部结构轮廓,密封部位应有少量胶挤出,以表明密封完善。

3. 安装说明

(1)剥除护层:根据电缆终端构架结构及电缆固定位置、三相终端布置,按边相所需尺寸确定剥除护层尺寸($L+A$),A 的长度用细钢丝实测或按 $A \leqslant B+C$ 计算。当 $A>1\,500$ mm 时,应特殊订货。增加护套管长度,按图 9-11 和图 9-12 所示尺寸剥除护套钢铠和内衬层。三相线芯要加强绑扎,防止线芯松散,保护电缆护套及三芯分支护套。剥除内衬层开始时,为防止铜带松散,用胶粘带包缠端部。

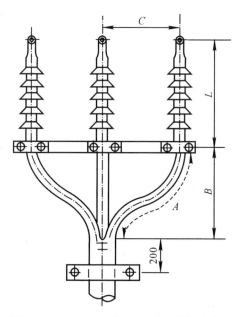

图 9 - 11　WSY - 35/3.4,35 kV 热缩头布置

(2)焊接地线如图 9 - 13 所示。选用 25 mm² 镀锡编织铜线作电缆铜带引出地线,将编织线拆开分成三股分别绑扎固定在三相铜带上用锡焊牢固,地线绑扎在钢铠上或单独使用编织铜接地线绑孔在钢铠上焊牢,辨别确定各相位置,相线经调整后基本就位,避免交叉。

(3)填充分支和绕包密封胶如图 9 - 14 所示。用塑料带或电缆内衬包裹焊接部位,使其平整,保护分支护套;清洁电缆护套表面,绕包密封胶带两层,将地线包夹在胶带中间,长度为 60 mm。

(4)加装分支套和护套管;尽量往下套入分支套,确保密封段有 60 mm,从护套中部开始,往下收缩,随后再向上收缩,反复烘烤密封部位,使胶充分熔化,以获得良好密封效果。

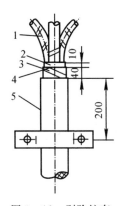 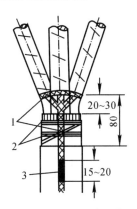

图 9 - 12　剥除护套　　　　图 9 - 13　焊接地线

1—铜带;2—内衬层;3—钢铠;　　　1—焊点;2—绑扎;

4—绑扎;5—护套　　　　　　　3—防潮段

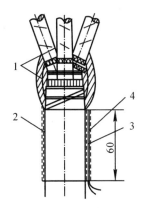

图 9 - 14　填充分支绕包密封胶

1—填充;2—密封胶带;3—防潮段;4—接地线

　　再次测量从分支到终端构架各相长度,按各相所需切取护套管(留有适当裕度)。在分支套各相端部包绕密封胶带 30 mm,套入该相所需长度的护套管,由下往上加热收缩,各相分别进行。若护套管长度不够可续接,搭接密封段包胶带长度不小于 40 mm。

(5)剥切铜带和绝缘屏蔽:按终端布置,确定各相固定位置,按图 9 - 15 所示尺寸切除多余热缩护套管,剥除铜带、半导电屏蔽层。

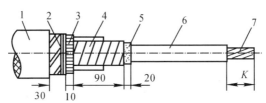

图 9 - 15　剥切铜带和绝缘屏蔽

1—电缆外护套;2—绑扎;3—内衬层;
4—铜带屏蔽;5—绝缘屏蔽;6—电缆绝缘;7—导体

操作时不要损伤绝缘和留有碳迹,屏蔽边缘应平滑整齐,必要时可用细砂布均匀打磨绝缘表面,包 PVC 带临时保护,图中长度 K 为端子孔深加 5 mm。

(6)安装接线端子:接端子孔深加 5 mm 长度切剥主绝缘,压接端子,去除棱角、毛刺,适当削切绝缘端部以获得平滑过渡。

(7)加装应力管:用溶剂再次清洁绝缘和护套表面,此时电缆应基本竖直就位,在屏蔽端部用半导电胶条绕包填充间隙,搭接于屏蔽和绝缘之间宽 5 mm。套入应力管,下端与屏蔽铜带搭接,对接于护套管,由下往上缓慢加热收缩,确保收缩紧密平整。

(8)加装外绝缘管:用溶剂清洁应力管表面,去除碳迹,在应力管上端用填充黄胶包绕填充,使端部平滑过渡,去除气隙,接线端子与绝缘间隙及压坑用黄胶填充,护套上部包密封胶带 50 mm。套入外绝缘管,与护套搭接 50 mm,由下往上加热收缩,缓慢充分加热使外管收缩充分,包敷紧密。以下端挤出少量胶为宜,切除接线端子上的多余管材,用溶剂清洁表面,去除碳迹。

(9)加装密封套:预热接线端子,置密封套于端子和外管之间,由上往下收缩便于就位。

(10)按图 9 - 18 所示间距尺寸,由下往上加装雨裙,雨裙仅仅内口收缩,加热时避免安装倾斜,雨裙间距为 100 mm,加装 5 个雨裙。

冷却后用溶剂清洁表面碳迹,就位固定电缆和终端,安装完毕。

9.3.2　10～35 kV 单芯户内外终端

1. 安装总则

(1)推荐使用液化石油气作为火炬燃料,尽量避免使用汽油喷灯。

(2)调节火炬气门以端部发黄的柔和火焰为好,避免蓝色尖状火焰。

(3)保持火焰朝着前进方向以预热管材。

(4)除去和清洗所有将与黏合剂接触的表面上的油污。

(5)在安装密封套之前应预热接线端子。

(6)首先从半导体屏蔽处加热收缩管材,然后分别向接线端子和护套方向加热收缩管材。

(7)火炬应螺旋状前进,保证管子沿周围方向充分均匀收缩。

(8)收缩完毕的管子应光滑无皱褶,并能清晰地看到其内部结构的轮廓。

2. 准备工作

(1)按图 9 - 16 及表 9 - 5 所示($L+K$)长度剥去电缆外护套。

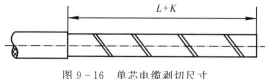

图 9 - 16　单芯电缆剥切尺寸

表 9 - 5　10 kV 和 35 kV 单芯电缆剥切尺寸

电压/kV	L/mm		K/mm
	户内	户外	
10	300	350	接线端子孔深 5
35	750	750	

（2）用铜编织带在离外护套端 10 mm 处的金属屏蔽带上包扎一圈，焊牢并用锡填满铜带与编织带之间的空隙，使之成为一条宽为 10 mm 的防潮段，并留下足够长的铜编织带作为接地线。

（3）留 50 mm 铜带屏蔽层和半导电屏蔽层，其余剥除。然后包绕塑料带数层于半导电屏蔽层上以保护屏蔽层。

（4）用溶剂如三氯乙烷（也可选用其他溶剂）彻底清洗并除去主绝缘上的导体痕迹和其他污物，然后拆除塑料带。

（5）如果主绝缘表面不光滑，则须均匀地涂上一层薄薄的硅脂。

3. 安装步骤

（1）按上述要求准备妥当后，套入应力管，应力管套到绝缘屏蔽层的根部，并与铜带搭接 10 mm，按安装总则要求加热收缩之。

（2）包绕胶带并套入外管，外管应与外护套搭接 60 mm，按安装总则要求收缩管材，以收缩至溢出少量黏合剂为好。

（3）以接线端子孔深加 5 mm 剥切主绝缘，切口应平滑，压接防水接线端子,用黄胶填满间隙,然后套上过渡密封管,过渡密封管的中部应在间隙的中心,然后按安装总则要求收缩。收缩之前应先预热端子。

(4)安装完毕户内热缩头,如图 9-17 所示。

(5)户外终端还应安装雨裙,10 kV 装 3 只,35 kV 装 5 只,第 1 只应距外管根部 130 mm,各只之间的距离为 60 mm。

(6)在电缆终端冷却至环境温度前,不应施加机械应力。

(7)安装完毕户外热缩头,如图 9-18 所示。

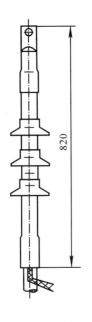

图 9-17　35 kV 单芯交联聚
乙烯电缆户内热缩
头 HSY-35/1.4

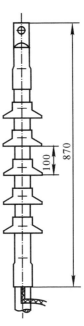

图 9-18　35 kV 单芯交联聚
乙烯电缆户外热缩
头 WSY-35/1.4

9.3.3　接头(10 kV 单芯及三芯)

9.3.3.1　单芯接头

1. 准备电缆,剥除护层,屏蔽处理

(1)接头附近 2 m 电缆应校直,两边电缆重叠 200 mm,在中部作中心标志线,切割电缆。

(2)按推荐尺寸剥除电缆护套、铜带、绝缘屏蔽和端部绝缘,如图 9 - 19 所示。

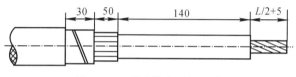

图 9 - 19　单芯接头剥切尺寸

在护套端部 200 mm 范围,使用钢锉或粗砂布均匀打毛,清洁后用临时包带保护以确保密封。铜带边缘应绑扎避免松散。绝缘屏蔽端部应平整光滑,绝缘表面应去除碳迹,用细砂布打光表面,并用溶剂清洁,对包带内加石墨层的屏蔽电缆,屏蔽留 10 mm,然后用导电自粘带绕包延伸至 50 mm,以确保密封。

2. 压接连接管

将成套热缩管套入一端电缆,顺序为导电管、绝缘管、护套管,安装连接管用绝缘管,校对尺寸,绝缘管的两端和两边屏蔽相距 10～20 mm。

压接连接管,确保压接质量,避免运行中接头过热,去除连接管棱角、毛刺,并进行清洁,校直电缆。

用导电胶(半导电自粘带)填平压坑,并在导体连接部分包绕两层半导电带与电缆内屏蔽搭接,但不得与绝缘层搭接。

3. 安装绝缘管和恢复屏蔽

再次清洁绝缘表面,在连接管部位用乙丙自粘带绕包填平,直至直径小于电缆本体绝缘;表面应基本平坦,并在两端屏蔽层间绝缘表面上绕包一层或两层乙丙自粘带。

拉出绝缘管,置于中部,从中部开始往两端加热收缩。因绝缘管厚,应缓慢充分加热,使之完全充分收缩,慎防出现层间气隙。

在绝缘管两端包绕适当的自粘胶带,宽约 30 mm,呈平坦锥形。

拉出导电管,置于绝缘管之上加热收缩,连续操作以确保层间接触良好,消除气隙,在导电管两端用乙丙自粘带包绕,加强密封。

4. 恢复铜屏蔽

用软编织铜网,包绕整个接头,并将两端与电缆铜带扎牢焊接,用塑料带和白布带扎紧,以保护整个接头并确保平整。

5. 安装护套管

10 kV 单芯 XLPE 绝缘电缆热缩连接盒结构如图 9 - 20 所示。两端电缆护层和热缩护套内壁均应打毛,清洁长度至少200 mm,用热熔胶带绕包密封段 150 mm。置护套于正中,从中部往两端加热收缩,充分烘烤端部,直至热熔胶熔化,从两端挤出,再用自粘带在其端部包绕,加强密封,用自粘胶带包绕保护自粘带,单芯接头制作完毕。

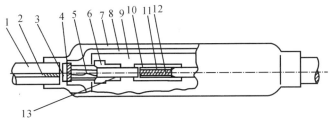

图 9 - 20　10 kV 单芯交联聚乙烯电缆热缩连接盒结构图

1—外护套;2—地线;3—地线焊点;4—铜带屏蔽;5—绝缘屏蔽;

6—应力锥;7—外护套;8—外屏蔽;9—主绝缘;10—内屏蔽;

11—接管;12—线芯;13—电缆绝缘

9.3.3.2　三芯接头

(1)准备电缆,剥除护层,屏蔽处理。

电缆剥切尺寸如图 9-21 所示。

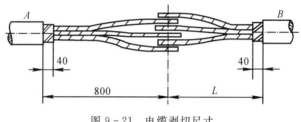

图 9-21　电缆剥切尺寸

1)两边电缆 2 m 内应校直,重叠 200 mm,在中部作中心标志线,切割电缆。

2)按推荐尺寸剥除外护层,护套端部 200 mm 左右范围内使用钢锉或粗砂布均匀打毛,保留电缆填料,理顺于护层上。将外护套管均匀套入两端(小直径护套管套入 A 端)。

3)按单芯电缆推荐的尺寸,剥除各相铜带、绝缘屏蔽和端部绝缘。

(2)压接连接管。

(3)安装绝缘管和恢复屏蔽。

(4)恢复铜屏蔽。

以上各步骤按单芯电缆接头各相同部分的说明进行处理。

(5)安装外护套管。

三相接头经整形后收紧电缆,恢复电缆填充,并用弹性耐热带材将三芯扎牢,随后用白布带保护,使表面尽量平整。首先恢复 A 端护套,在护套端部包绕 200 mm 热熔胶带,将护套置于胶带上,从端部收缩直至全长。其次确定 B 端护套管的位置,在其上(电缆 B 端护套上)包绕热熔胶带,在 A 端已收缩好的护套管上包绕 200 mm 热熔胶,从中部开始收缩直至两端,冷却一定时间后

(5 min),用自粘带在三处密封部位包绕加强密封。最后用粘胶塑料带包绕保护。

对钢带铠装电缆,A 端可用原钢铠部分恢复,接头部分用两半圆形的薄铁皮壳体绑扎于钢铠上,然后在其上分别收缩护套管,密封处理同上。三芯接头制作完毕。

9.4　预制附件安装

9.4.1　10~35 kV 预制式终端

1. 电缆准备

按照表 9-6 所示尺寸剥切电缆外护套、钢铠、内护套、铜带屏蔽、绝缘半导电屏蔽、绝缘线芯等。绝缘表面、半导电端部应打磨平整光滑。

表 9-6　预制终端电缆剥切尺寸

适用环境	户　内	户　内	户　外	户　外	户　外
电缆截面/mm²	25~300	630,800 50~500	25~300	400~630	800 50~500
电压等级/kV	10	10 35	10	10	10 35
A/mm	15	17	30	34	35
B/mm	150	280	190	280	368
C/mm	200	333	270	369	465
D/mm	250~450	250~450	250~400	250~400	250~400
E/mm	30	30	30	30	30
F/mm	20	20	20	20	20
G/mm	20	20	20	20	20

2．护套安装

焊接地线,用热缩三芯分支护套和外护套管分别热缩到三叉处和各相上,热缩护套距半导电端部 40 mm。

3．安装预制头

用半导电带在半导电屏蔽 20 mm 处向下绕包宽 15 mm、厚3 mm 的凸台,用清洗剂清洗绝缘表面,停留 5 min 后涂上硅脂,线芯端部绕包一层 PVC 自粘带。将预制终端内孔也涂一部分硅脂。预制终端一次套到位(见图 9-22 和图 9-23),再将底部翻起用密封填充胶,填充胶绕包宽度为 20 mm。

将特制接线端子套入线芯上,直到端子上雨帽完全搭接在终端头密封唇边上,压接端子,附件安装完毕。

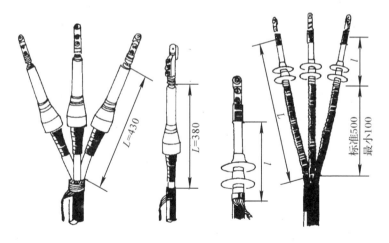

图 9-22　预制户内终端　　　图 9-23　预制户外终端

9.4.2　10～35 kV 冷缩预制式终端

10～35 kV 冷缩预制式终端的安装如图 9-24 所示。

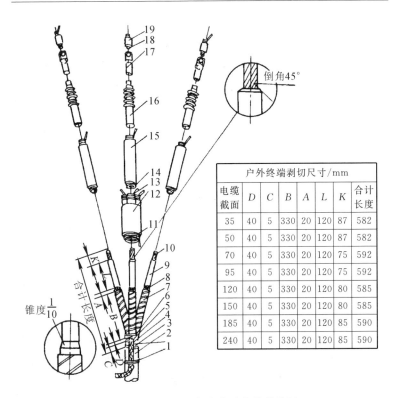

户外终端剥切尺寸/mm							
电缆截面	D	C	B	A	L	K	合计长度
35	40	5	330	20	120	87	582
50	40	5	330	20	120	87	582
70	40	5	330	20	120	75	592
95	40	5	330	20	120	75	592
120	40	5	330	20	120	80	585
150	40	5	330	20	120	80	585
185	40	5	330	20	120	85	590
240	40	5	330	20	120	85	590

图 9-24　冷缩预制式终端安装结构图

1—地线保护扎线；2—电缆外护套；3—钢铠；4—内护套；

5—接地线；6—接地线与铜屏蔽焊点；7—铜屏蔽层；8—半导电层；

9—主绝缘层；10—电缆线芯；11—分支护套骨架塑料管；

12—冷缩三芯分支护套管；13—分支骨架塑料管；14—护套骨架塑料管；

15—冷缩护套管；16—预制绝缘终端；17—接线端子；

18—密封护套骨架塑料管；19—冷缩密封护管

1. 电缆准备

将电缆外护套、钢铠、内护套、铜带屏蔽、半导电层绝缘等按表 9-7 所示尺寸剥切，并用砂布将绝缘表面打磨干净。

2．安装地线

将地线前端卷上两圈,塞入三叉中,然后绕三相一圈用扎丝绑紧,再在钢铠上用扎丝绕两圈后扎紧,并在其上包绕一定厚度绝缘自粘胶带。

表9-7　冷缩预制式终端剥切尺寸(户外/户内)

截面 mm²	钢铠长度 mm	内护套 长度 mm	铜屏蔽长度 mm	半导体 长度 mm	绝缘长度 mm	线芯长度 mm
35	40	5	330/185	20	120/175	67
50	40	5	330/185	20	120/175	67
70	40	5	330/185	20	120/175	75
95	40	5	330/185	20	120/175	75
120	40	5	330/190	20	120/175	80
150	40	5	330/190	20	120/175	80
185	40	5	330/190	20	120/175	85
240	40	5	330/190	20	120/175	85

3．安装三芯分支护套

将三芯分支护套套入电缆上,首先将部分三相分支处支撑物抽出,用力将分支套到三叉根部,然后将支撑物抽出冷缩护套,再抽三相分支的支撑物,最后将电缆护套上的冷缩套翻起,在这部分电缆护套上涂一层胶,应注意将地线充分渗透胶。再次将冷缩套翻下,用PVC带绕包端口保护。

4．安装绝缘头

将打磨光滑的绝缘表面用清洗剂清洗一遍,停留5 min,然后在上面涂一层硅脂,并在绝缘头内部也涂一层。同时在护套管端20 mm宽一段上涂胶。这时将绝缘头套入电缆上各相,用力向下推,使留下的20 mm半导电层正好进入应力管为止。

5．安装接线端子和密封管

压接端子,然后清洗一遍,涂上胶,再套入密封管,并和绝缘搭接20 mm,冷缩密封管,终端安装完成。

9.4.3　110 kV 预制附件

由于资料有限,现仅列出两种接头形式,如图 9 - 25 和图 9 - 26所示。GIS 终端法兰直径应根据 IEC60859:1999(旧标准)或 IEC62271 - 209:2007 确定。终端高度有两种形式,470 mm 或 757 mm(对 110 kV);620 mm 或 960 mm(对 220 kV)。

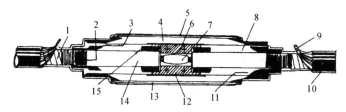

图 9 - 25　138 kV 预制接头

1—电缆金属护套;2—电缆绝缘屏蔽;3—应力锥;

4—工厂预制附加绝缘;5—绝缘外护套;6—热传导套管;

7—导体连接;8—电缆预制附加绝缘;9—压焊连接;

10—电缆外护套;11—导电应力释放装置;12—导电衬垫;

13—接头屏蔽;14—电缆绝缘;15—导电应力释放装置

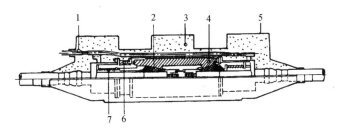

图 9 - 26　138 kV 预制接头

1—同轴连接引线;2—应力锥;3—绝缘混合浇注剂;4—环氧树脂元件;

5—玻璃纤维外套;6—绝缘法兰;7—弹簧压缩系统

另附几种不同型号的 110 kV 终端及接头,如图 9 - 27～图 9 - 41所示。

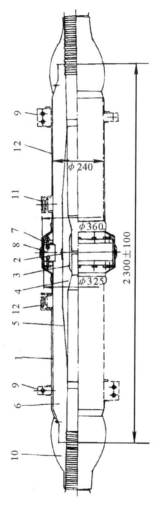

图 9 - 27　500 kV XLPE 绝缘电缆接头

1—保护铜管;2—导体套管;3—导体屏蔽层;4—附加绝缘;5—外屏蔽层;
6—防水混合物;7—O 形环;8—绝缘圆柱;9—接地端;
10—环氧玻璃带;11—垫片;12—防腐蚀层

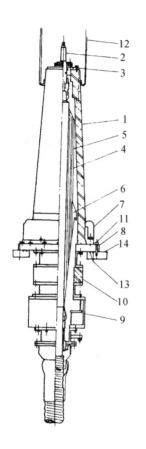

1—环氧树脂绝缘子；

2—导体棒；

3—上部金属密封；

4—绝缘油；

5—应力锥；

6—喇叭口；

7—接地屏蔽；

8—紧固金属；

9—油储存器；

10—绝缘圆柱；

11—紧固螺栓；

12—高压屏蔽；

13—垫圈；

14—紧固底盘

图 9 - 28　500 kV GIS 绕包式终端

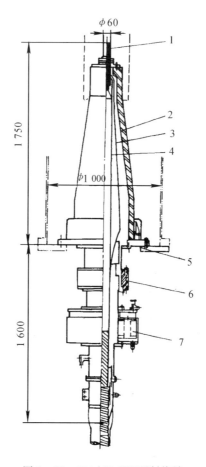

图 9-29　500 kV GIS 预制终端

1—导体棒;2—环氧树脂绝缘子;

3—绝缘混合物;4—应力释放锥体;

5—基准平板;6—绝缘法兰;7—存储器

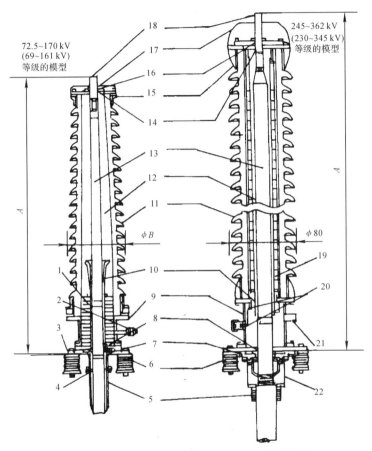

图 9 - 30　72.5～170 kV,245～236 kV 户外终端

1—压力补偿装置;2—放出阀;3—铝制入口配合体;4—密封;

5—电缆引入配合;6—备用绝缘子;7—接地板;8—双层密封;

9—双层密封隔板;10—压力锥装置;11—瓷套管;12—绝缘液体;

13—电缆;14—密封隔板;15—铝合金法兰盘;16—O 形密封环;

17—屏蔽罩;18—连接体;19—电容;20—功率因子测试衬垫;

21—与蓄压器连接;22—铸铝外套加长

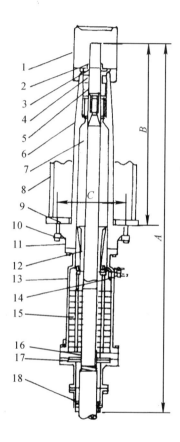

图 9-31   72.5～245 kV 象鼻式终端

1—选择用屏蔽套;2—凸形盖帽;3—O 形密封环;4—密封隔板;

5—连接棒;6—环氧树脂绝缘套管;7—绝缘液;8—变压器箱体;

9—垫圈;10—卡环;11—预制屏蔽护套;12—应力控制;

13—铸铝体;14—放出阀;15—压力补偿装置;

16—弹性密封;17—接地环;18—电缆入口

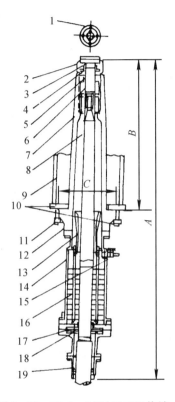

图 9 - 32　72.5～245 kV GIS 终端

1—连接内表(面按 IEC859);2—铝制屏蔽罩;3—凸形盖帽;
4—O 形密封;5—隔板密封;6—连接棒;7—环氧树脂支撑绝缘子;
8—流体介质;9—GIS 箱体;10—O 形圈及配合(GIS 生产厂提供);
11—卡环;12—屏蔽保护;13—应力控制;14—铸铝体;15—放出阀;
16—压力补偿装置;17—弹性密封;18—接地环;19—电缆入口

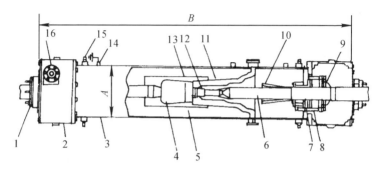

图 9-33　72.5～170 kV 直线接头

1—电缆入口；2—尾箱；3—不锈钢外护套；4—屏蔽罩；5—绝缘介质液；
6—电缆；7—弹性密封；8—内部电缆屏蔽保护；9—电缆接地连接装置；
10—应力锥；11—带有连接棒罩的支撑绝缘子；12—连接棒；
13—绝缘栅；14—接触点；15—注油孔；16—连接电缆入口

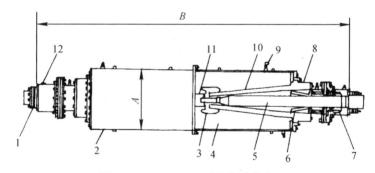

图 9-34　72.5～170 kV 绝缘接头

1—电缆入口；2—不锈钢护套；3—屏蔽罩；4—绝缘介质；5—电缆；
6—应力锥；7—接地系统；8—屏蔽断路保护部分；9—注油孔；
10—环氧树脂支撑绝缘子；11—连接棒夹子；12—尾箱

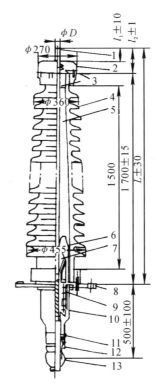

图 9 - 35　110 kV XLPE 绝缘电缆户外终端

1—导体连接管;2—护罩外壳;3—上端金属;4—陶瓷绝缘体;

5—绝缘液;6—环氧树脂支架;7—压力锥;

8—安装金属;9—簧组片;10—电缆保护金属;11—密封;

12—密封座;13—封闭套

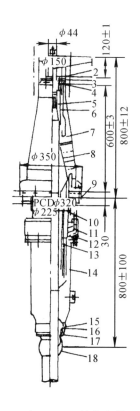

图 9-36　110 kV XLPE 绝缘电缆 GIS 终端

1—引导导体;2—摆动螺母;3—安装导体金属;4—上端金属;

5—密封带;6—化合物;7—环氧树脂绝缘体;8—压力锥;

9—转接器;10—压管;11—绝缘体;12—中间法兰盘;

13—簧组片;14—电缆保护金属;15—密封;

16—衬套;17—密封座;18—封闭套

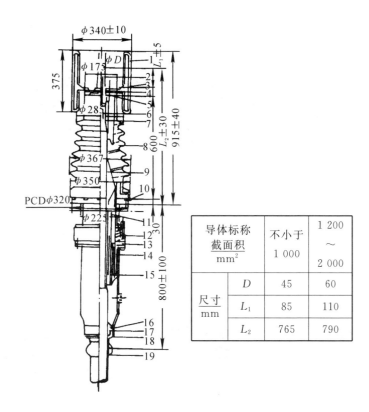

图 9-37　110 kV XLPE 绝缘电缆象鼻式终端

1—冠状护罩；2—引导导体；3—摆动螺母；4—安装导体金属；

5—上端金属；6—密封带；7—化合物；8—环氧树脂绝缘体；

9—压力锥；10—转接器；11—压管；12—绝缘体；13—中间法兰盘；

14—簧组片；15—电缆保护金属；16—密封物；

17—衬套；18—密封座；19—封闭套

导体标称截面积 mm²		不小于 1 000	1 200 ～ 2 000
尺寸 mm	D	45	60
	L_1	85	110
	L_2	765	790

9.4.4　高温超导电缆附件

高温超导电缆附件如图 9-42 和图 9-43 所示。

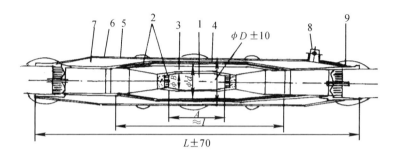

图 9-40　110 kV XLPE 绝缘电缆绕包式直线接头盒

1—导体套筒;2—内部和外部半导电屏蔽层;3—模制绝缘物;4—护罩;

5—保护外壳;6—防腐蚀套;7—化合物;8—接地金属;9—封闭套

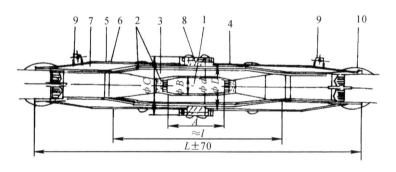

图 9-41　110 kV XLPE 绝缘电缆绕包式绝缘接头盒

1—导体套筒;2—内部和外部半导电屏蔽层;3—模制绝缘物;

4—护翼;5—保护外壳;6—防腐蚀套;7—化合物;

8—绝缘体;9—接地金属;10—封闭套

技术要求

1.压缩模具：六

2.测量和记录下

3.检查应力释放

4.清洁电缆绝缘
  入应力释放锥

5.清洁环氧树脂
  套管前涂抹硅

6.接地端的压缩

7.如果尺寸 $\boxed{F}$ 三

"a"部详图

85 90 95

半重叠，一
31
半重叠，一
32
半重叠，两
35
30
36 焊接

(680)

(400)

390^{+5}_{-10}

序号	名称	备注
37	不锈钢导线	
36	编织镀锡软铜线	
35	黏性PVC带	
34	SN自粘带	
33	黏合剂	
32	铅带	
31	半导电自粘带	
30	半导电PE带	
29	垫圈	
28	变压器壳体	
27	限制器	
26	应力释放锥体	
25	绝缘管	
24	皱形套管	
23	压缩金具	
22	垫圈	
21	轴	
20	弹簧	
19	鼻子	
18	接地端	
17	下部金具	
16	绝缘部件	
15	O形环	
14	O形环	
13	O形环	
12	O形环	
11	O形环	
10	O形环	
9	连接装置	
8	弹簧	
7	接触子	
6	导体连接棒	
5	固定螺帽	
4	导体固定金具	
3	上部金具	
2	电晕屏蔽	
1	环氧树脂套管	
序号	名称	备注

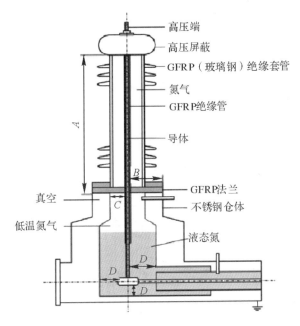

图 9 - 42　超导电缆终端

图 9 - 43　实际使用的超导电缆终端

9.4.5　接插(肘型)附件安装工艺

接插附件安装工艺从略。但应在安装后检查导体连接的可靠性,防止导体没有到位的虚假连接。其结构如图 9 - 44 和图 9 - 45 所示。

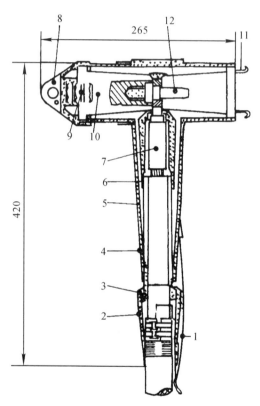

图 9 - 44　接插附件结构

1—尾套;2—外半导体;3—应力锥;4—接插件半导体;5—接插件绝缘;
6—接插件内半导电屏蔽;7—连接金具;8—检测器件;9—紧固螺丝;
10—绝缘;11—长簧;12—连接金具

可拆除分支

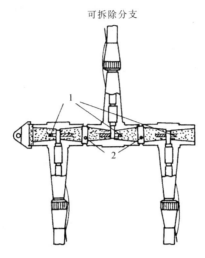

图 9 - 45　接插附件安装
1—接触螺丝；2—接合件

9.5　接地箱、接地保护箱和交叉互连箱安装

接地箱、接地保护箱和交叉互联箱的基本要求：

(1)良好的导体连接性和对地绝缘性能，绝缘性能不能低于电缆外护套。

(2)如果采用直埋或隧道中使用，必须有良好的水密封性能。

(3)保护器的选择应满足被保护电缆绝缘外护套的冲击水平。

9.5.1　接地箱、接地保护箱的安装

首先，打开箱体上的全部螺栓，将箱体安装在墙面或地面上（根据箱体型号）。其次，拆除导电母排，根据箱子要求的接地线连接长度，切除电缆外绝缘（如果是具有半导体层的电缆，应先剥除半导体层大约 200 mm），留出线芯的长度应该（一般为 50 mm）等

于箱体中导体连接处的长度,从接地保护盒的底部穿入到箱体中,线芯插入连接器,并用扳手拧紧螺栓。最后,接地电缆另一端的电缆绝缘层也应该被剥除,它的线芯应该是暴露 65 mm,插入接线端子,用压钳压接。接地或接地保护箱安装完成。如图9-46和图9-47所示为接地保护箱和接地箱结构图。

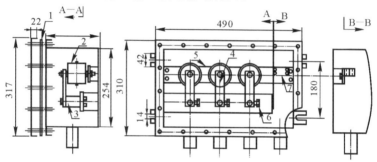

图 9-46　接地保护箱

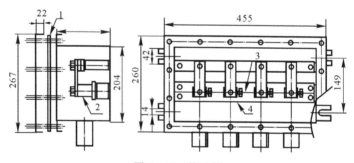

图 9-47　接地箱

9.5.2　交叉互连保护箱的安装

首先,打开交叉互连箱上的所有螺栓,将箱体安装在墙上或地面上;其次,拆除连接的导体排,剥去接地同轴电缆端部150 mm长的电缆护套和半导电层,并且去除端部 50 mm 长绝缘层,将已经剥好的电缆从交叉互连箱底部的小管中穿入箱体内部,线芯插入上连接金具,外导体插入下端连接金具(见图 9 - 48),如图中 3 和 5 的位置,用扳手逐个拧紧螺栓;最后,同轴电缆的另一端也同样剥除绝缘和线芯,插入接线端子压接。互连箱的安装完成。

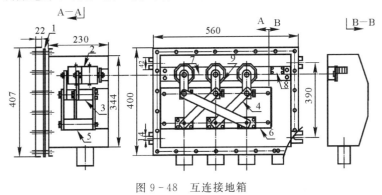

图 9 - 48　互连接地箱

9.6　电缆封铅工艺

9.6.1　封铅处理温度

电缆封铅工艺是一个附加的并得到广泛使用的工艺过程,用火焰熔化封铅将加热尾管的金属部件和电缆的金属护套进行密封连接起来。工艺过程是将封铅加热到半流体状态,通过人工的方法形成完整的金属密封结构。由于封铅期间电缆绝缘不能被烧损,要求所使用的焊料熔化温度不能太高,时间不能过长。锡铅合金是一种理想的焊料,纯铅的熔点是 327℃,纯锡的熔点是 232℃。65%铅和 35%锡制成的合金熔点可以达到 180～250℃(见图 9 - 49),当它到半固体状态时,有相对宽广的操作温度范围,因此适用于封铅工艺。

在皱纹铝护套和电缆绝缘之间有两层半导电阻水带层,阻水带层和皱纹铝护套之间的间隙充满空气。在封铅过程时,皱纹铝护套上需要首先打底,这种打底焊条是一种锡、银、铅合金,用火焰将铝护套加热到一定温度,一般是看铝表面发生色泽变化即好,然后将打底焊条涂抹在铝护套上。再用高温火将铅锡合金烧成半流体状态,糊在皱纹铝护套有底涂层的位置。由于铅的温度很高,一部分热量通过对流方式传导到气隙中,其他部分通过电缆铝护套、防水层和气隙以热传导的方式传播,最后,热量以对流和辐射方式传进电缆绝缘,这部分热量是人们最关心的,实验结果见表9-8。

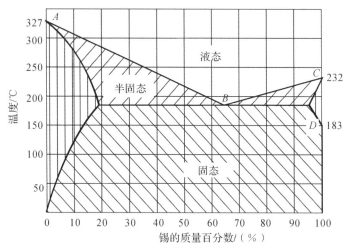

图 9 - 49　锡铅相溶平衡图

A—铅熔化点;B—锡合金熔点;C—锡熔点

表 9 - 8　利用热电偶测量电缆皱纹铝护套各点最大温度

位　置	A 点	B 点	C 点	D 点
在防水层下	67℃	71℃	78℃	72℃

　　当电缆封铅时,应该注意热电偶(见图 9 - 50)上温度随封铅时间变化、温度传导的影响量和重叠作用。当使用液化天然气喷枪加热电缆附件尾管和电缆皱纹铝护套时,从封铅开始到封铅结束记录每隔一分钟温度变化,直至温度降到室温为止。图9 - 51～图 9 - 54 所示为 A,B,C,D 各点温度记录。

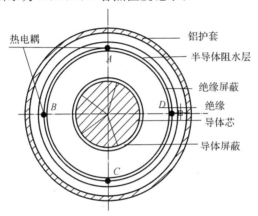

图 9 - 50　在绝缘屏蔽层上预埋热电偶测量图

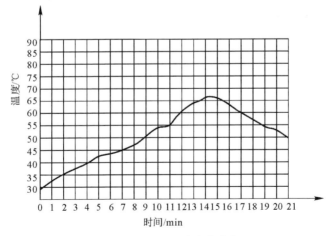

图 9 - 51　A 点温度变化曲线

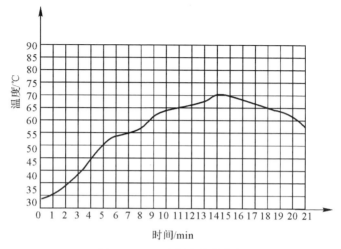

图 9-52　B 点温度变化曲线

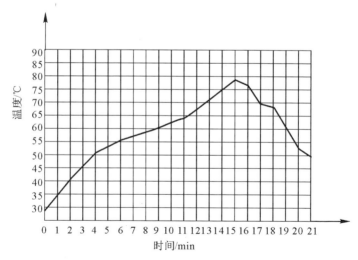

图 9-53　C 点温度变化曲线

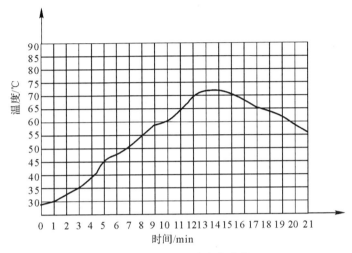

图 9-54　D 点温度变化曲线

　　虽然喷枪的火焰温度已经达到 1 600℃,而熔化铅的温度只有 200℃,但是测量到的绝缘屏蔽层外表面的最大温度也就是 78℃,温度没有经常认为的那样高。这个温度远低于生产电缆时硫化管中的绝缘硫化温度,因此在正常封铅时不会损伤绝缘。另外,温度随时间的变化是非线性的,不同试样四个相同点测量的温度值是不相同的。最高温度点出现在电缆的下侧,即 C 点处,原因在于电缆绝缘芯的质量使它趋于皱纹铝护套底部 C 点,在此,铝护套、半导电层和绝缘层紧密地靠在一起,用热电偶测量的温度只是半导电防水带的温度,防水带阻碍了热从铝护套向绝缘层的传输,由于金属传热迅速,造成电缆底部(C 点)出现最大温度。在 A 点、B 点和 D 点,绝缘屏蔽和铝护套之间都有一个气隙,所以绝缘屏蔽上的温度较低,其中 A 点的气隙最大,在这个气隙上的散热最好,因此 A 点的温度最低。同时,从图中可以看到,当封铅时间

15 min时,绝缘屏蔽处的温度将达到 80℃,接近 XLPE 绝缘最高使用温度,因此封铅时间不易过长。

9.6.2　封铅工艺的温度数值

要计算每一点的温度–时间分布,用微分法和三角矩阵(TDMA)方法进行数值计算。一维非稳态热传导方程为

$$\rho c \frac{\partial T}{\partial t} = \frac{1}{F(x)} \times \frac{\partial}{\partial x}\left[k \times \frac{\partial T}{\partial x}\right] + S \qquad (9-1)$$

式中,ρ 是材料密度;c 是热容;T 是温度;t 是时间;x 是 X 轴;$F(x)$ 是与热有关的面积计算因素;S 是热源。

假设铅保留在护套上的时间为 15 min;这期间环境温度为 27℃,铝护套附近的温度为 90℃,铅半固态温度为 130℃,得到如图 9–55 所示的关系曲线。

理论计算表明,绝缘的半导电层表面温度远低于铅熔化温度,这和实际测量相一致。

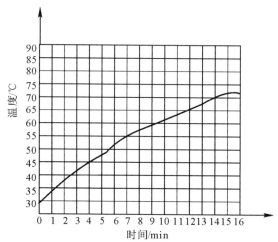

图 9–55　当 16 min 时,绝缘附近的温度–时间曲线

9.7　高压电缆附件安装位置

当电缆终端在户外安装时,要注意相间距离(110kV 的相间距离通常为 1 200mm),终端安装高度(一般为 3～10 m),特别是在安装过程中,电缆附件开始安装前,高压电缆被固定在安装位置是必需的,不允许终端在地面上安装完成后,再吊装到最终的工作位置,除非特殊情况,例如杆塔上压法搭建安装脚手架。安装完成的电缆终端如图 9 - 56～图 9 - 66 所示。

对于最近兴起的全干式绝缘软终端的安装方式,不建议采用如图 9 - 61 所示的安装方式,这种安装方式在较大风力作用下会左右摇摆,对附件根部电缆绝缘产生疲劳,影响寿命。对于如图 9 - 62 所示的安装方式,应使附件尽量垂直,不然弯曲部位中附件对主绝缘界面的压力会产生变化。

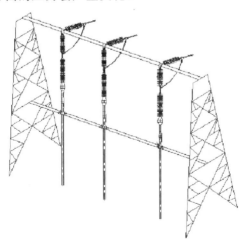

图 9 - 56　电缆附件被安装在门型构架上

全干式软终端的安装,也应和其他终端安装一样,在运行位置安装。如果确属安装条件问题,可在地面安装,然后吊装到位,但应在到位后再安装属部密封,同时检查电缆是否产生相对位置移动,否则将修正安装结果。

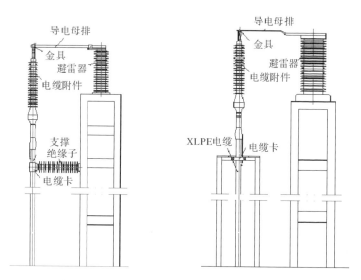

图9-57　电缆附件在构架上的安装(1)　图9-58　电缆附件在构架上的安装(2)

图9-59　变压器终端安装

图 9 - 60　终端塔上安装电缆终端

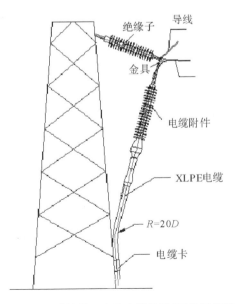

图 9 - 61　线路铁塔上安装电缆终端(不建议使用)

图 9-62 钢管塔上安装电缆终端(应注意垂直)

图 9-63 中间接头安装

图 9 - 64　GIS 终端安装

图 9 - 65　户外终端塔

图 9 - 66　户外终端塔布置

第 10 章　XLPE 绝缘电缆金属护套的连接与接地

10.1　金属护套连接与接地的作用

66 kV 及以上电压等级 XLPE 绝缘单芯电缆的导线与金属护套的关系,可以看作一个变压器的初级绕组与次级绕组。当电缆导线通过电流时,其周围产生的一部分磁力线将与金属护套耦合,使护套产生感应电压。感应电压的大小与电缆的长度和流过导线的电流成正比。当电缆很长时,护套上的感应电压叠加起来可达到危及人身安全的程度。当线路不对称或发生短路故障时,金属护套上的感应电压会达到很大的数值;当线路遭受操作过电压或雷击过电压时,护套上也会形成很高的感应电压,将使护层绝缘击穿。如果护套两点接地使护套形成闭合通路,护套中将产生环行电流。电缆正常运行时,护套上的环形电流与导线的负荷电流基本上有一个确定的关系,将产生很大的环流损耗,使电缆发热,影响电缆的载流量,这是很不经济的。例如,有一电压为 220 kV,截面积为 240 mm^2,长度为 370 m 的电缆线路,设计传输容量为 90 MV·A,运行中进行了测量试验,当电缆带负荷约 30% 时,进行两端接地,测试护套的环形电流;一端接地,测试护套的电压。测试结果如表 10 - 1 所示。

表 10 - 1 中所列电缆线路长度仅为 370 m,测试时的负荷电流还不到设计传输容量的 30%,如果负荷达到满负荷,电缆线路长度更大时,护套环流或护套电压都会成比例增加,达到很大数值。

表 10-1　某电缆线路护套接地电流电压测试记录

电缆负荷			实测值			计算值	
功率 MW	相别	导线电流 A	两端接地护套环流 A	环流与导线电流之比 %	一端接地非接地端护套电压 V	两端接地护套环流 A	一端接地非接地端护套电压 V
28	A	75	34	45.3	5.2	40	4.7
28	B	75	32	42.6	4.9	34.1	3.9
28	C	75	41.5	55.3	6.75	40	4.7

　　电缆护套对地应有良好的绝缘,安装时应根据线路的不同情况,按经济合理性的原则,在护套的一定位置采用特殊的连接和接地方式,安装护层保护器(以下简称"保护器")等,以防止电缆护层绝缘被击穿。

　　在此将我国关于接地方式的标准和世界领先国家的做法概述如下:

　　(1)在美国 IEEEstd575—1988 中,应用于交流单相电缆的金属层连接方法的适应性和电缆金属护套感应电压的计算方法已经考虑到安全限制的原则,虽然尚未提供感应电压值,但它已经暗示,根据现在的绝缘材料,感应电压可能达到 300 V,600 V 是它的上限值;同时,附录显示在北美的工程应用中,感应电压为 60~90 V(美国)或 100 V(加拿大)。

　　此外,在 IEEEstd422—1986 中,电厂电缆系统敷设和设计指南中显示感应电压应限制到 25 V。

　　(2)欧洲国家的标准没有规定感应电压值。当早期电缆使用麻包、塑料带等构成外护套时,人们认为外护套的维修是十分困难的,需要考虑铅套的交流腐蚀问题,并认为感应电压应不大于

12~17 V,并被限制到不超过 25 V。自 20 世纪 50 年代以来,外护套开始使用挤出塑料的形式,将不再考虑交流腐蚀和人身安全问题,考虑感应电压不大于 50~65 V,20 世纪 60 年代,英国中央电力管理局(CEGB)对于电缆项目已使用这些原则。

随着大截面和长距离电缆线路的增加,感应电压值越低,电缆金属护套的分割就越多,绝缘接头的数量也越多,施工进度和成本要增加,感应电压就会下降。在 20 世纪 70 年代,CIGRE 提出如下讨论题目:除了在暴露的地方感应电压为 50V 外,当人身不能接触到时,它可以取 60~100 V。今天,英国对 275~400 kV 电缆终端裸露的金属部件施加的保护,采取的是 150 V 的感应电压,因此,使用单点接地方法能满足的电缆线路长度约为 1 200 m,如果铺设在隧道中,电缆线路的长度是 3.63 km 时,它的感应电压高达 235 V。

(3)"地下输电(JEAC6021—1970)"日本电器协会技术标准中对电缆金属层感应电压规则显示,运营商需要考虑人身安全和电缆寿命两个方面:①通常感应电压不超过 50 V;②在保护条件下,不超过 100 V。然而,20 世纪 70 年代后期,在中东巴林建立了一个 330 kV 电缆线路,其长为 20 km,直接埋地敷设,它已采取感应电压高达 150 V。20 世纪 80 年代以来,日本的超高压电缆线建设有所增加,其特点是大截面(主要是 1 600~2 500 mm²)和长距离,从而使我们对感应电压有了一个全新认识。自 20 世纪 90 年代以来,220~275 kV 交联电缆 1×2 500 mm² 线,交叉互联装置范围为 1.05~1.7 km,感应电压为 200~300 V,并且得到了成功实践。

在新版"地下输电(JEAC6021—1977)"中保留了①项目的原则下,修改了②项目为"当使用有效的绝缘保护,感应电压不应超过 300 V"。

10.2 金属护套连接与接地的方法

10.2.1 护套两端接地

66 kV 及以上电压等级 XLPE 绝缘单芯电缆金属护套上的感应电压与电缆的长度和负荷电流成正比。当电缆线路很短,传输功率很小时,护套上的感应电压极小。护套两端接地形成通路后,护层中的环流很小,造成的损耗不显著,对电缆的载流量影响不大。当电缆线路很短,利用小时数较低,且传输容量有较大裕度时,电缆线路可以采用护套两端接地,例如现在的高铁牵引变电站 35 kV 电缆的接地均采用此种方法。护套两端接地后,不需要装设置保护器,这样可以减少维护工作,与护层损耗的损失相比,可能还是经济的。护套两端接地的方式如图 10 - 1 所示,施工时,用多股绞线的一端在电缆终端头尾管金属护套上进行锡焊接,并将三相的中性点接地,电缆接地的引线其截面积应满足环形电流经济密度的要求。

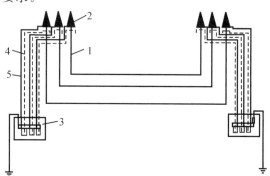

图 10 - 1 护套两端接地的电缆线路示意图

1—电缆本体;2—终端;3—接地箱;

4—屏蔽(与电缆护套外石墨连接);5—接地线

10.2.2 护套一端接地

当电缆线路长度大约在 500 m 及以下时,电缆护套可以采用一端直接接地(通常在终端头位置接地),另一端经保护器接地,如图 10 - 2 所示。护套其他部位对地绝缘,这样护套没有构成回路,可以减小及消除护套上的环形电流,提高电缆的输送容量。为了保障人身安全,非直接接地一端护套中的感应电压不应超过50 V(GB 50217—2007),假如电缆终端头处的金属护套用玻璃纤维绝缘材料覆盖起来,该电压可以提高到 100 V(GB 50217—1999)。在新版标准中,这个电压已经被调整到 300 V(GB 50217—2007)。

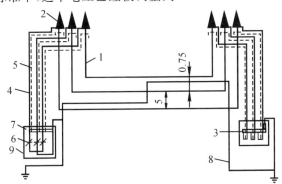

图 10 - 2 　 护套一端接地的电缆线路示意图

1—电缆本体;2—终端;3—接地箱;4—接地线;

5—屏蔽(与电缆护套外石墨层连接);6—保护器;

7—导体连接母排;8—回流线;9—接地箱

护套一端接地的电缆线路,还必须安装一条沿电缆线路平行敷设的导体,导体的两端接地,这种导体称为回流线。为了避免正常运行时回流线内出现环形电流,敷设导体时应使它与中间一相电缆的距离为 0.7 s(s 为相邻电缆轴间距),并在电缆线路的一半处换位(见图 10 - 2)。当发生单相接地短路故障时,接地短路电流可以通过回流线流回系统的中性点,特别是当接地故障发生在回流线的接地网中时,接地电流的绝大部分通过回流线。由于通过回流线的接地电流产生的磁通抵消了一部分电缆导线接地电流所产生的磁通(两者电流方向相反),因而装设回流线后可降低短路故障时护套的感应电压,同时也防止了电缆线路附近的二次信号和通信用的电缆产生很大的感应电压。回流线的两端应可靠接地,截面积应满足短路电流热稳定的要求。

10.2.3 护套中点接地

电缆线路采用一端接地感到太长时,可以采用护套中点接地的方式。这种方式是在电缆线路的中间将金属护套接地,电缆两端均对地绝缘,并分别装设一组保护器,如图 10-3 所示。每一个电缆端头的护套电压可以允许 50 V,因此中点接地的电缆线路可以看作一端接地线路长度的两倍。

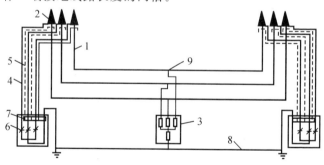

图 10-3　护套中点接地的电缆线路示意图
1—电缆本体;2—终端;3—接地箱;4—接地线;
5—屏蔽(与电缆护套外石墨层连接);6—保护器;
7—导体连接母体;8—回流线;9—金属护套接地点

当电缆线路长度为两盘电缆,不适合中点接地时,可以采用护套断开的方式。电缆线路的中部(断开处)装设一个绝缘接头,接头的套管中间用绝缘片隔开,使电缆两端的金属护套在轴向绝缘。为了保护电缆护套绝缘和绝缘片在冲击过电压时不被击穿,在接头绝缘片两侧各装设一组保护器,电缆线路的两端分别接地。护套断开的电缆线路可以看作一端接地线路长度的两倍,如图10 - 4所示。

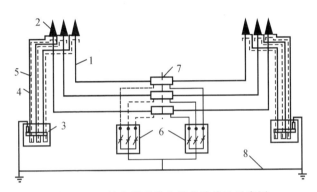

图 10 - 4　护套断开的电缆线路接地示意图

1—电缆本体;2—终端;3—接地箱;4—接地线;

5—屏蔽(与电缆护套外石墨层连接);6—保护器;

7—绝缘接头;8—回流线

如果绝缘接头处的金属套管用绝缘材料覆盖起来,护套上的限制电压通常为 100 V,则电缆线路的长度可以增加很多。

10.2.4　护套交叉互联

1. 护套交叉互联方法

电缆线路很长时(大约在 1 000 m 以上),可以采用护套交叉互联。这种方法是将电缆线路分成若干大段,每一大段原则上分成长度相等的三小段,每小段之间装设绝缘接头,绝缘接头处护套三相之间用同轴引线经接线盒进行换位连接,绝缘接头处装设一级保护器,每一大段的两端护套分别互联接地。交叉互联线路如图 10 - 5 所示。

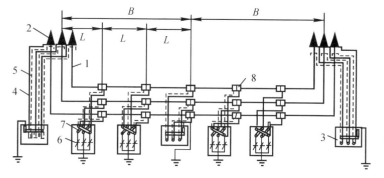

图 10 - 5　护套交叉互联的电缆线路示意图

1—电缆本体;2—终端;3—接地箱;4—接地线;

5—屏蔽(与电缆护套外石墨层连接);6—保护器;

7—互联母排;8—绝缘接头

2. 护套交叉互联的作用

(1)感应电压低,环流小:如果电缆线路的三相排列是对称的,则由于各段护套电压的相位差为 120°,而幅值相等,因此两个接地点之间的电位差是零,这样在护套上就不可能产生环行电流,这时线路上最高的护套电压即是按每一小段长度而定的感应电压,可以限制在 50 V 以内,如图 10 - 6 所示。当三相电缆排列不对称,如水平排列时,中相感应电压较边相低,虽然三个小段护套的长度相等,三相护套电压的向量和有一个很小的合成电压,经两端接地在护套内形成环流,但接地极和大地有一定的电阻,故电流很小。

(2)交叉互联的电缆线路可以不装设回流线:电缆线路交叉互联,每一大段两端接地,当线路发生单相接地短路时,接地电流不通过大地,此时的护套也相当于回流线,因此交叉互联的电缆线路不必再装设回流线。

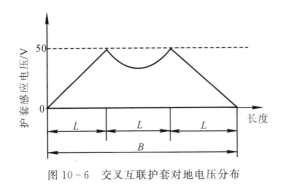

图 10 - 6　交叉互联护套对地电压分布

10.2.5　电缆换位金属护套交叉互联

将电缆线路分段,护套交叉互联,同时再将三相电缆排列进行换位,如图 10 - 5 所示。这样不但对称排列的三相电缆护套电位向量和为零,就是在不对称的水平排列三相电缆中,由于电缆每小段进行了换位,每大段全换位,三相电缆护套感应电压相差很小,相位差 120°,其向量和很小,产生的环形电流也几乎为零。因此,电缆换位加金属护套交叉互联较单独的护套交叉互联效果更好,但此种连接方法只适合电缆比较容易换位的场所,如隧道等。

10.3　均压线及护套保护器的接线 方法理论计算

10.3.1　金属护套中点互联并接于均压线的接线方式

图 10 - 7 所示为金属护套中点互联并接于均压线的接线图。这种保护接线特别适用于在隧道中敷设的电缆。由于在隧道中电缆是敷设在角钢支架上的,因此金属护套和角钢支架就形成了外

护层绝缘的两极,因此只要角钢支架和金属护套间的电位差不大,就可以保证保护器和护层绝缘不因工频电压过高而损坏。要满足这一要求,可采用一条直接焊接在电缆角钢支架上的均压线,而保护器则直接接在金属护套和均压线之间。

一个放在交变磁场中的开口环的感应电压取决于和开口环交联的磁力线的多少,因此,采用这种接线方式后,当发生单相接地短路时,虽然在金属护套对大地和均压线对大地之间都会感应一个很高的电压,但是金属护套和均压线所构成的开口环的电压 U_{AD} 却是不大的。也就是说,采用这种接线方式后,D 点的电位将随 A 点电位的升高而升高。所以,均压线的采用也消除了地网电位 IR 对保护器和外护层绝缘作用。

为了尽量减少和开口环交链的磁力线数目,图10-7中采用了金属护套中点互连并接于均压线的接线方式。采用这种方式后,作用在保护器和外层绝缘上的工频电压可下降为金属护套一端互连接均压线的50%。为了使电缆 A,B,C 三相中任一相发生单相接地短路时,故障相金属护套和均压线间的感应电压都达到同样较小的数值,必须按如图10-7所示进行接线。将均压线按"三七"开的位置布置,以保证均压线对各相的几何距离相等。因为只有这样的布置方式才能保证在任一相接地短路时故障相金属护套和均压线构成的开口环交链相同数量的磁力线。

采用这种接线方式后,发生工频短路时,保护器和外护层绝缘所受工频电压可按下述公式计算。

(1) 单相接地短路:

$$U_{AD} = -\mathrm{j}2\times10^{-7}\omega\left(\frac{1}{2}l\right)I\ln\left(\frac{D}{r_s}-\frac{D}{d'}\right)=$$
$$-\mathrm{j}\omega lI\times10^{-7}\ln\frac{d'}{r_s} \quad \text{(V)} \tag{10-1}$$

或
$$U_{AD}=\frac{1}{2}I(X_s-Z_{AD}) \quad \text{(V)} \tag{10-2}$$

式中，Z_{AD} 为均压线和电缆的互感阻抗，计算式为

$$Z_{AD} = \text{j} 2 \times 10^{-7} \omega l \ln \frac{D}{d'} \quad (\Omega)$$

d' 为电缆和均压线间的几何均距，$d' = 0.7d$，m；l 为每段电缆的长度，m；D 为电缆金属护套平均直径，m；r_s 为土地等值回路深度。

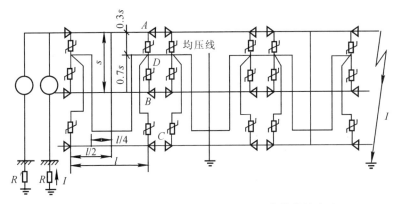

图 10-7 金属护套中点互联并接于均压线的接线方式

（2）两相短路：

$$U_{AD} = -\frac{1}{2} I (X_s - Z_{00}) \quad (\text{V}) \tag{10-3}$$

（3）三相短路：

$$U_{AD} = -\frac{1}{2} I \left[-\frac{1}{2} (X_s + Z_{00} - 2Z_{01}) + \text{j} \frac{\sqrt{3}}{2} (X_s - Z_{00}) \right]$$

$$\tag{10-4}$$

由于 $Z_{AD} > Z_{00}$，所以采用这种接线方式后，发生单相接地短路时，保护器和外护层绝缘所受电压将比三相和两相短路时小。设计时仍应根据两边相短路的情况考虑。

这种接线方式在冲击下也可起到有利的作用。从图 10-7 可

知,采用这种接线方式时,在冲击电压的作用下,由于在电缆的两端,金属护套和均压线之间接有保护器,电缆中部的金属护套间断连处在冲击下也是经过保护器连通的,因此作用在外护层绝缘上的冲击电压并不高,它取决于保护器的残压。另一方面,由于均压线与地之间有一定波阻,所以采用这种接线方式时,流过保护器的冲击电流将下降 50% 左右,为改善保护器的工作条件,降低保护器的残压创造了有利条件。

当采用这种接线方式时,均压线只应有一点接地(一般在中部,接地电阻小于 30 Ω 即可)。否则,在工频过电压的作用下,均压线中将流过一定的环流,它将削弱均压线的作用。实际上,均压线沿线都存在自然接地电阻,然而只要保证均压线的总的自然接地电阻 R 比均压线本身的阻抗 Z_d 大得多,即能保证:

$$R \geqslant 6 \mid Z_d \mid \qquad (10-5)$$

此时,可以忽略自然接地电阻 R 的不利作用。

应该指出,即使在电缆直埋于土地中的情况下,只要符合式(10-5)的要求,本方案仍然有效。在高土壤电阻率的地方或岩石洞中,这一要求是不难满足的。而在低土壤电阻率的地方,为了满足这一要求,可能需要将包括电缆及均压线在内的整个周围换成以砂、石等高阻率的物质,或用废旧电缆(应将其金属护套外的材料剥去并将芯线与金属护套 10 点以上连通)作为均压线。

10.3.2 交叉互联加 Y 接法保护器及均压线的接线方式

图 10-8 所示为交叉互联加 Y 接法保护器的接线图。

采用这种接线方式时,应将电缆线路全长分成三等分段或三等分段的倍数,把两段金属护套进行交叉互联,而最前端和最末端则三相互联接地。

但是采用交叉互联后,由于金属护套中部间断连接,必须加入保护器。值得指出的是,为了限制金属护套在冲击作用下的对地电位的升高,保护器只须跨接在断开的金属护套两端;不必接在金属护套和地之间,也就是说,保护器只需采用 △ 接法或与之等值的 Y 接法(见图 10-8)。而不要采用国外流行的 Y_0 接法。因为只要金属护套被绝缘接头断开的两侧能在冲击下经保护器接通,则芯线冲击电流自然继续以金属护套为回路,这时冲击下金属护套的电位就会很小了。但 △ 接法的保护器与 Y_0 接法的保护器相比,前者所受的工频电压要比后者小得多。所以,采用 △ 接法时,外护层对地绝缘及绝缘接头两侧在冲击下所受的残压要比采用 Y_0 接法时低得多。而 Y 接法的保护器,每个保护器所受的工频电压更可进一步下降为 △ 接法时的 50%。下面来分析单相短路时这三种接法的保护器上的工频电压。

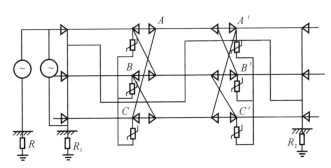

图 10-8　交叉互联加 Y 接法保护器的接线图

参阅图 10-9,如果保护器采用国外流行的 Y_0 接法,即在 A' 与地之间有保护器,则此保护器所受的工频电压 $\dot{U}_{Y0}$ 显然为

$$\dot{U}_{Y0} = IR + \dot{U}_{A'A} \tag{10-6}$$

因为不论 IR 或 $\dot{U}_{A'A}$ 的值都是很大的,其相位差约为 $90°$,所以此时保护器所受电压 $\dot{U}_{Y0}$ 的值很大。如果采用 △ 接法,即在 A' 与 A 之间接保护器,则此保护器所受的工频电压 $\dot{U}_A$ 显然为

$$\dot{U}_{\triangle} = \dot{U}_{A''A} = \dot{U}_{A'A''} - \dot{U}_{C'C} \tag{10-7}$$

由于 $\dot{U}_{A'A}$ 与 $\dot{U}_{C'C}$ 在单相短路时是同相位的,其大小又相差不太多,所以此时保护器所受电压 $\dot{U}_{\triangle}$ 显然比式(10-6)的 $\dot{U}_{Y0}$ 小得多。如果将采用 $\triangle$ 接法的保护器用等值的 Y 接法的保护器来代替,如图 10-8 所示,则 $\dot{U}_{A'A''}$ 显示作用在两个保护器上,即此时每个保护器所受的工频电压 $\dot{U}_{Y}$ 为

$$\dot{U}_{Y} = \frac{1}{2}U_{A'A''} = \frac{1}{2}(\dot{U}_{A'A''} - \dot{U}_{C'C}) \tag{10-8}$$

将式(10-8)与式(10-6)相比,可见 Y 接法比 Y_0 合理多了。

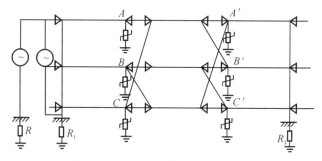

图 10-9　交叉互联保护器 Y_0 接线

10.3.3　Y 接法保护器所受的工频电压 $\dot{U}_{Y}$ 在发生各种故障时的计算方法

(1)单相接地短路:

$$U_{Y} = -\frac{1}{2}I(X_{s} - Z_{00}) \tag{10-9}$$

(2)两边相短路:

$$U_{Y} = -\frac{1}{2}[I(X_{s} + Z_{00}) - (-I)(X_{s} - Z_{00})] =$$
$$-I(X_{s} - Z_{00}) \tag{10-10}$$

(3)三相短路:

$$\dot{U}_{\text{Y}} = -\frac{1}{2}I\sqrt{3}(X_{\text{s}} - Z_{00}) \tag{10-11}$$

将式(10-9)、式(10-10)和式(10-11)加以比较,可见采用 Y 接法的保护器所受的工频电压已不是像以前所说的以单相接地短路时为最严重,单相接地短路时的工频电压已下降为两相短路时的 50%,所以,设计时,只需验算两边相短路的情况。

应当指出,式(10-6)由于 IR 项的存在,其值可达很高。为了消除地网电位 IR 对外护层绝缘的不利影响,可加设均压线,如图 10-10 所示。均压线的布置和作用与图 10-7 所示的均压线是一样的,而且也应满足式(10-5)对它的要求才行。

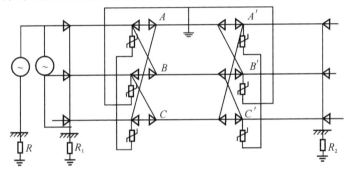

图 10-10　交叉互联加 Y 接法均压线的接线方式

10.3.4　接地电缆的选择

根据非传导热法,计算短路温升,有

$$I_{\text{AD}}^2 t = K^2 S^2 \ln\left\{\frac{\theta_{\text{f}} + \beta}{\theta_{\text{i}} + \beta}\right\} \tag{10-12}$$

式中,I_{AD} 为在绝热状态下金属屏蔽层的短路电流,A;t 为短路时间,s,$t=2$s,$t=1$s;K 是常数,金属的 K 等于 226 A·s$^{1/2}$/mm^2;S 是电缆导体截面面积,mm^2;θ_{f} 是短路结束时的温度,250℃;θ_{i} 是短路开始时的温度,30℃;β 是常数,铜的 β 等于 234.5;

对于非绝热状态,有

$$\varepsilon = \sqrt{1 + X\sqrt{\frac{t}{S}} + Y\left(\frac{t}{S}\right)} \qquad (10-13)$$

式中,Y 是常数,分别等于 0.41 mm²/s 和 0.12 mm²/s。当 $S=$ 300 mm² 时,$I=I_{AD}\varepsilon=37.9$ kA(2s),53.5 kA(1s)。当 $S=240$ mm² 时,$I=I_{AD}\varepsilon=30.4$ kA(2s),42.8 kA(1s)。这些决定了接地电缆的截面积。

10.4　保护器安装和护套接地注意事项

10.4.1　保护器的作用和特性

当电缆导线中有雷击和操作过电压冲击波传播时,电缆金属护套会感应产生冲击过电压。一端接地的电缆线路可在非接地端装设保护器,交叉互联的电缆线路可在绝缘接头处装设保护器以限制护套上和绝缘接头绝缘片两侧冲击电压的升高。

电缆护套的保护方式,曾经过一段摸索过程,我国早期曾采用过放电间隙保护,后来采用带间隙的碳化硅电阻片保护。这些保护器的特性较差,对冲击过电压的反应较慢,残压较高。近几年来,研制了氧化锌电阻阀片避雷器,这种氧化锌电阻片是以高纯度的氧化锌为主要成分,添加微量的铋、锰、锑、铬、铅等氧化物,经过充分混合、造粒、成形、侧面加釉等加工过程,并在 1 000℃ 以上的高温下烧制而成。氧化锌阀片具有良好的非线性,同时氧化锌阀片避雷器没有串联间隙,因而保护特性好,已逐渐用作电力系统高压电气设备的保护。目前电缆护套的保护也普遍采用氧化锌阀片保护器。在正常工作电压下,保护器呈现高电阻,通过保护器的工作电流极其小(微安级),基本处于截止状态,使护套与大地之间不成通路。当护套出现的雷击或操作过电压达到保护器的起始动作电压时,保护器的电阻值很快下降,使过电压电流较容易地由护套经保护器流入大地,这时护套上的电压仅为通过电流时保护器的残压,而保护器的残压和起始动作电压比冲击过电压低得多,并且比护套冲击试验电压小得多,因而使护套绝缘免遭过电压的破坏。在过电压消失后,电阻阀片又恢复其高阻特性,保护器和电缆线路又恢复到正常工作状态。

当线路出现短路故障时,护套上及绝缘接头的绝缘片间也将感应产生较高的工频过电压。此时电压的时间较长,一般为后备保护切除短路故障的时间(2 s),此时保护器应能承受这一过电压的作用而不损坏。

表 10-2 列出了保护器所用氧化锌阀片的规格和性能。

表 10-2　氧化锌阀片的规格和性能

型　号	规　格 mm	10 kV 冲击 电流残压 kV(幅值)	2 s 工频 耐　压 V(有效值)	残压比	$\dfrac{U_{1\,ms}}{V}$
MY31	φ80×6	3.3	1 200	2.75	
MY31	φ80×8	3.3	1 200	2.75	
MY31	φ80×15	3.4	1 200	2.8	1 000
MY31	φ100×10	2.7	1 000	2.7	

如果单片阀片的工频耐压值小于护套上和绝缘接头绝缘片两侧可能出现的工频过电压时,可多用几片阀片,但是片数增加后,其残压值也随之提高,而残压提高后的数值应小于 0.7 倍外护套的冲击试验电压(见表 10-3)。工频耐压提高后的数值应低于外护套的工频试验电压。

表 10 - 3　　电缆外护套冲击试验电压

电缆额定电压 kV	冲击试验电压 kV
110	37.5
220	47.5
330	62.5
500	72.5

　　为了便于分析系统的过电压事故,可在保护器上加装一个放电记录器,以便记录保护器动作次数。记录器的电气原理电路如图 10 - 11 所示。当冲击电流或工频电流通过保护器 BH_1 而在其上形成压降时,该压降经非线性电阻 R_2 使电容器 C 充电。适当选择非线性电阻 R_2,使电容器在不同幅值电流流过保护器阀片时都能储藏足够的能量。当电容器上的电荷对计数器的磁铁线圈 L 放电时,就会走一个数字,这样就可累计保护器的动作次数。

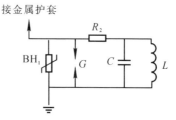

图 10 - 11　保护器的动作记录器原理图
BH_1—保护器阀片;G—保护间隙;R_2—非线性电阻;
C—充电电容;L—计数器线圈

10.4.2　保护器的连接

　　护套保护器有单相式与三相式两种。单相式是由一片或数片阀片组成的单相阀,装于密封的盒内,三相式是由三片或三组阀片组成的。如图 10 - 12 所示为螺盖式保护器接线盒,顶盖密封垫和三相保护器装在盒内,可以拆卸,当护套及连接线进行 10 kV 直流电压试验时,将保护器拆下,防止损坏。

保护器接成星形接线,中性点接至地线,盒内尚有三相换位的连接线,使同轴电缆引线的外导体经过换位后接至内导体,通过这一换位来实现护套的交叉互联。这种接线盒适用于绝缘接头绝缘片两侧接线。如图 10-13 所示为接线盒在电缆线路上的布置图。

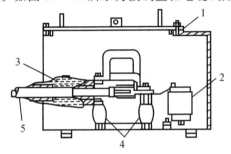

图 10-12　螺盖式保护器接线盒

1—顶盖密封垫;2—保护器;3—同轴电缆终端;4—绝缘子;5—同轴电缆

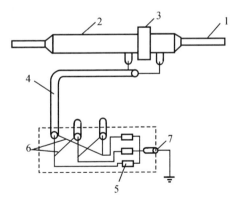

图 10-13　保护器接线盒在电缆线路上的布置

1—电缆;2—绝缘接头;3—护套绝缘;4—同轴电缆;

5—护套保护器;6—互联母排;7—接地

还有一种接线盒,无换位接线,同轴电缆的外导体在接线盒处直接接地。不换位的保护器接线盒及单相接线盒适用于单点接地的电缆线路。三相保护器作星形接线后,中性点接至电缆线路的回流线,再接地,如图 10-2 所示。

电缆护套至保护器的连接线通常采用同轴电缆,该接线应尽量短,一般限制在 10 m 以内,以减小波阻抗,降低冲击电流在引线上的压降,从而降低护套电压。

10.4.3　护套接地的注意事项

(1)护套一端接地的电缆线路如与架空线路相连接,护套的直接接地一般装设在与架空线相接的一端,保护器装设在另一端,这样可以降低护套上的冲击过电压。

(2)有的电缆线路在电缆终端头下部,套装了电流互感器作为电流测量和继电保护使用。护套两端接地的电缆线路,正常运行时,护套上有环流;护套一端接地或交叉互联的电缆线路,当护套出现冲击过电压,保护器动作时,护套上有很大的电流经接地线流入大地。这些电流都将在电流互感器上反映出来,为抵消这些电流的影响,必须将套有互感器一端的护套接地线,或者接保护器的接地线自上而下穿过电流互感器,如图 10-14 所示。

(3)高压电缆护层绝缘具有重要作用,不可损坏,电缆线路除规定接地的地方以外,其他部位不得有接地情况。

1)电缆线路非接地的护套有感应电压,当护层绝缘不良时,将引起金属护套交流电腐蚀或火花放电而损坏金属护套。另外,绝缘层对金属护套还有防止化学腐蚀的作用。

2)如果护层绝缘不良,对于一端接地的电缆线路或交叉互联的线路,当冲击过电压时,保护器尚未动作,护层绝缘薄弱的地方就可能先被击穿。

3)护套两端接地或交叉互联的电缆线路,当电力系统发生单相接地时,故障电流很大,护套中回路电流也很大。如故障电流为 6 kA 时,两端接地电阻即使很小(如为 0.5 Ω),当通过回路电流时,护套电压也可能被提高到 3 000 V,如果护层绝缘不良,将会被击穿而烧坏护套。

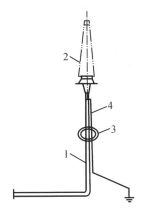

图 10 - 14　保护接地线穿过电流互感器示意图

1—电缆;2—电缆终端;3—电流互感器;4—接地线

4)护层绝缘损坏击穿,电缆线路将形成两点或多点接地,护套上将产生环形电流,因此电缆线路除规定接地的地方以外,其他部位不得有接地情况,护套绝缘必须完整良好,施工中必须注意防止护层绝缘损伤,电缆护套与金属构件或其他装置相接时应装设绝缘件防止接地,如电缆终端头底座与支架间相连接的四个支点,须装设绝缘子;电缆接头套管与支墩间须装设绝缘件;护套与保护器之间的接线不能用裸导线,一般采用同轴电缆,以保证引线对地的绝缘。这些绝缘件的绝缘性能应与电缆护套对地绝缘具有同一水平(能承受 10 kV 直流电压 1 mm)。安装时可用 2.5 kV 兆欧表测量其绝缘电阻,其值应大于 5 MΩ。

10.4.4　地电位升高

电缆线路接地和其他设备的接地要求是不一样的,原因在于,电缆线路经过的路径可能在人员和电子设备特别密集区域,当电缆线路运行中突然事故时,如果正好在此处有一个电缆的接地点,短路电流将直接推高该处的地电位。因此,设计手册上对于电缆线路接地按照线路接地电阻的设计思想,在这里需要修改,必须使它接近变电所的接地电阻。CIGRE 对此进行了深入研究,在技术册子 TB 347 中提出了计算电缆线路故障短路时,地电位升高的计算公式有以下几种。

(1)混合线路,架空线侧电缆击穿时(见图 10-15),地电位升高计算公式为

$$U_{R_r} = Z_R \times \frac{Z'_e - Z'_m}{Z'_e L + Z_R + R_1} \times L I_{SCl} + Z_R \times \frac{Z'_e L + R_1}{Z'_e L + Z_R + R_1}$$

$$(10-14)$$

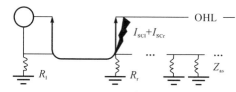

图 10-15　混合线路架空侧电缆故障时等值电路

(2)混合线路,变电站侧电缆击穿时(见图 10-16),地电位升高计算公式为

$$U_{R_1} = R_1 \times \frac{Z'_e L + Z_R}{Z'_e L + Z_R + R_1} \times (1-\mu) I_{SCr} - R_1 \times \frac{Z'_e L}{Z'_e L + Z_R + R_1}$$

$$(10-15)$$

$$Z_R = \frac{R_r Z_{as}}{R_r + Z_{as}} \qquad (10-16)$$

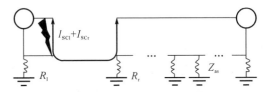

图 10-16　混合线路变电站侧电缆故障时等值电路

（3）纯电缆线路，在变电站侧故障时（见图 10-17），地电位升高计算公式为

$$U_{R_r} = R_r \times \frac{Z'_e - Z'_m}{Z'_e L + R_r + R_l} \times L I_{SCl} \qquad (10-17)$$

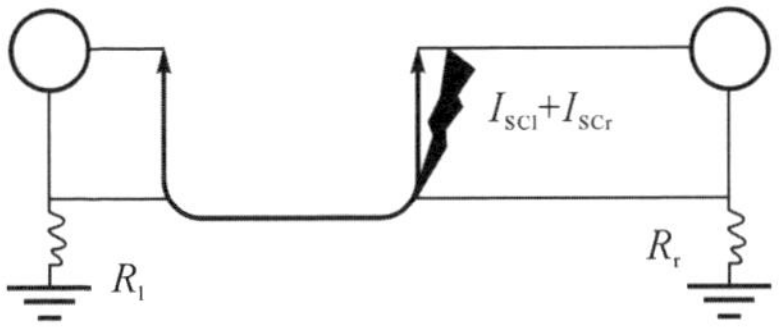

图 10-17　纯电缆线路电缆故障时等值电路

（4）混合线路，电缆故障时（见图 10-18），地电位升高计算公式为

$$U_{R_r} = Z_R \times \frac{Z'_e L + Z_S}{Z'_e L + Z_R + Z_l} \times (1 - \mu)(I_{SCr} + I_{SCl}) -$$

$$Z_R \times \frac{Z'_e L}{Z'_e L + Z_R + Z_l} \times (\mu' - \mu) I_{SCl} \qquad (10-18)$$

$$Z_R = \frac{R_r Z_{as}}{R_r + Z_{as}} \quad Z_l = \frac{R_l Z_{as}}{R_l + Z_{as}}$$

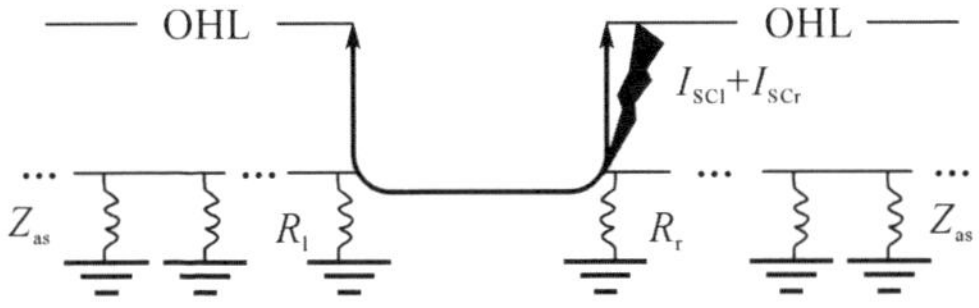

图 10-18　混合线路电缆故障时等值电路

（5)地电位升高在实际工作中有很大的使用价值,如图 10 - 19 所示为一个架空线和电缆的混合线路,当变电站 C 出现事故时,在混合线路各点可以发现地电位升高,特别在两个架空线和电缆连接的地方(图中②和⑧)出现较高的地电位升高情况,而且架空线路越短,这种现象越严重,图中⑧的地电位已经升到 17 kV。

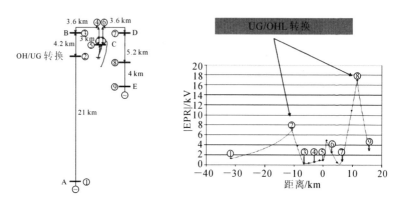

图 10 - 19　混合线路地电位升高实际分布

第 11 章　XLPE 绝缘电缆试验

电力电缆的试验,暂且把它分为两类,一类是在出厂供货之前对电缆及其附件的试验,可称为产品试验;另一类是电缆及其附件在敷设和安装完毕后对其组成的电缆线路的试验。前一类试验是检验制造质量的试验,主要包括开发试验、抽样试验、例行试验、型式试验、预鉴定试验(各种试验项目对应表见表 11-1);而后一类是检验敷设安装的质量和运行后是否受到意外损伤的试验。由于这两类试验的性质和目的有所不同,因此在理念上不能混淆。

11.1　试验方法的发展

CIGRE 早在 20 世纪 90 年代就已经指出,XLPE 绝缘电缆在现场和试验室对于质量评价中,耐压试验采取的方法应按照下列的顺序选择:

(1)交流电压下的局部放电试验。

(2)交流耐压试验。

(3)变频或工频谐振试验。

(4)直流耐压试验。

但由于技术原因(技术的认识和设备的制造),我国在很长时间内对于交联聚乙烯绝缘电力电缆采用直流的试验方法来评价制造和竣工的质量。由于电缆运输和制造限制,为敷设安装而生产的电缆均为短段,20 世纪 90 年代初期在制造厂率先启用工频电压作为电缆出厂试验方法,但是直到 2005 年后我国才取消了现场直流耐压试验作为交联聚乙烯绝缘电力电缆竣工的质量评价。电缆竣工后的交接试验按照新的标准 GB50150《电气装置安装工程电气设备交接试验标准》的规定执行。所进行的试验项目也有如下改变:

(1)测量绝缘电阻。

(2)中低压直流或交流,高压交流试验包括耐压试验中的局部放电试验。

(3)检查电缆相位。

(4)附属设施试验(护层保护器,导体连接等)。

11.2　试验性质定义

检验制造质量和工程交接的试验概括起来主要包括以下几方面内容。

(1)开发试验是一种研究性试验,是制造商在新产品研发时进行的试验。是在设计电缆之前进行的试验研究,由制造厂自行确定试验的内容,一般先在小尺寸的模型电缆上进行,然后再在 1∶1 全尺寸电缆上验证。

(2)抽样试验是由制造方按规定的频度在成品电缆或取自成品电缆或附件的部分上进行的试验。抽样试验也是检验持续生产时间较短中的偶然失误,需在合同中对每批同型号、同规格的电缆抽取试样进行试验。因此用户在订货时应充分利用产品标准中对于抽样试验的条款,要求制造商或委托第三方做抽样试验,以便发现在合同制造过程中因偶然发生的差错而产生的产品缺陷。

如果取自任一根电缆上的试样,未通过抽样试验中的任何一项,则应从同一批电缆中再取两根试样,对未通过的项目进行试验。假如加试的这两根电缆都通过了试验,则抽取这两根试样的该批其他电缆应认为符合要求。如任一根加试电缆未通过试验,则该批电缆应认为不符合要求。

（3）型式试验是为了验证产品能否满足技术规范的全部要求所进行的试验。除非电缆或附件中的材料、制造工艺、结构或设计电场强度发生改变，且这种改变可能会对其性能产生不利影响，否则就不必重复进行。

当具有特定导体截面以及相同额定电压等级和结构的一种或一种以上电缆系统的型式试验通过后，如果满足下列 1）～6）的所有条件，型式试验对条件规定范围内的其他导体截面、额定电压和结构的电缆系统亦可认为有效。但是如果包覆在屏蔽绝缘芯上的材料组合不同于原先已经过型式试验的电缆的材料组合，可以要求重复进行成品电缆样段的老化试验以检验材料的相容性。

1）电压等级不高于已试电缆系统的电压等级。

2）导体截面不大于已试电缆的导体截面。

3）电缆和附件具有与已试电缆系统相同或相似的结构。

4）电缆导体屏蔽上计算的标称电场强度值和雷电冲击电场强度值不超过已试电缆系统相应计算值的 10%。

5）电缆绝缘屏蔽上计算的标称电场强度值和雷电冲击电场强度值不超过已试电缆系统相应计算值。

6）电缆附件主绝缘件上和电缆与附件界面上计算的标称电场强度值和雷电冲击电场强度值不超过已试电缆系统相应计算值。

注：①结构类似的电缆和附件是指绝缘和半导电屏蔽的类型和制造工艺相同的电缆和附件。由于导体或连接金具的型式或材料的差异，或者由于屏蔽绝缘线芯上或附件主绝缘部件上的保护层的差异，除非这些差异可能对试验结果有显著影响，否则电气型式试验就不必重复进行。②在有些情况下，重做型式试验中的一项或几项试验（例如弯曲试验、热循环试验和（或）相容性试验）可能是合适的。③不包括附件长度的成品电缆试样长度至少为10 m，附件之间电缆的最短净长应为 5 m。附件应在电缆经弯曲试验后安装，每种附件至少应有一个试样进行试验。

（4）例行试验（出厂试验）是由制造商在部件（所有制造长度电

缆或所有附件)上进行的试验,以检验其是否满足规定的要求,是在交付给用户的每一个制造长度的电缆上进行的用以验证所有的电缆是否符合规定要求的试验。由于试验电压不能太高,因而只能发现电缆在制造过程由于偶然的疏忽而产生的重大缺陷。

(5)预鉴定试验是由一般工业生产基础上生产并供应的一种电缆系统在使用之前进行的试验,以证明该完整电缆系统具有令人满意的长期运行性能。

注:①IEC 60840 规定,当电缆导体屏蔽标称计算场强大于 8.0 kV/mm和/或绝缘屏蔽标称计算场强大于 4.0 kV/mm 时,该电缆系统应进行预鉴定试验。目前,220 kV 及以上的电缆系统要求进行预鉴定试验。②如果一个预鉴定合格的电缆系统使用另一个已通过预鉴定试验电缆系统的电缆和(或)附件进行替换,且另一个电缆系统的绝缘屏蔽上的计算电场强度等于或高于被替换的电缆系统,则现有的预鉴定认可应扩展到此系统或另一个电缆系统的电缆和(或)附件。③预鉴定试验应包含在至少 100 m 长试样尺寸的成品电缆系统上进行的电气试验,电缆系统含每种附件至少一件。附件之间电缆的最短净长应为 10 m。④热循环应采用导体电流加热被试回路,直到电缆导体温度达到 90～95℃。加热时间应至少 8 h。每个加热期内导体温度应维持在规定的温度范围内至少 2 h,接着是至少 16 h 的自然冷却。在整个 8 760 h 的试验时间内应对被试回路施加 $1.7U_0$ 电压和热循环,加热和冷却循环应进行至少 180 次。试验期间电缆系统不能发生击穿。⑤一年的热循环电压试验结束后,从电缆系统上取下有效长度至少 30 m 的电缆试样,在导体温度达到 90～95℃下进行雷电冲击电压试验,也可以直接在电缆系统上进行。电缆试样或者电缆系统应耐受正负极性各 10 次雷电冲击电压而不发生击穿。

预鉴定试验对电缆系统的考核远比挂网试运行要严格。因为挂网运行时加在电缆线路上的电压是额定电压,而预鉴定试验施加电压为额定电压的 1.7 倍;挂网运行电缆线路的负荷是随机的,达到满负荷的时间概率较低,电缆导体温度长期工作在 90℃以下,而预鉴定试验时的导体温度必须达到 90～95℃;按寿命指数 n

最保守的数值在预鉴定试验时为 7，一年的预鉴定试验相当于在额定电压下运行 46 年。

(6)竣工(交接)试验是工程过程中或工程完工以后进行的相关试验。

表 11 - 1　各种电缆、附件及系统试验的主要试验项目

序号	试验项目	开发试验	抽样试验	例行试验	型式试验	预鉴定试验	竣工试验
1	对原材料和制造工艺评估(微孔、杂质和突起物尺寸和数量)	√			√		
2	威布尔参数的确定,主要是形状参数 b,寿命指数 n 的值	√					
3	导体检查		√				
4	结构尺寸检查		√		√		
5	导体电阻和金属屏蔽和(或)金属套电阻测量		√	√			√
6	电缆半导电屏蔽的电阻率试验				√		
7	绝缘电阻试验						√
8	绝缘老化前后机械性能试验				√		
9	外护套老化前后机械性能试验						

续 表

序号	试验项目	开发试验	抽样试验	例行试验	型式试验	预鉴定试验	竣工试验
10	外护套的热失重试验				√		
11	外护套的高温压力试验				√		
12	外护套的低温试验				√		
13	外护套的热冲击试验				√		
14	非金属外护套的刮磨试验				√		
15	PE外护套炭黑含量测量				√		
16	半导电屏蔽层与绝缘层界面的微孔与突起试验				√		
17	XLPE绝缘热延伸试验		√		√		
18	金属套厚度测量		√				
19	铅套的腐蚀扩展试验				√		
20	绝缘与外护套厚度测量		√				
21	直径测量		√				

续　表

序号	试验项目	开发试验	抽样试验	例行试验	型式试验	预鉴定试验	竣工试验
22	电容测量		√				
23	tanδ 测量				√		
24	局部放电试验			√	√		√
25	电压试验			√	√	√	√
26	外护套的电气试验			√			√
27	对包含电缆和附件的电缆系统的检验				√		
28	弯曲试验,随后安装附件和在环境温度下的局部放电试验				√		
29	热循环电压试验				√	√	
30	环境温度下,以及高温下局部放电试验				√		
31	雷电冲击电压试验		√		√	√	
32	雷电冲击电压试验及随后的工频电压试验				√		
33	透水试验		√		√		
34	接头的外保护层试验				√		
35	具有与外护套黏结的纵包金属带或纵包金属箔的电缆部件的试验		√		√		

续 表

序号	试验项目	开发试验	抽样试验	例行试验	型式试验	预鉴定试验	竣工试验
36	成品电缆段老化试验				√		
37	燃烧试验				√		
38	结束上述试验后电缆系统的检验				√	√	
39	电缆护层保护器试验						√

11.3　试验场地要求

作为试验用场地,由于用途不一样,技术要求也有很大变化,介绍起来比较复杂,在此,我们仅对型式试验、预鉴定试验和竣工试验场地情况进行介绍。

11.3.1　屏蔽试验场地

屏蔽试验场地主要用于电缆和附件以及电缆系统进行型式试验的场地,由于需要进行局部放电试验,按照标准要求,背景噪声不能大于2.5pC,需要研究屏蔽的技术,通过屏蔽试验室将外界的干扰屏蔽,以保证试验。

1.屏蔽试验室技术参数

对于屏蔽试验室,首先要了解屏蔽效率,它指的是辐射的射频电磁能量试图通过一个屏障时所受到的衰减,或屏蔽区域内部与外部电/磁场之比。一般用于35 kV及以下交联电缆局放试验的

长、宽、高各在 4～6 m 之间;用于 110 kV 及以下交联电缆的一般
各在 7～20 m 之间;220 kV 及以上电压等级一般需要 15～25 m。
屏蔽效能均设计在 80 dB 以上,频率范围是 5 kHz～1 MHz。常
规屏蔽试验室的技术参数如下:

　　磁场:14 kHz,≥70 dB;

　　电场:200 kHz,≥95 dB;

　　平面波:50 MHz～1 GHz,≥100 dB;

　　微波:1 GHz～10 GHz,≥80 dB;

　　测试方法按国标 GB12190—90 C 级;

　　温度范围:夏季(22±2)℃,冬季(20±2)℃;

　　湿度:55%±10%

　　洁净度:颗粒度大于 0.5 μm,小于 1 800 粒/L;

　　照度:300 勒克斯;

　　气压:试验室内部应大于户外;小于海拔高度 1 000 m 的
气压;

　　噪声:在设备停运的情况下,样品位置噪声小于 68 dB。

　　2.屏蔽效率计算

$$SE=R+A+K \tag{11-1}$$

式中,R 为两边的反射损耗,dB;A 为屏蔽体的吸收损耗,dB;$A=$
131.43t×(f×σ_r×μ_r)×0.5,t 为金属板厚度,f 为频率,σ_r 为金
属板相对电阻;μ_r 为金属板相对磁导率;K 为屏蔽体内波反射
修正系数,dB。

11.3.2　户外试验场

　　户外试验场地主要用于电缆系统预鉴定试验,预鉴定试验场
地应主要包括电缆线路上可能出现的所有电缆敷设状态,以模拟
电缆系统在运行状态下的特性。图 11-1 所示为一般预鉴定试验
场地中电缆系统的布置情况。

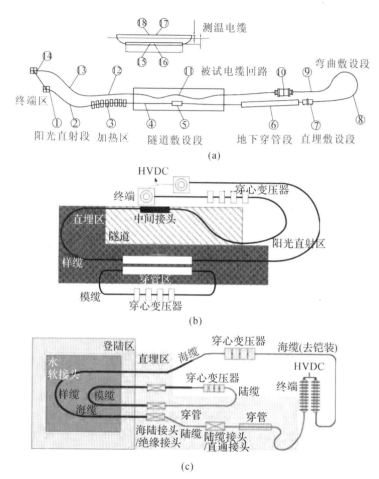

图 11-1　预鉴定试验场示意图

(a)陆缆预鉴定试验系统；(b)直流陆缆预鉴定试验系统；

(c)海缆+陆缆直流预鉴定试验系统

(1)系统温度测量精度：±1℃。

(2)工频试验变压器或工频串联谐振试验变压器长期稳定运行。

(3)分压器精度:1%。

(4)加热采用斜开口加热变压器,多台串联使用,电压 0~380V,功率 47.5 kV・A。

(5)电缆隧道尺寸:约 20 m×3 m×2.5 m,墙体厚度应保证内部温度不受外环境温度影响。

(6)穿管长度:30 m。

11.3.3　竣工试验场地

竣工试验所进行的场地往往是尚未交工或刚刚交工的新变电站场所,也可能是在没有任何设施的野外,因此,在竣工试验场地需要解决和了解试验中的几个问题,以此来确定试验场地的布置。

(1)现场试验将要进行的场地周外的环境情况是否满足高电压的基本绝缘距离要求。

(2)为了保证现场高压试验的设备和人身安全,需要了解现场接地极是否良好,以及如何接地。

(3)电缆线路的竣工试验,由于电缆的电容较大,造成试验设备容量较大,为了满足这些设备的正常运行,需要试验现场的供电电源容量和试验设备容量相匹配,并留有余地。

如图 11-2~图 11-4 所示为几个典型的电缆线路现场试验设备布置。

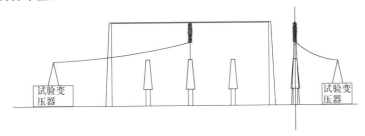

图 11-2　电缆终端上方具有构架的试验布局

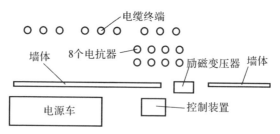

图 11 - 3　电缆终端附近有阻挡物的试验设备布置

图 11 - 4　电缆现场实物照片

11.4　试验主要设备及原理

11.4.1　工频串联谐振试验变压器

串联谐振试验变压器原理如图 11 - 5 所示。

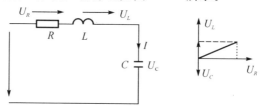

图 11 - 5　串联谐振试验变压器原理图

由电工原理知,$U_C = \dfrac{I}{\omega C}$,$U_L = I\omega L$,$U = U_C + U_L + U_R$,当回

路中感抗和试品容抗相等时,即 $\omega L = \dfrac{1}{\omega C}$,$U = U_R$,$f = \dfrac{1}{2\pi\sqrt{LC}}$。

所以,电路发生串联谐振,电源提供很小的励磁电压,就能在试品
上得到很高的电压。

11.4.2　变频串联谐振试验变压器

变频串联谐振试验是电缆竣工试验的主要项目,原理电路如
图 11 - 6 所示。

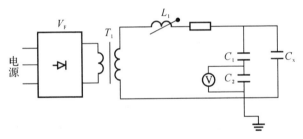

图 11 - 6　变频串联谐振试验变压器原理图

国标规定变频串联谐振试验频率为 $30 \sim 300$ Hz,回路中电流

为 $I = \dfrac{U_{L_X}}{R}$,被试设备电压为 $U_{C_X} = \dfrac{I}{\omega C_X}$,输出电压与励磁电压之比

为试验回路的品质因数,即

$$Q = \frac{U_{C_X}}{U_{L_X}} = \frac{\omega L}{R} \tag{11-2}$$

由于试验回路中电阻 R 很小,故试验回路品质因数很大。一
般正常时可达 50 以上,即输出电压是励磁电压的 50 倍,因此用较
低容量的试验变压器就能得到较高的试验电压。而此时电容量与
电感的关系为 $\omega L = 1/\omega C$,因为对某个试品而言,电容量是固有

的,试验用可调电感的价格也非常昂贵,因此解决问题的途径就引到了改变电源频率,使回路产生谐振,在初始电压下调节回路的频率,观察 U_C 的变化达最大值时,增加或减小频率时谐振电压都要下降,这时的频率为谐振频率,这时的电压为谐振点电压,增加励磁电压就能升高谐振电压,从而达到试验电压目的。另外,由于试验回路是处于谐振状态,回路本身具有良好的滤波作用,电源波形中的谐波分量在设备两端大为减小,从而输出良好的正弦波形。当试品放电或击穿时,即回路中等值电容被短路,谐振条件被破坏,电压明显下降,恢复电压上升缓慢,试品上不发生暂态过电压,且电源供给的短路电流受到电抗的限制而减少,从而限制被试设备的损坏程度。

变频串联谐振装置进行耐压试验的注意事项有以下几方面。

1.试验频率的调整

对试验装置与被试品构成的回路,其谐振频率是确定的,有时可能会出现被试品频率不能满足试品所要求的频率。根据公式 $\omega L = \dfrac{1}{\omega C}$,为满足频率要求,有调节电感和改变电容量两个办法,但由于可调电感的设备价格相对要高得多,为此选择用并联电容的办法(见图 11-7)。

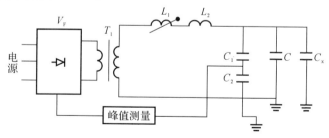

图 11-7　小电容试品并联电容器进行补偿

并联电容的来源有耦合电容器、开关的断口电容器等。在选用并联电容时,必须考虑并联电容器能够承受试验电压的考验,电容量的大小必须使试验电压频率能够满足规程规定。又如电缆，其耐压试验的频率一般要求在 $30 \sim 75$ Hz 之间。由于不同长度、不同截面电缆的电容量不同，要根据实际情况计算，通过并联电容器和改变电感的串并联，使得频率符合要求。如 110 kV 电缆，YJLW03 - 64/110 kV，400 mm^2，440 m，单芯电容量为 65 nF，可计算得 $f = 2 \times (65 \times 10 \times 131) = 53$ Hz，在范围内。若是遇到短电缆，在电容量不够时，可并联电容器。

2. 提高试验的稳定性

在应用中，发现当电压升到接近试验电压时，电压上升速度太快并伴有较大的电压波动，甚至能导致电压保护动作，使试验必须重新开始，这对设备安全是不利的。但如果电压保护值设定过大，就不能很好地起到保护被试设备免受过电压的作用。根据 R - L - C 电路的通用频率特性曲线（见图 11 - 8），可知：

(1)为减小试验变压器的容量，在选择 Q 值时，Q 值尽量要大。但当 Q 值较大时，而在偏离谐振频率时，相对较缓。所以，我们可以在试验变压器容量允许的条件下选择偏离谐振频率进行升压，达到降低电压上升速度的目的。

(2)调整回路的品质因数。由图 11 - 8 可知 $Q = \dfrac{U_C}{U} = \dfrac{1}{\omega CR}$，为减小 Q 值，必须增大回路电阻，这样，为达到试验电压，励磁变压器的输出容量也要增加，所以，应用这种方法时，必须在容量许可的条件下进行。

(3)接地线要与接地体可靠连接，接地电阻小于 4 Ω。

3. 变频串联谐振耐压试验的优点

(1)体积小、重量轻，适合施工现场使用。高电压等级时，电抗器采用积木式结构，同时便于运输和现场安装。

(2)在试品击穿时，谐振条件破坏，短路电流小，只有试品额定电流的 1/10 以下，对试品的危害性小。

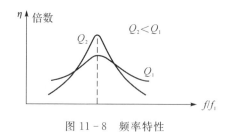

图 11-8　频率特性

(3)采用一点接地、进线保护、低通道滤波器、放电保护等,不仅可以在稳态下使放电或击穿电流小,而且还使暂态(瞬时)电流的破坏减小,从而保证设备和人身的安全。

(4)适用范围广。可对电力电缆、断路器、开关进行变频交流耐压试验,对大型发电机组、电力变压器、互感器、套管等电气设备进行耐压试验,还可用于局部放电试验及测量接地电阻。

(5)变频串联谐振试验装置是先在低电压下调谐振点,然后再升高电压幅值达到试验所需电压,且能保持谐振点,安全可靠。

11.4.3　冲击电压发生器

图 11-9 为冲击电压发生器原理图,这样的设备改变波头电阻就可以实现从雷电波到操作波的变化。

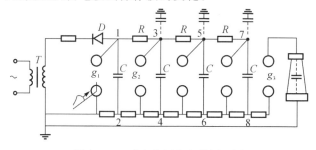

图 11-9　冲击电压发生器原理图

冲击电压发生器的工作过程:点火球隙针电极送 5~8 kV 脉冲电压,针-球产生小火花,紫外线照射使得气隙 g_1 放电,气隙 g_1 放电后,紫外线照射气隙 g_2 使其放电。同时,气隙 g_1 放电使点 1 的电容电压突变到 0,点 2 的电压从 0 变到 U,C_1 和 C_2 有电阻 R 隔离,在 g_1 放电瞬间,点 3 和点 4 的电位不可能发生突然改变,点 4 的电位仍为 U;因此球隙 g_2 上的电位差上升为 $2U$,g_2 放电,点 3 电位为 $-2U$;同理,球隙 g_3 上的电位差上升为 $3U$ 后放电,随后球隙 g_4 上的电位差上升为 $4U$ 后放电,这时输出电压为 C_1~C_4 上电压的总和为 $4U$。

标准雷电冲击电压的波前时间应为 1.2 μs,半峰值时间为 50 μs。IEC 和国标对电力电缆试验雷电冲击的波前时间要求为 1~5 μs,半峰值时间要求为 40~60 μs,如图 11-10 所示。

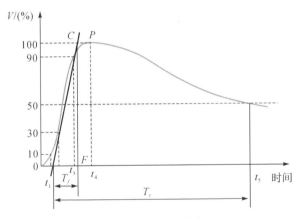

图 11-10　标准波形

标准操作冲击电压的波前时间应为 250 μs,半峰值时间为 2 500 μs。IEC 和国标对电力电缆试验雷电冲击的波前时间要求为 250 μs±50 μs,半峰值时间要求为 2 500 μs±1 500 μs。IEC 62067:2011 标准对于 $U_m \geqslant 300$ kV 的电缆系统型式试验,要求在热循环电压试验后进行操作冲击电压试验,目前新的行业标准DL/T401已经将操作波试验的电缆电压降到66 kV及以上,主要是考虑接头对操作波的敏感性。

11.4.4　分压器

分压器有纯电阻分压器、电容分压器和阻容分压器。在实际工作中,由于有杂散电容的干扰,为了得到较高精度的电压,多采用阻容分压器,如图11-11~图11-14所示。

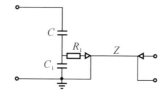

图 11-11　电容分压器示意图(单端匹配)

单端匹配电容分压器的分压比为

$$K = \frac{U_1}{U_2} = \frac{\left(\dfrac{1}{\omega C_1} + \dfrac{1}{\omega C_2} \right)}{\omega C_2} = \frac{C_1 + C_2}{C_1} \approx \frac{C_2}{C_1}, \quad C_2 > C_1, \quad R_3 = Z$$

(11-3)

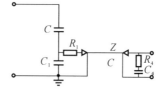

图 11-12　电容分压器示意图(双端匹配)

双端匹配电容分压器的分压比为

$$K = \frac{C_1 + C_2 + C_3 + C_4}{C_1} = 2\left(1 + \frac{C_2}{C_1} \right), \quad R_3 = R_4 = Z$$

$$C_1 + C_2 = C_3 + C_4$$

(11-4)

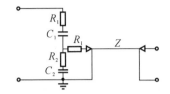

图 11-13　阻尼电容分压器示意图(单端匹配)

单端阻尼电容分压器的分压比为

$$K = \frac{C_1 + C_2}{C_1} = 1 + \frac{C_2}{C_1}, \quad R_2 + R_3 = Z \qquad (11-5)$$

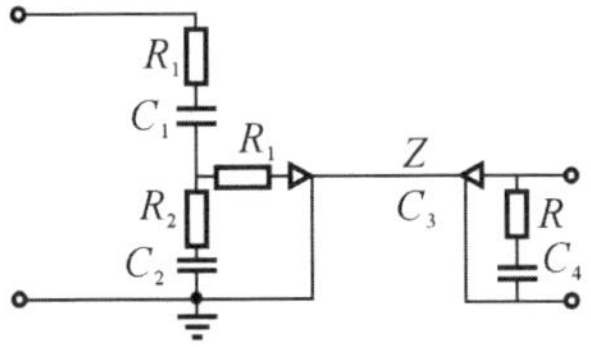

图 11-14　阻尼电容分压器示意图(双端匹配)

双端匹配阻尼电容分压器的分压比为

$$K = \frac{C_1 + C_2 + C_3 + C_4}{C_1} = 2\left(1 + \frac{C_2}{C_1}\right), \quad R_3 = R_4 = Z$$

$$C_1 + C_2 = C_3 + C_4 \qquad (11-6)$$

分压器计算注意事项如下:

(1)分压器高压臂与周围接地或带电物体之间存在杂散电容,因此从高压臂下端 b 点看进去是这些杂散电容与高压臂本体电容综合起来的等效电容,如图 11-15 所示。考虑到周围物体的这种影响,在分压比的计算中不能直接用高压臂本体各电容元件串联的电容值 C_{1N},而应采用上述等效电容的实测值作为高压臂电容 C_1。实测时,周围接地物体的影响将使 $C_1 < C_{1N}$,带电物体的影响将使 $C_1 > C_{1N}$,两者综合影响的结果取决于实际布置情况。

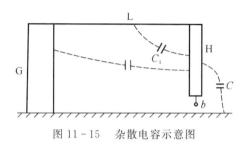

图 11-15　杂散电容示意图

(2) 测量高压臂电容 C_1(即等效电容)的接线,如图 11-16 所示。测量时,分压器周围的环境布置应与实际使用时相同。冲击电压发生器应与测量系统相连,发生器的高压端到接地点由原充电电阻及波头、波尾电阻连通(注意测量电源容量。当试验变压器容量不足时,可拆除阻值较小的波头、波尾电阻),这样可使发生器的电位分布基本上与实际使用时一致。试品也应按其所处的位置接入回路。分压器的低压臂应解除,并把高压臂下端连接点 b 接到电桥桥体。按此接线测得的电容值是高压臂等效电容的实测值,即计算分压比需采用的高压臂电容 C_1。

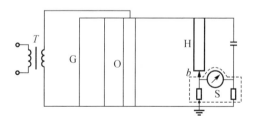

图 11-16　测量高压臂电容接线

(3) 分压器低压臂电容 C_2 和电缆终端电容 C_4 一般较大,因而低压臂杂散电容、仪器入口电容的影响可以忽略。测量电缆较短时,电缆电容 C_3 也可略去不计。否则,按所有这些电容并联的计算值或实测值作为低压臂的总电容计算分压比。

（4）分压器测量系统高、低压臂等电容的测量应采用测量误差不超过 ±0.5%（尽可能采用 ±0.1%）的三点式电容电桥。实测前需以标准电容器校验电桥的测量误差，并应符合上述要求。在电桥量程许可的情况下，高、低压臂等电容的测量尽量采用同一台电桥。

（5）分压器高、低压臂等电容与频率有一定关系。测量这些电容时的频率原则上应尽可能与被测电压的频率相接近。考虑到电桥的实际使用情况，若工频（50 Hz）电桥测量误差较小，则以此测量结果为准，其他高频（1 kHz 及以上）电桥测量误差稍大的结果作校核；若高频电桥能获得较准确的结果，则应以此计算冲击分压比。

（6）测量分压器高压臂电容时，试验电压通常采用 10～20 kV，甚至与测量低压臂电容时一样采用低电压。为了检验在更高电压下电晕等可能产生的影响，测量时的试验电压可按标准电容器等试验设备的额定工作电压为限值，采用数十万至百万伏。此时，由于试验电压较高，冲击电压发生器及试品等应从测量回路中解除。

（7）分压器高、低压臂等电容在温度升高时可能有不同的变化，此时需在分压器工作的温度范围内作温度校正曲线。分压器高、低压臂等电容元件采用相同材料时，温度及频率等影响可以避免。

（8）由于长距离电缆线路进行耐压试验要注意电缆线路远端的容升问题，因此，在实际试验时应该设置两个分压器，一个在试验设备端，另一个在电缆线路远端，测量数据以远端分压器数据为准，这样可以避免容升对电缆绝缘的危害。

11.4.5　串联工频变压器

在试验室或现场要求电压很高时，可采用几台不同设备串联形成高电压。一般采用自耦式变压器串级方法,上一级变压器励磁电流由前面一级变压器供给。每一级变压器的容量不相同,整套设备的总容量为各变压器之和(见图 11-17),即

$$W_{总M} = U_1 I_1 + 2 U_2 I_2 + \cdots + n U_n I_n = \frac{n(n+1)}{2} W$$

$$(11-7)$$

试验装置利用率 $\eta = \dfrac{2}{n+1}$,级数增加,利用率下降。

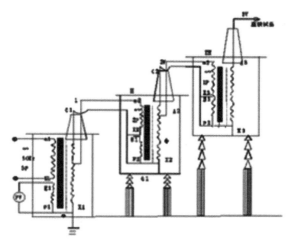

图 11-17　串级试验变压器

11.4.6　热延伸试验

(1)取样。试样制备及其截面积的测定:从每一被试试样上切取两个绝缘样段和护套样段,按 GB/T2951.11-2008 第 9 章规定的试验方法制备试样及测量截面积。哑铃试样应在除去所有凸脊和/或半导电层后从绝缘和护套内制取。试片厚度应不小于 0.8 mm,不大于 2 mm。如果不能制备 0.8 mm 厚的试片,则允

许其最小厚度为 0.6 mm。在每个大哑铃试件中部标上 20 mm 的标志线,在每个小哑铃试件中部标上 10 mm 的标志线。

(2)试验设备。

1)试验应在 GB/T2951.12－2008 中 8.1 规定的烘箱中进行。

2)在烘箱内每一试件应从上夹头悬挂下来,用下夹头夹住,并在下夹头上加规定的重物(见图 11－18)。

注:用夹头固定管状试件时,不应使试件两端紧密封闭,可用适当的方法实现,如至少在试件一端插入一小段金属针管,其尺寸略小于试件直径。

图 11－18　热延伸试验试样悬挂装置

(3)试验步骤。

1)试件悬挂在烘箱中,下夹头加重物。所产生的作用力按有关电缆产品标准中对相关材料的规定,悬挂过程应尽可能快以使烘箱开门时间最短。

2)当烘箱温度回升到规定温度,试件在烘箱中再保持 10 min 后,测量标记线间距离并计算伸长率。如果烘箱没有观察窗而必须把门打开进行测量,则应在打开门 30 s 内测量完毕。如有争议,试验应在带观察窗的烘箱内进行,并且不打开箱门测量。

3)然后从试件上解除拉力(在下夹头处把试样剪断),并将试件留在烘箱中恢复,试件保留在烘箱中 5 min,或者等到烘箱温度回升到规定的温度,取较长时间。然后从烘箱中取出试件,慢慢冷却至室温,再次测量标记线间的距离。

注:试验过程中必须采取适当的防护措施以避免负载和试件有可能造成的损伤。

(4)试验结果的判定。

XLPE绝缘电缆性能在很大程度上与它的交联度有关,热延伸试验作为衡量交联度的技术参数之一,在生产过程及成品质量检验中是必不可少的,它的值越小,说明交联度越高。

1)在规定温度下负重 10 min 后,伸长率的中间值应不大于有关电缆产品标准的规定。

2)试件从烘箱内取出冷却后,标记线间距离的增加量的中间值对试件放入烘箱前该距离的百分比不大于有关电缆产品标准的规定。

11.4.7　绝缘热收缩试验

1.取样

从每个被试电缆线芯上,在距离端部至少 0.5 m 处,切取约 0.3 m 长的一根电缆试样。除黏附在绝缘上的半导体屏蔽层外,应迅速剥除所有护层。

除黏附的挤包半导电屏蔽层(若有)之外,应及时从绝缘线芯上除去所有护层。截取试样后 5 min 之内,在每个试样的中部用标志线标出(200 ± 5) mm 的距离,并测量标志线之间的距离 L_0,精确到 0.5 mm。然后在每个试样两端距离标记线 2～5 mm 处去除绝缘。

2.试验设备

(1)自然通风老化试验箱,控温范围:室温～200℃,温度波动度不大于±2℃,均匀度偏差不大于±2℃。

(2)游标卡尺,量程 0～200 mm 或 0～300 mm,最小分度值 0.02 mm。

3.试验步骤

如图 11 - 19 所示,将制备好的试样借助于两端导体水平摆放在试样架上或直接放置在滑石粉槽内,使得绝缘能自由伸缩,然后放进规定温度的烘箱中加热。采用滑石粉槽时,应首先将其预热至规定温度。按有关产品标准规定的温度和时间加热试样。取出带有试样的试样架或滑石粉槽,冷却至室温。在冷却的试样架或滑石粉槽中测量试样上两条标志线之间的距离 L_1,精确到 0.5 mm。

图 11 - 19　绝缘热收缩试验

4.试验结果的判定

绝缘热收缩试验结果按下式计算,有

$$\eta = \frac{L_0 - L_1}{L_0} \times 100\%$$

式中,η 为试样的收缩率,%;L_0 为加热前标志线之间的距离,mm;L_1 为加热后标志线之间的距离,mm。

试验结果以每个试样的收缩率表示,结果应不大于有关电缆产品标准的规定。

11.4.8　介质损耗试验

测量绝缘材料的相对介电常数和介质损耗角正切值($\tan\delta$)的目的是控制绝缘材料的生产和选择合适的绝缘材料,同时测量介质损耗角正切值可以判断绝缘的其他方面性能,例如电绝缘强度、含水量、老化等。

(1)西林电桥基本原理如图 11-20 所示。

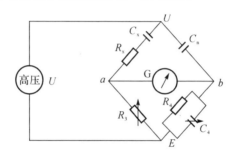

图 11-20   西林电桥基本电路

(2)标准对于介损的要求见表 11-2。

表 11-2   交联聚乙烯绝缘电缆 tanδ 试验要求

电压等级 U/kV	tanδ /($\times 10^{-4}$)	参考标准
30~150	10	IEC 60840：2011 GB/T 11017.1—2014
150~500	10	IEC 62067：2011
220	8	GB/Z 18890.1—2015
500	8	GB/T 22078.1—2008

(3)使用步骤。如图 11-20 所示,首先调节 R_3 和 C_4 使电桥平衡,此时 a,b 两点电压相等,即 R_3,C_4 两端电压相等。因为交流电路中电容阻抗为 $1/\mathrm{j}\omega C$,电路中 R_4,C_4 的并联阻抗为两者倒数和的倒数,即

$$\frac{1}{\dfrac{1}{R_4}+\dfrac{1}{1/\mathrm{j}\omega C_4}}=\frac{1}{\dfrac{1}{R_4}+\mathrm{j}\omega C_4}=\frac{R_4}{1+\mathrm{j}\omega R_4 C_4} \qquad (11-8)$$

按阻抗元件分压原理,可得

$$U_a = \frac{R_3}{\dfrac{1}{j\omega C_X} + R_X + R_3}U = U_b = \frac{\dfrac{R_4}{1 + j\omega R_4 C_4}}{\dfrac{R_4}{1 + j\omega R_4 C_4} + \dfrac{1}{j\omega C_n}}U$$

$$(11 - 9)$$

两边取倒数,得

$$\frac{1}{j\omega R_3 C_X} + \frac{R_X}{R_3} = \frac{1 + j\omega R_4 C_4}{j\omega R_4 C_n} = \frac{1}{j\omega R_4 C_n} + \frac{C_4}{C_n} \quad (11 - 10)$$

按复数相等实部、虚部分别相等的规定,可得

$$R_X = \frac{C_4}{C_n}R_3, \quad C_X = \frac{R_4}{R_3}C_n \qquad (11 - 11)$$

按串联模型介损定义,有

$$\tan\delta = \omega R_X C_X = \omega R_4 C_4 \qquad (11 - 12)$$

由于 R_4 是固定的,可以从 C_4 刻度盘上读出介损,通过 R_3、R_4、C_n 可以计算 C_X。

11.5　现场绝缘电阻测量

当直流电压作用到介质上时,在介质中通过的电流 I 由三部分组成:泄漏电流 I_1、吸收电流 I_2 和充电电流 I_3。各电流与时间的关系如图 11 - 21(a) 所示。

合成电流 $I = I_1 + I_2 + I_3$,I 随时间增加而减小,最后达到某一稳定电流值。同时,介质的绝缘电阻由零增加到某一稳定值。绝缘电阻随时间变化的曲线叫作吸收曲线,如图 11 - 21(b) 所示。绝缘电阻受潮后,泄漏电流增大,绝缘电阻降低且很快达到稳定值。绝缘电阻达到稳定值的时间越长,说明绝缘状况越好。

测量绝缘电阻是检查电缆线路绝缘状态的最简单、最基本的

方法。测量绝缘电阻一般使用兆欧表(俗称摇表)。由于极化和吸收作用,绝缘电阻测量值与加电压时间有关。如果电缆过长,因电容较大,充电时间长,手摇兆欧表的时间长,人易疲劳,不易测得准确值,故使用兆欧表测量绝缘电阻的方法适于不很长的电缆。测量时一般兆欧表转速在 120 r/min 的情况下,读取加电压 15 s 和 60 s 时的绝缘电阻值(R_{15} 和 R_{60})。以 R_{60}/R_{15} 作为一个参数称为吸收比。在同样测试条件下,电缆绝缘越好,吸收比值越大。

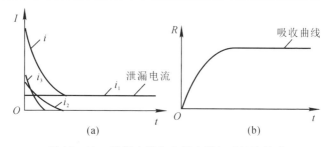

图 11 - 21　　泄漏电流和绝缘电阻与时间的关系

电缆的绝缘电阻值一般不作具体规定,判断电缆绝缘状况应与原始记录进行比较,一般对油纸绝缘电缆三相不平衡系数不应大于 2.0。由于温度、湿度对于电缆绝缘电阻值有所影响,所以做电缆绝缘测试时,应将气温、湿度等天气情况做好记录,以备比较时参考。

对于主绝缘:0.6/1 kV 及以下电压等级的电缆用 100 ~ 500 V 兆欧表;0.6/1 kV 电压等级的电缆用 1 000 V 兆欧表;0.6/1 kV 及以上电压等级的电缆用 2 500 V 兆欧表,6/6 kV 电压等级的电缆可用 5 000 V 兆欧表。对于非金属数字中没有空格绝缘外护套:采用 500 V 兆欧表,不低于 0.5 MΩ/km。

测量绝缘电阻的步骤及注意事项:

（1）试验前电缆要充分放电并接地，方法是将导电线芯及电缆金属护套接地。

（2）根据被测试电缆的额定电压选择适当的兆欧表。

（3）将兆欧表放置在平稳的地方，不接线空摇，在额定转速下（120 r/min）指针应指到"∞"；再慢摇兆欧级电阻表，将兆欧级电阻表用引线短路，兆欧表指针应指零，这时说明兆欧表工作正常。

（4）测试前应将电缆终端头套管表面擦净。兆欧表有三个接线端子：接地端子（E）、屏蔽端子（G）和线路端子（L）。为了减小表面泄漏可能带来的误差，可这样接线：用电缆另一绝缘线芯作为屏蔽回路，将该绝缘线芯两端的导体用金属软线接到被测试绝缘线芯的套管或绝缘上并缠绕几圈，再引接到兆欧表的屏蔽端子，如图 11-22 所示。应注意，线路端子上引出的软线处于被测绝缘状况，不可乱放在地上，应悬空。

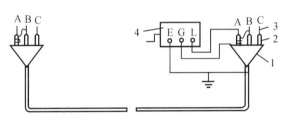

图 11-22　测量绝缘电阻线接方法
1—终端；2—电缆相；3—引线；4—兆欧级电阻表

（5）以恒定额定转速摇动兆欧表（120 r/min），到达额定转速后，再搭接到被测线芯导体上，一般在测量绝缘电阻同时测定吸收比，故应读取 15 s 和 60 s 时的绝缘电阻值。

（6）每次测完绝缘电阻后都要将电缆放电、接地。电缆线路越长，绝缘状态越好，则接地时间要长些，一般不少于 1 min。

11.6　现场正序和零序阻抗测量

　　正序阻抗和零序阻抗的数值主要是用于电缆的运行计算,正序阻抗可以在一批新电缆中选几盘做试验,而零序阻抗必须在电缆敷设完毕后才做试验。测量阻抗一般使用很低的电压,因此须有降压变压器,接线方法如图 11-23 所示。

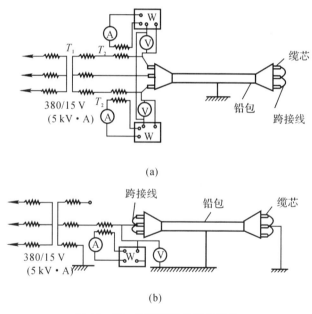

(a)

(b)

图 11-23　测量正序及零序阻抗

(a)测量正序阻抗;　(b)测量零序阻抗

T_1—降压变压器;T_2—电流互感器;W—功率表;

A—电流表;V—电压表

试验时必须注意只测电缆端的电压,不可包括连接线的电压降。根据测量结果可以求出正序阻抗、缆芯交流电阻及感抗为

$$Z_1 = \frac{V}{\sqrt{3}\,I} \tag{11-13}$$

$$R = \frac{W_1 \pm W_2}{3I^2} \tag{11-14}$$

$$X_1 = \sqrt{Z_1^2 - R^2} \tag{11-15}$$

式中,Z_1 为缆芯正序阻抗,Ω;R 为缆芯交流电阻,Ω;X_1 为缆芯感抗,Ω;V 为缆芯间三相电压平均值,V;I 为缆芯三相电流平均值,A;W_1,W_2 为功率表读数,W。

零序阻抗的计算方法原则上与正序阻抗是一样的,即

$$Z_0 = \frac{3V}{I} \tag{11-16}$$

$$R = \frac{3W}{I^2} \tag{11-17}$$

$$X_0 = \sqrt{Z_0^2 - R^2} \tag{11-18}$$

式中,Z_0 为缆芯零序阻抗,Ω;X_0 为缆芯零序感抗,Ω;V,I,W 分别为电压(V)、电流(A)及功率读数(W)。

11.7　现场耐压试验

耐压试验是电缆敷设完成后进行的基本试验,这也是判断线路是否可以运行的基本方法。当进行直流耐压试验时,也应该同时测量泄漏电流。但塑料电缆不宜采用直流耐压试验,除标准有要求的电缆外。

11.7.1　直流耐压试验标准

交接试验标准见表 11-3。

表 11 - 3　交接试验标准

电缆类型	额定电压/kV	试验电压	试验时间/min
油浸纸绝缘电缆	3～10	6 V	10
	15～35	5 V	
不滴流油浸纸绝缘电缆	6	5 V	5
	10	3.5 V	
	35	2.5 V	
橡塑电缆	6		15
	10	35 kV	
	35	87.5 kV	
	66	144 kV	
	110	192 kV	

预防性试验标准见表 11 - 4～表 11 - 7。

表 11 - 4　纸绝缘电力电缆线路的试验项目、周期和要求

序号	项 目	周 期	要 求	说 明
1	绝缘电阻	在直流耐压试验之前进行	自行规定	额定电压 0.6/1 kV 电缆用 1 000 V 兆欧表;0.6/1 kV 以上电缆用 2 500 V 兆欧表(6/6 kV 及以上电缆也可用 5 000 V 兆欧表)

续　表

序号	项　目	周　期	要　求	说　明
2	直流耐压试验	（1）1～3 年；（2）新作终端或接头后进行	（1）试验电压值按表 11-3 规定；加压时间 5 min,不击穿；（2）耐压5 min时的泄漏电流值不应大于耐压1 min时的泄漏电流值；（3）三相之间的泄漏电流不平衡系数不应大于 2	6/6 kV 及以下电缆的泄漏电流小于 10 μA,8.7/10 kV 电缆的泄漏电流小于 200 μA 时,对不平衡系数不作规定

表 11-5　纸绝缘电力电缆的直流耐压试验电压

额定电压 U_0/U	1.8/3	2.6/3	3.6/6	6/6	6/10	8.7/10	21/35	26/35
直流电压试验/kV	12	17	24	30	40	47	105	130

表 11-6　橡塑绝缘电力电缆线路的试验项目、周期和要求

序号	项　目	周　期	要　求	说　明
1	电缆主绝缘电阻	（1）重要电缆:1a;（2）一般电缆:a. 3.6/6 kV 及以上:3a;b. 3.6/6 kV 以下:5a	自行规定	0.6/1 kV 电缆用 1 000 V 兆欧表;0.6/1 kV 以上电缆用 2 500 V 兆欧表（6/6 kV 及以上电缆也可用 5 000 V 兆欧表）

续　表

序号	项　目	周　期	要　求	说　明
2	电缆外护套绝缘电阻	（1）重要电缆：1a； （2）一般电缆： a. 3.6/6 kV及以上：3a； b. 3.6/6 kV以下：5a	每千米绝缘电阻值不应低于0.5 MΩ	采用500 V兆欧表。当每千米的绝缘电阻低于0.5 MΩ时应采用"注一"中叙述的方法判断外护套是否进水； 本项试验只适用于三芯电缆的外护套；单芯电缆外护套试验按本表第6项
3	电缆内衬层绝缘电阻	（1）重要电缆：1a； （2）一般电缆： a. 3.6/6 kV及以上：3a； b. 3.6/6 kV以下：5a	每千米绝缘电阻值不应低于0.5 MΩ	采用500 V兆欧表。当每千米的绝缘电阻低于0.5 MΩ时应采用11.12.1中"注一"中叙述的方法判断内衬层是否进水

续　表

序号	项　目	周　期	要　求	说　明
4	铜屏蔽层电阻和导体电阻比	(1)投运前； (2)重作终端或接头后； (3)内衬层破损进水后	对照投运前测量数据自行规定	试验方法见11.12.1中"注二"
5	电缆主绝缘直流耐压试验	新作终端或接头后	(1)试验电压值按表 11－5 规定，加压时间 5 min，不击穿； （2）耐压5 min时的泄漏电流不应大于耐压 1 min 时的泄漏电流	
6	交叉互联系统	2～3a	见"注三"	

注：为了实现序号 2,3 和 4 项的测量，必须对橡塑电缆附件安装工艺中金属层的传统接地方法按以下"注四"加以改变。

表 11 - 7　充油纸绝缘电缆直流耐压试验电压

额定电压(U_0/U)/kV	雷电冲击耐受电压/kV	直流试验电压/kV
48/66	325	165
	350	175
64/110	450	225
	550	275
127/220	850	425
	950	475
	1 050	510
190/330	1 175	585
	1 300	650
290/500	1 425	710
	1 550	775
	1 675	835

注一　橡塑电缆内衬层和外护套破坏进水的确定方法

　　直埋橡塑电缆的外护套,特别是聚氯乙烯外护套,受地下水的长期浸泡吸水后,或者受到外力破坏而又未完全破损时,其绝缘电阻均有可能下降至规定值以下,因此不能仅根据绝缘电阻值降低来判断外护套破损进水。为此,提出了根据不同金属在电解质中形成原电池的原理进行判断的方法。

　　橡塑电缆的金属层、铠装层及其涂层用的材料有铜、铅、铁、锌和铝等。这些金属的电极电位见下表:

金属种类	Cu	Pb	Fe	Zn	Al
电位/V	+0.334	-0.122	-0.44	-0.76	-1.33

在橡塑电缆的外护套破损并进水后,由于地下水是电解质,在铠装层的镀锌钢带上会产生对地 -0.76 V 的电位,如内衬层也破损进水后,在镀锌钢带与铜屏蔽层之间形成原电池,会产生 $0.334-(-0.76)\approx1.1$ V 的电位差。当进水很多时,测到的电位差会变小。在原电池中,铜为"正"极,镀锌钢带为"负"极。

在外护套或内衬层破损进水后,用兆欧级电阻表测量,每千米绝缘电阻值低于 0.5 MΩ 时,用万用表的"正""负"表笔轮换测量铠装层对地或铠装层对铜屏蔽层的绝缘电阻,此时在测量回路内,由于形成的原电池与万用表内干电池相串联,当极性组合使电压相加时,测得的电阻值较小;反之,测得的电阻值较大。因此,上述两次测得的绝缘电阻值相差较大时,表明已形成原电池,就可判断外护套和内衬层已破损进水。

外护套破损不一定要立即修理,但内衬层破损进水后,水分直接与电缆芯接触并可能会腐蚀铜屏蔽层,一般应尽快检修。

注二　铜屏蔽层电阻和导体电阻比的试验方法

(1)用双臂电桥测量在相同温度下的铜屏蔽层和导体的直流电阻。

(2)当前者与后者之比与投运前相比增大时,表明铜屏蔽层的直流电阻增大,铜屏蔽层有可能被腐蚀;当该比值与投运前相比减小时,表明附件中的导体连接点的接触电阻有增大的可能。

注三　交叉互联系统试验方法和要求

交叉互联系统除进行下列定期试验外,如在交叉互联大段内发生故障,则也应对该大段进行试验。如交叉互联系统内直接接地的接头发生故障,则与该接头连接的相邻两个大段都应进行试验。

1. 电缆外护套、绝缘接头外护套与绝缘夹板的直流耐压试验

试验时必须将护层过电压保护器断开。在互联箱中将另一侧的三段电缆金属套都接地,使绝缘接头的绝缘夹板也能结合在一起试验,然后在每段电缆金属屏蔽或金属套与地之间施加直流电压 10 kV,加压时间为 1 min,不应击穿。

2．非线性电阻型护层过电压保护器

(1)碳化硅电阻片：将连接线拆开后，分别对三组电阻片施加产品标准规定的直流电压后测量流过电阻片的电流值。这三组电阻片的直流电流值应在产品标准规定的最小和最大值之间。如试验时的温度不是 20℃，则被测电流值应乘以修正系数$(120-t)/100$(t 为电阻片的温度，℃)。

(2)氧化锌电阻片：对电阻片施加直流参考电流后测量其压降，即直流参考电压，其值应在产品标准规定的范围之内。

(3)非线性电阻片及其引线的对地绝缘电阻：将非线性电阻片的全部引线并联在一起与接地的外壳绝缘后，用 1 000 V 兆欧级电阻表测量引线与外壳之间的绝缘电阻，其值不应小于 10 MΩ。

3．互联箱

(1)接触电阻：本试验在作完护层过电压保护器的上述试验后进行。将闸刀(或连接片)恢复到正常工作位置后，用双臂电桥测量闸刀(或连接片)的接触电阻，其值不应大于 20 μΩ。

(2)闸刀(或连接片)连接位置：本试验在以上交叉互联系统的试验合格后密封互联箱之前进行。连接位置应正确，如发现连接错误而重新连接后，则必须重测闸刀(或连接片)的接触电阻。

注四　橡塑电缆附件中金属层的接地方法

1．终端

终端的铠装层和铜屏蔽层应分别用带绝缘的绞合导线单独接地。铜屏蔽层接地线的截面不得小于 25 mm²；铠装层接地线的截面不应小于10 mm²。

2．中间接头

中间接头内铜屏蔽层的接地线不得和铠装层连在一起，对接头两侧的铠装层必须用另一根接地线相连，而且还必须与铜屏蔽层绝缘。如接头的原结构中无内衬层时，应在铜屏蔽层外部增加内衬层，而且与电缆本体的内衬层搭接处的密封必须良好，即必须保证电缆的完整性和延续性。连接铠装层的地线外部必须有外护套而且具有与电缆外护套相同的绝缘和密封性能，即必须确保电缆外护套的完整性和延续性。

11.7.2　交流耐压试验标准

近年来,通过 CIGRE 研究和日常工作的经验,一般认为直流电压试验是不适于交联聚乙烯绝缘电缆的,应改为交流试验方法。为此自 2006 年开始,我国采用了国际标准试验方法,即用频率 20~300 Hz 的交流电压(见表 11-8)。

表 11-8　具有 20~300 Hz 频率的 XLPE 绝缘电缆耐压试验和时间

额定电压(U_o/U)/kV	试验电压	时间/min
电压低于 18/30	$2.5U_o(2U_o)$	5(60)
21/35~64/110	$2U_o$	60
127/220	$1.7U_o(1.4U_o)$	60
190/330	$1.7U_o(1.3U_o)$	60
290/500	$1.7U_o(1.1U_o)$	60

根据 Q/GDW11316 要求,所有电缆线路均需承受表 11-8 所列的电压。66kV 及以上电压等级的电缆线路,除进行全电压试验外,同时应进行局部放电试验。特殊情况应得到批准后,可按照 GB50150 相应条款执行。

对于 18/30kV 及以下电压等级 XLPE 绝缘电缆可以采用直流耐压试验代替交流试验。

11.7.3　交叉互联系统试验

(1)每一段电缆外护套都应通过 10 kV/min 耐压试验。

(2)电缆护层保护器的 DC 参考电压试验值应由生产厂商确定,并在现场试验通过。

(3)绝缘电阻试验应使用 2 500 V 兆欧级电阻表,绝缘电阻值应不小于 10 MΩ 或根据标准要求的值。

（4）连接电阻试验是测量连接母排的接触电阻,使用双臂电桥,接触电阻值应不超过 20 $\mu\Omega$。

（5）密封试验,将接地或交叉互联箱放入 1 m 深水中,100 h/70℃后,打开接地或交叉互联箱检查有无水进入箱体内。

11.7.4 直流耐压试验以及泄漏电流的测量方法和接线

直流耐压试验时,电缆导线应接负极性。测量泄漏电流时,测量泄漏电流的原理与绝缘电阻测量原理相同。泄漏电流测量接线主要有两种:微安级电流表在低压侧;微安级电流表在高压侧。两种方法各有优缺点,可根据情况选择。

微安级电流表处于低压侧的接线如图 11-24 所示,其中使用了硅整流堆和试验变压器。这种接线的优点是试验时调整微安级电流表量程方便,可以手动调整,不需用绝缘棒。缺点是杂散电流影响较大,低压电源对地的寄生电流通过微安级电流表时引起指针抖动。但也有人身安全问题,在升压过程中严禁调整电流表。

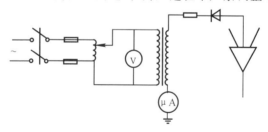

图 11-24　微安级电流表在低压侧的接线

微安级电流表处于高压侧的接线如图 11-25 所示。这种接线的优点是不受杂散电流影响,测出的泄漏电流准确。缺点是微安级电流表对地要绝缘屏蔽,在试验过程中调整微安级电流表要使用绝缘棒,操作不便。

如果有条件应尽量采用微安级电流表在高压侧的接线方式。

　　在试验线路中,为了保护设备,需要串入保护电阻,保护电阻的容量根据试验设备的容量确定。电阻值一般采用 10 Ω/V。可以使用水阻管,试验前应检查其阻值。

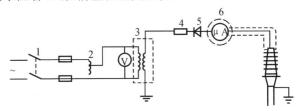

图 11-25　硅整流堆与微安级电流表在高压侧的接线

1—闸刀;2—调压器;3—高压试验变压器;4—保护电阻(水阻);

5—硅整流堆;6—微安级电流表

11.7.5　直流耐压试验的步骤

　　(1)现场准备:直流耐压试验属于高压工作,要根据有关规定做好安全工作。在试验地点周围采取安全措施,防止与试验无关的人员或动物靠近。

　　(2)折算到低压侧的试验电压:直流耐压试验时,在低压侧用自耦变压器加电压,要先计算出自耦变压器应输出的电压值。例如,对于 10 kV 的橡塑绝缘电缆进行 3.5 倍额定电压的直流耐压试验时,假定试验变压器的变比为 220 V/30 kV,由于试验变压器电源为正弦波,需将高压侧电压的有效值乘以 $\sqrt{2}$,变为直流高压值,此时低压侧自耦变压器输出电压应为

$$10\,000 \times 3.5/(30\,000 \times \sqrt{2}/220) = 181.5 \text{ V}$$

再计算出分 5 个阶段的加压值,做好记录,准备试验。

　　(3)根据所确定的接线方式接线,并检查接线是否正确:接地线要可靠;周围其他设备应全部接地;微安级电流表置于最大量程位置。如果采用微安级电流表在低压侧的接线,先将微安级电流

表短路闸刀闭合(每次读数时接开,读完数闭合)。

(4)合上电源总开关,然后合上电源开关。

(5)先空载升压到试验电压值,记录试验设备及接线的泄漏电流值,同时检查各部分有无异常现象,一切都正常无误后,降回电压,用放电棒放电后,准备正式试验。

(6)正式试验时,按所计算的 5 个阶段电压值缓慢加电压,升压速度控制在 1~2 kV/s,在各个阶段停留 1 min,再继续升压,记录各个电压阶段及达到标准试验电压值时及以后 15 s,60 s,3 min,5 min,10 min,15 min 各时刻的泄漏电流值(当试验时间为 15 min 时)。

用正式试验时测得的泄漏电流值减去空载升压时的泄漏电流值,即可得到被试电缆实际泄漏电流值,也同时得出吸收比值。

(7)在每个阶段读取泄漏电流值时,应在电流值平稳后读取。升压过程中如果发现微安级电流表指示过大,要查明原因并处理后再继续试验。

(8)每次试验后,先将电源逐步调回到零位(如果有自耦变压器,应调自耦变压器为零,切断它的电源),再切断总电源开关。检查电源确实切断后,用放电棒经过电阻放电。

(9)下次试验前,要先检查接地放电棒是否已从高压线路上拿开。

11.7.6　高压电缆直流耐压试验的接线方式

进行直流耐压试验时,可以采用倍压整流的方法得到高于试验变压器电压等级的试验电压。倍压整流适用于电压高、电流小的场合,适合于电缆的耐压试验。

硅整流堆 D_1 和 D_2 的反向工作电压峰值要大于电缆的试验电压值,保护电阻 R_1 和 R_2 要根据试验设备容量选择,可以按 10 Ω/V 选用水电阻。高压试验变压器的电压不要小于电缆试验电压的$\sqrt{2}/2$。

如图 11-26 所示为根据二倍压整流电路原理配置的二倍压试验接线原理图。

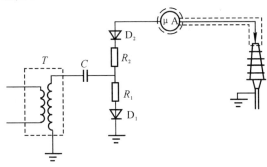

图 11-26　二倍压试验接线原理图

当二倍压电路达不到所需的试验电压值时,可以采用十倍压或多倍压电路。

产生高压直流的方法很多,如图 11-27 所示为串级直流输出电路。该电路可以产生较高的直流电压。

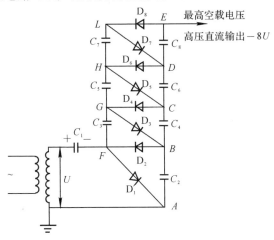

图 11-27　串级直流输出电路

当串级直流电路带负载时,因整流元件的关系,输出电压有所降低,输出电压有随电源频率波动的现象,这种波动主要产生于最下面的电容器上,故在使用中应增大下面各级的电容。整流元件和电容器的选择原则与前述二倍压整流电路相同。

图 11-28 为三倍压试验接线原理图。

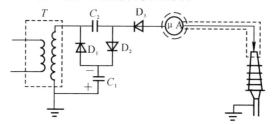

图 11-28　三倍压试验接线原理图

11.7.7　直流耐压试验注意事项

(1)整流电路不同,硅整流堆所受反向工作电压不尽相同,采用半波整流电路时,使用的反向工作电压不要超过硅整流堆的反向峰值电压的一半。

(2)硅整流堆串联运用时应采取均压措施。如果没有采取均压措施,则应降低硅整流堆的使用电压。

(3)试验时升压可分 5 个阶段均匀升压,升压速度一般保持在 $1\sim2$ kV/s,每个阶段停留 1 min,并读取泄漏电流值。

(4)所有试验用器具及接线应放置稳固,并保证有足够的绝缘安全距离。

(5)电缆直流耐压试验后进行放电:通常先让电缆通过自身绝缘电阻放电,然后通过 100 kΩ 左右的电阻放电,最后再直接接地放电。当电缆线路较长,试验电压较高时,可以采用几根水电阻串联放电。放电棒端部要渐渐接近微安级电流表的金属扎线,反复放电几次,待不再有火花产生时,再用连接有接地线的放电棒直接接地。

(6)泄漏电流只能用做判断绝缘情况的参考:电缆泄漏电流具有下列情况之一者,说明电缆绝缘有缺陷,应找出缺陷部位,并进行处理。

1)泄漏电流很不稳定;

2)泄漏电流随时间有上升现象;

3)泄漏电流随试验电压升高急剧上升。

11.8　现场相位检查

电缆敷设完毕在制作电缆终端头前,应进行相位核对,终端头制作后应进行相位标志。这项工作对于单个用电设备关系不大,但对于输电网络、双电源系统和有备用电源的重要用户,以及有关联的电缆运行系统有重要意义,相位不可有错。

核对相位的方法有很多。比较简单的方法是在电缆的一端任意两个导电线芯处接入一个用 2~4 节干电池串联的低压直流电。假定接正极的导电线芯为 A 相,接负极的导电线芯为 B 相,在电缆的另一端用直流电压表或万用表用 10 V 电压挡测量任意两个导电线芯,如图 11-29 所示。

如有相应的直流电压指示,则接电压表正极的导电线芯为 A 相,接电压表负极的导电线芯为 B 相,第三芯为 C 相。

若电压表没有指示,说明电压表所接的两个导电线芯中,有一个导电线芯为 C 相,此时可任意将一个导电线芯换接到电压表上进行测试,直到电压表有正确的指示为止。

采用零点位于中间的电压表更方便。如果电压表指示为正值,则接电压表正极的导电线芯为 A 相,接电压表负极的导电线芯为 B 相;如果电压表指示为负值,则接电压表正极的导电线芯为 B 相,接电压表负极的导电线芯为 A 相;第三芯为 C 相。

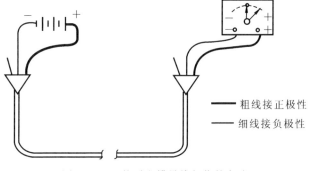

　　　　　　　　　　　　　　　——粗线接正极性
　　　　　　　　　　　　　　　——细线接负极性

图 11 - 29　核对电缆导线相位的方法

11.9　预防性试验操作步骤及测试结果的判断

11.9.1　操作步骤

（1）试验前负责人应根据《电业安全工作规程》的规定,办理工作许可手续及进行验电、接地,确保电线无电。

（2）在试验场地设好围栏,并在电缆的另一端挂好警告牌或派人看守,以防外人接近。

（3）先将电缆两端与所连接的设备拆开,试验时尽量不附带其他设备,并应将两端电缆头绝缘表面擦干净,尽量减少表面泄漏电流引起的误差。

（4）分别测量每相电缆的绝缘电阻,在测一相时应将另外两相接地,分别读取 15 s 和 60 s 的绝缘电阻值。测量完毕时应先行放电,再停止转动摇表,防止反充电损坏摇表。

（5）根据每套试验设备特别进行接线,每套试验设备应绘制接

线图,并就要根据其特点制定核对、检查接线是否正确的内容,由二人共同进行核对。核对接线的内容主要有以下几点:

1)电源电压是否正确(如是否为 220 V)。

2)各项接线是否正确,尤其应注意,调压器的输入与输出是否正确;试验变压器的电源是否正确;高压引线对地绝缘有无问题。

3)检查接地线、放电棒是否接好。对于采用放电电阻的放电棒,应首先用万用表确定电阻良好。

4)调压器是否回零,微安级电流表量程是否合适。

5)硅堆极性的接线是否正确。

(6)在检查所有安全措施已做好,接线无误后,由工作负责人通知试验员合闸给电进行试验。

(7)试验时应先试空载,以检查接线是否正确,并记录 1/4 电压,1/2 电压,3/4 电压及全电压下的空载电流,然后将电压退回,用放电棒放电后再将电缆接入试验回路进行试验。

(8)在每相试验给电前,应检查地线是否拆除,给电时应互相呼应,升压时速度不应太快,约 1~2 kV/s。

(9)随电压逐级上升,分别在 1/4,1/2,3/4 及全电压时读取相应的泄漏电流值(应在每次升压后约 1 min 时读取泄漏电流值),并在耐压试验终了时,读取耐压后的泄漏电流。

(10)每相试验完毕,应先将调压器回零,然后切断电源,用放电棒放电,当微安级电流表在高压侧时,放电应在微安级电流表的电缆侧进行,防止放电电流通过微安级电流表时将表烧坏,此时也应用短路开关将微安级电流表短路。

(11)每试一相时,应将另外两相接地。分相屏蔽型电缆也应将未试相接地,因试验电压较高,未试相将产生感应电压,危及人身安全。

(12)试验时应随时监视泄漏电流的变化情况,当泄漏值过大时应找原因(如系表面泄漏的影响,应将电缆套管表面擦净,必要时应做屏蔽)。尽力排除外界因素对泄漏电流的影响。XLPE 电缆的试验不记录泄漏电流值,只需耐压试验通过。

(13)全部试验完毕并放电后,应首先切断试验电源,然后拆除试验设备、围栏等,最后拆地线,应防止电缆未放尽的电荷电击人。

(14)撤回电缆另一端的警告牌或看守人,按《电业安全工作规程》规定,办理工作终结手续。

11.9.2　试验结果的判断

(1)在预防性试验的三个项目中,判断电缆能否投入运行的主要依据是直流耐压是否合格。若电缆直流耐压合格,在试验中无闪络或击穿现象,即可投入运行。但耐压试验合格也不能完全证明电缆质量就是好的,因为电缆的绝缘裕度较高,很多缺陷在萌芽状态时,无法通过试验发现,因而有些电缆往往出现在耐压试验后不久(如一周或一个月)即发生事故,因此在制订试验计划时,还要根据电缆本身的施工和运行情况制定试验周期。

(2)在耐压试验中若发现闪络现象,则应将试验时间延长,或将试验电压提高至交接试验电压;若仍不断发生闪络,则应停止运行进行故障测寻,若闪络后又自行封闭,不再发生闪络(经耐压 10 min),则可投入运行,在 3～6 月内再进行监视性试验,经两次试验无闪络现象时,可按正常试验周期安排预防性试验。

(3)泄漏电流三相不平衡系数,系指电缆三相中泄漏电流最大一相的泄漏值与最小一相泄漏值的比值,通常,新电缆不应大于1.5 倍,运行中的电缆不应大于 2 倍。电缆线路三相的泄漏电流应基本平衡,如果在试验中发现某一相的泄漏电流特别大时,则应首先分析泄漏电流大的原因,消除外界因素的影响,当确实证明是电缆内部绝缘的泄漏电流过大时,可将耐压时间延长至 10 min,若泄漏电流无上升现象,则应根据泄漏值过大的情况,决定 3 个月或半年再做一次监视性试验。如果泄漏电流的绝对值很小(即最大的一相的泄漏电流,对于 10 kV 及以上的电缆小于 20 μA;对于 6 kV 及以下的电缆小于 10 μA),则可按试验合格对待,不必再做监视性试验。

(4)泄漏电流值耐压后比耐压前升高:由于电缆的泄漏电流中包含了随加压时间延长而减小的充电电流和吸收电流,故耐压后泄漏电流应减小。一条绝缘良好的电缆线路,耐压前的泄漏电流值与耐压后的泄漏电流值之比为 1.3~1.5,甚至比值超过 2 倍,对于短段电缆,往往由于现场条件的限制,其比值为 1.1~1.2,甚至比值等于 1。若在试验中发现泄漏电流值不但没有吸收现象反而升高时,则应分析检查是否受到外界因素影响。若确系电缆本身泄漏电流上升,则应采取以下步骤:

1)提高试验电压或延长耐压时间,任其泄漏电流继续上升,直至击穿。

2)在提高试验电压或延长耐压时间后,泄漏电流不再继续上升,稳定在某一数值,未发生击穿现象时,则可先投入运行,根据其泄漏值上升的情况在 2~6 个月内,再进行一次监视性试验。

(5)电缆的泄漏应稳定,不应有周期性的摆动,如发现泄漏电流有周期性的摆动,则首先应分析是否是外界因素的影响(如试验电源的波动,试验引线的晃动甚至树枝随风摇动而使户外头时近时远,都可以引起泄漏电流周期性的摆动)。如确系电缆本身绝缘问题,则说明电缆有局部空隙性缺陷。在一定电压作用下,空隙被击穿,使泄漏电流突然增大,这时电缆电容经被击穿的空隙放电,使电压下降,直到空隙绝缘恢复后,泄漏电流又减小,电缆被重新充电到一定电压时,空隙再次被击穿,这样就造成泄漏电流的周期性摆动。对于这种情况,电缆可投入运行,但应在半年内再做一次试验。

第 12 章　XLPE 绝缘电缆状态检修及方法

12.1　状态检修引出原因

电力电缆结构复杂,造价远比架空线贵得多,但其具有以下优点:

(1)线间绝缘距离小,占地少,地下敷设时不占空间。

(2)对人身较安全,送电可靠。

(3)不易污染环境(地下敷设,不会破坏环境美观),运行维护工作量较少。

(4)适宜战备等需要。

因此,城市里的输、配电线路,工厂里的配电线路常采用电缆传输;在过江、过近海处,因跨度大而不宜用架空线,也采用电力电缆,这样可避免因架空线路发生电晕而引起的无线电干扰对车辆、船舶等带来的影响。

目前所用的电力电缆大多采用有机绝缘材料,如油纸、橡胶、交联聚乙烯等。如果电缆的制造质量(包括缆芯绝缘、护层绝缘所用的材料及制造工艺)好、运行条件(指负荷、过电压、温度及周围环境等)合格,而且不受外力等破坏,则电缆绝缘的寿命相当长。国内外的运行经验也证明了:制造、敷设良好的电缆,事故大多是由于外力破坏(如开掘、挤压而损伤)或地下污水的腐蚀等所引起的。日本曾对 22~66 kV 级的交联聚乙烯电缆的 90 次事故做过统计,结果见表 12 - 1。由表 12 - 1 可见,因灾害或外力造成的破坏约占 30%,而连接盒或终端的事故比例也很高。

表 12－1　日本对交联聚乙烯绝缘电缆一些事故统计　　　单位：次

事 故 原 因		22 kV 电缆	66 kV 电缆
灾害及外力引起		26	
绝缘事故	电缆本体	19	8
	连接盒	13	12
	终端盒	3	9

　　引起绝缘事故的原因是多方面的,以当前国网常用的交联聚乙烯绝缘电缆为例,据 2009 年统计,所使用的 6～35 kV 电缆故障率为 1.964 回次/(百公里·年),外力破坏导致电缆故障 2 107 回次,占该类电缆故障数量的 55.45%;66～500 kV 设备故障率为 0.418回次/百公里·年,外力破坏导致电缆故障 19 回次,占电缆事故总量的 52.78%。由此可以看到,各类外力破坏(包括建设施工、机械损伤、盗窃等)是导致电缆设备故障的主要原因。除外力破坏原因外,主绝缘老化和现场安装工艺不当也是导致故障的一个原因。66～500 kV 电缆设备中,外力破坏不是主要原因,它的保护力度相对 6～35 kV 电缆要好很多,但工艺不良和现场安装工艺不当是导致故障的重要原因。其次,电缆绝缘由于老化因素的不同,引起的老化过程及形态也不同,见表 12－2。

表 12－2　交联聚乙烯绝缘电缆的老化原因及形态

引起老化的主要原因	老 化 形 态
电气的原因 (工作电压、过电压、负荷冲击、 直流分量等)	局部放电老化 电树枝老化 水树枝老化
热的原因 (温度异常、热胀冷缩等)	热老化 热-机械引起的变形、损伤

续 表

引起老化的主要原因	老 化 形 态
化学的原因 (油、化学物品等)	化学腐蚀 化学树枝
机械的原因 (外伤、冲击、挤压等)	机械损伤、变形及电-机械复合老化
生物的原因 (动植物的吞食、成孔等)	蚁害、鼠害

综上所述,由于引起电缆线路出现问题的原因有很多,仅用现场试验的方法已经不能解决问题,要结合大数据理念,从统计方面入手,了解电缆线路的运行状态,再结合现场试验得到的参数,最终得出电缆的寿命和问题,以此提供给运检人员进行有目的的检修。

从日本对 22～66 kV 交联聚乙烯绝缘电缆的统计(见表 12-3)中可以看出:2/3 的 22 kV 电缆的缺陷可通过直流试验来检出;而对 66 kV 电缆,直流试验检出缺陷的可能性明显降低。可见,试验的有效性也待进一步提高。

表 12-3　运行及直流试验时击穿数统计

击穿发生的 时间及部位	22 kV 电缆			66 kV 电缆		
	总数	本体	附件	总数	本体	附件
直流试验时	22	16	6	6	0	6
交流运行时	13	3	10	23	8	15

目前,我国电力系统中电力电缆采用的是计划检修体制和预防性检修之间的检修方式。这种检修虽然有它积极的一面,但是也存在着严重缺陷,如两个检修之间的电缆线路运行状态就无法得到有效的控制,会造成一旦遇到故障,必须临时改变计划,使得

临时性维修频繁;其次,不能预知电缆线路存在的问题,造成维修不足;最后,对于重要位置电缆线路,由于害怕突然的事故,从而加大维修计划,造成电缆线路维修过剩、盲目维修等,这使每年在电缆线路维修方面耗资巨大。由于各地供电系统电缆检修人员有限,且技术力量也有限。怎样合理安排电缆的检修,节省检修费用、降低检修成本,同时保证系统有较高的可靠性,对运维部门来说是一个亟待解决的问题。传感技术、微电子、计算机软硬件和数字信号处理技术、人工神经网络、专家系统、模糊理论等综合智能系统在状态监测及故障诊断中的应用,使基于设备状态监测和先进诊断技术的状态检修研究得到发展,成为目前电缆管理、运行、检修中的一个重要研究领域。在电缆线路中推行状态检修的直接效益有:①节省大量不必要的维修费用;②降低由于反复检修过程中的人为损伤,延长电缆线路使用寿命;③减少维护的停电时间;④由于掌握了线路运行状态,使得电缆线路的供电可靠性提高。

结合状态检修,电缆终端和中间接头制作完毕后,应进行电气试验,以检验电缆施工质量和为今后的状态检修提供技术数据。

12.2　状态、状态变化、状态参数、各种检修的定义

12.2.1　状态

状态是指设备达到其应有的性能和功能的能力或水平。能达到的,为正常状态;不能或不能完全达到的,为不正常或局部不正常状态。

12.2.2　状态的变化

状态的变化指相对于某种标准状态或正常状态的差异。这种

变化或差异,往往都是经过一个较长时间的渐变过程产生的,也可能是由检修质量不良引起的。它不同于因某种偶然的或异常的因素变化引起的故障(状态)。

12.2.3　状态参数

状态参数是能表示电缆线路的全部、部分或其某项功能、性能或参数的状态的数据、图表和曲线的总称。监测系统测得的数据可以是状态参数,但一般不是状态参数的全部,也不一定是状态参数的主要部分。

12.2.4　状态检修

状态检修是根据电缆功能和性能,即状态的劣化程度实施对电缆的检修。对电缆线路状态进行在线监测和定期巡检,同时结合需事先确定的一个标准,当电缆状态的变化达到或超过这个标准时,就确定对该电缆线路进行检修,这种检修方式解决了多年来在预防性检修中存在检修过剩或检修不足的问题,可以节约大量的检修费用和资源,并提高设备的可靠性。

12.2.5　故障检修

故障检修是在故障已经出现后,为把设备恢复到能完成要求功能的状态而进行的检修,简言之,故障发生后才进行检修。

12.2.6　预防性检修

预防性检修是在预定的停电时间、按照规定要求进行的检修,这种检修旨在降低故障可能性或功能的劣化。即在故障发生之前、功能明显劣化之前进行检修,以预防故障的发生。

12.2.7　定期计划检修

定期计划检修或叫作基于时间的检修,它的理论依据是:设备能通过定期检修,周期性地恢复至接近新设备的状态。检修工作的内容与周期都是预先设定的,到时间就修,目的是防止或延迟故障的发生。这种检修主要用于变压器等的大型设备,例如,变压器油的定期更换。

12.2.8　主动检修

主动检修是根据设备已经出现的异常参数,寻找异常的根本原因,修改设计或对设备进行改造,消除故障发生的可能性,这是一种非常主动的、积极的检修方式。

状态检修和主动检修都要对一些参数进行监测,区别在于:主动检修监测的是参数的异常,这些异常出现时,设备尚未发生实质性故障,但若这些异常得不到及时纠正,则会引发实质性故障,即会发生材料的劣化或设备性能的下降。而状态检修中所监测的是实质性故障的征兆,这时设备已处于初始故障阶段。

12.2.9　以可靠性为中心的检修

以可靠性为中心的检修是通过一套特殊的程序来为设备和零件确定有效的、经济的预防检修任务,并规定检修或监测间隔的一种系统方法。所谓的"特殊的程序"是一套工作方法或是分析方法;先选择要进行分析的系统,明确系统的边界、功能,进行故障模式和后果分析,逻辑树分析,最后选择合适的检修方式。

主动检修属于状态检修的范畴,而以可靠性为中心的检修是状态检修的发展和完善。

12.3   确定电缆线路状态检修的基本方式

12.3.1   人工方式

人工方式是由工程师根据监测系统提供的数据确定是否进行检修,以及检修内容和检修工艺。这是状态检修的初级阶段,也是目前主要的方式。

12.3.2   自动方式

自动方式是由状态诊断专家系统分析、确定是否检修。检修内容和检修工艺是"状态检修"的高级阶段,是高科技、高技术在状态检修中应用的最高境界。

12.3.3   实现状态检修的基本条件

实现状态检修的基本条件:对引起状态变化原因、机理和影响因素的正确认识和判断;对自动方式,还要有完善及完整的状态诊断专家系统。

12.4   电缆运行全寿命理论

12.4.1   故障和缺陷的发展规律

一般情况下,新安装的电缆线路由于安装质量方面的问题、电缆和附件本身存在的薄弱环节、设计和工艺等方面的缺陷等,在开始投入运行的一段时间内暴露的问题比较多,随着消缺后运行时间的增长而近于平缓,运行一定时间后,随着电缆绝缘老化,逐步暴露的缺陷开始增加,呈现出一条趋近于浴盆曲线的图形,如图

12-1(a)所示。经常性的定期检修使常规的运行浴盆曲线规律发生了变化,每检修一次,出现一次新的磨合期,使检修后的故障率可能有所增高或出现不稳定现象,如图 12-1(b)所示。图 12-1(a)所示为常规运行时间变化的设备故障率曲线,图12-1(b)所示为多次定期检修可能形成的设备故障率曲线。

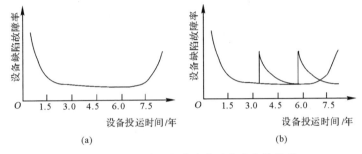

(a)　　　　　　　　　　　　　　(b)

图 12-1　电缆运行全寿命及故障率的关系

12.4.2　电缆寿命的规律(P-F 曲线)

大多故障一般不会在瞬间发生,并且在寿命下降到潜在故障 P 点以后才逐步发展成能够探测到的故障(见图 12-2)。之后将会加速老化的进程,直到达到寿命终止 F 点而发生事故。这种从潜在故障发展到寿命终止之间的时间间隔,被称为 P-F 间隔。

如果想在寿命终止前检测到故障,必须在 P-F 之间的时间间隔内完成。由于各种故障形式、各种故障特点对应于 P-F 间隔的时间是不确定值,可能是数小时,也可能是几个月或几年不等,因此定期检修一般情况下不可能都满足 P-F 间隔的时间要求,从而导致故障的时常发生。而有效的在线监测就可能捕捉到 P-F 间隔的整个发展过程,并在到达寿命 F 点之前的合理时机采取措施进行检修修理。

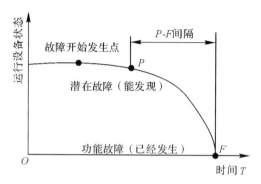

图 12-2　功能退化的 P-F 曲线

12.4.3　检修与故障的特定联系

传统观点认为,电缆运行和发生的故障是有直接关系的,这意味着电缆可以可靠地工作一个周期,然后逐步发生故障或缺陷。因此,可以从故障的历史数据中确定可靠工作周期,并在即将出现故障之前采取检修预防措施。然而,电缆线路有其特殊的一面,电缆,特别是运行中的电缆和附件以及各个部件,一旦安装到位,每一次的检修都会在检修部位留下不稳定的痕迹,例如,检修后接地电缆连接发生变化,特别是接触电阻增大,将会对整个电缆线路的安全运行造成隐患,检修时移动电缆或附件,对绝缘稳定性造成问题等。这些变化在历史数据中是不能得到确定的,从而电缆线路当前的可靠性也就无法确定,同时电缆线路中各个环节很复杂,因此其故障模式也发生了很大的变化。这使我们看到,电缆运行可靠性与运行时间之间不总存在某种固定的关系,也说明定期检修越频繁发生、缺陷越少的观点是错误的。实践证明,除与运行时间有关的故障模式占主导地位以外,定期检修可能增加或新增发生故障或缺陷的概率,降低运行的可靠性,特别是在现有技术力量和人员素质下,发生这种可能性是很大的。

12.5　状态检修技术的必备条件

状态检修的必要条件主要包括三方面的内容,即设备寿命管理与预测技术、设备可靠性分析技术、信息管理与决策技术。

12.5.1　寿命管理与预测技术

电缆线路运行时间达到 25～30 年或运行中频发事故时,这种情况迫使我们开始考虑如何延长寿命并保证效益问题。电缆线路从投入运行到寿命终止的全过程的各项技术数据和状态都应该列入管理台账中,作为今后的参考;其次,通过数据反映出的问题,应该建立专家库,比较分析,对电缆线路今后的发展状态进行预测,状态检修中寿命预测与评估技术是通过管理采集的数据群和在线监测系统获得的数据,经过专家系统和经验分析,对电缆线路的今后应用可能出现的问题做出提前的预测,有利于科学合理地安排检修和提高设备的可用率。目前电缆线路是城市中输出电能的主要通道,且由于电缆的技术和相关知识不够普及,对于它的各项技术特性还不甚了解,而用户要求提高供电可靠性呼声却越来越高,因此,应该开始把寿命预测和评估研究的重点放在电缆线路上。

12.5.2　可靠性评估技术

传统可靠性评估均是基于威布尔得出的浴盆曲线法。但此法只适用于常规性故障,如制造缺陷、材料缺陷、安装敷设缺陷等,且精确度不高,应将可靠性预测理论和强度及寿命理论结合起来,综合考虑影响电缆线路部件故障的各种因素,特别是电缆运行后,不良运行环境、不良运行状态、不良检修等对线路可靠性影响极大;另外,还应运用统计方法分析,从反映运行可靠性的指标体系出发,对运行可靠性进行分析,提出综合可靠性水平的评估方法。

12.5.3 信息管理与决策技术

状态检修作为一种先进的检修体制,是与多方面的管理工作分不开的,电缆线路的信息管理和寿命管理类似,但是它的信息数据更加具体,更加详尽,具体说就是从电缆的制造原材料、工艺、出厂,一直到电缆运行的全过程记录进行归档。另外,世界各国从不同的管理目标出发,形成了不同的决策管理系统。一种是建立在长期检修计划的基础上,从寿命周期费用着手,使用劣化模型的数学形式来估计电缆将来状态的一种检修管理系统。旨在考虑预算及其状态的情况下,通过检修费用的优选,降低总费用。一种是在考虑市场情况及技术条件的前提下,包括状态检修在内的多种策略均衡的检修管理系统的基础下,引入诊断专家系统,使可靠性和安全性达到可接受的水平。一种是将工人或供货商的管理层所有功能融为一体,以减少中间环节的管理模式。

12.6　状态信息的构成

状态检修的基础在于状态监测和分析,而状态分析的基础是状态信息。状态信息包括预防性试验、不良运行环境记录、缺陷记录、检修记录、家族质量记录、在线监测等几个方面。过去,在日常的设备管理中,这些状态信息彼此隔离,或无记录,这不利于全面的状态分析。过去预防性试验以《预防性试验规程》为主,没有考虑其他方法数据。但现在应考虑使用近年来发展的新的试验技术获得的数据,如变频试验,0.1 Hz试验,振荡波试验,红外和紫外检测,局部放电试验,环流和接地电流检测等都可以获得电缆各个方面运行数据。不良运行环境因线路不同而异,如过负荷(过负荷程度和持续时间)、侵入波(幅值和陡度)、环流(电流大小和发热量)、多电缆共沟(隧道)运行对载流量的影响、负荷电流的幅值、持续时间等。缺陷记录指从出厂试验、交接试验和运行过程中发现的各种异常和缺陷,包括非绝缘性缺陷,如外力、环境变化、接地电流异常等。检修记录主要反映检修历史,如何种原因检修、何种性质的检修、检修中发现的问题与检修前评估的一致性、检修的效果等。家族质量记录主要基于这样一个概念,同一电缆线路和有不同制造商的电缆线路,往往有不同的质量弱点,家族质量记录应对其他线路有警示作用。可以用已有在线监测的信息,作为状态信息的主要部分,进行综合分析。

12.7　状态分析和检修策略

状态分析有时不可能准确诊断电缆存在何种缺陷,状态分析的目的是基于电缆的状态信息,对状态做出一个初步的评价,作为安排检修的一个依据。至于不良状态的缺陷原因、性质,需在检修前后针对每个线路进行深入分析。基于这样一种思路,电缆线路状态一般不列出具体缺陷,而是对状态进行评分,分值从 0 到 100,这里 0 分表示需要立即检修的严重缺陷状态,如电缆附件内出现的严重局部放电声等;100 则表示所有状态信息均远离标准值,且没有经历不良运行环境,又没有家族质量缺陷纪录;其他状态介于 0~100 分之间。

为了使各类电缆线路有一个相近的标准,状态与评分应进行必要的规范,比如表 12-4 所示。表 12-4 是状态与评分推荐表。状态评分立足于电缆线路状态信息,状态信息分以下三个方面:状态试验数据(如在线监测、预防性试验、交接试验等)、不良运行环境记录和家族质量缺陷记录。

12.7.1 综合试验评分值

对电缆线路进行若干个试验,若对每一个试验进行评分,并按项目的重要性进行加权处理,参见下式,可以得到一个综合试验分值:

$$r_1 = \sum_{i=1}^{m_i} W_{li} N_{li} \div \sum_{i=1}^{m_i} W_{li} \qquad (12-1)$$

式中,N_{li},W_{li} 分别表示试验项目评分及权重。试验项目评分打破了要么合格要么不合格的评价体制,例如高压电缆绝缘外护套,规程仅给出了 0.5 MΩ/km 值,小于 0.5 MΩ/km 视为不合格。容易理解,0.55 MΩ/km 和 5 MΩ/km 虽然都算合格,但反映出电缆护层的状态并不相同。此外,运行了十年的电缆,逐年缓慢达到 0.55 MΩ/km 和运行了一年就达到 0.55 MΩ/km,反映出电缆保护套的状态是不相同的。要区别这些不同,引入百分制是一种可行的方法。推荐的试验项目评分值见表 12-4。

在项目评分的具体操作中,要考虑以下几方面的因素:①基本界限值。除目前《预防性试验规程》中给出的试验值仍然适用外,还应增加出厂值和定期计划检修所取得的值;②劣化评价。理论上讲,反映运行状态的试验值总是在劣化中的,但不同的是个体劣化速率可能不同。对于那些明显偏离同类的状态量值,应确定为超常劣化;③状态量预报。即根据历史数值,按一定的规则预报下一次检修前状态量达到的数值。预报的规则可以是线性外推、依据以往数据确定外推方法和时间序列分析。在制订预报方法时,要考虑可预报的条件和置信度。上述三点作为项目评分的依据。具体分值的准确性是一个发展过程,不可能一蹴而就,我们应根据对电缆线路的认识和技术的发展进行修正。

表 12-4　电缆线路状态及评分标准

评分	0～30	31～55	56～75	76～85	86～100
检修状态	立即安装检修	尽快安装（3个月内）检修	计划检修周期内加倍检修	计划性检修	状态检修
运行状态	超过注意值或劣化趋势非常明显，已基本判定电缆线路有问题	超过注意值，但劣化趋势一般，不足以判定电缆线路有问题	接近注意值，且预报下一次维护时将超过注意值	远未达到注意值，没有明显的劣化趋势	接近出厂值或交接试验值，或连续数次试验稳定
缺陷描述	对电缆线缆安全运行有严重现实威胁，应马上处理	对电缆线缆安全运行有严重现实威胁，应尽快安排处理	对电缆线缆安全运行有潜在威胁，需安排处理	基本不影响电缆线路的安全运行	没有或基本不影响电缆线路的安全运行

至于权重 W_{li} 的确定，应依试验项目对反映状态的准确度和重要性来确定，权重的确定过程也是一个不断总结、提高和发展的过程。

12.7.2　家族质量缺陷因子 k_1

家族质量缺陷记录是影响设备维护策略的重要方面。但缺陷的性质、家族的亲疏关系等不同，影响的程度也不同，这一影响可以表达为

$$k_1 = \sum_{j=1}^{m_2} W_{2j} N_{2j} \div \left(\sum_{j=1}^{m_2} W_{2j} \times 100 \right) \qquad (12-2)$$

式(11-2)中，W_{1j}，N_{2j}分别表示家族质量缺陷记录评分及权重，m_2表示家族缺陷总台次数，若设备无缺陷，缺陷评分为100，见表12-4和表12-5。

表 12-5　家族质量缺陷权重 W_{2j}

家族的亲疏关系	同制造厂同型号电缆回路数	同制造厂同型号电缆	同制造厂同电压等级
权重	3^n	2^n	1.5^n

注：n指相同的缺陷重复出现的次数。

12.7.3　不良运行环境影响因子 k_2

不良运行环境会对电缆线路状态造成威胁，在考虑维护策略时，必须考虑是否有不良运行环境记录。不良运行环境的影响可按下式给出一个综合影响因子 k_2：

$$k_2 = \sum_{i=1}^{m_3} n_{3k} \qquad (12-3)$$

式中，n_{3k}表示不良环境记录评分，根据不良环境对电缆状态潜在影响的大小(性质和程度)，n_{3k}取值从0到1；m_3表示不良运行环境发生次数。考虑不良运行环境记录时，暂不考虑是否实际对电缆造成损害，只要发生这样的情况而且在程度上已有可能对电缆状态造成损害，便记录并参与式(12-3)的评分。若无法得到不良运行环境记录，忽略此项($k_2=1$)，或取统计平均值。

12.7.4　设备维护策略因子 r 的确定

r_1，k_1，k_2决定设备的维护策略。由于r_1，k_1，k_2是独立的，且

均为决定维护策略的重要因素,故此,总的电缆维护策略因子 r 可以表达为

$$r = r_1 k_1 k_2 W_e \qquad (12-4)$$

式中,W_e 表示设备岗位权重,按岗位的重要性依次分为 0.82,0.91,1.0。对于不同电缆线路上列各式可以有不同的形式,但为了对电缆线路统一处理,r 的取值约定在 0~100 之间,并大致符合表 12-1 的要求。

12.8　从在线监测到状态检修

12.8.1　原则、框图

在线监测不是状态检修,从在线监测到状态检修,要经过几个关键性和原则性的阶段,它们也是实现状态检修需进行的主要工作。图 12-3 所示为表示这些阶段的示意图。

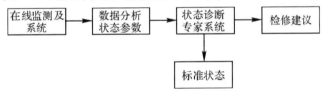

图 12-3　实现状态检修流程示意图

12.8.2　状态监测的基础

对电缆线路进行在线监测是实现状态检修的基础和基本条件。在线监测系统的性能和功能应满足状态诊断的需要。对不同电缆线路,状态的参数可能是不同的,需根据具体情况确定。根据不同条件和不同需要确定在线监测系统的性能和功能,这是一个基本原则。

12.8.3　数据分析

由于每种在线监测系统提供的数据仅仅是表示电缆线路状态参数的一部分,而且不一定是状态参数的主要部分,因此需对在线监测系统记录的原始信号进行再分析,以提供更多的或足够的信息,满足状态表示的需要。如果某在线监测系统已配备了数据分析软件,就可进行这种分析了。数据分析的结果,归纳起来可以用以下 3 种方式表达,即数据、图表和曲线。某条电缆线路的某个状态需要用哪些参数来表示,需要具体地、逐一地确定。

12.8.4　状态参数的确定

确定状态参数是进行状态诊断重要的第一步。状态参数的确定,需要对电缆线路现有的状态以及状态的变化,可能发生的故障的机理、影响因素等有一个清楚的认识;需要对每条电缆及每个配件的特征值或特性具体确定。例如,接地线中的电流状态,每相电流和引出接地线中的电流状态参数就不一定相同;即使是相同的参数,所包含的意义也不完全一样,例如,接地线中的电流除受电缆本身电容电流的影响外,还与护套完好、接地方式和护层保护器位置等有关;而电容电流只和电缆结构有关。这表明,影响它们的因素是不同的,相同因素的作用,也有直接和间接之分。这些区别在状态参数上就应当和必须有所反映。

12.8.5　标准状态和状态的变化

标准状态就是电缆线路能达到其性能和功能的正常工作状态。但正常状态也不是一成不变的。例如,每次线路检修后的状态,都可以作为新的标准状态。掌握这些状态,将有助于判断和确定相同或相近的过程或故障。状态的变化是相对于标准状态而言的,标准状态是状态变化的起始点。状态的变化用状态参数的变化来表示,通过用与标准状态下的参数的对比来判断。正常情况下,状态的变化是一个渐变过程。因此,这种变化除用状态参数的变化表示外,还可以用趋势分析结果来表示。

12.8.6 状态(变化)诊断和专家系统

对状态及其变化的诊断,是实现状态检修的核心技术。其目的就是确定状态发生变化的原因、机理、影响因素,找出缺陷的根源所在,为检修指明方向。能完成这项工作的软件就叫状态诊断专家系统。专家系统应具有理论描述的电缆运行状态和由于安装敷设、检修等引起的新状态机理、原因,并能自动对比分析与标准之间的关系以及缺陷的等级分类,从广义来说,建立专家系统是一项复杂的工作。反之,使用人力来判断上述因素,就会带来主观和人为因素,所得的结果不能作为检修的指导。

12.9 预防性试验,定期巡检和状态检修的关系

我国的电缆线路维护体制中,虽然新要求中对非新做电缆附件的线路不再进行定期预防性试验。但对维修退出运行的电缆线路,预防性试验仍是判断能否运行的主要依据。近年来,预防性试验的执行和分析质量受到了试验数量较大的制约,预防性试验的缺陷检出率很低,一方面说明产品质量提高了,另一方面说明此项工作过度盲目和保守。若加强状态分析,在适当保守的前提下,依据状态,对周期和项目进行调整,突出重点,提高质量,这不仅不会降低运行可靠性,反而能提高设备的安全运行;其次,预防性试验也是获取设备信息的重要手段。

12.9.1　状态检修与《预防性试验规程》的关系

《预防性试验规程》是目前我国电力行业设备维护的指导性文件,但实践证明,它有以下几个方面的不足:①绝大多数试验项目的判断标准是静态的,而没有绝缘劣化速率的具体指标。②状态分类过于简单化,要么合格、要么超标(不合格)。无法依据状态的相对绝缘优劣指标,有针对性地制订维护策略。③试验项目的试验周期均有较大的弹性范围,但没有给出相应的选择依据。④没有考虑影响状态的不良运行环境对试验周期的影响,如电缆沟道内电缆条数的增加对绝缘老化的影响等。但《预防性试验规程》是我国几十年来设备维护的经验总结,其中的绝大部分测量数值和对健康状况的判定方法仍然是状态检修实施的基础,包括现有在线监测的预警值设置仍然大量采用了《预防性试验规程》数值。

12.9.2　监测与诊断是状态检修的核心问题

诊断一般分为静态诊断和动态诊断,静态诊断要通过常规或离线探查掌握电缆的状态,动态诊断则依靠状态监测与故障诊断技术在线探查电缆的性能及健康状态,静态诊断和动态诊断的目的都是为状态检修决策提供依据。动态监测与诊断的技术手段是现代化的测试仪器——计算机系统和软件,具体内容是监测设备状态、检测异常情况、分析和预测状态变化趋势、诊断和识别故障及其原因。

12.10　状态检修的重点

状态检修作为一种决策技术,其工作的目标是确定检修的恰当时机,每一步选择的时间既要保证发现问题,又要保证能够及时地排除问题。

12.10.1 注重电缆初始状态

从设计、订货、施工等一系列设备投入运行前的各个过程开始,也就是说,电缆线路整个生命周期中每个环节都必须予以关注。一方面是保证电缆在初始时是处于健康的状态,不应在投入运行前具有先天性的不足,例如,电缆线路在安装敷设时,应该完全按照规程进行,任何的损伤都会改变电缆线路的初始状态。另一方面,在电缆运行之前,对电缆线路各个部件以及全线应有比较清晰的了解,掌握尽可能多的信息,包括型式试验及特殊试验数据、出厂试验数据、各部件的出厂试验数据及交接试验数据和施工记录等信息。

12.10.2 注重电缆运行状态的统计分析

对电缆线路运行状态进行统计,指导状态检修工作,对保证系统和电缆安全举足轻重。应用新的技术对电缆进行监测和试验,准确掌握状态。开展状态检修工作,大量地采用新技术是必要的。但在线监测技术的开发是一项十分艰难的工作,不是一朝一夕就可以完成的。在目前在线监测技术还不够成熟得足以满足状态检修需要的情况下,要充分利用成熟的在线或离线监测装置和技术,如红外线成像技术、电缆接地线环流测试等,对电缆线路进行测试,以便分析状态,保证电缆和电网系统的安全。建立健全的缺陷分类定性汇编,及时进行内容完整、准确的修订工作,充分考虑运行情况及先进检测设备的应用等;逐月对缺陷管理工作进行分析,每年进行总结,分析的重点是频发性缺陷产生的原因。

状态检修的决策是建立在各种科学分析之上的。依据是对已有数据分析的结果。修不修主要以电缆线路故障可能带来的风险为依据;何时修以及工艺则主要以电缆线路状况、电网调度和可靠性要求,以及人力、物力、财力为依据;维修项目将根据在线监测和故障诊断提供的数据来确定。

　　电缆线路状态分析是决策的基础。在进行状态分析时,会遇到许多不确定的因素,应根据所拥有的技术手段和生产计划要求,制定科学实用的评价体系,选择最佳的检修方案,这就要求管理人员必须从客观数据出发,而非主管意识出发,提高风险意识,组织好评估、调查分析、成本核算、人员培训等工作。

12.11　停电预防性试验及缺陷

　　按我国目前预防性试验规程的规定,18/30 kV 及以下电压等级电力电缆绝缘的允许试验项目是测量绝缘电阻、直流耐压试验并测泄漏电流;对于高压充油电缆,还将测量油的耐电强度及 $\tan\delta$ 值等,如表 12-6 所示。在这些试验项目的基础上有的已开发成一些在线试验项目。

12.11.1　直流耐压及泄漏电流试验法

　　中压以下电力电缆之所以用直流来进行耐压试验,主要是为了减小试验电源的容量,因而可以大大缩短试验时间,而且过去常认为直流试验所带来的剩余破坏也总比交流试验小得多(如交流试验因局放、极化等所引起的损耗比直流试验时大等)。而最近的研究表明,直流试验没有交流试验真实、严格,例如,串联介质在交流试验中场强分布与其介电常数成反比,而施加直流时却与其电导率成反比。因此在直流耐压试验时(见表 12-6),一是适当提高试验电压,二是延长外施电压的时间。据西安供电局的统计数据,在 1 300 多条次油纸电缆加 5 倍额定电压的直流耐压试验中,共发生 44 次击穿,其中 75% 是在 2 min 内击穿的,22.7% 是在 3～4.5 min内击穿的,仅 2.3% 是在 4.5～5 min 内击穿的。因此,在预防性试验中,对直流耐压试验目前规定加电压时间为

5 min,而对交接试验则延长为 15 min。

仅靠直流耐压试验往往难以有效地发现缺陷并确保安全运行（见表 12-3），因此人们要将各种试验方法所得的数据进行综合判断,且不断开发新的有效的试验方法。

表 12-6　电力电缆绝缘的试验项目

项　目	周　期	标　准	说　明
测量绝缘电阻	1～3 年 1 次	绝缘电阻的标准自行规定	1 kV 及以上者用 2.5 kV 兆欧级电阻表
直流耐压试验并测泄漏电流	主干线每年 1 次	试验电压标准参见表 11-2～表 11-5	加电压 5 min,除塑料电缆外,三相泄漏电流的不平衡系数应不大于 2
电缆油的耐压	2～3 年 1 次	运行中油不小于 45 kV,新油不小于 50 kV	耐压试验用的标准油杯
电缆油的 tanδ	2～3 年 1 次	(100±2)℃ 时,新油不大于 0.5%,运行中油不大于 1%	油 tanδ 用的标准油杯

就常用的泄漏电流试验法而言,其试验回路并不复杂（见图 12-4),而要重视的是,此泄漏电流随时间是否增长,电流值是否有突跳（如图 12-5 中的 II 及 III 段等),判断时应与其他试验结合起来作综合考虑。表 12-7 中列出日本过去对 6.6～33 kV 交联聚乙烯绝缘电缆的试验项目及判断标准,其中考虑到了这几方面的因素,只有当泄漏电流的幅值大或有突跳,或随时间上升,或 tanδ 值偏大时,才建议进行直流耐压试验。

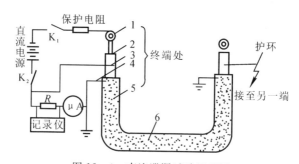

图 12-4　直流泄漏试验原理图

1—导体；2—绝缘体；3—护环；4—护层(接地线)；5—护层；6—电缆

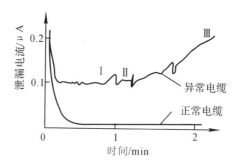

图 12-5　泄漏电流随时间的变化

　　鉴于电缆绝缘的吸收时间相当长,因此逐级升高直流电压以测量其泄漏电流随时间的变化时,常在各级电压升到后继续维持较长的时间,然后再算出其"极化比"及"弱点比"。

　　由图 12-6 及表 12-8 可得

$$极化比 = \frac{直流加上\ 1\ min\ 后的电流值}{直流加到应加时间时的电流值} \quad (12-5)$$

$$弱点比 = \frac{施加电压\ U_1\ 时的绝缘电阻}{施加电压\ U_2\ 时的绝缘电阻} \quad (12-6)$$

表 12－7　对 XLPE 绝缘电缆的建议判据举例（日本）

电压等级/kV	直流泄漏试验/kV		交流 tanδ 试验/kV	直流耐压试验	
	每级加压 30 s	最后加 10 min		电压/kV	时间/min
6.6	2,4,9	10	1,3,5	20.7	10
22	4,6,12,16	20	1,3,5	50.7	10
33	5,10,15,20	25	1,3,5		

	参数	泄漏电流 $\overline{\mu A}$	突跳	电流值随时间变化	tan δ
判断标准	a	<0.1	无	下降	<0.1%
	b	0.1～1.0			0.1%～5%
	c	>1	有	上升	>5%
综合判断	"良"：全为 a；"要注意"：除 a 及 c 以外； "不良"：有 c 时,宜考虑耐压试验				

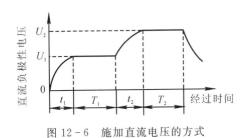

图 12－6　施加直流电压的方式

对 3.3～33 kV 电缆所施加的直流电压 U_1,U_2 及时间 T_1,T_2 见表 12－8,有观点认为,U_2 太高了。

表 12 - 8   分二级施加直流电压的数值及时间(日本)

电缆额定电压	第 一 阶 段		第 二 阶 段		10 min 直流耐压
	电压(负)U_1	加压时间 T_1	电压(负)U_2	加压时间 T_2	
kV	kV	min	kV	min	kV
3.3	5	7	8	7	9.9
6.6	10	7	16	7	19.7
11	15	7	25	7	27.5
22	30	7	50	7	55
33	40	7	65	7	82.5

　　至于现已采用的几种停电预试验方法的评价,在日本 1988 年的标准中已有阐述,见表 12 - 9。

表 12 - 9   对电缆老化的几种诊断方法的评价

绝缘试验内容		现有评价		
		精度	现场用	效果
用 1 kV 兆欧级电阻表测绝缘电阻	导体-屏蔽间	差	良	良
	屏蔽-大地间	良		
直流泄漏电流	电流幅值极化比、突跳	良	中	良
	不平衡系数	中	中	良
测量 tanδ(反接法)		良	中	良
局部放电试验	加直流电压法	中	差	良
	加超低频电压法			差

　　直流耐压试验是油纸电缆的传统预防性试验方法之一,它是否也同样适用于近年来应用日益广泛的 XLPE 绝缘电缆?国内外很多用户及研究人员都曾提出:XLPE 绝缘电缆在直流耐压时

被击穿的较多;特别是经过直流耐压试验后,在运行的交流工作电
压下发生击穿的概率也比未经试验的多。有的将它解释成由于
XLPE 绝缘电缆的电阻很高,以致在直流耐压时所注入的电子不
易散逸,引起电缆中原有的电场发生瞬变,因而更易被击穿。为
此,有人建议在直流耐压试验结束时宜通过高阻放电,以减少试验
时的损坏;也有单位规定要降低直流试验电压值,还有的考虑使用
0.1 Hz 的超低频试验方法等。但也有些研究人员在试验中得出
了否定的结果,例如在美国 EPRI 的最近试验中,把经 2 年老化的
15 kV 级的 XLPE 绝缘电缆作为试品,无论是经过或不经过直流
耐压试验,其耐压水平仍基本一样(见图 12-7)。国内这方面在
继续进行研究。

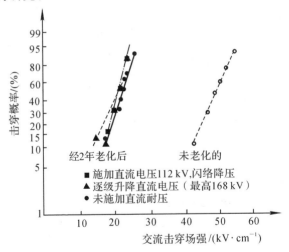

图 12-7　对 15 kV XLPE 绝缘电缆的对比试验结果

　　从日本“电线工业会”1993 年 9 月制定的对 XLPE 绝缘电缆
维修导则中可以看出,XLPE 绝缘电缆的直流泄漏试验仅对运行
10 年以上的电缆每 1~3 年进行 1 次,而对于 6 kV 级的 XLPE 绝

缘电缆,直流试验时第 1 级为 6 kV,第 2 级为 10 kV,而且不再升高进行耐压试验。显然这比过去所建议的判据(见表 12-7 和表 12-8)低了。表 12-10 列出了日本 1993 年维修导则中的有关内容。

表 12-10　日本对 XLPE 绝缘电缆预防性试验项目的建议(1993 年 9 月)

试验类型	周　　期	检查项目	检查方法
日常检查 (不停电)	每 1～3 月 1 次	外观	目测
		各相电压	电压表格
定期检查 (离线或在线)	10 年以下每 1～2 年 1 次,10 年以上每年 1 次或日常检查有疑者	外观	
		护层绝缘	0.5～1 kV 兆欧级电阻表
		屏蔽层电阻	试验器
		绝缘电阻	1～5 kV 兆欧级电阻表
停电试验	10 年以上者,有水影响时每 1～2 年 1 次,无水影响时每 2～3 年 1 次或定期检查有疑者	外观	
		护层绝缘	0.5～1 kV 兆欧级电阻表
		屏蔽层电阻	试验器
		绝缘电阻	1～5 kV 兆欧级电阻表
		直流泄漏	泄漏电流测量仪

12.11.2　其他试验方法

基于电力电缆吸收过程的特点,国内外还研究出了几种有一定特点的停电试验方法。例如,残余电压法、反向吸收电流法、电位衰减法等,其中有些方法在国内已有使用,并取得了较好的效果,有的已与在线检测配合使用。

1. 残余电压法

残余电压法的基本原理如图 12-8 所示。打开 K_2 和 K_3 到接地侧,合上 K_1,使被试电缆充上直流电压。一般可按每毫米绝缘厚度上的梯度为 1 kV 来施加电压。约经 10 min 充电后,将 K_1 及 K_2 先后打到接地侧,经约 10 s 后打开 K_1 及 K_2,合上 K_2,以测量电缆绝缘上的残余电压。如测 10~100 min 的时间,由图 12-9 可见,对 XLPE 绝缘电缆测得的残余电压与其 $\tan\delta$ 值相关性较好;且从图 12-10 所示的两根运行年限不同的 33 kV 的 XLPE 绝缘电缆的残余电压试验结果来看,同样加压 10 kV,10 min 后,先经高电阻接地 2 s,再直接接地 10 s,运行 11 年的电缆的残余电压比仅运行 5 年的要高得多,差别很明显。

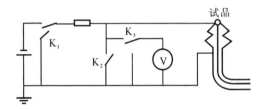

图 12-8　残余电压法测量原理

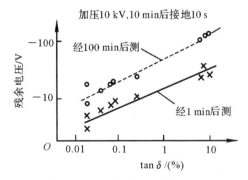

图 12-9　6 kV XLPE 绝缘电缆残余电压与 $\tan\delta$ 的关系

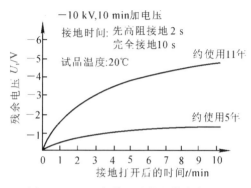

图 12 - 10　　两根使用过的电缆残余电压

2. 反向吸收电流法

反向吸收电流法的测量原理如图 12 - 11 所示。先将 K_1 打到电源侧,让电缆加上 1 kV 直流电压 10 min 后,将 K_1 打到接地侧,让电缆放电;3 min 后打开 K_2,由电流表测量反向吸收电流。吸收电荷 Q 在这里定义为,从 3 min 到 33 min 的 30 min 内电流对时间的积分值。

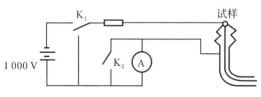

图 12 - 11　　反向吸收电流法的测量原理图

图 12 - 12 表明了从运行中换下的 6.6 kV 原 XLPE 绝缘电缆的吸收电荷 Q、绝缘电阻 R 及 tanδ 三者与该电缆交流击穿电压 U 的关系。由图 12 - 12 可见,Q 和 U 的相关性比 tanδ 和 U 还要好,而绝缘电阻 R 与 U 的相关性最差。因此,当检测某电缆整体劣化

时,以测 Q 及 $\tan\delta$ 为宜。由于两者均取决于绝缘的整体特性,而测残余电荷时外界干扰也较小,故测量较易准确。

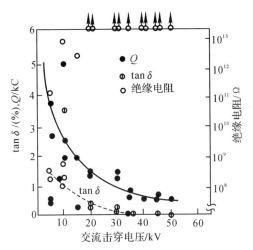

图 12-12　6.6 kV XLPE 绝缘电缆 Q,R,
$\tan\delta$ 与 U 的相关性

3. 电位衰减法

国内早已采用电位衰减法对大容量电力电容器作预防性试验,即充电后用自放电的方法来测量时间常数或绝缘电阻。

如图 12-13 所示,先对电缆绝缘充电,再打开 K_1 让它自放电,但静电电压表的绝缘电阻必须远高于电缆的绝缘电阻。如电缆绝缘良好,则自放电很慢,见图 12-14 上面的曲线。而对 6.6 kV 的电缆,其充电及判断电压可分别取 5 kV 及 3 kV。

由图 12-15 可见,用电位衰减法所测得的绝缘电阻与通过用高压直流法测得的泄漏电流来计算的绝缘电阻相当一致。

表 12-11 给出了几种测量高压电缆老化方法的综合比较。

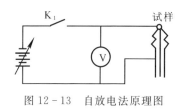

图 12-13　自放电法原理图

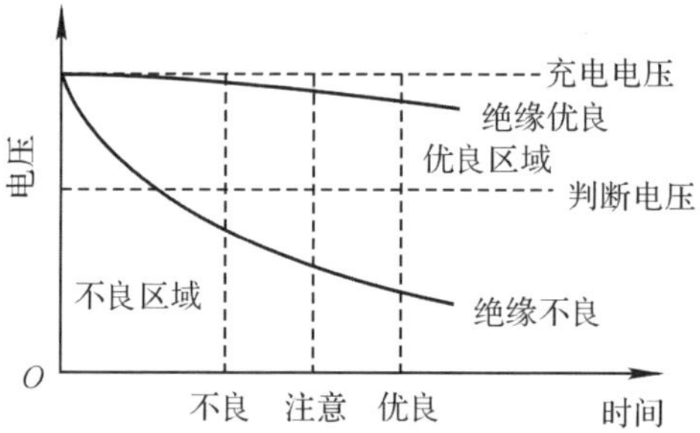

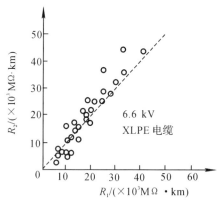

图 12-14　自放电时电压的下降曲线

图 12-15　用电位衰减法及直流泄漏法测得绝缘电阻的比较

R_1—直流泄漏电流法测的绝缘电阻；R_2—电位衰减法测的绝缘电阻

表 12 – 11　几种电缆老化测定法的比较

方　法	测量内容	电源	测量中问题	效果、趋势
兆欧级电阻表法	绝缘电阻	直流	要排除终端处的表面泄漏	可测出绝缘及屏蔽层的绝缘电阻、终端受潮
直流耐压法	耐压	直流	可能引起损伤	可测出施工缺陷及劣化，多在交接时进行
直流泄漏法	泄漏电流、极化比、弱点比	直流	电源波动引起的充电电流，终端处电晕电流	可测出吸潮、树枝劣化，可由电流突跳来推测局部放电
局部放电法	放电量、起始电压、熄灭电压、放电频率	工频	要除去干扰	对检出内部气隙、外伤等有效，要注意消除外界干扰，提高灵敏度
		超低频、三角波	宜用专用电源	
tanδ 法	tanδ	工频	需大容量电源	对检出受潮、水树枝有效，谐振法电源可小
		超低频	要消除干扰	
射线法	透视		从 X 线和 γ 线到 CT 图像处理	可检出 30 μm 缺陷、50 μm 金属物
反向吸收法	反向吸收电流	直流	要消除局部电流或终端脏污	对检出水树枝等有效
残余电压法	残余电压	直流	要注意终端处等的表面泄漏	对检出水树枝等有效

12.12　在线检测方法

上述各种停电试验方法有些已经逐步实现带电检测,此外,业已研究出了另一些新的测量方法,如直流分量法等。目前国内外已采用的或较有前途的在线检测方法主要有以下几种。

12.12.1　直流叠加法

直流叠加法的基本原理如图 12 - 16 所示。在接地的电压互感器的中性点处加进低压直流电源(常用 50 V),即将此直流电压叠加在施加的交流相电压上,从而测量通过电缆绝缘层的微弱的直流电流(一般为 nA 级以上),以求得绝缘电阻 R_i。

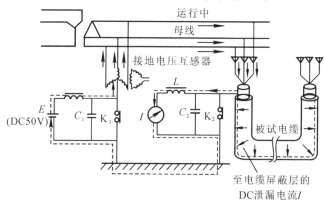

图 12 - 16　直流叠加法测量原理图

直流叠加法是在交流高压上再叠加直流电压,试验证明,在带电情况下测得的绝缘电阻与停电后加直流高压时的测试结果很相近。如图 12 - 17 所示,图中的数字为测量泄漏电流时的外施直流电压值(kV)。由此可见,停电试验时所加的直流电压愈高,测得的绝缘电阻愈低,而只叠加 50 V 直流电压的带电测量结果与外施加很高直流电压时相近。

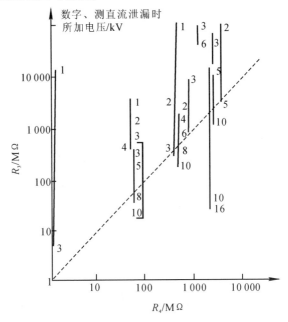

图 12 - 17　直流叠加法与停电测量值比较

R_3—由泄漏电流计算的绝缘电阻;R_4—叠加法测的绝缘电阻

　　绝缘电阻与电缆绝缘残余寿命的相关性并不很好,如图 12 - 18 所示。因绝缘电阻与许多因素有关,即使同一根电缆,也难以仅靠测量其绝缘电阻值来早期预测其寿命。如图 12 - 19 所示,XLPE 绝缘电缆中的水树枝发展到 80% 绝缘厚度以上时,也才引起绝缘电阻显著下降到低于"要注意值"。

　　对于中性点固定接地的三相系统,也可采用三相电抗器中性点上加进低压直流电源而仍用直流重叠法在线检测电缆绝缘性能,如图 12 - 20 所示。

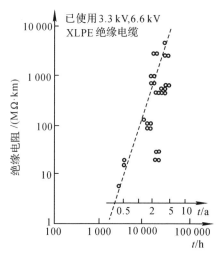

图 12-18 绝缘电阻与残余寿命的相关性

t—从绝缘电阻测定到发生击穿的时间

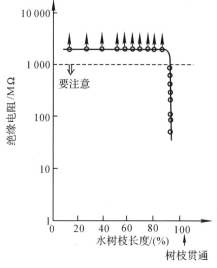

图 12-19 水树枝长度对绝缘电阻的影响

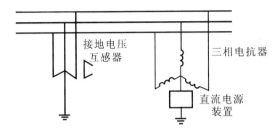

图 12 - 20　在电抗器中性点叠加低压直流电源

直流叠加法国内已有应用,但因积累数据及经验不多,判断标准尚未拟出(可参考国外的标准)。表 12 - 12 为日本用直流叠加法测出的绝缘电阻的判据。使用此方法应注意被测试电缆的长度、材料及原始数据等。

表 12 - 12　直流叠加法测出绝缘电阻的判据(日本)

测定对象	测量数据/MΩ	评价	处理建议
电缆绝缘层 R_1	>1 000	良好	继续使用
	100～1 000	轻度注意	继续使用
	10～100	中度注意	有戒备下使用,准备换
	<10	高度注意	更换电缆
电缆护层绝缘 R_2	>1 000	良好	继续使用
	<1 000	不良	继续使用,局部进行修补

12.12.2　直流成分法

近年来的研究发现,在图 12 - 16 所示的直流叠加法测量回路中,即使不叠加直流电压,也能测到很微小的直流电流分量。

图 12 - 21 所示的测量回路可在交流电力电缆系统中,检测到缆芯与屏蔽层间的电流中有极小的直流分量(或称直流成分)。其

解释为:在 XLPE 绝缘电缆中的水树枝起了"整流作用",这可形象化地用图 12－22 来表示。

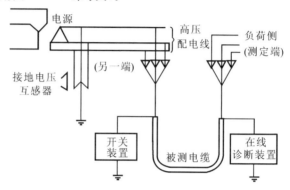

图 12－21　直流成分法的测量原理

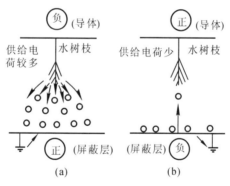

图 12－22　水树枝的整流作用示意图

　　因为在外施电压的负半周,树枝放电向绝缘中注入较多的负电荷;而在正半周,注入的正电荷较少,以致仅中和了一部分负电荷。这样在外施交流工作电压的正、负半周的反复作用下,水树枝前端所积聚的负电荷逐渐向对方漂移,就像整流作用那样出现了直流分量,但数值极小,有时仅几纳安。

由图 12-23 可见,水树枝发展得愈长,直流分量 I_{dc} 与其直流泄漏电流及交流与击穿电压间往往具有较好的相关性,分别表示在图 12-24 及图 12-25 中。在线检测出 I_{dc} 增大时,常常说明水树枝的发展、泄漏电流的增大,这样绝缘劣化过程会导致交流击穿电压的下降。图 12-25 中的 17 kV 及 10.35 kV 分别为日本当时对 6 kV XLPE 绝缘电缆的出厂试验电压及交接试验电压。

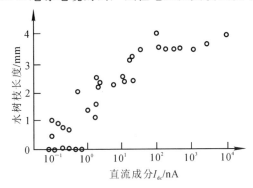

图 12-23　水树枝长度与直流分量的相关性

有人建议用直流分量的大小来估计 XLPE 绝缘电缆的老化程度,见表 12-13 所示的一实例。但也有人认为直流分量法中测得的电流极微弱,有时也不大稳定,目前还难以仅由此来作出判断。这里的主要问题是在现场进行直流分量法的测量时,微小的干扰电流就会引起很大的误差。研究表明,这一干扰主要来自被测电缆的屏蔽层与大地之间的杂散电流,即在图 12-21 所示直流成分法的测量原理图中,如果考虑到此屏蔽层与大地之间的局部放电的作用,可绘出图 12-26 所示的等值电路,因杂散电流 I_s 及真实的由水树枝引起的 I_1 均经过此直流分量测量装置,以致造成很大误差。目前已有几种解决此问题的方案:如让杂散电流旁路掉或在杂散电流回路中串入电容以阻断;用 FFI 法将杂散电流从水树枝电流中分离开或用统计分析法处理;等等。

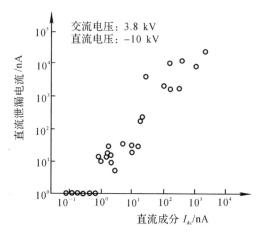

图 12 - 24　泄漏电流与直流分量的相关性

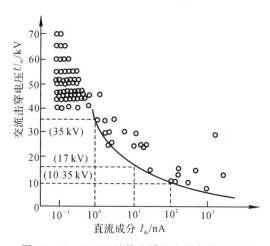

图 12 - 25　XLPE 绝缘电缆的交流击穿电压与
在线检测直流分量的相关程度

表 12 - 13　用直流成分法判断老化

直流分量/nA	判　断
>100,或正负极性改变	不良
1～100	要注意
<1	良好

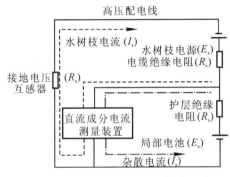

图 12 - 26　考虑杂散电流的等值电路

由图 12 - 26 所示的等值电路可以看出,当屏蔽层与大地间的绝缘电阻 R_s 较低时,误差较大。模拟试验的结果如图 12 - 27 所示。因此当屏蔽层与大地之间的绝缘电阻 R_s 太低时,直流分量法已无意义,此时,修补局部损伤后,R_s 即可恢复。

12.12.3　电缆绝缘 tanδ 的在线检测

对电缆绝缘层 tanδ 值的在线检测方法,与对电容型试品的在线检测 tanδ 时的方法很相似。分压器可用电压互感器或电阻分压器。在用便携式 tanδ 在线检测仪时常用高阻杆进行分压,如图 12 - 28 所示。取得信号与流经电缆绝缘的电流相量进行相位比较,但事先要对电阻杆测量时的角差等进行验证。

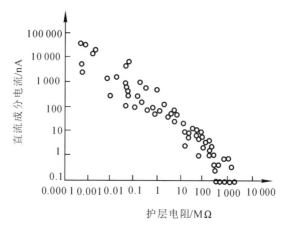

图 12 - 27　护层绝缘电阻 R_i 对直流成分法的影响

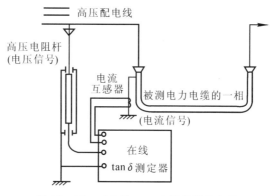

图 12 - 28　对电缆 tanδ 在线检测的电路

　　对多路电缆进行 tanδ 巡回监测时,仍常由电压互感器处获取电源电压相位来进行比较,其框图如图 12 - 29 所示。

　　一般认为,对发现集中性的缺陷采用直流法较好。因为 tanδ 值往往反映的是普遍性的缺陷,个别的较集中的缺陷不会引起整根长电缆所测到的 tanδ 值的显著变化。由图 12 - 30 可见,电缆绝缘中水树枝的增长会引起 $\tan\delta$ 值的增大,但分散性较大。同样,在线检测出 $\tan\delta$ 值的变化可反映绝缘受潮、劣化等缺陷,交流击穿电压会降低,其间的关系如图 12 - 31 的实例所示,同样具有分散性。

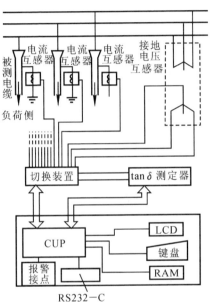

图 12 - 29　多路巡回监测 $\tan\delta$ 示意图

　　有的研究人员将已运行的 XLPE 绝缘电缆进行加速老化试验,得出水树枝发生的个数以及最长的水树枝长度与电缆 $\tan\delta$ 值关系,如图 12 - 32 及图 12 - 33 所示,其趋势是明确的,但分散程度很大。如将最长的水树枝长度与每单位电缆长度中的树枝数的乘积作为横坐标,则与测得的 $\tan\delta$ 值(纵坐标)之间具有更好的相关性,如图 12 - 34 所示。这也说明测得的 $\tan\delta$ 值取决于整体损耗的变化。从在线检测 $\tan\delta$ 值可估计整体绝缘的状况,见表12 - 14。

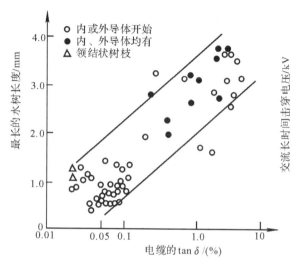

图 12-30　水树枝长度与电缆 tanδ 的关系

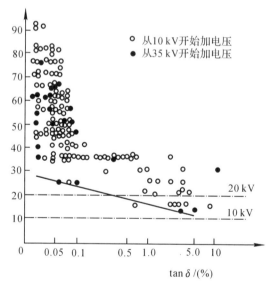

图 12-31　电缆 tanδ 与长时击穿电压的关系

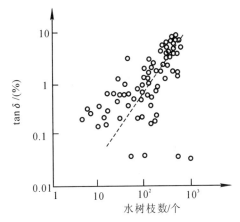

图 12 - 32　树枝数对 tanδ 值的影响

表 12 - 14　在线检测 tanδ 值的参考标准

类　别	标准建议	状况分析
a	<0.2%	良好
b	0.2%~5%	有水树枝等形成
c	>5%	水树枝增多增长,将影响耐压

因此,最好综合多种在线检测结果后进行分析,例如表12 - 15中列出对 6 kV XLPE 绝缘电缆在线检测的一些暂行判据:如果上述三种方法的结果均为"a",则判为"良好",如有一个或更多为"b",则判为"注意",宜进一步检查。

表 12 - 15　建议对 6 kV XLPE 绝缘电缆的暂行判据

在线检测方法	判为"a"	判为"b"
直流成分法	≤1 nA	>1 nA
直流叠加法	≤3 nA	>3 nA
在线 tanδ 法	≤0.5%	>0.5%

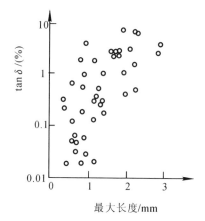

图 12-33　tanδ 值与最大树枝长度的关系

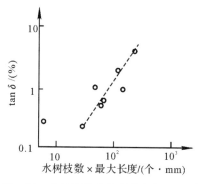

图 12-34　水树枝数和长度乘积与 tanδ 关系
（综合图 12-32 和图 12-33）

　　由直流成分法、直流叠加法和在线 tanδ 法三种方法组成一体的电缆在线检测仪在国外也已经问世，其框图如图 12-35 所示。

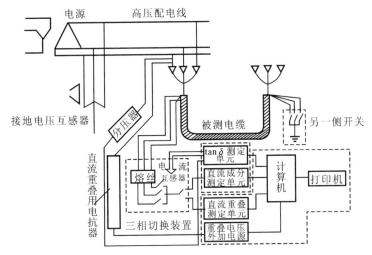

图 12-35　直流叠加法、成分法及 tanδ 法测量的联合装置

12.12.4　局部放电在线检测

对于检测局部缺陷,局部放电试验是很有价值的。目前,测量局部放电的方法已经发生了巨大变化,请参见第 13 章内容。有时在个别位置上出现较强烈的局部放电时即可导致电缆的击穿。如图 12-36 所示为几根电缆在长期局部放电试验中放电量的变化。

对于已敷设的大长度电缆的在线检测,其外界干扰问题远比在工厂屏蔽室里对成盘电缆试验时复杂,应予重视。

表 12-16 所示为电缆绝缘在线检测方法的比较。

表 12-17 所示为几种常用的局部放电方法对电缆进行在线检测情况的分析。

类似对变压器局部放电检测时所介绍的那样,差分电路是排除干扰的一种良好方法,在电缆中就常用绝缘连接盒来实现这种方法的测量。因为较长的电缆线路中就可能有绝缘连接盒(IJ),

其示意图如图 12 - 37 所示。

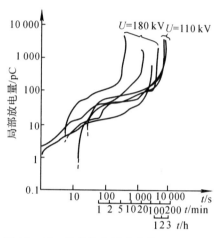

图 12 - 36　局部放电试验中放电量的变化

t—局部放电试验中到达击穿的时间

表 12 - 16　电缆绝缘在线检测方法的比较

方法	特　征	使用情况	在线检测特点
直流叠加法	测得反映劣化的绝对量,可能监测局部损坏	应用较广泛	常在 GPT 处叠加低压直流,宜用于在线检测
局部放电法	能检测出缺陷处发生的局部放电	在线检测困难较大	理论上可在线检测,问题在于排除干扰
tanδ 法	在运行电压下能检测劣化	应用较多	在线检测仪的设计上要注意
直流成分法	此直流分量有可能反映劣化的绝对量	已开始用于在线检测	因电流小,更要排除杂散电流影响

表 12 - 17　　几种在线检测电缆局部放电方法

测量方法	测量仪器	测量对象举例	在线检测	灵敏度/pC
局部放电量	局放仪	油纸、XLPE 绝缘电缆及连接盒	困难	<10
接地线脉冲电流法	电流互感器	油纸、XLPE 绝缘电缆及连接盒	可能	<100
电磁波法	天线	充气的电缆终端及连接盒	可能	<1 000
超声波法	超声传感器	连接盒	可能	<1 000
振动加速度法	加速度传感器	充气的电缆终端及连接盒	可能	<1 000

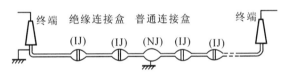

图 12 - 37　电缆线路中有不同连接盒的示意图

　　在绝缘连接盒的两侧都贴上金属箔电极后,可利用差分法原理进行测量,其示意图如图 12 - 38 所示。也可采用频谱分析等方法避开较强的背景干扰。

　　由于电缆的终端及连接盒都是在现场制作或安装的,绝缘质量往往不如电缆本体,因而对这些电缆附件的在线检测有时显得更为重要。如图 12 - 39 所示为利用超声传感器来检测的框图,由于采用了多个超声传感器,它还有一定的定位作用。

　　用超声法来测局部放电的优点是抗干扰性能好,但测得的信号与放电点和传感器之间的距离有关。如图 12 - 40 所示为对33 kV 的 XLPE 绝缘电缆连接盒的模拟试验结果:超声信号与局部放电量几乎成正比;但第 1 群所示的放电点距离传感器近些(38 mm),第 2 群远些(54 mm),这样,在同样局部放电量下测到的超声信号大小也有些差别。因此超声法对定位更有利。

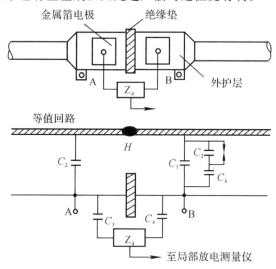

图 12 - 38　利用绝缘连接盒以差分法测局部放电

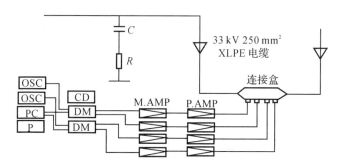

图 12 - 39　用超声传感器(AE)检测局部放电的框图

P. AMP 及 M. AMP—前置及主放大器;DM—数字记录;P—打印机;

CD—局放的电信号检测装置;PC—计算机

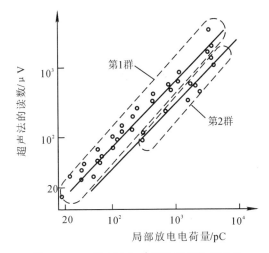

图 12 - 40　超声法与电气法测值的相关性

12.12.5　接地线电流法

国内实践发现,在现场要实现上述几种电缆绝缘的在线检测,有时还有不少困难。例如,检测局部放电时,背景干扰相当大;对XLPE 绝缘电缆进行 tanδ 测量时,由于该绝缘的 tanδ 值很小,往往难以测量。特别当屏蔽层对地绝缘电阻很小时,在线检测 tanδ 更受影响。直流叠加法较易于实现在线检测,但当护层绝缘电阻太低时,也难以获得正确的读数。因此往往建议改用在线检测通过接地线的电容电流的增量 ΔI_g 的方法,如图 12 - 41 和图 12 - 42 所示。该方法简便易行,常在接地线上套以电流传感器即可实现,但另一端电缆头处的接地线在测量时要临时断开。

由图 12 - 43 可见,当 6 kV 级交联聚乙烯绝缘里的水树枝发展时,不但 tanδ 增大,击穿电压 U_{BD} 下降,而且电容增量 ΔC 增大。因此老化前后的电容量有变化,使接地线电流 ΔI_g 也有变化,如图 12 - 44 中的 105 m,6 kV XLPE 绝缘电缆三相的接地电流 I_g

都比老化前明显增大。

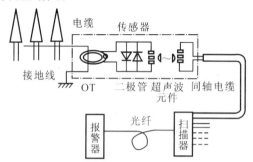

图 12-41 接地线电流法

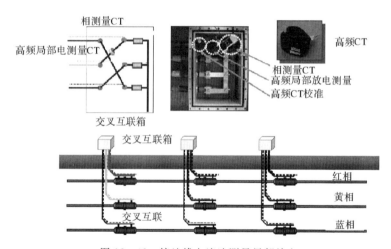

图 12-42 接地线电流法测量局部放电

如图12-45所示为加速老化试验中验证的交流击穿电压 U_{BD} 与接地线电流增量 ΔI_g 的相关曲线。由图可见，相关性较好（$\gamma=-0.76$）。当根据 ΔI_g 来做诊断时，也要从概率统计角度考虑。如图12-45所示，根据历年来的趋势以及邻相数据等的综合分析判断也是很有效的。

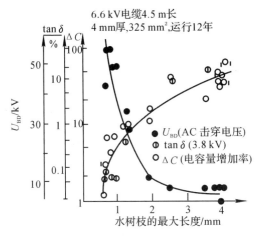

图 12 - 43　$\tan\delta$,U_{BD},ΔC 与水树枝长度的关系

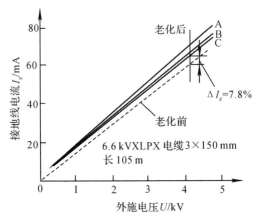

图 12 - 44　老化前后 XLPE 绝缘电缆的接地线电流

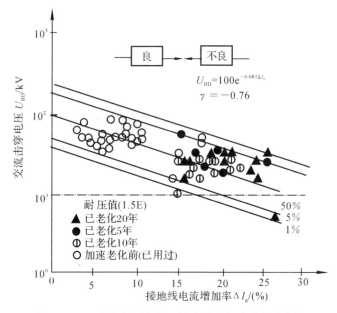

图 12-45　　击穿电压与接地线电流增加率的相关曲线

　　通过接地线中电流测量局部放电的方法是一种全新的方法,其关键在于接地线中包含有一个很大的 50 Hz 频率的电容电流、损耗电流、环流和非常小的局部放电电流。除了局部放电电流外,其他电流都是工频信号。使用高通传感器,首先滤掉 50 Hz工频信号,然后,放大其他频率的信号,再使用软件滤波原理进一步过滤去除干扰,最后完成局部放电信号的测量。

12.12.6　低频重叠法

　　如图 12-46 所示为在 6 kV 电缆线路上叠加频率为 0.5 Hz 的电压后,对电缆绝缘电阻进行在线检测的原理图。

因为电缆绝缘层常可看成是 R 和 C 并联等值电路,当外施电压为低频而非工频时,流过绝缘层的容性电流 $I_C = \omega CU$ 较工频时小,而阻性电流 I_R 却无显著变化,因而易从总电流中分出 I_R 来;换言之,$\tan\delta = 1/(\omega CR)$,随着频率的下降,等值 $\tan\delta$ 增大,也易于测准。

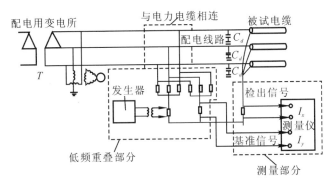

图 12-46　用低频重叠法对电缆进行在线检测

图 12-47 所示为 6 kV 电缆用低频重叠法与直流泄漏电流法测得的绝缘电阻的比较,这里直流泄漏法取得是停电后加 10 kV 电压经 7 min 后的读数。由图可见,低频重叠法测得的绝缘电阻往往偏低些。

图 12-48 所示为对 6 kV XLPE 绝缘电缆的低频重叠法测得的绝缘电阻与其交流击穿电压的相关情况。由此看出,日本在用低频重叠法测量时,常以 1 000 MΩ 作为判断"不良"电缆的标准,这在图 12-48 中大约相当于击穿电压已降到 6 kV 电缆的交接试验电压值。更低的绝缘电阻将相应于更低的击穿电压,也就更不安全了。

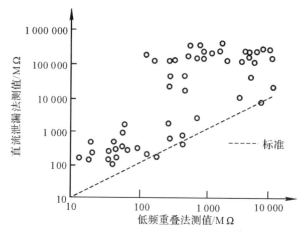

图 12 - 47　低频重叠法与直流泄漏法的测值比值

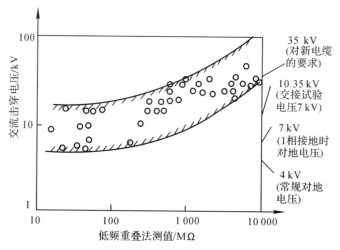

图 12 - 48　低频重叠法测得的绝缘电阻与击穿电压的相关性

12.12.7　在线光纤检测技术

目前,中国电力系统中高压及超高压电力电缆均被要求预埋光纤(见图12-49),运行中的电力电缆需要在其表面敷设测温光纤,用它来测量电缆的运行状态。

图 12-49　外敷光纤和嵌入式电力电缆

光纤监测方法的基本原理见图 12-50~图 12-53。当光线在光纤中运动时,在光纤的每一点都有一个反射光,这个反射光和光纤每一点的温度有关,也就是和每一点电缆表面温度有关,这个反射光被称为拉曼反射光(或斯托克斯反射光)。人们就是使用这个原理来测量电缆线路每处电缆表面温度的,通过软件分析,确定电缆的动态载流量或显示电缆的运行状态。

在将来,通过进一步的数据分析,电缆的局部放电也可以通过这种办法测量,以及用它测量电缆的电树枝和水树枝。

根据资料,拉曼反射光强度和光纤附近的温度相联系。

对于斯托克斯光,有

$$I_s \propto \left[\frac{1}{\exp(hc\,\Delta\gamma/\nu T)-1} + 1 \right] \lambda_s^{-4} \qquad (12-7)$$

对于反斯托克斯光,有

$$I_a \propto \left[\frac{1}{\exp(hc\,\Delta\gamma/\nu T)-1} + 1 \right] \lambda_a^{-4} \qquad (12-8)$$

式中,λ_s,λ_a 是斯托克斯光和反斯托克斯光的波长;h 是普朗克常数;c 是真空中的光速;ν 是泊松比;$\Delta\gamma$ 是位移波数;T 是绝对温度。

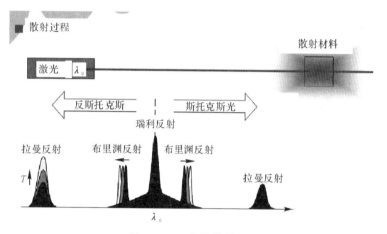

图 12-50　拉曼散射理论

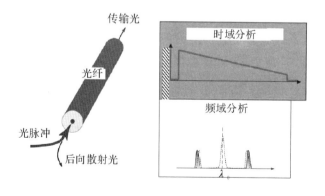

图 12-51　拉曼散射理论

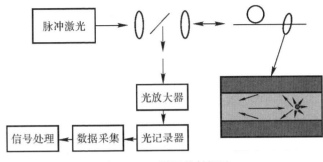

图 12 - 52　测量散射框图

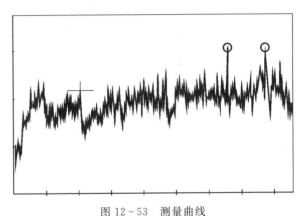

图 12 - 53　测量曲线

（最高点表示不正常的电缆运行点）

　　光在光纤中传输存在损失,传输损失与波长有关,如图12-54所示,具有 1 550 nm 波长的光损耗值最低,应尽量减少光的散射,才能实现光纤长距离传输,因此,激光波长应选择1 550 nm。

　　反射光反映的温度为电缆一段长度上的平均温度,用空间分辩率来表示,空间分辩率越小越好。

　　目前多模光纤的传输距离一般为 2～5 km,进口光源可以达到 8 km;单模光纤的传输距离可达数十千米。

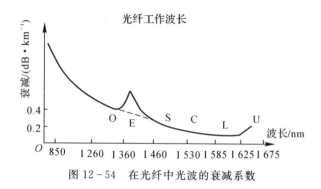

图 12-54　在光纤中光波的衰减系数

12.13　新型预防性试验方法

电缆安装后,如果前述传统的直流耐压试验有严重缺点,推荐采用基本交流试验方法,即 50 Hz 交流试验。

工频电压试验有很大吸引力,因为它能很好地反映运行情况,然而长电缆的电性试验需要一台沉重而昂贵的工频试验变压器或者昂贵的谐振试验装置。目前,另外几种新型试验方法正在试用于运行电缆。

12.13.1　低频(0.1 Hz)交流试验

当频率从 50 Hz 降低到 0.1 Hz 时,试验设备的功率降低至 1/500,使用低频试验设备时,可在现场对长电缆做试验,电压超过 100 kV 的低频试验有几种设计。如图 12-55 所示为正负极性转换由计算机控制的低频电压发生器框图。

在低频电源作用于电缆,电源上升部分充电过程结束后,稳定的高压像直流一样,可以测量泄漏电流,图 12-56 中的压降基于以下两个原因:

(1)线圈中的电阻元件造成损耗。

(2)电缆泄漏电流造成损耗。

高的损耗,甚至不用评估泄漏电流就已经能够表明电缆的绝缘是不良的。

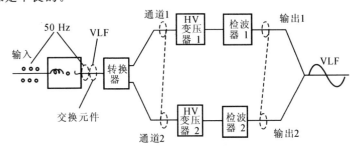

图 12-55 低频试验电压发生器框图

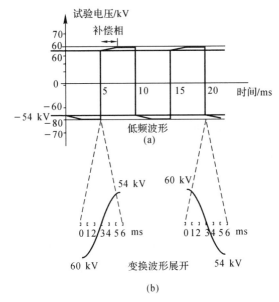

图 12-56 VLE 波长

低频高压发生器的基本原理可描述如下:

50 Hz 工频低压通过转动机械或电子振荡电路被放大,它的输出就是所需低频正弦电压信号,在信号零点处,低频电压通过交换装置送入一台高压变压器,变压器的次级上接一检波器以消除50 Hz电压,因此低频电压信号的正半波从通道1产生,同样,负半波从通道2产生。目前,用于测量低频介损使用正弦0.1 Hz信号,余弦0.1 Hz信号用于耐压试验,而余弦方波也可用于相同试验,但使用的有效性尚需经验积累。

12.13.2 振荡波试验

如图12-57所示,当直流充电时,电缆通过一个球隙和电缆组成振荡回路放电,产生衰减振荡波。实际试验过程所要选择的参数是直流电压水平、频率、衰减常数、所需耐压次数。这种交流试验设备的优缺点:①试品和电源之间的开关可采用电子固态开关(S),它不出现振荡干扰,能够实现完美衰减振荡波,再配合电阻和电容、电感,就能出现50 Hz的振荡波电源。采用机械开关会产生干扰,且设备复杂,电压发生器的适用性较差及造价昂贵等。②目前,它的分析方法需要改进,引入数据统计方法才能避免人为因素。在后期阶段,作为实际使用最重要的试验方法需要大量的现场数据积累和设备的改进,才能更好地应用。同时,这种新方法的使用在于它能检测出前述50 Hz电压试验方法能检测到的相同缺陷。

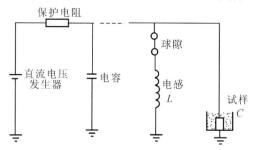

图12-57 振荡波试验电路

振荡波测试系统(OWTS)是用来识别、评估和定位所有类型中压电缆和附件绝缘中的局部放电(PD)的故障(见图 12 - 58)。

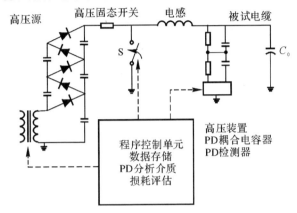

图 12 - 58　振荡波试验局部放电线路

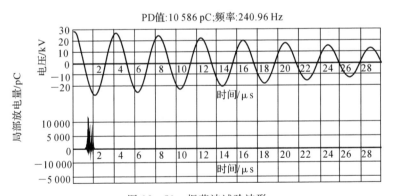

图 12 - 59　振荡波试验波形

该系统由一个无线局域网控制单元和高压单元组成。高压单元包含一个高压源和一个谐振电抗器,并具有一个集成电子开关(S),这个系统可以产生谐振交流试验电压。PD 故障定位是基于时域反射法、高压分压器以及一个数字化数据采集器和 PD 信号处理

器组成的嵌入式控制器被集成在一起。存储、分析和评价在记录器
中的 PD 信号,该设备可以用在现场,也可以用到试验室。

　　振动波试验系统已经用于中压电缆。由于采用振荡波形(见
图 12-59)原理,PD 试验所用在电缆上的电压波形完全结合现场
电压波形。对电缆试验是非破坏性的,这一点非常重要。在电缆
中(见图 12-60)局部放电(PD)的典型波形可以根据背景噪声、气
隙放电或人工缺陷放电从电缆绝缘层放电中清楚地分辨出来(见
图 12-60)。

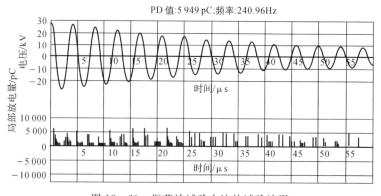

图 12-60　振荡波试验方法的试验波形

　　这种 OWTS 方法的优点是局部放电信号衰减将随着振荡信
号电压的衰减而衰减,放电数量也以相同的方式减少,因此,电缆
线路的背景干扰可以通过这个特性进行排除,或用此功能,将局部
放电信号从所测量的全部信号中分离出来。这种方法具有很好的
发展前景。

12.13.3　对比试验

　　由一个试验室制作的试样到几个不同的试验室完成几种类型
的试验,通过做这些试验,可比较最适合条件下不同的试验方法。

　　标准缺陷类型的选择基于下列要求:表示实际缺陷;能重复;
试样制作技术。

　　仔细考虑后,选择了 3 个标准缺陷,它们包括了基本影响因素
(应力集中、气隙和刀痕)。满足上述要求的有针对平板试验、气隙
试样、刀痕试样,如图 12-61~图 12-63 所示。

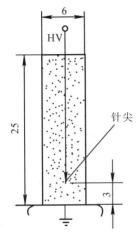

图 12-61　针对平板试验

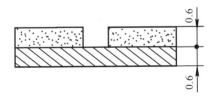

图 12-62　有气隙的试样

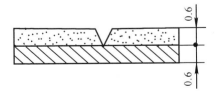

图 12-63　有刀痕的试样

对具有标准缺陷的试样进行击穿试验,所采用的程序是将电压从 U_0(kV)以 V/t 的步骤升高,对于振荡波电压,须要考虑耐压次数。

表 12-18 给出了 3 个试样耐压 4 次的击穿试验结果。在表 12-18 中已给出两个没有缺陷的聚乙烯试样(厚 1.2 mm)击穿电压。从表中可以看到,对于 0.1 Hz 试验,击穿电压值是变化的,特别是含有气隙试样,增加电压就得到较低的击穿值。对于针板电极,在直流、50 Hz 频率和振荡波电压下,试样击穿电压与间距有关,图 12-64 所示为试验结果。

表 12-18　试样击穿电压

单位:kV

波形	初始电压 U_0	升压步骤	缺陷	缺陷	缺陷	无缺陷
	kV	kV·min^{-1}	针	气隙	刀痕	
50 Hz	6	1/1	45	31	25	59
0.1 Hz	6	1/1	38	>73	58	
	10	5/30		49	23/51	
	30	5/60		51	48	
振荡波	30	2/10	54	49	40	76
直流	20	2.5/1	>50	120	101	

12.13.4　对比试验讨论

由表 12-18 可以看出:

(1)直流电压试验具有不适应之处,检测特殊缺陷时需要相对高的电压。

(2)0.1 Hz 频率电压试验前后有矛盾,对于针板型电极试样,结果值低于 50 Hz 试验值,而对于其他缺陷,试验结果正好与此相反。在不同实验室,按 10/5/30 升压所得结果无法解释。

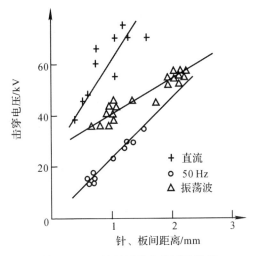

图 12 - 64　针板试样击穿试验结果

(3)振荡波试验结果和 50 Hz 试验结果协调一致。

总结上述内容可以清楚地看到,应使用 50 Hz 或振荡波试验方法。由图 12 - 64 可以看出,对于大电极距离,在 50 Hz 和振荡波电压作用下,针型缺陷的击穿电压趋于一致。这表明振荡波试验方法可以很好地代表 50 Hz 频率电压试验。当这样做时,就会看到产生振荡波的设备相对于 50 Hz 谐振系统简单而便宜(在解决了电子固体开关技术问题的前题下)。因此,国际电工委员会电缆工作组决定选择振荡波方法做进一步大规模试验。

总的来说,振荡波试验方法有以下优点:

(1)能有效地检测缺陷。

(2)与 50 Hz 试验结果相一致。

(3)设备简单、便宜。

(4)没有电压限制。

人们已经注意到,0.1 Hz 试验方法没有被选择,除了无法解释试验结果这点以外,低频设备尚只能达到 100 kV 左右。如果局部放电也被包括在试验程序中,则 0.1 Hz 的使用应给予认真考虑。局部放电起始电压值低于击穿电压值,气隙和刀痕缺陷的低频试验结果与 50 Hz 试验结果相关性很好,见表 12 - 19。

表 12 - 19　局部放电起始电压

单位:kV

频率	缺陷——针	缺陷——气隙	缺陷——刀痕
50 Hz	13.4	6.2	5.4
0.1 Hz	21.2	7.5	4.2

第13章 XLPE绝缘电缆带电局部放电检测

13.1 带电局部放电检测分类

现代电力电缆带电运行检测电气性能常用的方法有远红外检测、紫外光检测、钳形表接地电流、带电局部放电检测、保护箱的带电感应电压等。这些方法各有所长,基本能够反映出运行电缆线路各方面的问题。但是,除了局部放电以外,其他方法都只能反映出电缆线路的接地或接触不良问题,不能反映电缆绝缘水平的变化问题。因此,讨论电缆线路带电检测就是讨论反应电缆绝缘水平变化最好的办法——局部放电检测方法。但是,检测局部放电的方法有很多,需要找出适合电缆线路的方法。

13.1.1 带电局部放电检测法

局部放电是绝缘介质中的一种电气放电,这种放电仅限制在被测介质中一部分,且只是导体间的绝缘局部,放电也可能发生于导体的邻近绝缘中的某些薄弱部位。在强电场的作用下,发生局部放电是高压绝缘中普遍存在的问题,虽然局部放电一般不会引起绝缘的立刻击穿,但可以导致电介质,特别是有机电介质的局部损坏。若局部放电长期存在,在一定条件下,会导致绝缘劣化,甚至击穿。对电力电缆进行局部放电试验,不但能够了解电缆的绝缘状况,还能及时发现许多有关制造与安装方面的问题,确定绝缘故障的原因及其严重程度。因此,对电力电缆进行局部放电测试是电力电缆制造和运行中的一项重要的运检预防性试验。我国国家标准和国际电工委员会都对此提出了相应的规范,而且把它列为固体绝缘第一位的试验项目,局部放电检测技术即是在这个背景下快速发展起来的。

局部放电最直接的现象即是引起电极间的电荷移动,每一次局部放电都伴有一定数量的电荷通过电介质,同时引起试样外部电极上的电压变化。另外,每次放电过程持续时间很短,在气隙中一次放电过程在 10 ns 量级,在油隙中一次放电时间也只有 1ms。根据 Maxwell 电磁理论,如此短持续时间的放电脉冲会产生高频的电磁信号向外辐射,局部放电检测法即是基于这两个原理。常见的检测方法有脉冲电流法、无线电干扰电压法、介质损耗分析法等,特别是 20 世纪 80 年代,由 S. A. Boggs 博士和 G. C. Stone 博士提出的超高频检测法近年来得到广泛关注,并逐渐有实用化的产品问世。

1. 脉冲电流法

脉冲电流法是一种应用最为广泛的局部放电测试方法,国际电工委员会 IEC 专门对此方法制定了相关标准 IEC60270。该标准规定了工频交流下局部放电的测试方法,同时此方法也适合于直流条件下的局部放电测量。脉冲电流法的基本测试回路分为直测法和平衡法两种。直测法常遇到各种干扰,特别是在现场环境下会严重影响测试灵敏度,而平衡法由于其抑制共模干扰的优良性能得到广泛采用。平衡法测试回路有西林电桥、差分电桥以及双电桥等形式,目前西林电桥干扰抑制比可达到几十,差分法可达到数百甚至上千,但是平衡法的测量灵敏度一般,比直测法低脉冲电流法应用广泛。目前市场上大部分电类局部放电测试仪都采用直测法回路,如瑞士 Haefely 公司的 TE571 局部放电测试仪、JFD - 2 局部放电测试仪等。但是,上述方法有一个默认的规则,即干扰信号的强度要小于局部放电信号,反之,测量基本不能进行。

2. 无线电干扰电压法

RIV 无线电干扰电压法包括射频检测法,这种方法最早可追溯到 1925 年 Schwarger 发现电晕放电会发射电磁波,通过无线电干扰电压表可以检测到局部放电的发生。国外目前仍有采用无线电干扰电压表检测局部放电。在国内常用射频传感器检测放电,故又叫射频检测法,较常用的射频传感器有电容传感器、Rogowski 线圈电流传感器和射频天线传感器等。

Rogowski 线圈电流传感器是 20 世纪 80 年代由英国的 Wilson 等人提出的,1996 年吴广宁等人对该传感器进行了改进,设计出用于大型电机局部放电在线监测,并获得实用新型专利(ZL97242089.4)。该传感器在我国陕西秦岭发电厂、兰州西固热电厂已有应用。清华大学朱德恒等人将此传感器用于大型汽轮发电机-变压器组的局部放电在线监测,并在元宝山发电厂投入试运行,取得了一定效果。RIV 方法能定性检测局部放电是否发生,甚至可以根据电磁信号的强弱对电机线棒和没有屏蔽层的长电缆进行局部放电定位,采用 Rogowski 线圈传感器也能定量检测放电强度且测试频带较宽(1~30 MHz),现场测试证明该方法具有较好的实用价值。

3. 超高频 UHF 局部放电检测技术

在 20 世纪 80 年代以前,市场上局部放电检测仪的工作频带仅在 1 MHz 及以下。1982 年 Boggs 和 Stone 在他们的试验中使测试仪器的测量频带达到 1 GHz,成功地测试出 GIS 中的初始局部放电脉冲,在此频带下噪声信号衰减剧烈,可有效地实现噪声抑制,且可以基本无损再现局部放电脉冲,从而深化对局部放电的机理性研究。

超高频检测又分为超高频窄带检测和超高频超宽频带检测。前者中心频率在 500 MHz 以上,带宽十几兆赫兹或几十兆赫兹;后者带宽可达数吉赫兹。由于超高频超宽频带检测技术有噪声抑制比高、包含信息多等优点,受到人们的广泛关注。通常所说的超高频检测技术即指超高频超宽频带检测,用于超高频局部放电检测的传感器主要为微带天线传感器,利用微带天线作传感器早在1980年Kurtz等人就提出过,他们设计的传感器用于大型电机局部放电测试,安装在一个或两个磁极上可探测到单根定子线棒的放电。目前微带天线传感器已在检测大型电力变压器、GIS、电力电缆等设备的局部放电上有相关应用。对于大电机局部放电检测,H. G. Sedding等人在1991年提出一种定子槽耦合器(stator slot coupler),该传感器由接地平面带状感应导体及两端同轴输出电缆组成其耦合方式,既不是感性,也不是容性,而是具有分布参数的性质。因此具有非常宽的频带,且能够反映内部放电和外部干扰在波形上的差异。

4.介质损耗分析法

介质损耗分析法(DLA)分析局部放电对绝缘材料的破坏作用,是与局部放电消耗的能量直接相关的。因此对放电消耗功率的测量很早就引起了人们的重视。在大多数绝缘结构中,随着电压的升高,绝缘中气隙或气泡开始放电的数目将增加,此外局部放电的现象将导致介质的损坏,从而使得$\tan\delta$大大增加。因此可以通过测量$\tan\delta$的值来测量局部放电能量,从而判断绝缘材料和结构的性能情况。

DLA特别适用于测量低气压中存在的辉光或者亚辉光放电,由于辉光放电不产生放电脉冲信号,而亚辉光放电的脉冲上升沿时间太长,普通的脉冲电流法检测装置中难以检测出来,但这种放电消耗的能量很大,使得$\tan\delta$很大,故只有采用电桥法检测$\Delta\tan\delta$才能判断这种放电的状态和带来的危害。

但是,DLA方法只能定性地测量局部放电是否发生,基本不能检测局部放电量的大小,这限制了DLA方法的运用。目前关于用DLA方法测局部放电的报道还很少。

以上列举了一些常用局部放电检测方法,从目前市场上看,电测法仍是局部放电检测中最重要的手段,其中的脉冲电流法已经很成熟,由于其检测灵敏度很高,且容易进行放电量校准。但是由于其易受到外电路的电磁干扰,使其灵敏度大大下降,在现场环境中脉冲电流法应用并不很多,故在进行局部放电机理研究试验室离线测试中占主导地位。无线电干扰电压法中 Rogowski 线圈传感器,由于结构简单,安装方便,检测灵敏度高,频带宽等优点,在局部放电在线检测中被广泛采用。现在高压电缆的在线检测中应用超高频检测法是近年发展起来的新型局部放电检测方法,采用高频检测阻抗还可准确再现局部放电脉冲波形,它具有频带高、灵敏度好、抗电磁干扰能力强等显著优点,被认为是最有潜力的局部放电在线检测方法。但是超高频检测用微带天线传感器,制造工艺要求很高,目前国内只有少数研究部门已经得到效果较好的传感器形式,现场试验表明性能基本达到使用要求。

13.1.2　非电量检测法

局部放电发生时常伴有光、声、热等现象的发生。对此局部放电检测技术中也相应地出现了光测法、声测法、红外热测法等非电量检测方法。较之电检测法,非电量检测方法具有抗电磁干扰能力强、与试样电容无关等优点,但环境对其影响较大。

1. 声测法

介质中发生局部放电时,其瞬时释放的能量将放电源周围的介质加热使其蒸发,效果就像一个小爆炸,此时放电源如同一个声源向外发出声波,由于放电持续时间很短所发射的声波频谱很宽,可达到数兆赫兹。常用的声传感器有用于气体中的电容麦克风(condenser microphone)、电介体麦克风(electrets microphone)、动态麦克风(dynamic microphone)、用于液体中类似于声呐的所谓水中听诊器(hydrophone)、用于固体中的测震仪(accelerometer)和声发射(acoustic emission)传感器。在声电传感器中工作频带和灵敏度是两个最为重要的指标,若传感器工作频带过窄,脉冲相应时间过长,容易造成信号混叠,故必须保证传感器一定的工作频带,而在宽频传感器中要求传感器几何尺寸必须小于声波波长,但是减小传感器体积会导致传感器测量面积减小进而降低测试灵敏度;反之,若为了增大灵敏度而增大传感器几何尺寸又会导致传感器工作频带减小,实际设计中往往结合现场条件折中考虑这两方面的要求。较之电测法,声测法在复杂设备放电源定位方面有独到的优点,但是由于声波在传播途径中衰减畸变严重,声测法基本不能反映放电量的大小,这使得实际中一般不独立使用声测法,而是将声测法和电测法结合起来使用。

2.光测法

近年来采用光测法在局部放电特征及介质老化机理等方面的研究做了大量工作,但是由于传感器必须侵入设备,且设备透光性能不好或者根本不能透光,光测法只能测试表面放电和电晕放电,故在现场基本上没有直接应用光测法。近年来随着光纤技术的发展,将光纤技术和声测法相结合提出了声光测法,该方法采用光纤传感器测量局部放电,通过局部放电产生的声波压迫使得光纤性质改变,导致光纤输出信号改变,从而可以测得放电。国外在电力变压器和GIS设备中均有相关应用,Black Burn等人将光纤传感器植入到变压器内部测量局部放电,当变压器内部发生局部放电时超声波在油中传播,这种机械压力波挤压光纤引起光纤变形,导致光折射率和光纤长度产生变化,从而光波被调制,通过适当的解调器即可测量出超声波,实现放电定位。这种方法目前没有在电缆或电缆附件测量局部放电中使用,主要是由于电缆及附件为固体绝缘介质,光纤无法安装进去,现在研究人员主要考虑将光纤安装在电缆附件中或者电缆的绝缘屏蔽外侧,实用性如何需要大量的研究工作来确定。

3. 化学检测法

当电力设备绝缘中发生局部放电时,各种绝缘材料会发生分解破坏,产生新的生成物,通过检测生成物的组成和浓度可以判断局部放电的状态。化学检测方法一般检测气体、液体绝缘介质,已在 GIS、变压器等设备上有相关应用。在 GIS 中局部放电会使 SF_6 气体分解主要生成 SOF_2 和 SO_2F_2。用气体传感器检测这两种气体的含量即可检测是否有局部放电产生。在电力变压器中油色谱分析 DGA 方法是一种简单、经济、有效的在线监测方法,它通过色谱柱气体传感器分离检测出变压器油中各种可溶性气体的含量,并由此判断变压器绝缘状况。在大型气冷发电机中也有应用化学检测法对流通冷却气体进行采样检测进而判断绝缘状态的例子。但是至今为止,化学检测法仍只能定性检测是否有局部放电产生,基本不能反映放电的性质、强度和位置。

在众多非电量检测中,超声测法和化学检测法受到人们普遍关注。超声测法能够有效地定位放电源,化学检测法在气体、液体绝缘介质中应用广泛,但非电量检测法较之电量检测法灵敏度不高,且很难或者不能对放电性质、放电强度进行判断,故常和电检测法结合应用作为电检测法的辅助检测手段。

13.2　局部放电的测量原理

13.2.1　试验室局部放电测量原理

一般试验室局放测量运用的原理,就是 IEC60270 所使用的方法——脉冲电流法。它的原理是当绝缘缺陷处产生一次局部放电时,试品 C_x 两端产生一个瞬时电压变化 Δu,此时若经过电容 C_k 耦合到一个检测阻抗 Z_d 上(见图 13-1),回路就会产生一个脉冲电流 I,将脉冲电流经检测阻抗产生的脉冲电压信息予以检测、放大和显示等处理,就可以测定局部放电的一些基本参量(主要是放电量 q)。在这里需要指出的是,试品内部实际的局部放电量是无法测量的,因为试品内部的局部放电脉冲的传输路径和方向是极其复杂的,因此,只有通过对比法来检测试品的视在放电电荷,即在测试之前先在试品两端注入一定的电量,调节放大倍数来建立标尺,然后将在实际电压下收到的试品内部的局部放电脉冲和标尺进行对比,以此来得到试品的视在放电电荷。

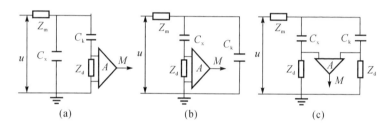

图 13-1　IEC60270 测量局部放电等值电路

通过对等值电缆分析,可以计算出各自的参数。以并联法等值电路为例分析这样电路的频率响应如下。

由图 13-2 所示的等值电路,可以得到下列各式:

$$\Delta u_{\mathrm{dm}} = \frac{q}{C_{\mathrm{d}} + C_{\mathrm{x}}(1 + C_{\mathrm{d}}/C_{\mathrm{k}})} \tag{13-1}$$

$$u_{\mathrm{d}}(t) = \Delta u_{\mathrm{dm}} \mathrm{e}^{\alpha_{\mathrm{d}} t}, \quad \alpha_{\mathrm{d}} = \frac{1}{R_{\mathrm{d}}\left[C_{\mathrm{d}} + \dfrac{C_{\mathrm{x}} C_{\mathrm{k}}}{C_{\mathrm{x}} + C_{\mathrm{k}}}\right]} \tag{13-2}$$

$$u_{\mathrm{d}}(t) = \frac{q}{\left[C_{\mathrm{d}} + C_{\mathrm{x}}(1 + C_{\mathrm{d}}/C_{\mathrm{k}})\right]} \mathrm{e}^{-\alpha_{\mathrm{d}} t} \tag{13-3}$$

$$u_{\mathrm{d}}(t) = \Delta u_{\mathrm{dm}} \mathrm{e}^{-\alpha_{\mathrm{d}} t} \xrightarrow{\text{FT}} u_{\mathrm{d}}(\omega) = \frac{q}{C_{v}}(\omega^2 + \alpha_{\mathrm{d}}^2)^{-1/2} \tag{13-4}$$

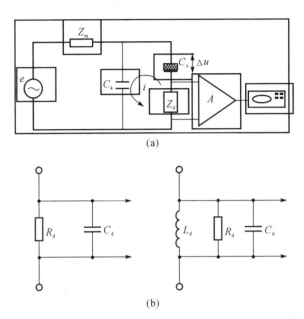

(a)

(b)

图 13-2　并联等值电路脉冲电流方向及检测阻抗

　　等值电路的频率响应如图 13-3 所示,从上述分析可以看到:

　　(1) 检测单元上的电压与放电量成正比。

　　(2) 降低 C_d 可以提高灵敏度。

　　(3) 一般电路参数,R 为 100 Ω,C 大于 1 000 pF,估算上限频率为:100 kHz。从这能看出,这种标定不适应于现场测量局部放电,现场使用的局部放电仪器,它的工作频率都在几兆至几百兆,用一个不到 1 MHz 的信号去校准显然有问题。

　　(4) 必须采用耦合电容器形成回路。

　　(5) 降低 R_d 可以提高频带宽度,但降低灵敏度。

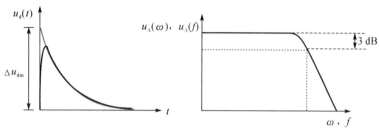

图 13 - 3　等值 RC 电路频率响应

13.2.2　试验室局部放电标定

IEC60270 定义了局部放电标定的方法是采用如下的工作顺序,从测量得到的注入电荷引起的电压值,再换算成视在放电量(见图 13 - 4)。

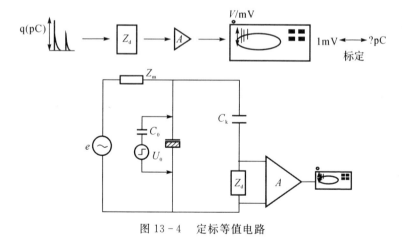

图 13 - 4　定标等值电路

注入电荷 $q_o = C_o U_o$ 到 C_x 上,这样计算的充分必要条件是 $C_o \ll C_x$。从而得到分度系数为

$$k_{\mathrm{o}}=\frac{q_{\mathrm{o}}}{U_{\mathrm{o}}}\,(\mathrm{pC/mV})\,, \qquad q_{\mathrm{o}}=k_{\mathrm{o}}U_{\mathrm{o}}(\mathrm{pC}) \qquad (13-5)$$

13.3　几种测量局部放电用传感器性能

13.3.1　电磁耦合法传感器

现场带电检测局部放电常用的方法是利用钳式罗氏线圈对电缆金属屏蔽层接地线进行脉冲测量,这是目前局部放电测量中使用方法最多的一种电磁耦合方法(HFCT),也是目前现场监测局部放电没有突破性进展的根源,如图 13-5 和图 13-6 所示。

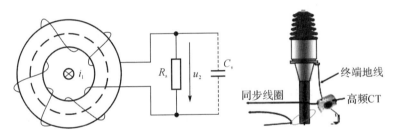

图 13-5　模拟和实际电路

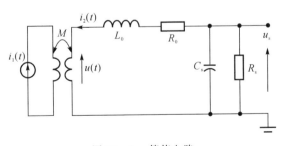

图 13-6　等值电路

线圈的电感和电容分别为

$$L = \frac{\mu_0 N^2 A}{l} \quad (13-6)$$

$$C = \frac{4\pi\varepsilon_0\varepsilon_r l}{\ln(\frac{A}{a})} \quad (13-7)$$

传感器传递函数为

$$\frac{U_t}{I} = \frac{sM}{(I+T_a s)(I+T_b s)} \quad (13-8)$$

式中,下限频率 $\frac{1}{T_a} = \omega_c(\xi - \sqrt{\xi^2 - 1})$ 和上线频率 $\frac{1}{T_b} = \omega_c(\xi + \sqrt{\xi^2 - 1})$,这时,中高频转折频率 $f_b = \frac{1}{T_b} > \omega_c$,低频转折频率 $\omega_r = \frac{1}{T_a}$ 会随 R_s 减小而向低频移动,同时,R_s 不可能做得太小,否则灵敏度将会随之下降。R_s 使线圈具有合适的阻尼,即

$$\xi = \frac{\pi Z_0}{4R_s}$$

其中,R_0 为线圈内阻;A 为线圈截面积;a 为线圈线匝截面积;l 为线圈等效周长;N 为线圈匝数;ε_r 为骨架相对介电常数;Z_0 为线圈特征阻抗,$Z_0 = \sqrt{\frac{L}{C}}$;M 为线圈低频(典型 10kHz)互感;$\omega_c = \frac{1}{\sqrt{LC_c}} = \frac{\pi}{2}\omega_0$,$C_c = (\frac{\pi}{2})^2 C$,$\omega_0 = \frac{1}{\sqrt{LC}}$;$I$ 为被测电流。

由等值电路可得

$$\oint H \cdot dI = I(t)$$

$$B = \mu H, e(t) = \frac{d\varphi}{dt}, \varphi = N\int B \cdot dS, e(t) = M \cdot \frac{dI}{dt}, M \text{ 为互感系}$$
数。

由此可见,线圈一定时,M 为定值,线圈的输出电压与 di/dt 成正比。也就是说,罗氏线圈的输出电压与被测电流的微分成正比,

只要将其输出经过积分器，即可得到与一次电流成正比的输出电压。

对于低频（1 000 Hz 以下）高功率的磁心一般采用金属磁性材料，用于较高（1 000 Hz 以上）磁心采用铁氧体材料。NiZn 系铁氧体使用频率 100 kHz ～ 100 MHz，最高可使用到 300 MHz。MnZn 系铁氧体具有高的起始磁导率，较高的饱和磁感应强度，在无线电中频或低频范围有低的损耗，它是 1 MHz 以下频段范围磁性能最优良的铁氧体材料，如图 13 - 7 和图 13 - 8 所示。

图 13 - 7　铁芯实物

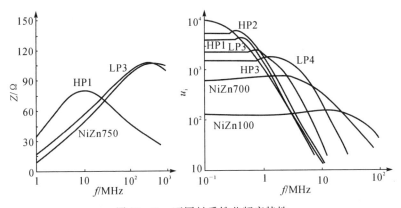

图 13 - 8　不同材质铁芯频率特性

铁芯在实际使用时,考虑到使用实际和抗饱和能力,一般将铁芯做成开口的哈弗形状。根据曲线(见图 13 - 9),很少有超过 300 MHz 的铁磁体,在此频率以上时,它的灵敏度都会有较大下降。

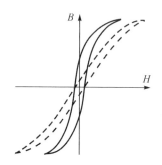

图 13 - 9 铁芯开口能够提高抗饱和能力

可以看到,电磁耦合方法检测信号频率受铁芯影响极大,在铁芯频带范围内信号还原能力强,对空间噪声具有一定的抑制效果,一旦离开频带信号迅速衰减。目前已知铁芯的上限频率不超过 300 MHz,所以使用带磁芯的罗氏线圈传感器只能用于高频检测。

13.3.2 电容带状耦合传感器

电容型带状传感器是一种用金属片作电极,直接耦合在电缆绝缘屏蔽外侧的传感器(见图 13 - 10),高频局放脉冲会穿透半导体材料层向外泄漏,并被带状传感器检测到。

从等值电路(见图 13 - 11)可以看到,Z_0 为电缆的波阻抗;C_1 为耦合器与电缆线芯的等效分布电容,等于电缆单位长度电容;R 是耦合器与金属屏蔽层之间的表面电阻或阻尼电阻;C_2 为耦合器与金属屏蔽层之间的分布电容;Z_L 为测量系统总输入阻抗;L_S 为电容电极和信号线之间电感。

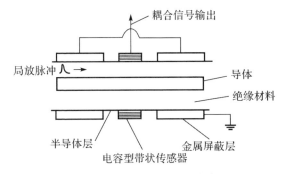

图 13 - 10　电容带状耦合传感器

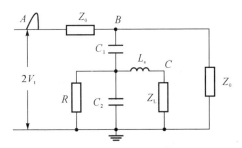

图 13 - 11　电容带状耦合传感器等值电路

电缆的单位长度电容为

$$C = \frac{2\pi\varepsilon_0\varepsilon}{\ln\dfrac{D_1}{D_0}} \qquad (13-9)$$

式中，D_1 为电缆绝缘外径；D_0 为导体外径。

同样可以得到电缆单位长度电感为

$$L = \frac{\mu_0\mu}{2\pi}\ln\frac{D_1}{D_0} \qquad (13-10)$$

电缆特征阻抗为

$$Z_0 = \sqrt{\frac{L}{C}} \tag{13-11}$$

从等值电路可以得到传感器频域传递函数为

$$H(\omega) = \frac{V_0(\omega)}{V_i(\omega)} =$$

$$\frac{j\omega Z_L C_1}{j\omega Z_L(C_1 + C_2) - \omega^2 L_S(C_1 + C_2) + \dfrac{j\omega L_S + Z_L}{R} + 1} \tag{13-12}$$

依据上式可计算,例如当 $L_S = 8\,\mathrm{nH}$(曲线 a)及 $L_S = 0$(曲线 b)时,传感器频率响应特性如图 13-12 所示(其中假设 $C_1 = 9\,\mathrm{pF}$,$C_2 = 21\,\mathrm{pF}$,$Z_L = 50\,\Omega$)。

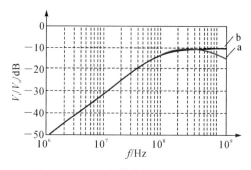

图 13-12　电容带状传感器频率响应

由图 13-13 ～ 图 13-15 可以看出,圆环内置传感器输出响应特性近似于一个高通滤波器,且信号频率越高,耦合高频脉冲信号的能力越强。当 $f < 100\,\mathrm{MHz}$ 时,a,b 曲线几乎同为一条上升的直线,表明圆环传感器在该频带内具有优异的频率响应特性,且 L_S 的影响也可以忽略;当 $f > 100\,\mathrm{MHz}$ 时,L_S 的影响逐渐增大,在 $100 \sim 450\,\mathrm{MHz}$ 频段,传感器增益比 L_S 为零时略高,当 $f > 450\,\mathrm{MHz}$ 时,L_S 使得传感器的灵敏度大为降低,此时上述等值回路不再适用,应将传感器看作天线,用分布参数分析其传输特性。但结论是明确的,为了保证传感器在整个测量频域内都获得较高灵敏度和保持良好传输特性,应使 L_S 尽可能的减小。

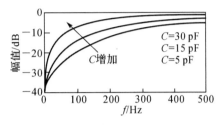

图 13-13　C 的影响

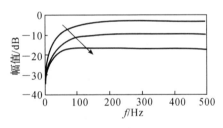

图 13-14　C_S 的影响

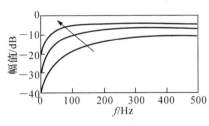

图 13-15　R_S 的影响

　　再者,这种传感器组成的电路,影响因子均在数百兆的频率范围内影响增益,且在 100 M 左右出现拐点,特别是电缆半导体层电阻变化(见图 13-15 和图 13-18)对于增益的影响更加明显(见图 13-16)。电容型带状传感器的检测灵敏度与带状金属片的面积成正比(见图 13-17),但受到安装环境的制约。

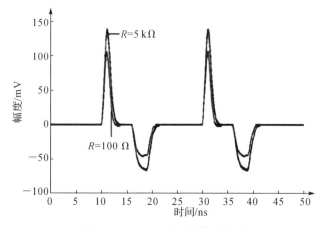

图 13-16 R_S 电阻对幅值的影响

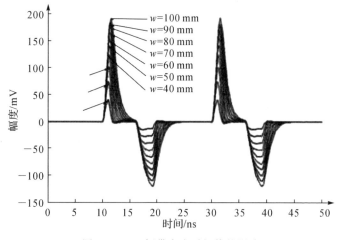

图 13-17   铜带宽度对幅值的影响

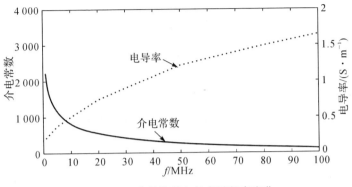

图 13-18　半导体层电导率随频率变化

13.3.3　电感型带状传感器

电感型带状传感器是由围绕在电缆的护套外层上的一个金属带状线圈组成的(见图 13-19),只适用于外屏蔽层是螺旋导线结构的电缆,对于新的 $10\sim35\ kV$ 结构可能不太适应。局放电流在外屏蔽层的螺旋导线中流动时可分解为沿电缆表面切向和沿电缆轴向两个方向的电流分量,其中轴向电流分量可在包绕电缆表面的带状传感器上产生感应电压。但是由于传感器和铜带屏蔽组成的两个线圈之间有空气间隙,互感较小,所以它的灵敏度很低。

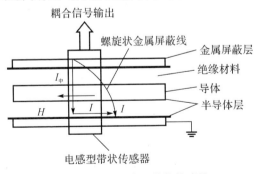

图 13-19　电感型带状传感器

13.3.4 超高频(UHF) 传感器

局部放电时,放电源会向周围空间辐射出超高频电磁波,UHF 检测法通过超宽频频带天线,可以检测到局放所激发的频率为 300 Hz ～ 3 GHz 的超高频电磁波。在电缆附件外装设屏蔽腔体,根据 UHF 信号耦合途径的不同,在腔体内放置电容型和电感型的 UHF 传感器能够耦合到电缆接头内发生局放所泄漏的高频电磁脉冲。

绝缘内部发生的局部放电所产生的电磁波可以近似看成由多个放电点构成的体积 V 中所有电荷向无限大空间辐射的电磁波。根据电磁场理论,激励源(δ_c, ρ)、动态向量磁位 A 和动态标量电位 φ 满足麦克斯韦方程:

$$\left. \begin{array}{l} \nabla^2 A = -\mu\delta_c + \nabla(\nabla \cdot A) + \nabla\left(\mu\varepsilon\dfrac{\partial\varphi}{\partial t}\right) + \mu\varepsilon\dfrac{\partial^2 A}{\partial t^2} \\[3mm] \nabla^2\varphi + \nabla \cdot \dfrac{\partial A}{\partial t} = -\dfrac{\rho}{\varepsilon} \end{array} \right\}$$

$$(13-13)$$

其解为

$$\left. \begin{array}{l} A(x,y,z,t) = \dfrac{\mu}{4\pi}\displaystyle\int_V \dfrac{\delta_c\left(X,Y,Z,t-\dfrac{r}{v}\right)}{r}\mathrm{d}V \\[5mm] \varphi(x,y,z,t) = \dfrac{1}{4\pi\varepsilon}\displaystyle\int_V \dfrac{\rho\left(X,Y,Z,t-\dfrac{r}{v}\right)}{r}\mathrm{d}V \end{array} \right\}$$

$$(13-14)$$

式中,(x,y,z) 为接收点坐标;(X,Y,Z) 为激励源点坐标;r 为两点之间距离。解函数可知,动态位是以$\left((t,\dfrac{r}{v})\right)$为变量的函数。这说明局部放电电磁波是以速度 v 沿着 r 前进方向传播,是一种横电磁波(TEM),在单一介质中波前平面$(x,y$ 平面$)z$ 方向波速度 $v=$

$\dfrac{\mathrm{d}z}{\mathrm{d}t}=\dfrac{l}{\sqrt{\varepsilon\mu}}$，电磁能量密度 $w=\mu H_y^2=\varepsilon E_x^2$，坡印亭矢量 $\boldsymbol{S}=\boldsymbol{EH}=$ vw。从公式可以看到，绝缘介质中电磁能量沿电磁波传播方向流动，能量流动的速度即为波速，在传播过程中能量密度等振幅传播保持不变，也就是说，超高频局放电磁波在单一绝缘介质中是无衰减传播的。当在不同介质界面时，一个 TE 电磁波，在界面上存在入射波和反射波，这时的场可以表示为

$$\left.\begin{array}{l}E_{1y}(z)=E_0\exp(-ik_{1z}z)+R^{\mathrm{TE}}E_0\exp(ik_{1z}z)\\ E_{2y}(z)=T^{\mathrm{TE}}E_0\exp(-ik_{2z}z)\end{array}\right\}(13-15)$$

式中，R^{TE} 和 T^{TE} 分别是界面反射、透射和入射波幅值比，即反射和透射系数

$$k_{i2}=\sqrt{(k_i^2-k_p^2)}\,,\quad k_i^2=\omega^2\mu_i\varepsilon\,,i=1\text{ 或 }2\qquad(13-16)$$

在界面处，有如下边界条件：

$$E_{1y}=E_{2y}\,,\quad \frac{\sqrt{\mu_1}\,\mathrm{d}E_{1y}}{\mathrm{d}z}=\frac{\sqrt{\mu_2}\,\mathrm{d}E_{2y}}{\mathrm{d}z}\qquad(13-17)$$

根据定义，可得 $\begin{cases}R^{\mathrm{TE}}=\dfrac{\mu_2 k_{1z}-\mu_1 k_{2z}}{\mu_2 k_{1z}+\mu_1 k_{2z}}\\[2mm] T^{\mathrm{TE}}=\dfrac{2\mu_2 k_{1z}}{\mu_2 k_{1z}+\mu_1 k_{2z}}\end{cases}$，对于局部 TM 波在界面处的反射和透射系数为 $\begin{cases}R^{\mathrm{TE}}=\dfrac{\varepsilon_2 k_{1z}-\varepsilon_2 k_{2z}}{\varepsilon_2 k_{1z}+\varepsilon_1 k_{2z}}\\[2mm] T^{\mathrm{TE}}=\dfrac{2\varepsilon_2 k_{1z}}{\varepsilon_2 k_{1z}+\varepsilon_1 k_{2z}}\end{cases}$，由上述式可知，当两种绝缘介质的 ε 和 μ 接近时，电磁波几乎无反射，全部透射到下一层介质中；但当两种介质的 ε 和 μ 相差较大时，局部放电产生的电磁波将在界面处产生反射，不能全部透射到下一层介质中（见图

13-20)。在现实中,电缆半导体材料的μ与绝缘材料的相差非常巨大,而两者的介电常数却相差无几,所以在电缆的绝缘屏蔽处的折返射应重新考虑。

因此,一般测量超高频电磁波选用双臂阿基米德平面旋转天线,作为超高频信号传感器,如图13-21所示。

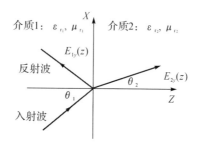

图 13-20　介质界面电磁波的入射、折射和反射

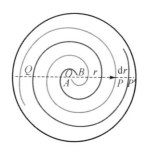

图 13-21　超高频检测天线

根据理论,电磁波在导体中的传播满足方程:

$$\nabla^2 E - j\omega\gamma\mu E + \omega^2\varepsilon\mu E = 0 \qquad (13-18)$$

$$\begin{cases} \alpha = \omega \sqrt{\dfrac{\mu\varepsilon}{2}\left[\sqrt{1+\left(\dfrac{\gamma}{\omega\varepsilon}\right)^2}-1\right]} \\[4mm] \beta = \omega \sqrt{\dfrac{\mu\varepsilon}{2}\left[\sqrt{1+\left(\dfrac{\gamma}{\omega\varepsilon}\right)^2}+1\right]} \\[4mm] \delta = \dfrac{1}{\omega}\sqrt{\dfrac{2}{\mu\varepsilon}}\left[\sqrt{1+\left(\dfrac{\gamma}{\omega\varepsilon}\right)^2}-1\right]^{\frac{1}{2}} \end{cases}$$

式中，γ 为电导率。

对于高频 $(\dfrac{\gamma}{\omega\varepsilon} \ll 1)$，有

$$\begin{cases} \alpha \approx \dfrac{\gamma}{2}\sqrt{\dfrac{\mu}{\varepsilon}}\left(1-\dfrac{\gamma^2}{8\omega^2\varepsilon^2}\right) \\[4mm] \beta \approx \omega\sqrt{\mu\varepsilon}\left(1+\dfrac{\gamma^2}{8\omega^2\varepsilon^2}\right) \\[4mm] v_p \approx \dfrac{1}{\sqrt{\mu\varepsilon}}\left(1-\dfrac{\gamma^2}{8\omega^2\varepsilon^2}\right) \\[4mm] Z \approx \sqrt{\dfrac{\mu}{\varepsilon}\left(1+\mathrm{j}\dfrac{\gamma}{2\omega\varepsilon}\right)} \end{cases}$$

对于低频 $(\dfrac{\gamma}{\omega\varepsilon} \gg 1)$，有

$$\begin{cases} \alpha \approx \sqrt{\dfrac{\omega\mu\gamma}{2}}, \quad \beta \approx \sqrt{\dfrac{\omega\mu\gamma}{2}} \\[4mm] v \approx \sqrt{\dfrac{2\omega}{\mu\gamma}}, \quad Z \approx \sqrt{\dfrac{\omega\mu}{\gamma}} < \dfrac{\pi}{4} \end{cases}$$

电磁波在金属中的入射深度为

$$\delta = \dfrac{1}{\alpha} = \dfrac{1}{\beta} = \sqrt{\dfrac{2}{\omega\mu\gamma_0}} \tag{13-19}$$

同时，根据理论计算，在所有高次模波即 TE 模和 TM 模中，波长最长截止频率最低的为 TE_{11} 波，为

$$f_{0(\mathrm{TE}_{11})} = \frac{c}{\pi(a+b)} \tag{13-20}$$

对于电缆结构边界条件:a 处 $\varphi = U_0$;b 处 $\varphi = 0$。例如,110 kV 横截面 500 mm^2 的 XLPE 绝缘电缆,导体半径 $r = a = 13.5$ mm;绝缘半径 $R = b = 32.5$ mm,则截止频率 $f_{0(\mathrm{TE}_{11})} = 1.046$ GHz。就是说,这样的电缆结构中只有频率低于该频率的横电磁波才能传输,对于选择检测硬件的频带有参考作用。

由图 13-22 和图 13-23 可以看出,入射电磁波在保持一定入射角度($\theta = 0°$)时,T^{TE} 系数随着半导电介电常数的增加而慢慢降低,在超高频段($f = 500$ MHz,$\varepsilon_{r_2} = 30$)由半导电层反射到主绝缘层的能量就达到入射波一半,且随着入射角度的增加,折射系数越来越小,电磁波能够从半导电层透射变得更加微弱,增加了传感器检测 UHF 电磁波的难度。因此,在电力电缆 PD 实际测量中,为了减小半导电层对信号造成的影响,普遍采用的是将超高频传感器贴在电缆半导电层上或直接把它作为传感电极来提高 PD 检测灵敏度。

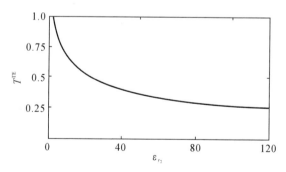

图 13-22　T^{TE} 随半导体层介电常数的变化

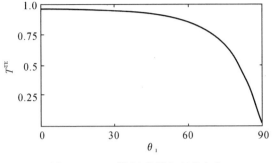

图 13-23　T^{TE} 随入射角度的变化

13.3.5　差分传感器测量线路

这种局部放电测量线路被认为是最好的一种测量线路,它的优势在于利用两个电容电极,接收不同方向传播来的电磁信号,共模差分排除干扰。但是它的前提是认为局部放电信号在两个电极上感应的不同,如果相反,局部放电信号一样会被认为是干扰信号而被差分掉。

从等值电路(见图 13-24)可以看到,差分主要是利用绝缘接头中间的绝缘分割,使两个传感器产生两个电容分压结构,当在两个传感器中间(即接头上)有一个放电信号时,在两个传感器上会形成幅值相等、极性相反的信号。利用设备进行共模差动运算,就能排除干扰。

图 13-24(a) 为差分法局部放电在线检测示意图,图 13-24(b) 为从电缆中间接头位置采集信号的检测等效电路图。图中 C_0 为回路杂散电容;C_3,C_4 为金属护套与金属箔电极间的电容;C_1,C_2 为电缆绝缘的电容;Z_d 为外接检测阻抗,$Z_d \gg Z_{C2} = Z_{C2}$。从图 13-24(b) 可以看出,该等值电路也可以看成两个电容带状传感器形成的电路,它有着和电容带状传感器一样的频率特性,要提高上限频率,必须注意传感器的杂散电感和电缆绝缘半导体层的

电阻,频率越高对它们的影响越大。据日本运行经验表明:差分法配合神经网络识别装置可使整个测量系统对电缆中间接头的检测灵敏度达 $0.2 \sim 4$ pC。

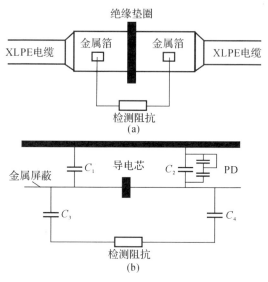

图 13 - 24　电容式差分结构和等值电路
(a)模型结构图;　(b)等值电路

13.4　局部放电的传播特性

由于电缆局部放电产生的陡波脉冲信号前沿到检测传感器之间可能有一段传播路径,信号在电缆中传播时各频率成分的衰减倍数随着频率的增加而迅速增加,且电缆长度越长,输出的 PD 信号幅值越弱,很可能被淹没到背景噪声中,从而导致传感器拾取到的信号无法获取所需要的真实的局放脉冲信号。有必要针对 PD 脉冲在长距离下的衰减谱特性进行分析,检验传感器在测量频段内的 PD 检测距离的有效性。

根据理论(见图 13 - 25 和图 13 - 26),局放脉冲信号在电缆中传输不同距离的幅频衰减特性可用高斯频域数学式近似表达如下:

$$U_0(\omega) = U_i e^{-\zeta(\omega)L}$$

式中,$U_i(\omega) = A e^{-\frac{\omega^2 \sigma^2}{2}}$ 为高斯频域特性;$\zeta(\omega) = \alpha(\omega) + j\beta(\omega)$ 为传播常数,它与电缆的结构和电介质老化程度有关;$\alpha(\omega)$ 为衰减函数,如前述;$\beta(\omega)$ 为相移函数,如前述。对于常规电缆,传播常数 $\zeta(\omega) = j\omega \dfrac{L}{Z_0}$。图 13 - 27 中的 4 种典型局放脉冲函数的 $-3dB$ 点分别为 $a:\omega\tau = 1.019, b:\omega\tau = 0.845, c:\omega\tau = 0.874, d:\omega\tau = 2.018$,其中 c 曲线为高斯函数,这样的高斯函数上限频率只有 70 MHz(见图 13 - 27),可知,这个函数就不能全面描述局部放电的特性。

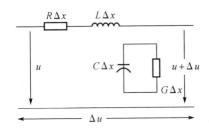

图 13 - 25　局部放电信号在电缆中传输等值电路

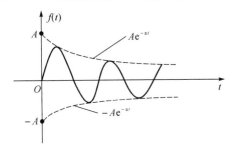

图 13 - 26　实际局部放电信号高斯函数($A e^{-\alpha t}$)

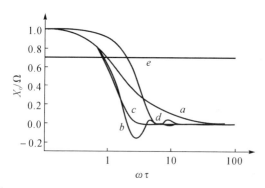

图 13 - 27   四种模拟放电函数归一化幅频特性

将 $U_i(\omega) = A\mathrm{e}^{-\frac{\omega^2\sigma^2}{2}}$ 中的 $\omega\sigma = t$,可以写作 $U_i(t) = A\mathrm{e}^{-\frac{t^2}{2}}$ 或 $\ln U_i(t) = \ln A - \frac{t^2}{2}$,可以得 $t = \sqrt{2(\ln A - \ln U_i)}$,如果假设放电频率不随信号衰减而变化,取第二个放电峰值的 U_i,其峰值为第一峰值的 $\frac{1}{N}$ 倍(见图 13 - 25,$t = 0$,$U_0 = A$;$t_N = t$,$U_N = \frac{1}{N}U_0 = A\mathrm{e}^{-\frac{t^2}{2}}$),这个值是从一个波峰到另一个波峰的变化,表明它是一个波的周期,所以这个值代表了这个缺陷放电所固有的频率。计算得此时的 $f = \frac{\sqrt{2\ln N}}{2\pi\sigma}$,当第二个波峰的峰值为第一个的 $\frac{1}{2}$,$\sigma = 2$ ns 时,$f = 93.69$ MHz,和前述的试验结果基本一致;当第二个波峰的峰值为第一个的 $\frac{1}{2}$,$\sigma = 2\,000$ ns 时,$f = 0.093\,69$ MHz。而局部放电信号在时域的时间长度一般是 $2 \sim 2\,000$ ns,这一计算出的频率范围,说明高斯函数模拟局部放电信号是有缺陷的,不能反映真实的局部放电信号频谱,现实中的局部放电频谱应从数十赫兹到数吉赫兹。

将 YJLW02 - 110 - 1×500 型电缆参数代入传播常数公式计算

电缆传播常数,取高斯脉冲宽度为 2 ns,求解 $F(\omega)$ 式就可以得到不同长度电缆的信号各频率分量的传输特性,如图 13 - 28 所示。

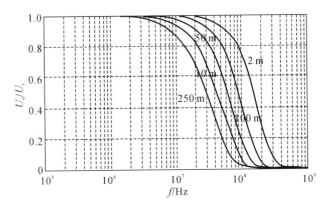

图 13 - 28　PD 在不同电缆长度中的传播特性

由图13-28可以看出,随着电缆长度增加,信号输出幅值严重衰减,若考虑输出与输入信号幅值范围 0.7 ~ 1 作为传感器所检测信号能量集中区域,即把信号衰减 3 dB 为传感器的上限截止频率,对于 250 m 的较长电缆来说,其上限频率仅为 20 MHz,对传感器的要求相对较低。在进行电缆附件 PD 检测时,由于一般电缆附件的长度都在 1 m 左右,传感器选频时完全可以通过适当提高传感器检测频带,如超高频段,来增强信号的抗干扰能力。

13.5　模拟局部放电信号的选择

上述分析了局部放电信号的传输特性,通过高斯函数的分析发现,目前通常使用的高斯函数用来分析局部放电信号不太理想,主要是频率太低,造成的误差较大,给抗干扰等研究局部放电特性带来局限性,如果测量局部放电采用高斯函数为计算基础,必然带来误差,还可能造成错误。为了能够使高斯函数更好地用于分析局部放电信号,必须对高斯函数进行修正,使它满足所有的放电频率。

设想在原频域高斯函数增加参数 A,即 $u(t) = \dfrac{\Delta Q Z_0}{\sigma \sqrt{2\pi}} \mathrm{e}^{-\frac{\Delta\omega^2 \sigma^2}{2}}$,不同的参数 A,可获得如图 13-29 所示的高斯函数分布。在相同假设下,这样的放电频率为 $f = \dfrac{1}{2\pi\sigma} \sqrt{\dfrac{2\ln N}{A}}$,它和局部放电时域时长 σ 和参数 A 有关。例如,当放电波的时域时间长度 $\sigma = 2\,\mathrm{ns}$,$N = 2$,$A = 0.008\,788$ 时,放电频率 $f = 1\,\mathrm{GHz}$ 等,表 13-1 所示为参数 A 和频率的关系。

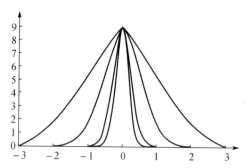

图 13-29 改变参数 A 后得到不同的高斯函数

表 13-1 参数 A 和频率的关系

放电时间常数 /ns	第一峰和第二峰幅值比	模拟放电频率 /MHz	参数 A
2	2	1 000	$8.778\,8 \times 10^{-3}$
2	2	100	$8.778\,8 \times 10^{-1}$
2	2	10	$8.778\,8 \times 10^{1}$
2	2	1	$8.778\,8 \times 10^{3}$
2 000	2	1 000	$8.778\,8 \times 10^{-9}$
2 000	2	100	$8.778\,8 \times 10^{-7}$

续 表

放电时间 常数 /ns	第一峰和 第二峰幅值比	模拟放电 频率 /MHz	参数 A
2 000	2	10	$8.778\ 8 \times 10^{-5}$
2 000	2	1	$8.778\ 8 \times 10^{-3}$
200	2	1 000	$8.778\ 8 \times 10^{-7}$
200	2	100	$8.778\ 8 \times 10^{-5}$
200	2	10	$8.778\ 8 \times 10^{-3}$
200	2	1	$8.778\ 8 \times 10^{-1}$

由图 13-29 和表 13-1 可以看到,这个函数就满足了局部放电信号全部的频率响应。 也可以看出,参数 $A = 8.778\ 8 \times 10^{(3-2n-2m)}$,其中,$n$ 是频率以 MHz 为单位的第一位后面的位数;m 是放电时长以 ns 为单位的第一位后面的位数。上述公式可以写为

$$u(t) = \frac{\Delta Q Z_0}{\sigma \sqrt{2\pi}} e^{-\frac{8.778\ 8 \times 10^{(3-2n-2m)} \omega^2 \sigma^2}{2}} =$$

$$\frac{\Delta Q Z_0}{\sigma \sqrt{2\pi}} \exp\left(-\frac{8.778\ 8 \times 10^{(3-2n-2m)} \omega^2 \sigma^2}{2}\right) \qquad (13-21)$$

放电频率为

$$f = \frac{1}{2\pi\sigma} \sqrt{\frac{2\ln N}{A}} \qquad (13-22)$$

13.6　局部放电的表征参数

局部放电是比较复杂的物理现象,必须通过多种表征参数才能全面地描绘其状态,同时局部放电对绝缘破坏的机理也是很复

杂的,也需要通过不同的参数来评定它对绝缘的损害,目前现场测量局部放电常用的是以下三个基本参数。

(1)视在放电电荷。在绝缘体中发生局部放电时,绝缘体上施加电压的两端出现的脉动电荷称之为视在放电电荷,单位用皮库(pC)表示,通常以稳定出现的最大视在放电电荷作为该试品的放电量。

(2)放电重复率。在测量时间内每秒中出现的放电次数的平均值称为放电重复率,单位为次/秒。放电重复率越高,对绝缘的损害越大。从它的定义可以看出,这个参数有效的前提是所有测量的信号全部是局部放电,实际上这是不存在的。

(3)放电谱图。每次被 AD 卡硬件收集的局部放电的所有峰值最高点,将这些点在一个横座标为电源相位,纵坐标为脉冲幅值的图上形成一次测量放电痕迹所形成的图,目前是用来判定是否为放电的主要工具。这样的图谱只表现波形的最高点,没有考虑波形的合成所产生的结果,对于局放信号大于干扰信号的合成信号是有利的,但是,当用于现场,当干扰信号大于局部放电信号时,可能就是不正确的。

从以上分析可知,这些参数对于判定屏蔽试验室中有无放电已经足够,因为试验室不存在干扰问题或者极少考虑干扰问题,只要在 Ⅰ 和 Ⅲ 象限,按照理论就是放电(见图 13 - 30)。但是,在运行现场,这样的判断就有可能错误,首先所有的外来信号和电缆中的局部放电信号混交在一起,无法分清;其次,外来信号的幅值可能远远高于测量的局部放电信号;再者,外来信号是连续的,放电信号是脉冲信号,时长一般在 2 ～ 2 000 ns 之间;最后,局部放电信号有时和外部来的信号形态完全一样(见图 13 - 31),从谱图上无法分清哪一点是局部放电,哪一点是干扰,全靠测量人员的技术素质和基本原理判断是否有局部放电,易造成人为因素影响最终结果。

根据这些问题,如果继续采用常规的滤波方法和开窗方法不可能将干扰信号从放电信号中取出,也有可能在删除抗干扰的同时将有效局部放电信号一起删除。所以,必须研究如何从具有干扰信号的信号中提取局部放电信号,定性和定量识别它将是今后研究局部放电的必由之路。

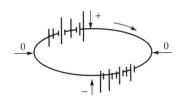

图 13 - 30　　试验室用局部放电测量图形

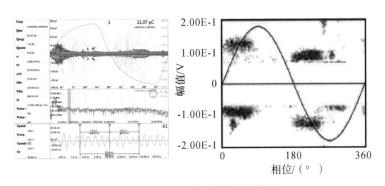

图 13 - 31　　局部放电测量谱图

13.6.1　信号的分拣

目前,大数据理论深入人心,通过大数据分析可以完全了解局部放电的本质。传统局部放电测量设备出现的谱图图像,如图 13 - 32 所示左侧谱图。

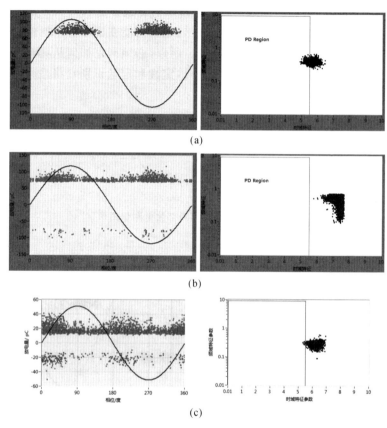

图 13-32 没有放电只有干扰的图谱

从上述几个典型的左侧图谱看,如果只用传统的技术和原理,无法说出有无局部放电。特别是第一幅,很像电晕放电,但实际是远处导线上的电晕,而非电缆附件上的电晕,所以易造成人为误判。

目前比较有效的分类方法主要是神经网络在大数据领域的应用。分析的步骤如下:首先根据试验结果,搞清楚局部放电信号有些什么特性,例如,幅值变化的高斯函数外观、放电脉冲状态、峰值之间的比、放电位置是否固定、多缺陷放电时间是否统一和放电的能流密度等因素,这些因素都是神经网络对比元素;其次是各个元素在局部放电中的权重划分。完成上述工作,就可以进行神经网络的数据区分,如图 13-33 和图 13-34 所示。

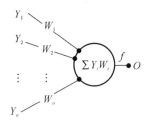

图 13-33　神经网络运算结构图

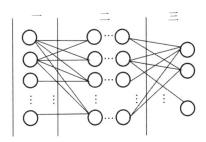

图 13-34　神经网络选分数据特性

如图 13-33 所示,神经元传过来的刺激量 y_n,以及它们的权重 W_n,其中每一个权重内又包含自然属性的权重和人为属性的权重,X 是神经元本身的阀值,输出有 $y = f(x_j) = f(\sum y_j W_j - X) = \begin{cases} 1, x_j > 0 \\ 0, x_j < 0 \end{cases}$,1 标明相似的一族,0 标明不相似的一族。由于不是一个个数据,而是一族数据,所以会出现在某一个特定区域中的数据都

相似。由此,可以得出一个区域(x_0,y_0)的限制范围,如图13-35所示,就是说,进入这个区域的信号才具有局部放电特性,但是它也不完全是真实的局部放电,只包含有局部放电概率较大的信号,这个区域就叫作放电置信区域。

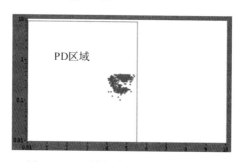

图13-35　局部放电置信区域的建立

13.6.2　局部放电信号可信度的建立

众所周知,所有的数据满足正态分布$f=\dfrac{1}{\sigma\sqrt{2\pi}}\exp\left(\dfrac{(x-\mu)^2}{2\sigma^2}\right)$。首先准备一批电缆,其中一部分经过测量为没有局部放电样品;另外一部分制作人工缺陷,对这批次电缆进行局部放电测量,得出有局部放电和无局部放电的概率,分别对其进行归一划计算,得到两个正态分布,再按照拟合概率公式:

$$\begin{cases}\varphi=0.5\left(1+\left|\dfrac{F_2(x)\mid_{\mu_0}^{\mu}-F_1(x)\mid_{\mu_0}^{\mu}}{F_2(x)\mid_{\mu_0}^{1}-F_1(x)\mid_{\mu_0}^{1}}\right|\right),\quad \mu_0<x\leqslant1\\\varphi=0.5\left(1-\left|\dfrac{F_1(x)\mid_{\mu}^{\mu_0}-F_2(x)\mid_{\mu}^{\mu_0}}{F_1(x)\mid_{0}^{\mu_0}-F_2(x)\mid_{0}^{\mu_0}}\right|\right),\quad 0\leqslant x\leqslant\mu_0\end{cases}$$

(13-23)

将所有的数值画在一个坐标轴上,可得到如图13-36所示的放电可信度分布。

　　从图 13 - 36 中可以看到,凡是数据落在右侧的电缆样品均认为局部放电的概率较大,即概率超过 50% 认为有局放;同理,落在左侧的数据被认为局部放电的概率较小,即概率低于 50% 认为没有局部放电。但是,看图 13 - 36 中间的位置有一段正态分布曲线重叠,这表明试验中这一部分样品的局部放电区分是有疑问的,即 $50 \pm 5\%$ 区域属于误差范围。将所有测量数据的概率按照上述公式画在同一坐标下,得到拟合曲线(中间水平,两端弯曲的曲线),该曲线大于 50% 为有放电,小于 50% 为无放电,在曲线的 50% 部分出现了一段水平直线部分,说明这一段概率既不能说放电,也不能说不放电,这就是误差,只有试验数据越多,中间的水平部分才能越少,误差范围就越小。

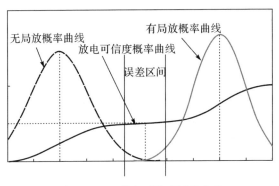

图 13 - 36　　放电可信度试验曲线

13.6.3　放电周期概率的建立

　　在前面说过,目前已经知道的参数有放电重复率,它是指一个缺陷在一个周期的放电次数,实际上,电缆中的缺陷有无数个,可能在一个周期中同时放电,为了描述这个参数,我们引入放电周期概率,将所有的缺陷放电都纳入其中,采用统计学原理,确定总放电量信号占全部测量信号的比重。

根据统计学中的集合理论,对于已测量的 n 个脉冲信号,用 m 个参数进行评价,表 13-2 所示为信号评价矩阵。假设信号中含有评价参数对应特性为 1,无为 0。得到一个 $[A_{ij}]$ 矩阵,其中 a_{ij} 表示第 i 个被评价信号在第 j 个评价指标上的取值,a_{ij} 归一化处理后得

$$[X_{ij}], \quad x_{ij} = \frac{a_{ij}}{\sqrt{\sum_{i=1}^{n} a_{ij}^2}} \tag{13-24}$$

即第 i 个被评价信号在第 j 个评价指标上的取值($0 \leqslant x_{ij} \leqslant 1$)。

根据聚类分析原理进行排序和分档,将最接近局部放电性能的信号数量区分出来。根据公式:

$$RSR_j = \sum_{j=1}^{m} \frac{R_y}{m \times n} \tag{13-25}$$

式中,$j = 1, 2, 3, \cdots, m$,R_y 为矩阵 $[X_{ij}]$ 第 i 行第 j 列测量数值的秩,最小 $RSR = \frac{1}{n}$,最大 $RSR = 1$。考虑信号的权重,可以得到秩和比为

$$WRSR_j = \sum_{j=1}^{m} \frac{W_j R_y}{n} \tag{13-26}$$

式中,W_j 是第 j 信号下的权重,归一化 $\dfrac{W_j}{\sqrt{\sum_{j=1}^{m} W_j^2}}$,通过秩和比值的大小,就可以对性能最接近的信号进行综合排序。

将已经算出的秩和比按照大小排成一列,值相同的为一组,编制秩和比频率分布表,列出各组频数 f,计算各组累计频数 $\sum f$;确定各个秩和比的秩次范围 R 和平均秩次 $\overline{R}$;计算累计频率 $p = AR/n$,将此值转换为概率单位,概率单位为百分率 p 对应的标准

正态离差$(u = x - \dfrac{\mu}{\sigma})$再加上 5;根据百分位数 p 查表,即可得到最佳的分档数量,考虑到权重和参数设定,一般和放电特性相关的数会分在一档;从分档得出有 k 个数据信号是局部放电产生的数据。为了计算放电周期概率。首先将测量的数据进行归一化处理,即

$$[R_i], \quad R_i = \frac{r_i}{\sqrt{\sum\limits_{i=1}^{n} r_i^2}} \tag{13-27}$$

即由 k_i 个这样的数据产生局部放电的周期放电概率就是

$$\eta_i = \left(\sum_{i=h}^{k+h} R_i\right) \times 100\% \tag{13-28}$$

如果测量 M 个周期,获得 $N = \sum\limits_{i=1}^{M} n_i$ 的信号,其中被分成具有局部放电特性的信号有 $K = \sum\limits_{i=1}^{M} k_i$ 个,则局部放电在整个测试周期的周期放电概率就是

$$R'_i = \frac{r_i}{\sqrt{\sum\limits_{i=1}^{N} r_i^2}} \tag{13-29}$$

周期放电概率为

$$\eta = \left(\sum_{i=1}^{K} R'_i\right) \tag{13-30}$$

这个公式的意义在于,周期概率就是每个周期所能测量到 n_i 个脉冲信号,测量一次获得 M 个周期的放电信号总数 N 个,经过聚类分析中 m 个参数评价和归一得到放电信号在 M 周期中所占的比例是 η。

检验所得到的 k 信号是否有误差,即可能错误地将干扰信号算作局放信号的检验,需要对上述计算的 RSR 进行回归分析和进

行 F 对比检验。

回归方程为 $\qquad\qquad y = a + bx \qquad\qquad (13-31)$

式中，$a = \dfrac{\left(\sum\limits_{i=1}^{n} y_i\right)}{n} - \dfrac{b\left(\sum\limits_{j=1}^{m} x_{ij}\right)}{n}$，$b = \dfrac{n\sum\limits_{i=1,j=1}^{n,m} xy - \sum\limits_{j=1}^{m} x_j \sum\limits_{i=1}^{n} y_i}{n\sum\limits_{j=1}^{m} x_j^2 - \left(\sum\limits_{j=1}^{m} x_j\right)^2}$

表 13 - 2　所测实际值对应的 n 种类型信号和 m 种参数评价矩阵

信号实测值		参数一	参数二	...	参数 m
信号一	r_1	a_{11}	a_{12}	...	a_{1m}
信号二	r_2	a_{21}	a_{22}	...	a_{2m}
...	...	...	...	...	...
信号 n	r_n	a_{n1}	a_{n2}	...	a_{nm}

13.7　新旧评价局部放电方法的区别及实例

13.7.1　新旧评价方法的区别

从上述对于局部放电多方面的分析，可以看到有几个新的参数出现，多维度更细致地评价一个信号是否是局部放电，减少了人为经验所造成的干扰和理论缺陷所产生的误差。局部放电新的参数结构如图 13 - 37 所示。

由于置信区间、放电可信度、周期放电概率是通过大数统计而来，不受人为因素影响，相互独立，对于判定和区分信号更加准确，因此，对于今后局部放电测量的准确性有巨大影响。

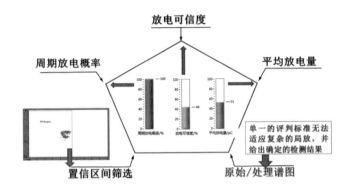

图 13 - 37　局部放电新的参数

13.7.2　新方法测量实例

实例一：某电力用户的 110 kV 户外终端在运行中使用新方法测量局部放电，获得数据如图 13 - 38 所示。

从图 13 - 38 看，如果按照传统方法，只能得到谱图和放电量两个参数，特别是谱图中杂乱无章的信号，很难判别有无放电。使用新方法后，只要首先看置信区域，发现有数据进入框中，表明有可能有放电信号；再看放电可信度超过 50%，有放电的可能进一步加大；再看周期放电概率达到 100%，说明是一个连续的放电；再看放电量已经达到 4 376 pC。如果还有疑问，再看一下时域和频域，信号满足高斯函数特征，这时就能确定有放电。解剖发现在终端应力锥表面有较多的爬电痕迹，电缆绝缘半导体口和应力锥搭接的部位有放电痕迹，如图 13 - 39 所示。

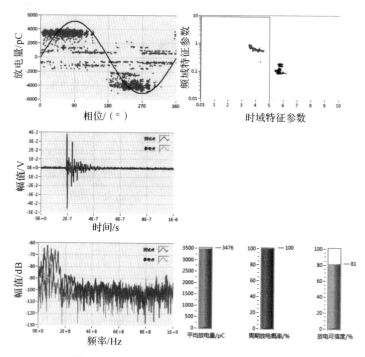

图 13-38　户外终端运行中测量局放实例一

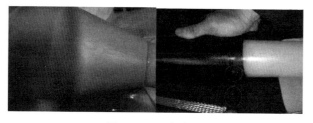

图 13-39　解剖图

实例二:某供电部门对其所运行的 220 kV 电缆线路进行局部放电测量运检分析,前后使用传统局部放电测量和新型局部放电测量两种方法,如图 13-40 所示为传统局部放电测量结果;图

13-41 所示为新型局部放电测量结果。

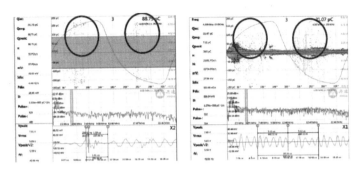

图 13-40　传统局部放电测量结果

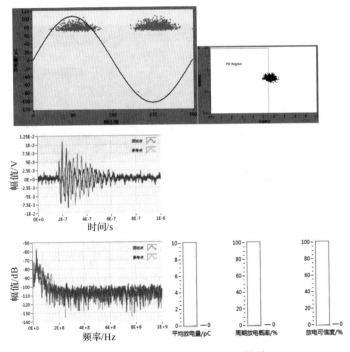

图 13-41　新型局部放电测量结果

　　从两次测量同一个中间接头的结果看,传统方法只得到一个谱图,再有就是时域信号,只能根据基本原理在Ⅰ和Ⅲ象限有信号就是有放电的推论,再加上人为经验,得出结果有疑似放电。但是,用新型局部放电方法测得的结果(见图13-41),从几个方面反映出所测得数据不反应局部放电的特征,因此,数据在框中也显示颜色为黑色,可信度和周期概率均为零,同时,发现与环境信号比较,有一个和测量信号几乎相似的信号,这个信号是从环境传感器接收的信号,不来源于电缆,一定是干扰,综合判断,这些信号内没有局部放电信号。由于不是放电,计算机不再将信号的幅值作为局部放电量计算,也就不出现局部放电量大小。实际解剖如图13-42所示,确实没有发现接头内部有放电痕迹。

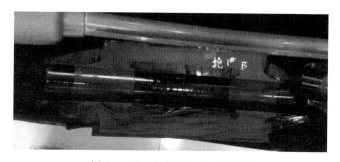

图13-42　解剖接头内表面情况

　　实例三:用户现场遇见的手机信号干扰,如图13-43所示。

　　根据谱图13-43(a),如果按照传统局部放电测量,很可能这样的信号被看成有局部放电,但是在新型局部放电测量中,神经元网络计算可以将其排除在置信区域外,因而不是局部放电,图13-43(b)中两个图是信号的时域和频域,可以很好地证明这一点。

　　实例四:对于谱图上看不清的放电,传统的方法只能用人工经验进行判断,极易出现错判;新方法可以通过取出不可信的信号,再次将可信的信号标在谱图上的方法来抗干扰。而传统方法只有采用滤波形式抗干扰,这种方法是将放电信号和干扰一起滤掉,没有根本解决问题。如图 13-44 所示为现场干扰的去除过程。

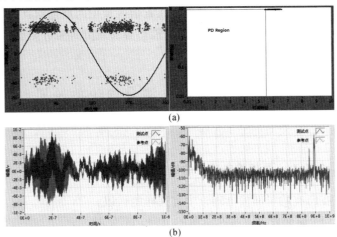

(a)

(b)

图 13-43　现场手机信号干扰

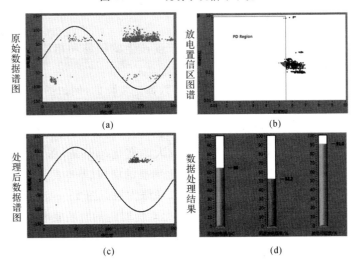

(a)　　　　　　　　　　(b)

(c)　　　　　　　　　　(d)

图 13-44　新方法去除干扰过程

　　从图 13-44 看到,首先,现场测量得到图 13-44(a),从原谱图很难看出哪些是局部放电,哪些是干扰。用新方法经过神经网络计算,划出置信区域,再将剩下的在置信区域中的点重新放回到谱图中,就得到图 13-44(c),这时就能很容易地分辨是否是放电,以及是什么性质的放电。

13.8　现场局部放电测量理论的缺陷和发展方向

13.8.1　局部放电理论的缺陷

　　在已有的局部放电理论中有这样的认识:

　　(1)局部放电发生在谱图的 Ⅰ 和 Ⅲ 象限。

　　(2)局部放电量随着电压的升高或耐压时间的延长而升高。

　　(3)传统的局部放电测量是在试验室条件下发展起来的,只能凭人的经验来区分干扰。

　　(4)不考虑局部放电随电缆长度产生的频移和相位移动,只考虑衰减。

　　在现场试验中发现,上面的参数都是变化的,例如图 13-45 所示的试验结果,该试验是在一个 35 kV 电缆上进行插金属针缺陷恒压老化试验。按照传统的概念,随着时间延长,局部放电量随时间增加,放电的谱图应该不会有较大的变化。但是,在试验中发现,随着时间延长,放电量没有产生明显的增加(基本都在 150 pC左右),谱图中放电点在向 Ⅱ 和 Ⅳ 象限发展。图 13-45(d)是击穿前几秒钟的谱图,图 13-45(d)是对应时间的时域放电信号。

　　出现这一现象的原因在于,原有的理论没有考虑电缆中的缺陷随着放电的发展,起始放电电压在逐渐下降,当起始放电电压下降到即使在 Ⅱ 和 Ⅳ 象限,外施电压的幅值也远远超过缺陷的起

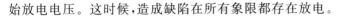

始放电电压。这时候,造成缺陷在所有象限都存在放电。

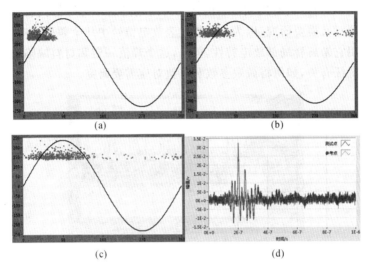

(a)

(b)

(c)

(d)

图 13 - 45　试验不同时间,直至击穿瞬间谱图变化

13.8.2　放电频域信号的认识

从前面的研究已经得知,局部放电判断的手段,从过去只有两个参数(谱图、放电量)到五个参数(谱图、放电量、置信区域、放电可信度、放电周期概率)判断局部放电,其中也大量用到大数据统计学;但是在研究这些参数时发现,局部放电信号经过 FFT(傅里叶变换)分析,可以确定每一次局部放电有一些什么频率的特性,但是对它的统计没有进行。将每一次测量的所有信号,逐一进行FFT 变换,然后将这些频谱图放在一张谱图下,发现有一些特别的性能展示出来,如图 13 - 46 所示为一次测量所得的频谱图叠加后的频谱图。

在图谱中,蓝色脉冲线(图中浅色的部分)是叠加后所得的概率的曲线,在谱图中发现,在幅值并不高(图中深色部分)的位置,确有较大的概率,说明虽然这个频段的脉冲幅值较小,但是几乎每个周期都有,具有周期概率的意义。问题是这样的峰值代表什么物理意义需要研究,因为它只能代表放电信号中几个频率响应,不能用它来解释局部放电特性,但是,这个峰值一定和材料缺陷的某些特征有关,如何将微观参数和峰值对应需要研究。

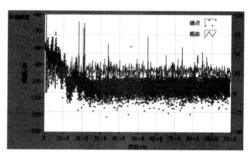

图 13-46   100 周期测量时间 FFT 图谱叠加结果

13.8.3   放电脉冲信号幅值衰减和缺陷的关系

前面 13.4 节中已经通过研究高斯函数,得到放电频率应该为式(13-22)。这个频率是在放电波形中第一个脉冲幅值是第二个脉冲幅值 2 倍的基础上得来的,如果 N 值大于 2 的值,频率要高得多。

假设一个缺陷为圆柱状,内部均匀充满介质 ε_1,极板面积和极间距离始终不变,当内部开始放电,内部的介质分解成导电和绝缘介质的混合物,如果设导电体的介电常数 ε_2,根据电介质物理理论,其混合介电常数 ε 为

$$\varepsilon^K = \alpha\varepsilon_2^K + (1-\alpha)\varepsilon_1^K$$

式中,K 为与分布有关的系数;α 为混合进去导电体的浓度。根据已知:$\begin{cases} t=0, \alpha=0 \\ t\to\infty, \alpha=1 \end{cases}$,设 $\alpha = A(1-e^{-\frac{t}{\tau}})$,由已知 $A=1$,所以有

$$\varepsilon^K = \alpha\varepsilon_2^K + (1-\alpha)\varepsilon_1^K = \varepsilon_2^K\left\{1 - \left[1 - \left(\frac{\varepsilon_1}{\varepsilon_2}\right)^K\right]e^{-\frac{t}{\tau}}\right\}$$

如果缺陷极板上每次放电电荷不发生变化,第一个峰值 U_1 和第二个峰值 U_2 就有如下关系:

$$\frac{U_1}{U_2} = \frac{C_2}{C_1} = \frac{\varepsilon}{\varepsilon_1} = \frac{\varepsilon_2}{\varepsilon_1}\sqrt[K]{1 - \left[1 - \left(\frac{\varepsilon_1}{\varepsilon_2}\right)^K\right]e^{-\frac{t}{\tau}}}$$

根据前述对 $\dfrac{U_1}{U_2}$ 的定义,则有

$$N = \frac{U_1}{U_2} = \frac{\varepsilon_2}{\varepsilon_1}\sqrt[K]{1 - \left[1 - \left(\frac{\varepsilon_1}{\varepsilon_2}\right)^K\right]e^{-\frac{t}{\tau}}} \qquad (13-32)$$

这说明,随着缺陷的放电,缺陷中的介质再进一步向半导电的方向变化,例如,当 $N=50$ 时,ε_2 至少在 100 以上,普通的交联聚乙烯材料的介电常数不可能超过 3,它的转变说明材料已经分解为碳和其他物质,碳颗粒的存在就像在缺陷中形成了无数个电容器,从宏观来看就是整个缺陷形成的等值电容器变大,由于实际缺陷没有增加,相当于它的介电常数增大,这和《电解质物理》中关于复合介质所得的结论一致。说明这时缺陷中电阻随着电压作用时间在减少。而在半导体材料中介电常数和电阻率的对应关系是需要进行研究的,它们如何对应,是局部放电领域的关键。

对于参数 K,当为并联介质时,$K=1$;当为串联介质时,$K=-1$。而此时,放电使缺陷中的半导电体和绝缘介质组成的混合介质既不能算作串联,也不能算作并联,而是介于中间的状态。因此,K 值趋于零。所以有 $N = \dfrac{U_1}{U_2} \approx \dfrac{\varepsilon_2}{\varepsilon_1}$,说明缺陷内部介质分解越严重,也就是产生的半导电体越多,放电波形衰减越快。

13.8.4　局部放电的定位

1. 定位遇到的基本问题

局部放电定位目前也是一个艰巨的工作,放电信号在电缆中

传输,前面已经分析了它的传输特性,它的传输速度公认为 $v=172$ m/μs 左右,如果要分辨出电缆中间接头中的放电位置,精度必须达到厘米级别,设备测量的最小时间应在 100 ps 之内,即设备的扫描频率要达到 $5\sim 10$ GHz。如果要达到分辨 1 m 精度,设备的最高扫描频率必须达到 $1\sim 5$ GHz。

其次,电缆半导电层电阻随频率发生变化(13.3.2 节中对电缆半导电层研究结果)已经做了研究,从图 13-47 可以看到,不同频率的波形在电缆中运行可以发生很大的变化。例如,曲线下降 10% 的距离分别是:5 ns 的距离 360 m;10 ns 为 490 m;15 ns 为 1 050 m。从中可以看到,频率越低,传输得越远。

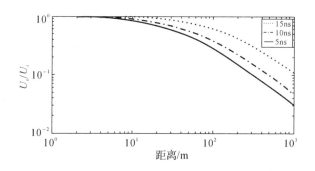

图 13-47　不同上升时间的正常高斯函数波形

如果考虑到半导电层的作用,局部放电传输的距离远远低于没有考虑半导电层时的传输距离,如图 13-48 所示考虑半导电层后正常高斯函数 10% 的距离变化。实例如下:相同电缆,在不同情况下的距离为,考虑半导电层的传输距离是没有考虑半导电层传输距离近 1/10。所以,局部放电定位要对电缆半导电层做深入研究,并纳入计算软件中,否则,可能造成巨大误差。

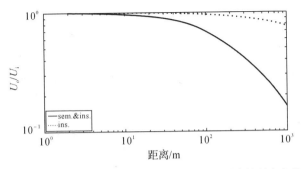

图 13-48　考虑半导电层后正常高斯函数 10% 的距离变化

2. 局部放电粗定位

局部放电粗定位是通过设备硬件完成的。当设备有两个传感器,以相同的间隔距离,同时放在电缆可能有局部放电的部位两边。各测量一次,如果局部放电信号是该处电缆接头产生时,会发现两次测量所显示的时域信号波形有明显的时差,且方向相反(见图 13-49 和图 13-50)。由于设备硬件参数,两个传感器不可能放得很近,如果两个传感器放置距离为 1 m,设备分辨能力要超过 $\dfrac{1(\mathrm{m})}{172(\mathrm{m/\mu s})} = 5.8$ ns,设备测量频率应为 172 MHz,根据常规知识,要人能够分辨,设备测量频率至少要超过 800 MHz;如果两个传感器之间距离 0.1 m,设备测量频率应超过 1.73 GHz,测量人员能够分辨设备硬件测量频率要超过 8 GHz,这就是目前工作频率在几兆到几百兆的设备无法精确分辨局部放电的原因。反之,如果信号都从一个方向而来,证明接头没有放电,信号为干扰信号。

3. 局部放电精定位

按照正常电磁波在电缆中的传输,如果从仪器测量的传输时间为 t,则传输距离为

$$x = \frac{t}{2}\upsilon \qquad (13-33)$$

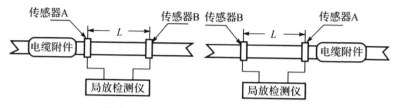

图 13-49　两次测量传感器放置位置

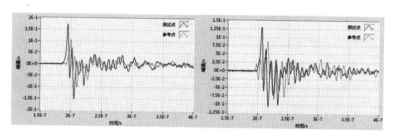

图 13-50　两次测量局放时与信号的时差(浅色和深色)

但是,这样的方法只适用于停电状态下,才能获得传输时间。而在运行状态下,不知道何时发生局部放电,只能通过信号在电缆中传输衰减特性分析。电缆某一处放电向电缆的两端传输,假设测量放在最靠近的一端,则传向远端的信号到达测量端的时间为 $t = \frac{2l-x}{\upsilon}$,其中,$l$ 是电缆测量长度;传向近端的信号所需时间为 $t' = \frac{x}{\upsilon}$,根据假设,测量端距离放电点很近,t' 和 x 可以忽略不计,放电的衰减也可以忽略,而从远端传回的信号时间可以估算为 1 km 电缆需要 11.2 μs;10 km 电缆需要 112 μs。也就是说,在一般电缆长度上,反射回来所需时间均在 1 ms 之内,不会有象限的变化。假设测量是从 t_0 时间开始,可得到下列方程:

$$\left.\begin{array}{l} t' - t_0 = \dfrac{x}{\upsilon} \\[2mm] t - t_0 = \dfrac{2l - x}{\upsilon} \end{array}\right\} \qquad (13-34)$$

解方程得 $x = l - \dfrac{\upsilon}{2}(t - t')$，即为距测量点的距离。但在实际测量时，每次试验放电成千上万次，不可能一次一次计算，而且测量和显示也有误差，应用软件自动搜索，将满足在已知"测量长度"（测量长度就是，首先在电缆测量点给一个能量较大的低压脉冲信号，通过感应进入电缆绝缘，传输后接收所对应的时间计算出的长度）内的成对信号分拣出来。原则为：首先在传感器向电缆注入一个信号，测量经过全长反射回来的信号，将所测时间和已知大概电缆线路长度换算需要的时间进行比较，用这两个信号幅值为标准，将在此时间范围内的所有信号，按照这个标准一一选择出来，利用上述公式分别算出距离，统计加权得出一个距离，这个距离就是局部放电所在位置。这种选择可能出现两个信号不是同一次放电产生的信号波，但只要时间限定在电缆总长度所需传输时间范围内，配对误差不会影响结果。

第 14 章　电缆故障的检测

14.1　电缆故障性质的确定

电缆发生故障后,除特殊情况(如电缆终端头的爆炸事故,当时发生的外力破坏事故等)可直接观察到故障点外,一般均无法通过巡视发现,必须采用测试电缆故障的仪器进行测量来确定电缆故障点的位置。由于电缆的故障类型很多,测寻方法也随故障性质的不同而异,因此,在故障测寻工作开始之前,准确地确定电缆故障的性质,具有非常重要的意义。若故障的性质判断错误,就无法采用正确的测量方法,也就无法测寻出故障点的位置。

电缆故障若按故障发生的直接原因可以分为两大类:一类为试验击穿故障;另一类为在运行中发生的故障。若按故障性质来分,又可分为接地故障、短路故障、断线故障和闪络性故障等。本节分别叙述电缆故障性质的分类和确定的方法。

14.1.1　电缆故障性质的分类

电缆故障的种类很多,有单一接地故障、短路或断线故障,也有混合性的接地故障和断线又接地或短路的故障;各种故障按其阻值的高低又可分为高阻和低阻故障。因此分类的方法也就很不一致,原则上可分为 5 种类型。

(1)接地故障。电缆一芯或数芯对地故障,其中又可分为低阻接地或高阻接地。一般接地电阻在 $20\sim100\ \Omega$ 以下者为低阻故障,以上者为高阻故障。因使用的电桥和检流计的灵敏度不同,对低阻与高阻的划分也往往不一致。原则上接地电阻较低,能直接用低压电桥进行测量的故障,称为低阻故障。需要进行烧穿或用高压电桥进行测量的故障,称为高阻故障。

(2)短路故障。电缆两芯或三芯短路,或两芯、三芯短路且接地。也可分为低阻短路或高阻短路故障,其划分原则与接地故障相同。

(3)断线故障。电缆一芯或数芯被故障电流烧断或受机械外力拉断,形成完全断线或不完全断线,其故障点对地的电阻也可分为高阻或低阻故障,一般以 1 MΩ 为分界线,小于 1 MΩ 为低阻。能较准确地测出电缆的电容,用电容量的大小来判断故障点可称为高阻断线故障。

(4)闪络性故障。这类故障绝大多数在预防性试验中发生,并多出现在电缆中间接头或终端头。试验时绝缘被击穿,形成间隙性放电,即当所加电压达到某一定值时,发生击穿,当电压降至某一值时,绝缘恢复而不发生击穿。有时在特殊条件下,绝缘击穿后又恢复正常,即使提高试验电压,也不再击穿,这种故障称为封闭性故障,以上两种现象均属闪络性故障。

(5)混合性故障。同时具有上述两种或两种以上性质的故障称为混合性故障。

14.1.2　试验击穿故障性质的确定

在试验过程中发生击穿的故障,其性质比较单纯,一般为一相接地,很少有三相同时在试验中接地或短路的情况,更不可能发生断线故障。其另一个特点是故障电阻均比较高,一般不能直接用摇表测出,而须要借助直流耐压试验设备进行测试,其方法如下:

(1)在试验中发生击穿时,对于 XLPE 绝缘电缆均为一相接地。

(2)在试验中,当电压升至某一定值时,电缆发生闪络,电压降低后,电缆绝缘恢复,这种故障即为闪络性故障。

14.1.3　运行故障性质的确定

　　运行电缆故障的性质比试验击穿故障的性质复杂,除发生接地或短路故障外,还有断线故障,因此在测寻时,还应作电缆导体连续性的检查,以确定是否发生断线故障。

　　确定电缆故障的性质,一般应用 1 000 V 或 2 500 V 摇表或万用表进行测量并做好记录。

　　(1)首先在任意一端用摇表测量 A→地、B→地、C→地的绝缘电阻值,测量时另外两相不接地,以判断是否为接地故障。

　　(2)如电阻很低,则应用万用表测量各相对地的绝缘电阻和各相间的电阻。

　　(3)因为运行故障有发生断线故障的可能,所以还应作电缆导体连续性是否完好的检查:在一端将 A,B,C 三相短路(不接地),在另一端用万用表测量各相间是否完全通路,相间电阻是否完全一致。例如,发现 A—B 及 B—C 相间不通,而 A—C 通路,则为 B 相断线;当发现三相都不通时,则有可能发生两相断线或三相断线,必要时可利用接地极作回路以检查是否三相均断线。当用万用表检查发现三相之间的电阻不一致时,应用电桥测量各相间电阻,检查有无低阻断线故障。

　　(4)XLPE 绝缘电缆一般均为单相接地故障,应分别测量每相对地的绝缘故障电阻。当发生两相短路故障时,一般可按照两个接地故障考虑。在实际运行中也常发生在不同的两点同时发生接地的"相间"短路故障。

14.2　测试方法分类

　　电缆故障的测试方法有很多,测试时所采用的方法也因故障

性质的不同而异。但总的来说可分为粗测和定点两大类。电缆绝
缘故障测试方法是：电桥法、低压脉冲反射法和高压脉冲闪络法。
电缆绝缘护套故障测量方法有：电桥法、低压脉冲法和压降法，对
高压电缆的绝缘护套也可用高压脉冲法。

14.2.1　粗测

电缆发生故障后，在电缆的一端或两端用仪器进行测试，测出
故障点距测试端的大概范围，这个过程叫作电缆故障的粗测。粗
测只能测出故障点的大概范围，不能指出具体地点。

目前粗测常用的方法有以下几种。

(1)电桥法。可采用 QG-23(850 型)电桥或 QFI-A 型电缆
探伤仪进行测量。也可用电阻丝和灵敏度较高的检流计组成的高
压滑线电桥进行测量。

电桥法可以测量一相接地或两相短路故障，或通过临时辅助
线测量三相短路或接地故障，但不能测量断线故障。高阻断线故
障可利用电容与电缆长度成正比的特点，用 QEI-A 型电桥测量
电容的方法来测量故障点。

(2)低压脉冲法。采用 UG-1 型电缆故障摇测仪和 DGC-2
型电缆故障测试仪进行测量。

采用低压脉冲法能测量故障电阻约在 $100\ \Omega$ 以下的一相或多
相的接地和短路故障，以及各种类型的断线故障。

(3)闪络法。采用 DGC-2 型电缆故障测试仪进行测量。

这种测试仪器除能用低压脉冲测量低阻接地、短路故障和断
线故障外，还能利用电缆故障点放电时产生的突跳电压波形，对闪
络性故障或高阻故障进行测量。

14.2.2　定点

电缆经过粗测后，只知道故障点距测试端有多少米，而无法知

道故障点的具体位置。电缆一般直接埋设在地下,由于地面所测的路径与地下电缆的路径很难一致,难免有误差,无法正确地指出具体地点,故要通过另一种称为"定点"的测试方法来确定故障点的具体位置。

目前定点常用的方法有以下两种。

(1)声测法。声测法是用高压直流试验设备向电容器充电,再通过球间隙向故障线芯放电,利用故障点放电时产生的机械振动听测电缆故障点的具体位置。

用此法可以测接地、短路、断线和闪络性故障,但对于金属性接地或短路故障,很难用此法进行定点。

(2)感应法。感应法是给电缆芯通以音频电流,当音频电流通过故障点时,电流和磁场将发生变化,利用接收装置及音频信号放大设备听测或观察信号的变化,来确定故障点的具体位置。

这种方法,一般只适用于听测低阻相间短路故障,有时在特殊情况下能听测低阻的接地或断线故障。感应法可用于听测电缆埋设位置、深度及接头盒位置,有助于准确地找出电缆故障。

14.3 用直流单臂电桥测量电缆故障

用直流单臂电桥(简称"单桥")测量电缆故障是测试方法中最早的一种,目前已经很少应用了。但在较短电缆的故障测试中,其准确度仍是最高的。准确度除与仪器精度等级有关外,还与测量的方法和原始数据正确与否有很大的关系,应加以重视。

14.3.1 直流单桥的工作原理及电阻的测量

(1)工作原理。直流单桥又称惠斯登电桥,其原理接线如图 14-1 所示,图中 R_1,R_2,R_3 和 $R_4(R_x)$ 为电桥的 4 个臂,其中 $R_4(R_x)$ 为被测电阻。在电桥的对角 ab 上接直流电源,在另一对

角线 cd 上接检流计。

当电桥工作时,电阻 R_1,R_2,R_3 和 R_4 中将分别有电流 I_1,I_2,
I_3 和 I_4 通过,检流计 G 中将有 I_0 通过,但其电流方向则随 c 和 d 两
点的电位而定。当调节电桥的一个臂或几个臂的电阻,使检流计
中的电流 $I_0=0$ 时,c 和 d 两点的电位相等,也就是电桥达到平衡。
由图 14 - 1 可知:

$$U_{ac}=U_{ad}, \quad U_{cb}=U_{db}$$

$$I_1R_1=I_2R_2 \tag{14-1}$$

$$I_3R_3=I_4R_4 \tag{14-2}$$

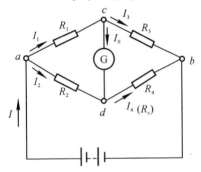

图 14 - 1　直流单桥原理接线图

由式(14 - 1)/ 式(14 - 2),得

$$I_1R_1/I_3R_3=I_2R_2/I_4R_4 \tag{14-3}$$

当电桥平衡时,有

$$I_0=0$$

则

$$I_1=I_3 \tag{14-4}$$

$$I_2=I_4 \tag{14-5}$$

将式(14 - 4) 和(14 - 5) 代入式(14 - 3),得

$$R_1/R_3=R_2/R_4$$

$$R_4=R_3R_2/R_1 \tag{14-6}$$

在图 14-1 中,R_4 是待测电阻 R_x,则有

$$R_x = R_3 R_2 / R_1 \qquad (14-7)$$

式(14-7)只有在电桥平衡的先决条件下才能成立。根据这个关系式,有三个臂的电阻已知的情况下就可以计算出被测电阻的阻值。若测量时电桥没有完全平衡(即使检流计中只有微量的电流流过),式(14-7)的关系就不能成立,计算的结果也就不准确了。

(2)估计被测电阻的大小,选择适当的比率臂及初步调节测定臂电阻。选择电桥的比率臂应使测定臂可调电阻的各挡得到充分利用,以提高读数的精确度。如被测电阻为数十欧姆时,则应选择 0.01 的比率臂,这样当电桥平衡时,可调电阻 R_3 可读至四位。例如,当电桥平衡时,测定臂的读数为 4 109,则从式(14-7)可知

$$R_x = R_3 R_2 / R_1 = 0.01 \times 4\ 109 = 41.09\ \Omega$$

若比率臂选择不当,例如选择 10,则在电桥平衡时只能调节一位数,测定臂的读数为 4,这时

$$R_x = R_3 R_2 / R_1 = 10 \times 4 = 40\ \Omega$$

这就人为地使测量值发生很大误差,其有效值只有一位数,因此在测量时正确选择比率臂,是测量精确的重要条件。

(3)测量时先按下电源按钮(也可将按钮按下并旋转一下将其锁住、定位),然后按下检流计按钮,此时检流计指针若按正方向偏转,则应将测定臂的电阻加大,反之,则应将电阻减小。先从千位数开始调节,直至调整个位数,使检流计指针停在零位,电桥完全平衡为止。当开始测量时,由于估计的数值可能与实际数值相差甚多,电桥处于严重的不平衡状态,检流计通过的电流可能很大。为防止烧坏检流计,当测试时,检流计按钮只能瞬时接通一下,初步观察测定臂电阻是否合适,待调节电阻使电桥接近平衡时再将检流计长时间接通,反复调节测定臂电阻,使电桥平衡,计算 R_x,则有

$$R_x = 比率臂读数 \times 测定臂读数 \qquad (14-8)$$

测量完毕后,应先将检流计按钮断开,再断开电源按钮,因为

当被测电阻存在电感时,在电源断开瞬间会产生较大的自感电动势,有可能将检流计烧坏,所以拆除被测电阻时,将检流计上的锁扣锁住,防止检流计损坏。

14.3.2　单相接地和两相接地短路故障的测量

1. 工作原理

单相接地故障的测量,其原理接线如图 14-2 所示。

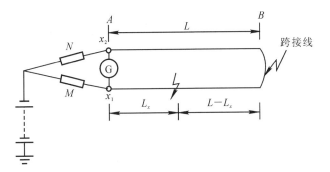

图 14-2　测量单相接地故障原理接线图

A,B— 电缆的两端;L— 电缆全长;L_x—A端到故障点的距离;

M— 电桥的比率臂读数;N— 电桥测定臂读数

测量前在电缆的另一端(见图 14-2 中的 B 端),用不小于电缆截面的导线将电缆的故障相和绝缘良好的一相电缆芯跨接。在 A 端将电缆故障相接在电桥 x_1 端子上,将已接跨接线的一相接在 x_2 端子上,上述接线的等值电路如图 14-3 所示。图中 R_1 为从 x_2 经过好相线、跨接线到故障点的电阻;R_2 从 x_1 到电缆故障点的电阻;R_2 为故障点的接地电阻。当电缆的长度为 L,截面为 A,导体的电阻系数为 ρ 时,其电阻为

$$R_1 = \rho_1 (2L - L_x)/A_2 \qquad (14-9)$$

$$R_2 = \rho_2 L_x/A_2 \qquad (14-10)$$

根据电桥的原理,当调节电阻 M 和 N,使电桥达到平衡时,得
$$N/M = R_1/R_2 \qquad (14-11)$$
将式(14-9)和式(14-10)代入式(14-11),得
$$N/M = [\rho_1(2L - L_x)/A_1]/(\rho_2 L_x/A_2) \qquad (14-12)$$

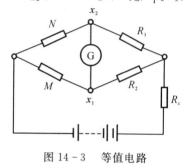

图 14-3　等值电路

当电缆全长采用同一种导体材料和同一导线截面时,即
$$\rho_1 = \rho_2, \quad A_1 = A_2$$
得
$$N/M = (2L - L_x)/L_x$$
$$L_x = [M/(M+N)]2L \qquad (14-13)$$
式(14-13)即为计算故障点位置的公式,如上述 x_1 接故障相,x_2 接好相,一般称为正接法;反之,则称为反接法,其计算公式为
$$L_x = [N/(M+N)]2L \qquad (14-14)$$
一般情况,测量时均用正、反接法进行两次测量,取其平均值;有时为了测量准确,还分别在一段电缆的两端各进行一次正、反接法的测量,取四次测量的平均值来确定电缆故障点的位置。

2. 用 QF1-A 型电缆探伤仪测量单相接地故障

QF1-A 型电缆探伤仪(见图 14-4)是已经应用较广、性能较好且便于操作的电缆故障测试设备,可用于测量低阻接地故障、短路故障和高阻断线故障,并能测量电缆的电容及电阻值。由于其内部有一个电压为 15 V,300 V 和 600 V 的直流电源,因而能对

故障电阻较高(最高可达 100 kΩ)的故障进行测量。

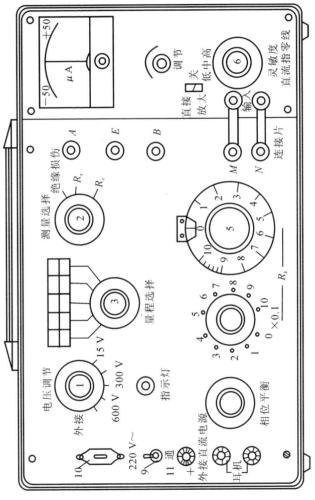

图 14-4　QF1-A 型电缆探伤仪面板图

　　测量接地故障的原理仍和前面所述一样,只是读数盘 R_k 由一个双十进电阻盘和一个滑线电阻组成,简化了计算,其原理接线如图14-5所示。

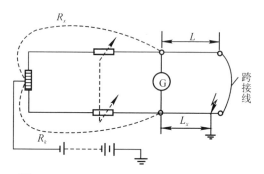

图 14-5　QF1-A 测接地故障的原理接线图

　　当电桥平衡时,同种规格电缆线芯的电阻与长度成正比,即

$$(1-R_k)/R_k=(2L-L_x)/L_x$$

简化后得

$$L_x=R_x\times 2L \tag{14-15}$$

式中, L_x 为测量端至故障点的距离;m; L 为电缆全长,m; R_k 为电桥读数。

　　(1)接地电阻和回线电阻的测量。

　　1)先用跨接线将电缆另一端的一相好线和故障相跨接。

　　2)测接地电阻时,将故障相接至接线柱 B;接地线接至接线柱 E。测量回线电阻时,将 E 的接地线拆去改接在另一端有跨接线的好相上。测回线电阻时,要考虑所用引线对回路电阻值的影响。

　　3)将测量选择开关放置在 R_x 上。

　　4)估计被测电阻的大小,调节量程选择开关,放置在恰当的位置上,并初步调节读数电阻盘 R_k 至所估计的电阻数值。

　　5)直流指零仪电源开关应放在"直接"位置,并检查指零仪的

输入接线柱是否和 M,N 接线柱连接,检查表针是否指零。

6) 将电压调节开关放在 15 V 的空挡上。

7) 接上电源,合入 220 V 交流电源开关,指示红灯发光,说明电源接通,可以开始测量。

8) 将电压调节开关调至 15 V 位置(测电阻时,电压只能用 15 V,不能用 300 V 和 600 V),此时指零仪将有所指示,再根据指示情况调节电阻 R_k 使指零仪指零。这时电桥达到平衡,将 R_k 读数乘以量程选择开关所指数值即为所测电阻值。

例如,当测量某段电缆的回线电阻时,量程选择开关在 1 Ω 上,电桥平衡后 R_k 的读数为 0.174,则实际回线电阻为 $1 \times 0.174 = 0.174$ Ω。

9) 测量完毕后关掉电源开关,改接线,准备测量电缆故障。

(2) 单相接地故障的测量。

1) 按图 14-6 所示,将故障相接 B 接线柱,另一端已接跨接线的好相接 A 接线柱,接地线接 E 接线柱;将直流指零仪的两个输入接线柱分别直接接到被测电缆的好线与坏线线芯上(不应接在电桥引线上)。

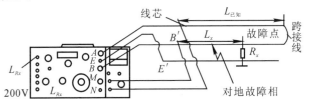

图 14-6　QF1-A 测接地故障的实际接线图

2) 将测量选择开关调节至"绝缘损伤"位置上(量程选择在测量故障时无用,可放在任意位置)。

3) 将读数电阻盘 R_k 放在适当位置:正接时放在 0.5 以下,反接时放在 0.5 以上位置。

4)先将直流指零仪开关拨到放大,检查指零仪工作是否正常,再将开关拨至直接位置,并检查指针是否在零位。

5)调节电压调节开关,位置放在 15 V 旁的空挡上。

6)接上电源,合入 200 V 交流电源开关,检查指示红灯发光,说明电源接通,可以开始测量。

7)测量时,先将电压调节开关调节在 15 V 上,调节读数电阻盘 R_k 使指零仪指针指零;由于电缆的故障电阻大小不同,且有时仍在不断变化,因此当测试时,若发现表头灵敏度不足,则可将电压升高到 300 V 和 600 V,若表头灵敏度仍感不足,此时可将电压开关调至空挡(即将电源停下),将指零仪灵敏度开关放置在低灵敏度位置,再将指零仪开关拨至放大位置,调整调零电位器,使指零仪指针指零,然后再将电压调节开关调至适当电压进行测量,调节 R_k 使电桥平衡。此时应注意,每次变换指零仪灵敏度开关时,都应将测试的直流电源断开,每次变换都应重新调整调零电位器,使指零仪指针指零。

8)为了更精确地测出故障点位置和进行核对,可将接于 A 和 B 接线柱上的引线对换(即 A 接故障相,B 接好相,称为反接法),再进行一次测量,此时有

$$L_x = (1 - R_k) \times 2L \qquad (14-16)$$

9)测量完毕,应先关掉电源开关,拆除电源,再将其余接线拆除,将电压调节开关放在空挡位置。此时应注意将直流指零仪电源开关拨回至直接位置(即将内部直流电源切断)。

10)当测量故障或电阻时,可以外接电源,但需要加限流电阻,电流不得大于 200 mA,以免电流过大损坏桥臂电阻。

(3)两相短路故障的测量。在三芯电缆中测量两相短路故障,基本上和测量单相接地故障一样。其接线如图 14-7 所示。

与测量接地故障不同的是利用两短路相中的一相作为单相接地故障测量中的地线,以接通电桥的电源回路。如为单纯的短路

故障,电桥可不接地;当故障为短路且接地故障时,应将电桥接地。

其测量方法和计算方法与单相接地故障完全相同。

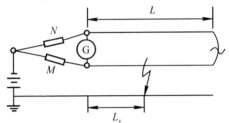

图 14 - 7　测量两相短路故障原理接线图

14.3.3　三相短路故障的测量

用回线法测量电缆故障,需要电缆中有一相绝缘良好。线芯在三相短路故障中,已无好线可以利用,因此必须借用其他并行线路或装设临时线作为回路线。

当有电缆和故障电缆平衡敷设时,可利用平行敷设在电缆的一相和故障电缆故障电阻最低的一相进行测量。其接线如图14 - 8所示。

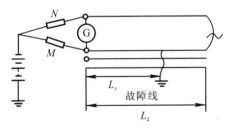

图 14 - 8　利用另一条好电缆测量三相短路故障接线图

三相短路故障的测量方法和计算方法与单相接地故障一样,只有电缆长度 $2L$ 应为 $L_1 + L_2$。若电缆的截面和导电材料不同,则应将其换算成等值长度进行计算。

当装设临时辅助线作回路线时,用一般便于装设的两芯塑料绝缘线即可,对截面大小无要求,但应测量一根导线的电阻值,以便进行计算,其接线如图 14-9 所示。

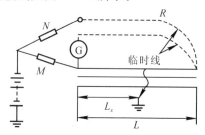

图 14-9 用临时线测量三相电缆故障的接线图

当所装设的临时线电阻为 R 时,在电桥平衡条件下,计算电缆故障点的公式可由下式推导出:

$$(N+R)/M=(L-L_x)L_x$$
$$L_x=[M/(M+N+R)]L \quad (14-17)$$

反接法时,有

$$L_x=[N/(M+N+R)]L \quad (14-18)$$

14.3.4 不同导线材料和不同导线截面的等值电缆长度的计算

上述故障点距离的计算方法,是假定电缆的电阻与其长度成正比,也就是整条电缆线路由同一导体材料与同一导线截面组成。但有时电缆线路可能由不同材料和不同截面的电缆串接而成,因此当计算故障点的距离时,必须按其电阻换算成同一导体材料、同一导线截面的相应长度来计算(这个长度一般称为等值长度)。在计算完毕后,再复算到原来的实际长度确定故障点的位置。

等值长度以变换前后电阻值不变为原则:设 ρ_1,L_1,A_1 为原有电缆的电阻率、长度和截面;ρ_2,L_2,A_2 为变换后的等值电缆长度

的电阻率、长度和截面。由于变换前后的电阻相同,则有

$$R = \rho_1 L_1 / A_1 = \rho_2 L_2 / A_2$$

等值电缆长度为

$$L_2 = (L_1 \rho_1 / \rho_2)(A_2 / A_1) \qquad (14-19)$$

例 1　有一条截面为 95 mm² 的铝芯电缆,长为 200 m,求换算到截面为 70 mm² 铜芯电缆的等值电缆长度。

解　已知 $L = 200$ m

铝:$\rho_1 = 0.031$ Ω·mm²/m, $A_1 = 95$ mm²

铜:$\rho_2 = 0.0184$ Ω·mm²/m, $A_2 = 70$ mm²

按式(14 - 18)计算,有

$$L_2 = (L_1 \rho_1 / \rho_2)(A_2 / A_1) =$$

$$(200 \times 0.031 / 0.018\ 4) \times (70/95) = 248.28 \text{ m} \cong 248 \text{ m}$$

即换算到截面为 70 mm² 铜芯电缆的等值长度为 248 m。

14.4　低压脉冲法

低压脉冲法探测电缆故障是由仪器的脉冲发生器发出一个脉冲波,通过引线把脉冲波送到故障电缆的故障相上,脉冲波沿电缆线芯传播,当传播到故障点时,由于故障点电缆的波阻发生变化,因而有一个脉冲信号被反射回来,用示波器在测试端记录下从发送脉冲和反射脉冲之间的时间间隔,即可算出测试端距故障点的距离,其计算公式为

$$L_x = v\,t_x / 2 \qquad (14-20)$$

式中,L_x 为从测量端到电缆故障的距离,m;v 为脉冲波在绝缘中的传播速度,一般油纸绝缘为160 m/μs,XLPE 绝缘为 172 m/μs;t_x 为发送脉冲和反射脉冲之间的时间间隙,μs。

脉冲波在电缆中的传播速度与电缆的介质常数 ε 有关,ε 越大,速度越慢。为了准确地测量电缆的位置,对不同绝缘材料的电

缆,应测量其波速,当电缆长度为已知时,波速为

$$v = 2L/t_L \qquad (14-21)$$

式中,L 为电缆全长,m;t_L 为脉冲波在电缆中往返传播一次所需要的时间,μs。

若测量时电缆有一相是好线,则可采用对比法进行测量,先测出好线一次反射所需要的时间,再测出坏线一次反射所需要的时间,将式(14-21)代入式(14-20),得

$$L_x = (t_x/2)v = (t_x/2) \cdot 2L/t_L = (t_x/t_L)L \qquad (14-22)$$

当电缆为断线故障时(或末端断开处),其反射脉冲与发送脉冲为同极性(见图14-10);当电缆为低阻接地故障时,其反射脉冲与发送脉冲极性相反(见图14-11)。

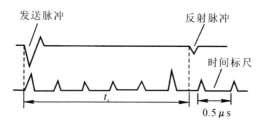

图 14-10　断线故障反射波形

接地故障反射脉冲的大小和接地电阻值有关,接地电阻越低,反射信号越大。当接地电阻大于 100 Ω 时,其反射明显减弱,此时就较难区别哪一个是故障反射脉冲(因为接头和穿过金属管道等均有反射)。

为了测量脉冲波在电缆线芯中往返一次所需要的时间,示波器中有一个时间标尺与探测脉冲相对应。当测量时,读取从发送脉冲到反射脉冲对应于时间标尺的格数,即可算出到故障点的距离。

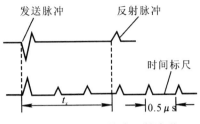

图 14 - 11　接地故障反射波形

14.5　闪　络　法

对于闪络性故障和高阻故障，一般均先将故障电阻烧低，然后再用电桥进行测量或用低压脉冲法进行测量。但电缆故障的烧穿，不仅需要的设备容量较大而且很费时间，况且并不是所有的高阻故障的电阻值都可以轻易烧低。但采用闪络法测量电缆故障，却可以不必经过烧穿过程，直接用电缆故障闪络测试仪（简称"闪测仪"）进行测量，因而缩短了电缆故障的测量时间。

闪络法的基本原理和低压脉冲法相似，也是利用电波在电缆传播时在故障点产生反射的原理，记录下电波在故障电缆测试端和故障之间往返一次的时间，再根据波速来计算电缆故障点位置。由于电缆的故障电阻很高，低压脉冲不可能在故障点产生反射，因此在电缆上加上一直流高压（或冲击高压），使故障点放电而形成一突跳电压波，此突跳电压波在电缆测试端和故障点之间来回反射。用闪测仪测出两次反射波之间的时间，用 $L_x = v_t(t_x/2)$ 这一公式来计算故障点位置。

目前用的 DGC-2 型电缆故障闪络测试仪具有三种测试功能：其一是用低压脉冲测试低阻接地、短路故障和断线故障；其二是测闪络性故障；其三是能测高阻故障。下面对其后两种功能做一简单介绍，如图 14-12 所示。

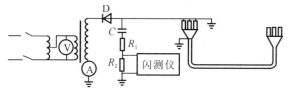

图 14-12 直流高压闪络法测量接线图

C—电容器,C≥0.1 F,可用 6～10 kV 移相电容器;

R_1—分压电阻,R_1=15～40 kΩ 水阻;R_2—分压电阻,R_2=200～560 Ω

14.5.1 直流高压闪络法(简称"直闪")

这种方法能测量闪络性故障及一切在直流电压下能产生突然放电(闪络)的故障。采用如图 14-12 所示的接线进行测试。在电缆的一端加上直流高压,当电压达到某一值时,电缆被击穿而形成短路电弧,使故障点电压瞬间突变到零,产生一个与所加直流负高压极性相反的正突跳电压波。此突跳电压波在测试端至故障点间来回传播反射。在测试端可测得如图 14-13 所示的波形,反映了此突跳电压波在电缆中传播、反射的全貌。

图 14-13 直闪法波形全貌

图 14-14 所示为闪测仪开始工作后的一个反射波形,其中 t_0-t_1 为电波沿电缆从测量端到故障点来回传播一次的时间,根据这一时间间隙可算出故障点位置,即

$$L_x = (1/2)vt = (1/2) \times 172 \times 10 = 860 \text{ m}$$

式中,v 为波速,取 $v=172$ m/μs;$t=t_2-t_0=10$ μs。

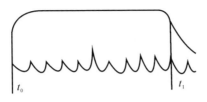

图 14 - 14　直闪法波形

14.5.2　冲击直流高压闪络测试法

以上介绍的几种直闪法,用它们测试闪络性高阻故障是非常有效的,但对于绝大部分泄漏性高阻故障,直闪法则不能进行测试。其主要原因是,由于直闪法所采用的直流高压电源的等效内阻比较大,电源输出功率受到了一定的限制。泄漏性高阻故障往往需要较大功率的直流高压电源才能使其闪络放电,形成瞬间短路。实际中,已充电的大容量电容器可作为较大功率的直流电源,其等效内阻很小,相当于一个恒压源。在冲击直流高压闪络测试法(简称“冲闪法”)中,正是利用大容量的充电电容作为直流高压电源,加到故障电缆上,使故障点闪络放电形成瞬间短路。

冲闪法测试线路如图 14 - 15 所示。

1. 冲击直流高压电阻测试法(冲 R 法)

当图 14 - 15 中的取样元件 Z_s 为电阻 R 时,即为“冲 R 法”。本方法用于测试故障电阻值不太高的泄漏性高阻故障,也可测试一些闪络性高阻故障。

若电缆故障相(B 相)为一泄漏性高阻故障,运用“冲 R 法”可得如图 14 - 16 所示的冲 R 波形。

波形形成原理:t_0 时刻,已充满电量的储能电容 C 使球隙 J_s 击穿短路,形成负突跳电压波 U_1^+(设幅度为 U_m)向故障点入射,经过 Δt 时间后到达故障点。由于故障点闪络放电需要有一个电荷的积累过程,因此,在经 $\Delta t'$ 时间后,故障点才闪络放电,形成短路,从而产生反极性电压反射波U_1^-向测试端反射,其幅度约为U_m,经Δt时间后于t_1时刻到达测试端。由于球隙J_s此时仍被电弧短路,电容C对高频信号相当于短路,所以,进入仪器的正突跳电压可由图 14-17 所示等效电路求得。

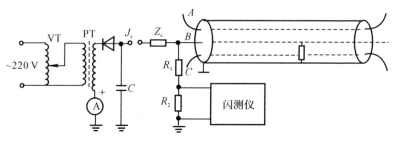

图 14-15　冲闪法测试线路

VT—可调变压器,一般要求其调压范围为 0～200 V,容量≥2 kV·A;

PT—高压变压器,要求最大容量≥50 kV×100 mA＝5 kV·A;

D—整流硅堆,要求最高反向击穿电压 U_R＞100 kV,最大整流电流 I＞100 mA;

R_1—水电阻,它与电阻 R_2(150 Ω,2 W,或 310 Ω,2 W,或 1 kΩ,2 W)共同组成电阻分压器。水电阻用蒸馏水加硫酸铜配置。通常,当电缆所加的直流电压 U_R＜10 kV 时,水电阻 R_1 配成 20 kΩ;当 10 kV＜U_R＜25 kV 时,R_1 配成 40 kΩ;当 U_R＞25 kV 时,配成 60 kΩ 或 80 kΩ。R_1 以上的取值应根据进入仪器的最大电压要小于 300 V 来配置选择;

C—电容在这里起储能作用,相当于一恒压源,要求其容量大于 1 μF,耐压要求同直闪法;

J_s—球间隙,通过调节其间隙大小来改变加到电缆的冲击直流电压的高低,J_s 的间距大,加到电缆上的冲击电压越高;反之,J_s 间距越小,加到电缆上的冲击电压越低;

Z_s—取样元件,当 Z_s 为一电阻,其阻值为 50 Ω 或 100 Ω 时,这便是所谓的“冲击直流高压电阻测试法”,简称“冲 R 法”;当 Z_s 为一电感,其电感值在几个到几十个微亨时,这便是所谓的“冲击直流高压电感测试法”,简称“冲 L 法”;

H—故障点

由此看出,如果无电阻 R 存在,反射信号将会被电容 C 短路,

闪测仪就得不到反射波形。由图 14 - 17 可知,测试端的等效阻抗为

$$Z_f = R/(R_1 + R_2) \approx R \qquad (14 - 23)$$

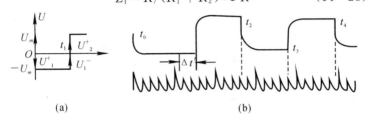

图 14 - 16　冲 R 法测试波形

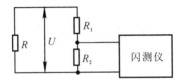

图 14 - 17　输入端等效电路

若 R 的取值大于电缆特性阻抗 Z_c,那么,在 t_1 时刻使 U_1^- 在始端产生同极性反射电压 U_2^+($|U_2^+|<U_m$)并传向故障点,从而在 t_1 时刻看到的是 U_1^- 与 U_2^+ 的叠加。反射电压 U_2^+ 到达故障点后,由于故障点仍被电弧短路,U_2^+ 在故障点就产生反极性负突跳反射在 t_2 时刻到达测试端。只要 J_s 及故障点的短路电弧不消失,电波反射将持续下去,最后形成如图 14 - 16(b)所示的波形,同直闪测试波形一样,冲 R 波形也为一衰减且畸变的方波。

由以上分析知,由于 $\Delta t'$,也即 $|t_0 - t_1|$ 间隔的离散性,因此故障点到测试端的距离为

$$l = \frac{1}{2}v\,|\,t_1 - t_2\,| = \frac{1}{2}v\,|\,t_2 - t_3\,| = \frac{1}{2}v\,|\,t_3 - t_4\,| = \cdots$$

对于 XLPE 绝缘电缆:

$$l = 86\,|\,t_1 - t_2\,| = 86 \times (5 + \frac{2}{3}) \approx 487 \text{ m}$$

2. 冲击直流高压电感测试法(冲 L 法)

若图 14-15 中的取样元件 Z_s 为电感 L 时,即为"冲 L 法"。本方法适用于测试一切泄漏性高阻故障,对闪络性高阻故障也能满意地进行测试。

对图 14-15 中的被测故障电缆,运用"冲 L"法可得如图 14-18 所示的冲 L 测试波形。图 14-18(a) 所示为冲 L 波形全貌,如图 14-18(b) 所示为扩展后的冲 L 读数波形。

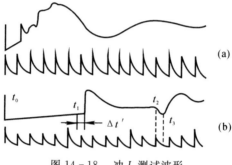

图 14-18   冲 L 测试波形

图 14-18(a) 所示为闪测仪"量程变换"较大时所得到的测试波形,测试波形为一衰减的余弦大振荡,刻度波 1 格代表 5 μs。在直流电压给储能电容 C 充电使球隙 J_s 击穿后,瞬间负高压传向故障点使其闪络放电,形成瞬间短路。根据长线理论知识,电流在测试端与故障点之间产生来回反射,其反射

图 14-19   短路长线等效电路

波波长 $\lambda(=v/f)$ 总大于 4 倍的测试端到故障点的距离,从而瞬间短路电缆可等效为一纯电感 L'(未考虑损耗),测试端可等效为 L'' 与 C 的并联电路。如图 14-19 所示,由于电容 C 中的电场能量与电感 L'' 中的磁场能量相互交换,便形成一余弦振荡,又由于电缆的损耗以及电阻 R_1 和 R_2 的存在,余弦振荡实际上是个衰减振荡

波形，其振荡频率 $f = \dfrac{1}{2\pi\sqrt{L''C}}$，它与故障点到测试端的距离有关。故障点是否放电可通过观察冲 L 测试波形有无余弦振荡来判别。

如果故障点没有闪络放电，即故障点没有被电弧短路，电缆相当于一开路长线，根据长线理论，开路长线可等效为一纯电容 C'，由于取样电感 L 较小，对慢变过程相当于短路线，因此，这时测试端的等效电路如图 14－20(a) 所示。

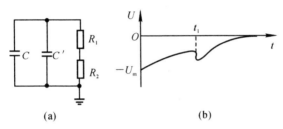

图 14－20　冲 L 法测试故障点不放电的情况

在闪测仪上可得到并联电容 $C /\!/ C'$ 对电阻 $R_1 + R_2$ 放电波形，如图 14－20(b) 所示，其中 t_1 时刻的反射为电缆终端开路全长反射，这一波形总是在零基线以下。用表达式表示为

$$U_{\mathrm{M}} = -U_m^{\exp-(t/I)} \qquad (14-24)$$

式中，$I = \dfrac{CC'}{C + C'}(R_1 + R_2)$；$U_{\mathrm{M}}$ 为冲击直流电压幅值。

由图 14－20 可得

电缆全长为 $\qquad l = \dfrac{1}{2}v \mid t_0 - t_1 \mid \qquad (14-25)$

如图 14－18(b) 所示为叠加在余弦振荡上的尖脉冲，其形成原理可对照图 14－21(a) 来说明。

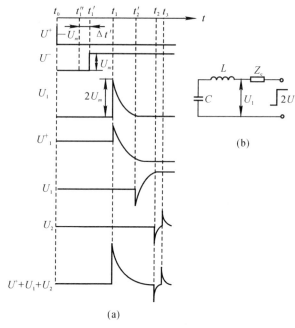

(a)

图 14-21 冲 L 读数波形的形成过程

在 t_0 时刻,直流负高压使 J_s 击穿,并传向故障点,在 t_1 时刻到达故障点后,由于故障点的放电延迟,因此在 t'_1 时刻故障点闪络放电,形成瞬间短路,产生正突跳电压反射波,于 t_1 时刻到达测试端。由于测试端取样电感 L 的存在(这时储能电容对快变化相当于短路),根据电感中电流不能突变特性,从而产生如图 14-21 中 U_1 所示的微分尖脉冲波形。根据长线理论,U_1 可由图 14-21(b) 等效电路求得。图中 Z_c 为电缆特性阻抗。电路微分时,常数为 $I = L/Z_c$。又由于电感 L 的存在,U_1 在测试端产生全反射,其反射电压为 $U_1^+ = U_1 - U^-$,并于 t'_2 时刻到达故障点,由于故障点仍被电弧短路,所以再次产生 U_1 反极性反射,于 t_2 时刻到达测试端,经过电感 L 微分后,得 U_2 尖脉冲波形。最后,在测试端看到的是

$U^+ + U_1 + U_2$ 的合成波形。

由分析知，$|t_1 - t_2|$ 间隔为电压波往返测试端到故障点之间的时间，因此故障点到测试端的距离为

$$l = \frac{1}{2} U \mid t_1 - t_2 \mid \qquad (14-26)$$

对 XLPE 绝缘电缆，

$$l = 86 \mid t_1 - t_2 \mid = 86 \times (5 + \frac{2}{3}) \approx 487 \text{ m}$$

由于冲 L 法测试电缆故障的种类范围比较宽，故障测试准确率也比较高，故闪测仪把它作为一种主要的测试方法，而把冲 R 法作为一种辅助的测试方法。

14.6　感　应　法

当电缆线芯通过音频电流时，其周围将产生一个同样频率的交变磁场，这时，若在电缆附近放一个线圈，线圈中将因电磁感应而产生一个音频电势，用音频信号放大器将此信号放大后送入耳机或电表，则耳机中将听到音频信号，电表也将有所指示。若将线圈沿着电缆线路移动，则可根据声音和电表指示变化，来判断电缆故障点位置。这种方法称之为感应法。

用感应法进行电缆故障的定点，目前应用较少，主要是它只适用于听测低阻相间短路故障和在特殊情况下听测低阻接地故障。但在电缆故障的测量中，作为辅助方法，则得到广泛应用。由于电缆敷设的年代较久，因而在地形变动、旷野地区电缆的标桩遗失或图纸资料不全等情况下，往往在粗测后找不到电缆埋设的具体位置，无法进行定点。而感应法却可用来听测电缆埋设的位置、深度和中间接头的位置，使定点工作能够顺利进行。

14.6.1　电缆埋设位置及深度的听测

将音频信号电源的一端接电缆线芯,另一端接地,其接线如图
14-22 所示。

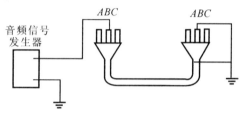

图 14-22　听测电缆位置接线图

当电缆线芯通过音频电流时,其周围将产生如图 14-23 所示
的磁场,在线芯周围的磁力线是一些以电缆为圆心的同心圆,而且
越靠近线芯处的磁力线越密集。如果此时将接收线圈置于电缆位
置的正上方 A 处,由于磁棒完全与磁力线垂直,没有磁力线穿过
线圈,感应电势接近于零,那么在耳机中听不到声音,而当线圈从
电缆的正上方移至左右两边时,由于磁棒不垂直于磁力线,因而有
磁力线穿过线圈,因此能听到较大的声音。当线圈远离电缆时,由
于磁场减弱,声音逐渐减低,最后听不到声音。声音大小的变化曲
线如图 14-23 所示。因此将磁棒垂直于地面,沿着电缆的路径左
右移动时,即可听到两边声音大,中间没有声音(或声音很小)的一
条无声路线,这就是电缆的具体埋设位置。

在听测电缆位置时应注意以下两点:其一是在电缆的转弯处,
当弯曲半径较小时,听测出的电缆弯曲半径往往大于实际的弯曲
半径;其二是电缆在接头处所留裕度盘圈时,往往听不出盘圈电
缆,而是一条直线或略有弯曲。

在正确地听测到电缆的埋设位置后,在需要了解电缆埋设深
度处,将电缆正确的埋设位置在地面做好记号,然后将磁棒紧靠地

面改成与地面成 45°角度,如图 14 - 24(a)所示,将磁棒在同一水平面向左右两侧慢慢平移,当磁棒移至与磁力线垂直处时,则可找到声音最小的一点,其声音变化如图 14 - 24(a)中相对应的曲线所示。此点到电缆位置记号的距离,即为电缆埋设深度。电缆埋设深度 $h=A$。在电缆附近有导磁管件,磁力线发生偏心时(见图 14 - 24(b)),电缆埋设深度 $h=(A+B)/2$。

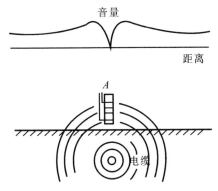

图 14 - 23　听测电缆位置原理图

14.6.2　电缆中间接头位置的听测

多芯电缆成缆时,线芯是扭绞的,其节距的大小,因电缆截面的大小而异。听测中间接头的位置就是利用这一特点来进行听测的。听测时,将多芯电缆中的任意两芯末端短路,在首端将此两芯通过音频电流,则可听到如图 14 - 25 所示的音响曲线。在未到接头前由于线芯扭绞的关系,将在电缆上听到声音一大一小的变化,其间隔距离为 1/2 的扭绞节距。当到达接头时,由于两相之间的距离加大及原有的节距规律发生了变化(节距加长),因而声音突然增大,且声音大的区域明显加长,此时能很明显地听出电缆中间接头的位置。越过接头后,声音又恢复到一大一小的规律性变化。

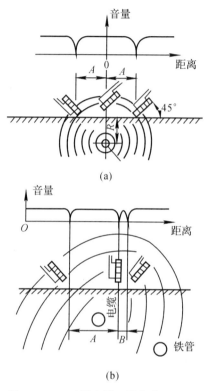

(a)

(b)

图 14-24　听测电缆埋设深度原理图

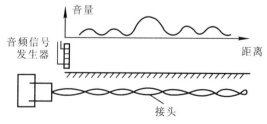

图 14-25　听测中间接头位置原理图

　　声音一大一小变化的原因是当电缆线芯一芯在上、一芯在下时,接收线圈的磁棒垂直于磁力线,因而没有声音,如图 14 - 26 所示。当线芯转到两芯水平放置时(其磁场见图 14 - 27),磁棒与磁力线平行,有最大量的磁力线通过线圈,因而能听到最大的声音。

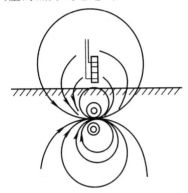

图 14 - 26　两线上下排列时的磁力线分布

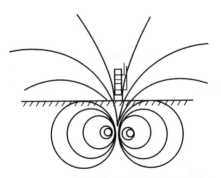

图 14 - 27　两线左右排列时的磁力线分布

14.6.3　低阻相间故障的听测

　　低阻(小于 10 Ω)相间故障的听测方法和听测中间接头位置

相似。将音频信号发生器的输出端子接在发生故障的两相线芯上,将音频电流从一芯通过电缆故障到另一芯回到音频发生源和听测中间接头一样,在故障点前能听到声音一大一小的变化,到达故障点时,其声音将明显增大,过故障点后,声音即很快消失。其声音变化曲线如图14-28所示。当具有足够容量的信号源和良好的接收设备时,此法能很清楚地听出两相短路的具体地点。一般误差不超过±1 m。

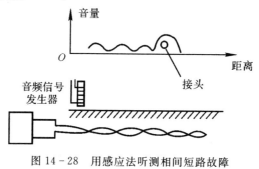

图14-28 用感应法听测相间短路故障

14.6.4 单相接地故障的听测

在一般情况下,用感应法无法听出电缆单相接地故障的接地点。这是因为音频电流在通过故障点进入金属屏蔽后,一部分直接回到电源;另一部分电流沿金属屏蔽流向电缆的另一端分散入地,然后回到电源,通过故障点后金属屏蔽上仍有电流,如图14-29所示。因此,用接收线圈,在故障点前后听不出声音大小的变化。

在特殊情况下,如新敷设的电缆,金属屏蔽对地还有一定的绝缘,塑料护套电缆金属屏蔽对地绝缘良好等,在拆除另一端的接地线后,音频电流基本上都从金属屏蔽流回电源,而不经其他回路。在这种情况下,可以听出电缆故障点声音有较明显的变化,可确定故障点的位置。

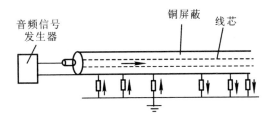

图 14 - 29   听测接地故障时的电流分布

当遇金属性接地故障,无法用声测法听出故障位置,而感应法也无法听出故障点时,在电缆局部外露的条件下,可以用马蹄形开口线圈(如一个去掉振膜的耳机)沿电缆转圈听测,在故障点至音频信号源一侧电缆周围的不同方向上能听到一侧声音大,一侧声音小,且声音大小的位置随线芯的扭绞节距而变,如图 14 - 30 所示。在线圈位置越过故障点后,因只有金属屏蔽电流,电缆周围的磁场是均匀的,因而只能听到电缆周围的声音是均匀的,无大小的变化。利用此法能判断电缆故障点的大致部位,即故障点在电缆外露部分的哪一端。

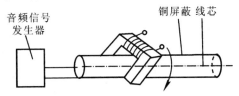

图 14 - 30   接地故障部位的判断方法

14.6.5   停电电缆的判断

当多条电缆并列敷设时,要从中判别哪一条是停电的电缆是很困难的。如发生差错很容易造成人身和设备事故。感应法可以很容易地将停电电缆判别出来。

听测时,在停电电缆的一端任意两芯接上音频信号发生器,在另一端将电缆接上音频信号的两芯短路。在电缆外露部分用马蹄形线圈环绕电缆一周进行听测,则可听到在一周 360°中有两处音频信号大的地方;再将线圈顺电缆长度方向沿电缆表面移动,则可听到如同短路故障一样,声音按电缆扭绞节距的规律一大一小地变化。而未加信号的电缆,虽有感应音频信号声,但都没有这种声音随位置不同而变化的规律。因此很容易判别已停电的电缆。

14.6.6　感应法在应用中的几个问题

(1)目前采用的音频信号发生器,其频率大多数为 800～1 000 Hz。选用这个频率是由于人耳对这一频率较敏感。但接收设备很难将其与工业干扰分开(信噪比较低),因此须要提高音频信号源的功率,以减少工业干扰的影响。

在 DGC 型成套测试设备中,采用 15 kHz 的频率作为信号源,在接收设备中采用 15.5 kHz 的频率可微调±1 kHz 的振荡器和差拍检波电路。耳机听两者的差频,因而可以随意调整信号的频率,以便于区别其他信号的干扰。

(2)当听测接头位置和相间短路故障时,要求较大功率的音频信号源,一般电缆要通过 5～7 A 以上的电流才便于听测,而对于频率较高的信号源(15 Hz),则功率可小一些,但一般也应在 2 A 以上。

(3)音频信号的输出阻抗,应尽量与电缆的阻抗相匹配,以便取得最大输出功率。对故障电缆,由于其阻值仍可能发生变化,为防止因阻抗不匹配而损坏音频信号源,使用时应有专人看守或加开路保护设备。

14.7　声　测　法

声测法是目前电缆故障测试中应用最广泛而又最简便的一种方法,95%以上的电缆故障都用此法进行定点,很少发生判断错误。

声测法是利用直流高压试验设备向电容器充电、储能,当电压达到某一数值时,经过放电间隙向故障线芯放电。由于故障点具有一定的故障电阻,在电容器放电过程中,此故障电阻相当于一个放电间隙,在放电时将产生机械振动。根据粗测时所确定的位置,用拾音器在故障点附近反复听测,找到地面振动最大、声音最大处,即为实际电缆故障点位置。其接线如图 14-31 所示。

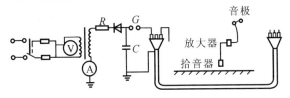

图 14-31　声测法原理接线图

图 14-31 中电容器 C 容量的大小,决定放电时的能量,因为电容器所储能量为

$$W = CU^2/2 \qquad\qquad (14-27)$$

式中,U 为所加试验电压,在 6～35 kV 电缆的声测试验中,一般为 20～25 kV。因此 C 的容量越大,放电时的能量越大,定点时听到的声音也越大,C 一般为 2～10 μF,其大小应根据试验设备的容量来确定。

放电电压的大小,由放电间隙来控制,一般在试验时,将放电间隙调至一定位置,将放电电压控制在 20～25 kV 之间,每隔 3～4 s 放电一次即可。但这种放电方式有一定缺点,那就是在放电时放电间隙与故障点的电阻相串联,放电间隙要消耗一部分能量。如果将放电间隙改为每隔 3～4 s 瞬间接通一次的高压开关或活动的放电间隙,则减少了放电时放电间隙消耗的能量,增加了故障点放电的能量。在同样设备容量的条件下,故障点能产生更大的振动。同时还可以任意控制放电电压,适合对各种不同电压等级电缆的试验,而放电时间保持在恒定值,也便于与其他干扰声区别,利于故障点的听测。

　　声音试验中如果采用电容量较大的电容器,则应考虑试验设备的容量问题。一般以采用 2 kV·A 的试验变压器和 2～3 kV·A 的调压器较好。硅堆也应采用容量较大的硅堆(如 2DL - 75 kV/1A),以防止烧坏。当设备容量较小时,可采用以下方式,以防止试验设备过载而导致损坏,将储能电容器减小;把放电的间隔时间延长,继续工作,在工作十几分钟以后,停下来休息几分钟,然后再工作。在实际使用中,由于声测设备不是连续运行,每次只工作几分钟至一两个小时,对电容器的充电过程也是断续的。因此,试验变压器的过载并不像想象中那么严重。

　　声测时的听测设备基本上可分为两类:一类为直接式,即用各种形式的听棒,直接听测放电时地面振动的声音,图 14 - 32 所示为常用的一种听棒结构图。有许多的故障甚至在不用听棒、不借助任何听测设备的条件下即可直接用耳朵听到。用直接式设备定点,其灵敏度较差,振动声音小时,无法听到,但其准确度极高,不易发生差错。另一类为间接式,它是由各种形式的拾音器,将故障点放电时的机械振动声音转变为电信号,再经过放大器将电信号放大,由耳机或耳塞听测。这类设备的灵敏度高,能听到用听棒无法听到的故障,但因其将机械振动转变成电信号后,电信号易受放电时产生的电磁波的干扰。因此一方面要求听测设备有完善的屏蔽,另一方面还要求听测者善于区分电磁波的放电声和机械振动波的放电声,以免发生错误判断。这类听测设备,目前以 DGC - 2 型闪测仪中的定点仪为最好。它由探头、音频放大器和耳机组成。探头的构造如图 14 - 33 所示。

　　探头采用内外两层隔离罩,其中填以泡沫塑料,来防止电磁干扰和环境噪声干扰。采用陶瓷压电晶片作为压电变换元件,将机械能变为电能。再用同轴电缆将此信号送入音频放大器进行放大,然后再用耳机听测。

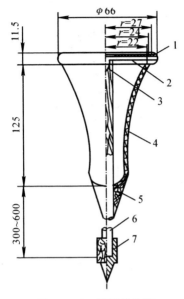

图 14 - 32　听棒结构图

1—塑料盖;2—0.1 mm 厚铁质振动片;3—木螺钉;4—金属或塑料外壳;

5—聚氯乙烯包纸;6—硬木;7—金属尖头脚套(表面液化处理)

在声测定点试验中要注意以下几点:

(1)试验设备的接线。要特别注意地线的连接,当连接不当而接地极的接地电阻又不好时,极容易因放电时接地极的电位瞬时升高造成反击,损坏低压电源系统的电气设备或试验设备(曾发生过损坏电影机和电熨斗的事故)。为此应做到以下几点:

1)储能电容器的接地线应直接和电缆的金属屏蔽地线连接,不应接公用接地极。

2)试验变压器高压线圈的接地端地线不直接和电容器地线连接,应接公用接地极;试验变压器外皮可不接地(高压线圈的接地端不与外皮连接时)。

3)调压器外皮不接地。

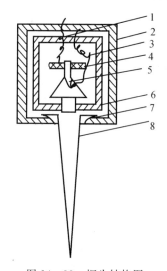

图 14 - 33　探头结构图

1—信号线;2—外隔离;3—压电晶体;4—绝缘小棒;

5—屏蔽地线;6—内隔离;7—固定螺母;8—探针

(2)当进行定点时有可能遇到下述情况,应注意避免发生错误判断:

1)当探头或听测设备屏蔽不好时,不在故障点也能听到放电声,为了区别电磁感应的放电声与机械振动的放电声,可将探头放在手上(离开地面)听测,如仍有放电声,则为电磁感应引起,如无放电声,则探头在地面听到的就是故障点放电的机械振动。

2)由于接地不好或其他原因,可能在电缆护层和接地部分间发生放电现象,或在电缆裸露部分产生轻微的放电响声,或在电缆的末端发生轻微的放电响声,容易造成错误判断。因此在听测时不能单凭轻微的放电响声,还要确实感到电缆有振动,才能确定故障点的正确位置。

3)电缆故障点在管道内或大的水泥块下时,可能在故障点两侧听到的声音大于故障点上的声音,应防止发生错误判断。

(3)用声测法听测闪络性故障时,根据闪络电压的高低及放电的情况可将放电间隙取消,直接用高压直流电源进行声测。

1)当放电电压超过电容器允许的试验值时,应将电容器取消,并可利用另外未发生故障的好电缆或未发生故障的线芯作为储能电容,进行声测;当电缆较长时,也可只利用本故障相的电容。

2)当闪络电压较低时(如 $10\sim20$ kV),为了提高放电电压,增加放电时的能量,最好利用放电间隙来控制放电电压。

3)若闪络电压较高,而电缆本身电容量又不足,则可将同容量的电容器串联使用,以提高试验电压,但电容器的外皮应对地绝缘,防止发生对地击穿。

(4)对于金属性的接地故障或接地电阻极低的故障,由于在故障点不能产生间隙性放电,不产生振动,也就无法听到声音,这时应设法将故障电阻烧高,再进行声测定点。

(5)为了便于区别声测的放电声和外来的干扰声,可用两套听测设备由两人同时进行,一人用探头定点,一人用感应线圈接收放电的电磁波信号来核对,当两人同时多次听到放电声时,即可证明所听声音无误。感应法的接收设备也可利用耳聋助听器进行听测,即将其接收开关拨在听电话的一挡收到放电信号。

(6)当电缆接地电阻较高,在电容器中通过放电间隙向电缆放电时,有可能在电缆故障点并不同时发生击穿放电,而只是电容器向电缆充电,然后再通过故障点漏电,完成再充电、再漏电的过程。故障点不发生放电,因而听不到声音。此时放电间隙放电的特点是放电声音间隔密,且放电声音小(若在多次小的放电声中发生一次大的放电,则表明故障点发生了一次放电)。对于这种故障,应提高放电电压,或将故障电阻烧低后再进行声测。

第 15 章　XLPE 电缆的运行、维护、技术管理和安全措施

15.1　电缆线路的运行

15.1.1　电缆线路的管理

为了保证电缆线路的安全运行,并经常保持良好状态,运行部门必须注意设备的正确运行。运行工作主要包括线路巡视、耐压试验、负荷测量、温度检查、防止腐蚀和测量护套中环流等 6 项。

(1)线路巡视。经常巡视并检查电缆线路和附属建筑物,是防止外力破坏、消除鸟害和消除终端头瓷套管缺陷所引起的故障的有效方法。运行部门必须参照"电业检修规程"和"电力电缆典型运行规程"的规定,结合当地的实际情况,制定各种设备的巡视周期和检查项目,指定专人负责执行,并将检查结果记入巡视记录簿内。巡视中所发现的缺陷,应分清轻重缓急,采取对策,及时处理。在电缆线路密布的城市里,运行部门须经常与当地市政建设部门联系,了解各地区掘土动工的情况,派员监护电缆。同时,可采取适当的宣传教育,例如对有关单位送发通知,张贴宣传画以及通过报纸和广播机关等促使群众注意。电缆线路的巡视,除了经常由巡线工执行外,技术人员也必须定期做重点的监督性检查。装在房屋内、隧道内、桥梁上、杆塔上以及敷在水底的电缆,都很容易受外力损伤,应特别注意。直接埋在地下的电缆,在其附近路面上不应堆放笨重物件,以防电缆被压伤和阻碍紧急修理的进行。在泥

土被挖开的地方,电缆如有悬空的情况,须加以吊挂,可用木板衬托电缆,如图 15-1 所示。

图 15-1　悬吊电缆的方法

　　(2)耐压试验。预防性耐压试验是鉴定绝缘情况和探索隐形故障的有效措施。在苏联,这种试验早已普遍采用,收到很好的效果。用直流电压试验,对良好的绝缘不会有任何损害,而且需要的设备容量不大。试验时的电压和时间,应按照第 10 章中的规定,耐压试验的接线方式、电压的升高速度、读取泄漏电流的时间、泄漏电流值及其容许不对称系数等,在第 10 章中已有详细说明,这里不再赘述。但目前大量使用的 XLPE 绝缘电缆已不再使用直流电压作为预防性试验电压,而使用交流或变频交流电压。电缆在预防性试验中,如发现有绝缘情况不良的,应设法使其击穿或加强运行中的监视,以防止在运行中发生故障。测量泄漏电流应尽可能使用屏蔽环,以消除表面漏电的影响。

　　(3)负荷测量。电缆的容许载流量取决于导体的截面积和最高许可温度、绝缘及保护层的热阻系数、电缆结构的尺寸、线路周围环境的温度和热阻系数、电缆埋置深度以及并列敷设的条数等。由于各季气候温度不同,电缆容许载流量亦随之而异。

　　电缆线路负荷的测量,可用配电盘式电流表、记录式电流表或携带式钳形电流表等。测量时间及次数应按现场运行规程执行,一般应选择最有代表性的日期和负荷最特殊的时间进行测量。自发电厂或变配电所引出的电缆,负荷测量可由值班人员执行,每条线路的电流表上应当画一根控制红线以标志该线路的最大容许负荷。当电流表的指针超过红线时,值班人员应即时通知调度部门采取减荷措施。在紧急情况下,电缆可以按过负荷继续运行,但过负荷的百分率和时间必须符合运行规程的规定。

(4)温度检查。电缆的温度和负荷有密切关系,仅仅检查负荷并不能保证电缆不过热,这是因为:①计算电缆容许载流量时所采用的热阻系数和集肤因数,与实际情况可能有些差别;②设计人员在选择电缆截面积时,可能缺少关于整个线路敷设条件和周围环境的充分资料;③城市或工厂地区内经常有改建工程和添装新的电力电缆或热力管路等,对于原来的周围环境和散热条件产生影响;④电缆沟道、隧道内电缆数敷设条数越来越多,引起的散热条件变化等。因此,运行部门除了经常测量负荷外,还必须检查电缆的实际温度来确定有无热现象。

检查温度一般应选择负荷最大时和在散热条件最差的线段(不少于 10 m)。测量仪器多半使用热电偶。为了保证测量的准确性,以及防止热电偶的损坏起见,每个地点应装有两个热电偶。测量电缆温度时应同时测量周围环境的温度,但必须注意,测量周围环境温度的热电偶,应与电缆保持一定的距离,以免受电缆散热的影响。

电缆负荷和电缆表面温度经测定后,缆芯导体的温度可按下式求得:

$$t_{体} = t_{面} + \frac{I_{n}^{2} n \rho S}{100 A} \qquad (15-1)$$

式中,$t_{体}$ 为缆芯导体温度,℃;$t_{面}$ 为电缆表面温度,℃;I_{n} 为试验时电缆负荷,A;n 为电缆芯数;ρ 为在 50℃ 时的电阻系数,铜约为

0.020 6($\Omega \cdot mm^2$)/m;S 为电缆绝缘及保护层的热阻值;A 为电缆截面面积,mm^2。

（5）防止腐蚀。由于腐蚀引起的电缆故障,发展比较慢,容易被忽视,如不及时防止,可能造成很大损失。当一个地区内发现一条电缆由于电缆存储、制造原因或运行中外力使外护套损坏而引起铜屏蔽腐蚀时,也应注意该地区同批电缆是否出现同样问题;当一个电缆附件出现密封不严进水腐蚀时应注意该批电缆附件是否同样出现问题,并应及时更改。

（6）测量护套中环流。对于单芯电缆,当护套破损,或在电缆线路两端直接连接接地和错误的接地系统存在时,环流就会发生。它造成电缆金属护套严重的电化学反应。环流的测量应使用钳形电流表,测量所有单相和三相接地线中的电流值,这个电流值是电容电流、泄漏电流、损耗电流和环形电流所组成的,在此,泄漏电流和损耗电流相对比较小,一般钳形电流表不可能测量到该值,电容电流可以计算,它满足公式:

$$I = \omega CU \qquad (15-2)$$

式中,ω 是角频率,它等于 $2\pi f$;C 是总的电缆电容;U 是电缆的相电压。

如果测量的电流值大于上述公式时,电缆接地系统中存在环流,一般环流达到负荷的 5%,电缆绝缘护套应及时修理。修复原则如下:电缆外护套表面应清洗干净,或电缆护套表面石墨层应刮去。从故障点边缘向外两侧各50 mm范围内,开始刮除石墨层,在刮除石墨层的绝缘护套上缠绕 4 mm 厚的绝缘胶带,在绝缘胶带外 5 mm 的地方开始绕包一层厚度为1 mm的半导体带（电缆外层有半导体层）,保证半导体带和电缆外石墨层相连接,然后使用环氧玻璃丝带从半导体带外边缘 20 mm 处的开始绕包全部破损点,确保机械强度。在接地线中的环流也会影响接地导线绝缘温度上升,也会使接地线老化,也应考虑接地线焊接不良造成的接触不良问题。

15.1.2　电缆隧道运行和管理

1.电缆隧道工程的早期管理

电缆隧道的运行和管理部门要参与电缆隧道工程的初期(如设计、产品选择)的各个环节、根据运行单位的管理要求,应当从设计阶段到电缆隧道施工过程的监控,确定设计或建设的问题,敦促建设单位整改。

2.电缆隧道的检查和验收

电缆隧道的检查和验收工作应在主权移交之前进行,由于隧道检查和验收程序较多并需要高度专业的人员,因此,运行单位应当建立验收团队,分别是土木工程组、辅助设备组和资料组。根据设计规则和专业特点,团队将采取专项检查验收。

3.电缆隧道的运行管理

电缆隧道的运行和管理需要根据隧道不同的结构和功能,建立不同的运行和管理标准。应设立专门的管理和运行维护工作,管理者应该参与隧道前期建设,需要了解隧道结构及附属设备等类型,能够掌握隧道控制系统。其次,隧道运行人员必须具备超高压电缆运行管理经验;熟悉隧道设备及监控设备,并经过电力隧道电器、技防、监控、检测设备专业培训后才能上岗。隧道带班检修人员需有工作负责人的资质。进入隧道的外聘人员或设备厂方工作人员需经过相应运行安监的安全培训,并佩戴安全帽、绝缘手套等安全工具。在隧道运行现场负责人的统一带领下开展工作。参观人员应统一在隧道运维人员带领下安排参观。进入隧道前必须检测气体成分和含量,检测合格后方可进入,电缆通道内作业期间应保持良好通风,不得在隧道内使用内燃式发电机。隧道钥匙由隧道管理专人保管,借用需申请。隧道内工作需提前预报计划(隧道内施工工作,需提前3天通知;现场勘查、参观等需提前1天通知)。隧道内工作严禁吸烟,隧道动火工作需要有相应的动火工作票,需经隧道管理人员许可后方可进行动火工作。非电力单位工作人员进入电力隧道工作,需向相关检修公司保卫科办理相关出入证手续。工作完成要做到"工完料尽场地清",保持隧道清洁,工作结束离开要检查灯、水、防火门是否关闭。每个隧道设置专门的档案,其内容为动态数据和静态数据,静态数据包括隧道基础设施信息、设备信息、测绘信息、完成信息等;动态数据包括隧道检测记录、维护记录、维修记录和日常管理的其他记录。管理者应在每年评估各隧道及设备运行状态,隧道不符合处将列入第二年大修计划,等等。

4.科技进步促进电缆隧道的发展

电缆隧道的发展主要表现在照明、通风、自动排水、光纤温度测量、井盖集中监控、视频监控等。

隧道照明(见图15-2)应采用分段控制的方式,每段250m,在隧道中只能打开一段照明,也可以打开多段,但不允许同时开启三段以上照明。为了保证灯泡的使用寿命和人身安全,必须选择防爆照明产品。同时,为了降低环境温度,每盏灯发热量应尽可能小。另一方面,隧道内有关照明除了光通量之外,也与照明的安装位置、相互间距离、房间大小、墙壁材料的反射系数有关,甚至隧道内电缆的数量、电缆敷设位置都将会影响到隧道照度。DL/T5221—2005的规定是平均照度不低于10Lx,最小值不低于2Lx。

在隧道通风的原理如下:当隧道长度超过100m,但不得超过300m时,应该在隧道尽头的入口安装风扇。当隧道长度大于300m时,通风设备应安装在隧道入口处、竖井和隧道每250m处。为了防止电缆隧道火灾的扩大,必须安装防火排烟阀,并设定温度控制传感器。当火灾发生时,阀门自动关闭,该段隧道由于缺氧而使火熄灭,所以在确认火熄灭后,阀门可以重新开启。如图

15-3所示。

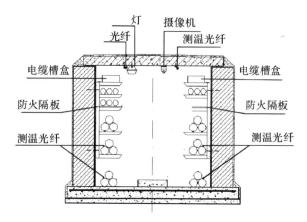

图 15-2　隧道内的照明、摄像机、测温光纤

5. 电缆隧道在运行时经常发生的问题

电缆隧道的问题可以分为两类：辅助设备问题和基础设施问题，配套设备包括水泵、照明、控制电器等，这些设备的故障占了大多数比例。故障产生的原因是多方面的，包括设计、决策、建设、产品的选择和产品质量。

隧道排水系统的缺陷。隧道排水系统应直接连接市政排水管内，但应选择正确，否则会导致地下水倒灌，如图 15-4 所示。

由建设引发的隧道进水。隧道内的温度差异会形成水滴，当暖空气由通风进入隧道时，隧道内不同的温度使水滴形成在洼地的积水，去除是非常困难的，需要额外的排水设备来解决问题。

隧道墙壁渗水。隧道墙壁渗漏主要集中在工作墙、连接缝、穿过隧道的管线和竖井内面。

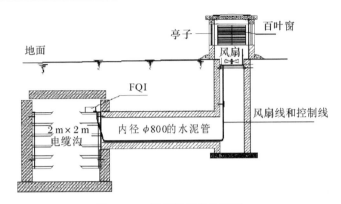

图 15-3　隧道通风系统原理

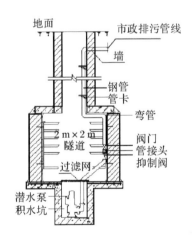

图 15-4　隧道排水系统

15.1.3　综合管廊验收、管理及运行

1. 对综合管廊方案验收

(1)是否在综合性、统一性和前瞻性方面进行了考虑。综合管廊能否解决人口、资源与生态环境之间的矛盾,合理统筹城市规

划、社会的协调和可持续发展关系。是否不断吸收新的工程技术、新的城市规划观念,使得城市功能合理,降低实施成本。

其次,综合管廊既要符合市政管线的技术要求,又要符合城市规划总体要求,按照 GB50838—2015 和 Q/GDW 相应标准要求。需要考虑综合管廊能否为城市长远发展打下良好基础,是否适应管线的发展变化,是否统一而全面考虑地上与地下通道、地铁或其他地下建筑平面布置和标高布置以及与地面建筑的衔接等问题。

(2)要有有力的法律保障,严格遵照 GB 和 Q/GDW 标准要求。

(3)监管协调体是否完善系。综合管廊的一般设计寿命达到 100 年左右,在这么长的运营周期内,无论是政府的平台公司运营,还是通过 PPP 模式选定的社会资本来运营,是否有政府主管部门已经对于综合管廊的运营过程进行有效的监管是必须首先解决的问题。

2.对综合管廊平面布局的验收

(1)与城市功能分区、建设用地布局和道路网规划相适应。

(2)应结合城市地下管线现状,在城市道路、轨道交通、给水、雨水、污水、再生水、天然气、热力、电力、通信等专项规划以及地下管线综合规划的基础上确定布局。Q/GDW 明确规定 110(66) kV 及以上电缆与 35 kV 及以下电缆间宜采取安全隔离措施;并且 110(66) kV 及以上电缆不应多于 24 根,35 kV 及以下电缆不应多于 42 根。

(3)应与地下交通、地下商业开发、地下人防设施及其他相关建设项目协调。

(4)宜布置在道路两侧地块对公用管线需求量较大的一侧。

(5)尽可能满足综合管廊与其他管线的交叉要求。

(6)综合管廊接出管线的长度较短。

(7)综合管廊对道路及两侧建筑物的影响较小。

(8)充分满足道路规划对综合管廊管位的要求。

(9)综合管廊的投料口、通风口、人员和电缆出入口等设施与道路景观及功能的结合。

(10)宜将大管道管沟布置于人行道、绿化带下。

(11)在机动车道下敷设小管道宜靠人行道,大管道靠车行道,便于小管道管沟绕行给大管道管沟投料口等节点创造条件。

(12)综合管廊应设置监控中心,监控中心宜与临近公共建筑合建,建筑面积应满足使用要求。

3.对综合管廊断面布置验收

(1)断面形式应根据纳入管线的种类及规模、建设方式、预留空间等确定,特别是电缆的布置空间要按照 Q/GDW 要求。

(2)应满足管线安装、检修、维护作业所需要的空间要求,管廊内部净高不宜小于 2.4 m,双侧设置支架的管道时检修通道净宽不宜小于 1.0 m,单侧设置支架的管道时检修通道净宽不宜小于 0.9 m。对于电力舱,净高应为 2.4 m,不宜大于 3.5 m,对于单根电缆,支架间距不应小于电缆直径加 50 mm,对于多根电缆,支架间距不应小于 2 倍电缆外径加 50 mm。

(3)管线布置应根据纳入管线的种类、规模及周边用地功能确定。

(4)天然气管道应在独立舱室内设置,热力管道采用蒸汽介质时应在独立舱室内设置。

(5)热力管道不应与电力管道同舱设置。

(6)110 kV 及以上电力电缆,不应与通信电缆同侧设置。

(7)给水管道与热力管道同侧布置时,给水管道宜在上方。

(8)进入综合管廊的排水管应采用分流制,雨水纳入综合管廊可利用结构本体或采用管道排水方式,电力廊道内排水坡度应不小于 0.2%。

(9)污水纳入综合管廊应采用管道排水方式,污水管道宜设置在综合管廊的底部。

4.城市地下综合管廊结构要求

(1)结构设计使用年限应为100年。

(2)结构应根据设计使用年限和环境类别进行耐久性设计,并应符合现行国家标准《混凝土结构耐久性设计规范》(GB/T50476)、《城市综合管廊工程技术规范》(GB 50838)和电力部分应根据相关 Q/GDW 的有关规定。

(3)应按乙类建筑物进行抗震设计,并应满足国家现行标准的有关规定。

(4)结构安全等级应为一级,结构中各类构件的安全等级宜与整个结构的安全等级相同。

(5)结构构件的裂缝控制等级应为三级,结构构件的最大裂缝宽度限值应小于或等于 0.2 mm,且不得贯通。

(6)防水等级标准应为二级,并满足结构的安全、耐久性和使用要求,其中电缆舱的安全等级应为一级,防震不应低于乙类。

(7)抗浮稳定性抗力系数不低于 1.05。

5.电力部分的通风、防火和接地要求

(1)满足电缆设计规范(GB 50217)要求。

(2)所用防火材料除满足相应标准(GB23846 和 GB238470)外,耐火材料、控制线路等级应满足温度不低于 1 000℃时 1 h。

(3)接地引出点之间距离不超过 500 m,接地电阻不大于1 Ω,接地网用镀锌扁钢为 60 mm×6 mm。

(4)电力舱排风温度不应高于 40℃,温差不应大于 10℃,管廊内风速不应大于 5 m/s,同时应能保证在紧急情况下自动关闭,信号线的防火等级应满足前述(3)条款。

6.综合管廊结构及分类

综合管廊的结构和分类如图 15-5～图 15-12 所示。

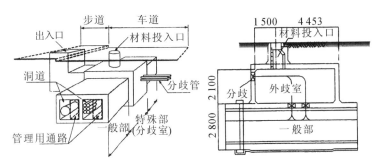

图 15-5　综合管廊入口和分歧

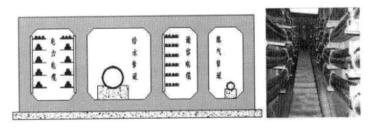

图 15-6　常规干线综合管廊

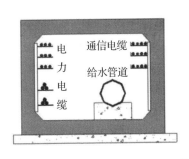

图 15-7　支线综合管廊

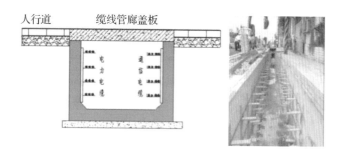

图 15-8　缆线综合管廊

图 15-9　地下隧道形式综合管廊

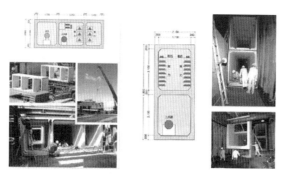

图 15-10　预制防地震形式综合管廊

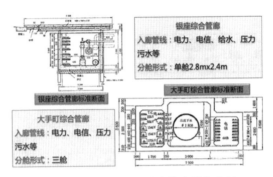

图 15 - 11　日本常规综合管廊设备布置

图 15 - 12　广州综合管廊形态及设备布置

7. 综合管廊的巡检

综合管廊的巡检除应按照前述的规划结构等方面要求进行外,还应按照系统图 15 - 13 检查综合管廊监控系统采集到的实时监测数据是否保存到监控中心的数据服务器中,存储器的空间能否满足运行要求。各个视屏和传感器是否有效工作,各控制设备开关电动执行器、数字量 I/O 模块、光纤收发器、光纤终端盒、以太网交换机连接到主网络,能否达到实时监控。电力监控采用的光纤测温和局域防火弹,以及接地环流、局部放电监测形成的网路是否在运行。特别是管内检修人员和主控室的通信和视屏是否正常运行。

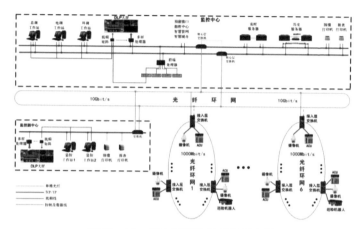

图 15-13　综合管廊监控系统示意图

15.1.4　白蚁防治的措施

(1)展开对所有变电所中电力设施和隧道的蚁害调查,在调查的基础上,应该编写"变电站和相关设施蚁害的报告"。调查和汇总变电站周围的环境、白蚁种类、蚂蚁密度,由蚂蚁造成已轻微损伤的设备和损坏程度,以便采取适当的预防措施。

(2)清楚电力设施和防白蚁的地理区域,并应建议(组织形式、专业人员、施工安全负责人等)的具体要求。这可以使运行部门有效地进行检查和监督,使变电站和相关设施的防白蚁工作规范化和制度化。

(3)电缆的选择。选择具有高硬度和良好的预防白蚁性能的外护套可以保证电缆敷设和运行过程中蚂蚁对电缆外护套的破坏。许多电缆公司都声称为客户提供的电缆具有防白蚁性能,但实际上,其防白蚁的能力并不好。据了解,已经出现一种可以防止白蚁的挤出型电缆外护套,其性能是比较好的。可以考虑减薄金属护套的厚度,既起到金属防腐蚀护套的作用,减少蚁害的同时,降低成本和重量。

(4)加强施工过程管理。提高敷设安装电缆的质量,注重铺设环境的影响,按照设计标准,筛选出所需的回填砂(或软土),严禁以建筑垃圾和碎石回填电缆走廊,以消除各种隐患,其目的在于防止安装质量和白蚁巢造成的电缆外护套故障。

15.1.5　电缆线路中穿管和它的施工管理

在电缆工井之间的电缆穿管应保持直线方向,在电缆敷设前应在电缆管内放入滑石粉或润滑材料,以防止敷设电缆时,管路弯曲的连接部位损害电缆外护套。一般来说,每 50 m 处应安装一个工井,当电缆长度较长时,电缆会在管道内产生巨大摩擦,它可能会损坏电缆护套。

电缆管道材料应选择具有导电、导热和透水功能特性的特殊材料,它可以提高电缆载流能力。相同地,管道之间的距离应尽可能接近,它也可以减小对单芯电缆的感应电压。

15.1.6　电缆线路的防火(参阅第 8 章第 8.4 节)

电缆和接头上的防火壳和防火带,防火设备和监控设备应齐全。

15.2　电缆线路的维护

1.电缆线路的正常维护

电缆线路设备和其他供电设备一样,必须经常检修和维护。检修的周期应按照"电缆检修规程"的规定执行,检修项目则根据巡视和试验结果加以确定。一般的维护工作每年至少一次,主要包括以下 3 类。

(1)户内外电缆及终端头:①清扫电缆沟并检查电缆情况;

②清扫终端盒及瓷套管;③检查终端盒内有无水分并添加绝缘剂;④检查终端头引出线接触是否良好;⑤用摇表测量电缆护套、主绝缘和接地线绝缘电阻;⑥油漆支架及电缆夹;⑦核对线路铭牌及终端头引出线的相位颜色;⑧修理电缆保护管;⑨检查接地电阻;⑩电缆钢铠涂防腐漆;⑪单芯电缆检查金属护层电流及电压。

(2)工井及隧道排管:①抽除井内积水,清除污泥;②检查工井建筑有无下沉、裂缝和漏水等;③检查井盖和井内通风情况;④油漆电缆支架挂钩;⑤疏通备用排管;⑥检查工井内电缆及接头情况,应特别注意接头有无漏油,接地是否良好;⑦核对线路铭牌。

(3)地面分支箱:①检查周围地面环境;②检查通风及防雨情况;③油漆铁件;④检查门锁;⑤分支箱内终端头及电缆的检查同第(1)类各项。

(4)对于单心电缆:①用钳形电流表检查各接地线中的电流与原试验记录进行对比,如果发现较大差别应确认故障点位置;②检查各个交叉互联箱的密封是否良好,护层保护器是否良好,必要时应对其进行耐压试验;③检查各接地线端子是否锈蚀,应及时更换锈蚀的接头端子,否则会引起系统接地悬浮造成事故;④检查电源穿过的各钢构架是否有闭合回路发热问题并及时消除。

2. 电缆线路检修

(1)电缆绝缘护套在巡检时,发现破损造成接地环流超过规定值,应按照15.1.1(6)中的方法进行修复。

(2)电缆线路接地极由于长期浸泡在腐蚀性水中而造成的焊点脱焊,应及时修补,一般在设计上要求采用焊接加螺栓紧固的方法保证牢靠。

(3)当电缆护套或新电缆线芯出现进水问题,在可能的情况下,应更换电缆;如果现场不允许更换电缆,应及时排水,排水的检验目前没有相应标准,但可借鉴 GIS 组合电器微水测量基准,即含水量不超过 100 mg/L 为准,但在实际工作中,含小量小于 100 mg/L 是很难达到的,多次现场经验认为不超过 1 000 mg/L 对于电缆已经相当可以了(图 15 - 14 所示为现场测量电缆中的水含量)。

图 15 - 14　电缆除潮现场

一般电缆除潮的方法如下:

1)首先检查电缆进潮是哪个部分,是护套还是线芯,确认后锯断电缆明显进水的部分。

2)用带气嘴的热缩封帽将电缆端头密封起来,连接到减压阀上。

3)打开干燥氮气,向电缆线芯或护套里面注入氮气,压力不要超过 0.3 MPa,保持压力,当注入一定时间后,一般 24 h 为一个周期,停止注入,同时暂时封闭两端,保证干燥氮气在电缆线芯或护套中停留 6 h 以上。再次打开临时密封,打开气体阀门向电缆继续注入气体,同时用微水仪测量从电缆线芯或护套中排出来的气体的含水量(方法如图 15 - 14 所示)。

4)重复上述步骤,直到排出气体的含水量在 100～1 000 mg/L 为止。

15.3　电缆线路的技术管理

电缆线路的技术管理工作主要分为技术资料的管理、计划的编订、备品的管理和培训 4 类。

(1)技术资料。电缆线路的技术资料是十分重要的,运行部门必须有系统地长期积累并及时加以整理。完整的技术资料应包括一切原始装置记录、设计书及图样、故障修理情况、试验报告、GIS(地理信息系统)以及经常性的运行记录等。技术资料的种类,原则上应不厌其多,但如果限于管理人力不够,则可择其重要者先行建立,以后再逐步补充。下面介绍几种比较重要的资料。

1)电缆网络总布置图:这是一张包括一个地区内所有电缆线路按照街道分布的总布置图,在图上可以看出通过每条道路的所有电缆名称和相对的位置及变配电所的地点等。图纸的比例可用 1∶25 000。在线路密集的城市里,可将总布置图按电压等级分为数张,但不宜过多。总布置图的作用能使技术人员对全区的线路布置情况一目了然,在扩建和改建时,可以参考选择新的路线。当需要确定某一地点的电缆正确位置时,可先查得经过该地段的电缆名称,然后再查阅各有关电缆线路图。总布置图应当按电缆线路的增减和变更及时修正,它对于电缆监护巡视工作有重大作用。

2)电缆线路图:敷设在地下的电缆,不论其长短,应当各有一张个别的线路图。如果数条电线的送电和受电端系在同一或邻近地点,可以绘于同一图上。线路图应当在敷设电缆时,由制图员测绘,其准确度要求较高,图上应当包括路面上较有永久性的建筑物,例如井、消防水龙头、界石、大楼等。此外,并须给出道路截面及地下其他管线的布置情况。图纸的比例一般应为 1∶500,但在变配电所内或附近地下设备较多时,必须用 1∶50 或更大的比例。在电缆线路图上应注明电缆接头位置、电缆线路长度、线路名称及更改图样说明等。原始图样应由施工安装单位绘制,在验收工程时交与运行单位保存。在有电子地图和 GPS 全球定位设备的地区可以在地图上标明坐标值,为今后城市发展后地表原貌改变时寻找电缆创造条件。

　3)电缆截面图:电缆的制造规范各厂并不一致,即使形式、电压等级及导体截面相同,其结构尺寸亦难完全一样,因此每种电缆都必须有一张截面图。图比可用 1:1。在验收新电缆时,将电缆割下一段剖开检查,详细测量其结构尺寸,这样对于中间接头设计、确定许可载流量、计算电应力、计算电容及电抗等都有很大用处。电缆截面图上还必须记载制造厂名、采购日期、采购数量和安装使用地点等,以供将来统计参考之用。

　4)附件装配图:每一种形式的附件或终端均须有一份标准装置图样,这样不但可以统一电缆技工的操作方法,提高施工质量,在采购附件材料时,也有一定的标准规格,不致参差不齐。中间接头和终端的事故百分率很高,如果不严格统一装置方法,就难保证质量,影响安全供电。图样的编号可用以代表附件的形式,永久不变,因此在记录各种资料时,只需将图号填入,既简便又易于查考附件内部的详细结构。

　5)电缆线路索引卡:每一条电缆线路应有索引卡片一张,记录其简单的装置和历史情况以及有关的图样编号等。这类卡片按照线路编号,顺序置于档案柜中,可以迅速地随时抽阅。索引卡上还应配载各项经常必须了解的资料,命名如线路长度、电缆形式、截面积、制造厂名、敷设日期、接头只数、使用绝缘剂的牌号、事故次数及其原因摘要,以及在这条线路曾进行过何种检修工作等。索引卡片系同线路并存,保存日期可能达几十年之久,因此须用质量较好的纸张,以免因经常翻阅而损坏。

　6)故障报告:电缆线路的故障经过修理后,必须填写故障修理报告。报告内容应包括故障部分的原有安装资料,并将故障现象、修理情况以及故障的原因分析等进行详细说明。必要时可将故障部分摄成照片或描绘于报告上。这类报告一般由技术人员填写,经审核后复印数份分别存档。完整的故障统计资料,对于制定防止事故措施和年度检修计划都是技术政策的主要依据。如图15-15所示为全世界电力故障统计数。

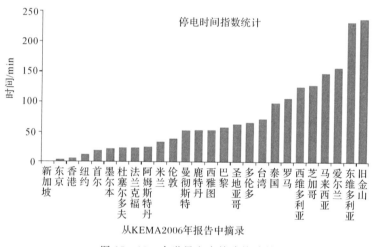

图 15-15　全世界电力故障统计数

　　7)线路专档:每条电缆线路必须有一专档,一切有关该线路的技术文件均应归入其内,避免资料分散或遗失。线路设计书和原始安装资料、验收文件以及后来更改线路的记录等都应归入档内,其他资料包括检修工作总结、运行和维护的报表,例如预防性试验报告、故障修理报告、负荷和温度检查记录、腐蚀检查记录、现场巡视记录等,也必须分类归入档内。总之,在线路索引卡上所不能详载的东西,都应当能够从技术专档内查出。线路专档亦应顺序编号排列,以便查阅。

　　8)防治白蚁所需要的信息:收集国内和国外防治白蚁技术的

信息;提出在新建电缆项目中防治白蚁技术原则;收集本地区白蚁分布情况;调查 110 kV 级以上电压等级电缆线路的蚁害情况;在运行电缆上对蚂蚁损坏程度进行综合评估;为制造商提供各种电缆防治白蚁测试和结果比较;提供运行电缆的防治白蚁的方法。

(2)计划编订。电缆的运行、维护与检修工作必须按照预先编订好的计划执行。在编订计划时,除了根据《电力工业技术管理法规》外,还应结合各地区设备的具体情况作适当调整。计划内容应包括工作项目、工作进度、劳动力的安排和材料的准备等。经常性的运行和维护工作,一般变动不大,但检修工作则须根据线路检查和试验结果,以及历年事故分析所提出的防止对策来制订。总的工作量应该从次列各方面来考虑:①年平均电缆供电故障次数;②估计由于定期预防性耐压试验而击穿的次数;③有缺陷的旧式接头和终端头拟加以改装的数量;④根据事故对策提出的措施;⑤根据线路巡视、温度测量和负荷检查等结果提出的措施;⑥有关防止电缆腐蚀的工作。

在编订计划时,运行部门应充分考虑到供电调度的问题,务必使停电次数尽量减少,时间尽量缩短,以免影响用户的用电。电缆的运行、维护或检修需要停电工作,可配合同一线路上其他设备的检修进行,例如:油开关、架空线、变压器等。这样既可节省停电时间,而且也较安全。

(3)备品管理。电缆的备品,包括电缆和附件等材料,不易零星购置。为了保证及时修理事故和按期进行检修工作,运行部门应保持有一定数量的备品。这些备品须保存在交通便利、易于取用的地点,并且按不同的规范分别放置。备品的数量不仅取决于运行中设备的多少,而且和安装情况有关,例如电缆备品的长度,应足够替换一条线路中任何一段连续两个中间接头间的电缆。水底电缆、过桥电缆一般不允许有中间接头,所以备品的长度就必须符合这个要求。电缆的中间接头和终端,每种形式最少要有两套备品,户外式的终端头容易发生故障,备品的数量也应适当地加多。当然,备品过多会造成大量资金的积压,因此在确定备品数量时,须从需要和经济两方面同时考虑。如果有的材料能够随时就地购到,那么储存量就可相应地减少。备品的保管和补充应有专人负责,而且必须严格执行材料验收制度,以保证质量,防止在使用时才发现缺陷,影响工作的进展。

(4)培训。电缆工程是一种特殊的专业,它不仅需要专门的技术人员,而且需要熟练的接头技工。电缆中间接头工作是一项劳动强度较大和工作持续时间较长而又细致的工艺过程,因此在选择人员作为培训的对象时,应该首先考虑其体力是否能够胜任。接头工最好具有钳工的基础,学习时间需 1~2 年。培训内容主要包括下列各项:①各种规程的学习,例如《电力工业技术管理法规》《电业安全工作规程》《电力电缆运行规程》《电缆敷设规程》《中间接头安装作业规程》等,后面三种一般是由现场自行编订的;②各种绳结的应用和操作方法;③登杆和杆顶工作的实习;④各种绝缘材料的热处理;⑤各种电缆的敷设法;⑥熟悉电缆的线路图以及中间接头和终端的装配图;⑦各种形式中间接头和终端的制作;⑧有关电缆试验的常识。

电缆技工的训练必须配合现场工作进行,不应单纯地采取课堂讲解和工场实习的方法,因为电缆一般是埋放在地下或电缆沟里,工作条件与工厂内有很大的差别。接头技工必须经过现场的长期锻炼,这样才能获得牢固的基础和丰富的经验。

15.4　电缆敷设安全措施

(1)挖掘电线沟。在开始挖掘电缆沟之前,工作负责人应向施工人员指出电缆沟的位置,挖掘的深度以及可能遇到的其他地下管线等。在有电缆通过的地方,在发现电缆保护板后,只可使用铁铲,不可用其他工具。如系其他单位的管线,应及时通知有关部门派员监护。用大锤敲凿坚硬的路面时,使用大锤的人同时不可超过三人,且不可戴手套,但掌握凿子的人则须戴手套和护目罩。工作地点周围须安设临时围栏,防止行人接近,夜间应加设红灯。电缆沟的深度在 1.2 m 以上时,必须按土质松软程度用适当的撑板支撑(见图 15-1),或者按土壤自然倾斜角度挖掘,以防沟壁倒塌。在 1.5 m 深度以上的沟道中往上扬土时,应注意防止泥土和石块落回沟内。沟中挖出的泥土和石块应分别堆积在沟旁或马路边,以尽可能不妨碍交通和行人安全。在救火用的水龙头周围,不可堆积泥土,并须留出汽车的通道。邻近电车轨道工作时,警告牌和土堆距离轨道边缘最少不得小于 0.6 m。已挖好的沟应在与人行道或街道交叉处设置临时渡桥,以便行人通过。在冬季施工时,如需将土地加热解冻,必须注意从土地加热面到地下电缆的土层厚度不小于 100 mm;如系沙地,则不得小于 200 mm。

(2)搬运电缆盘。电缆盘的装卸和搬运,应在敷设工人或有经验的起重工人监视下进行。搬运之前应先检查电缆盘是否牢固可靠,有无倾斜倒塌的危险。运输电缆盘最好用特制的低平板车。只有在极短的距离内,且平坦的地面上,允许将电缆盘直接在地上滚动,滚动的方向必须顺着电缆盘上的箭头方向,否则会使电缆各圈松动,互相缠绕起来。在地面上滚动电缆盘时,如用铁撬顶住盘侧面的螺丝或侧钢板来改变滚动方向时,工作人员不可戴手套,并须特别小心防止扎手和脚。用汽车装卸电缆盘时,车子必须刹牢并在车轮下面放置轮挡,以防滚动。装卸用的托板,其厚度不得小于 70 mm,倾斜角不可超过 15°。托板的下端应有可靠的支点,上端应有特制的钩以便钩住汽车底板的边缘。电缆盘在托板上移动时,必须有可靠的拉牵装置,盘的正下方不许有人逗留。装在车上的电缆盘下面须有楔子垫好,并用结实的绳子绑紧,以防滚动。从汽车上卸下时,不许将电缆盘倒卧放在地上。短段的和直径较小的电缆可以不用电缆盘,而将电缆卷成圆环,并用铁丝绑紧进行搬运。但必须注意,为了防止移动时扎伤手指,电缆圈的大小须一致,在拿起和放下时,应从里面抓住最下层的一圈。

(3)施放电缆。施放电缆之前,应先把电缆盘穿在钢轴上用千斤顶架起。千斤顶必须安置稳固,使电缆盘在转动时不致动摇倾翻。拆下的电缆盘保护板应将钉子拔掉或打弯,并将其捆好,堆放在工作地点以外。敷设时应保证电缆盘能够随时刹住,特别是放开最后几个圈的时候。用人工敷设电缆时,每人所负的质量一般不可超过 35 kg。拖曳电缆应使用绳子扣在电缆上,不可直接用手抓住电缆,以免手指被滑轮轧伤。电缆在沟中移动时,工作人员不可站在电缆弯曲方向的内侧。当电缆穿过楼板或管道时,必须小心勿使手被电缆一同带入孔内。电缆通过铁路或电车轨道时应先与有关部门联系,并在火车或电车接近时暂停工作。敷设垂直装置的电缆,必须使用钢丝绳,每隔 3 m 将钢丝绳绑在电缆上,不准只用钢丝套拉拽。电缆施放完毕,在复土之前,应根据实际敷设位置绘制线路草图,各段电缆末端都必须系有说明电缆规范、敷设段号等的标牌。

(4)电力电缆的使用。使用电力机具敷设的电缆,当出现电力不稳定的场合时,应当采取措施,或参照第 8 章第 8.3 节所述的敷设方法进行修正。

15.5　附件安装安全措施

(1)验证电缆。电缆或其接头和终端头的修理,只有在该电缆已停电并在两端接地后,才允许进行。需要修理的电缆段或接头被挖掘出来后,必须再次根据线路图和电缆的实际位置进行复核。电缆发生故障后,在没有查明故障电缆是否确已断开和接地之前,禁止直接用手或导电物体接触电缆的外皮。在切割故障电缆之前,工作人员应先用装有接地线的木柄铁钎钉入电缆导体,证明电缆确已无电。木柄铁钎的接地线应不小于 25 mm²,一端先连在打入地下的接地极上,另一端接在铁钎上。临时接地极打入土中的深度应不小于 0.5 m。在打入铁钎时,工作人员应戴橡皮绝缘手套和护目罩,无关的人员不可靠近。在打开故障接头之前,应先将灌胶孔用喷灯烘干,将合适的验电器插入接头内检验有无电。

割开接头绝缘时,应用带有接地线的小刀,工作人员应戴绝缘手套和护目罩并站在橡皮垫上。

(2)火源的使用。为了保证火源使用的安全,工作人员必须了解各种火源的结构,如喷灯的注油量不得超过 3/4,打气压力不可过大等,并熟悉火源的使用方法。火源应远离汽油、石油液化气罐,同时不可朝向人员方向。使用喷灯的人员在油罐中压力未放掉之前不可卸下喷嘴。

(3)电缆终端塔的安全措施。当电缆终端在电缆终端塔上安装时,工作平台应当安装防雨棚、安全围栏,安全围栏高度不应小于 1.5 m,上下人员应当穿戴安全绳、安全帽和防护眼镜。隔离设施和雨棚应采用防火材料,并且应保证不会有火星掉落地面。

15.6　隧道和水上工作

(1)人井及隧道内工作。开启人井盖时,应避免金属互相碰撞引起火花,不可把火拿近刚开启的人井口,以防有易燃气体发生爆炸。进入人井前,应先用吹风机进行通风,只有当井内经过良好通风之后,工作人员才可进入井内。上下工井须用梯子,井内有人时,不得将梯子拿走。在井内工作,如需使用喷灯和易燃物品,须随身携带消防器材。井内有人时,不准使用二氧化碳或四氯化碳的灭火器。向井内吊送材料和工具,特别是热绝缘胶和焊料时,应预先警告井中工作人员,使其离开井口正下方,然后方可吊送。在井内修理接头时,其他高压接头须用内衬石棉或其他防火材料的铁皮罩遮盖。井内使用的照明设备,只可使用电压不超过12 V的安全灯。井口周围须用围栏围好,并悬挂警告标志,夜间应挂红灯。进入电缆隧道必须有两人或两人以上。单独一人不得逗留在隧道内。隧道的门应安装内外侧均能开启的弹簧锁,不准使用挂锁。

(2)水上作业。施放水底电缆或进行修理水底电缆之前,必须与当地港务管理部门取得联系。在水底电缆吊上工作船以前,应将工作船在上下水方向抛锚固定。电缆须牢固地系在船上,然后进行验电和切割工作,验电方法与15.2节所述相同。工作船上应备有足够的救生衣和救生圈。在船上使用火炉时,应置于下风方向,炉下须铺钢板并搁起留空,船上应备有灭火器。工作船在白天悬挂慢车旗,晚上应悬挂信号灯,并应遵守当地港务管理部门的规定。

水底电缆的保护措施:

1)根据航道管理规则,水底电缆线路标明的保护区域必须禁止抛锚;根据航道的繁忙程度,如果必要,应在适当地点建立航标杆。

2)在水底电缆的保护区域,如果发生违反航行的事件,应首先通知航行管理部门,尽可能采取有效措施保护电缆,例如停止水下工作、禁止乱抛锚等就可以避免水底电缆的损伤。

15.7　电缆试验工作

电缆的运检试验工作,应遵循国网标准 Q/GDW11316,Q/GDW455和Q/GDW456中的相关要求执行。在完成高压试验时,应由两人以上进行。担任预防性试验的人员须受过高压试验工作的专业训练。除特殊的带电试验之外,所有试验均应在停电的情况下进行。电缆试验工作和检修工作不可同时进行。试验工作开始之前,工作人员必须清楚了解电缆确已停电,并且经过放电和接地,而且线路上没有人在工作。电缆上的接地线只可在测试工作需要时才拆开,并须在工作完毕后立即装回。用高压做预防性试验时,工作地点周围须装设遮栏,并悬挂明显的警告牌。被试电缆的末端,必要时应派人看守。当试验通往架空线的电缆时,在电缆上杆处应派人监视,禁止任何人攀杆;如果电缆在中途已被割断,则在割断处亦应派人看守。试验工作开始前,工作负责人应对结线进行一次复查。试验中如需变换接线,必须先切断电源,然后将电缆放电接地;只有在已接好地线的设备上,才准直接用手更换接线。连接高压电源的引线,应稳固地悬吊,并保持对地和其他设备一定的距离。试验用的电源开关不得使用断开不明显的开关,并且应保证必要时能迅速断开电源。试验接线的接地线,必须可靠地与接地网连接,并应注意防止在试验过程中被人拆开。

15.8　电缆线路维护成本

15.8.1　电缆线路维护成本

电缆线路的维修费用特别是运行费用是输电成本重要组成部分。这是电力输送经济学的主要研究内容之一。电力电缆线路输电经济学主要研究三个课题,即在单位距离,例如 1 km 内输送单位能量(MV·A)的实际成本:电缆线路相对于架空线的成本,以及在单位距离内输送单位能量的电能损耗。此处"电能损耗"就是运行费用,为了较为全面和系统地说明,应对电缆线路输电的实际成本进行讨论。这也是适应市场经济而必须要了解的。输电成本由 3 部分构成:①电缆线路单位长度的安装成本(包括电缆本身价格和敷设安装费用):②固定的电能损耗(介质损耗);③焦耳损耗,亦称导体的欧姆损耗,也就是电流流经导体时的发热损耗,它与电流的平方成正比。其中第②和③项可总称为电缆的线路损耗,或线损,在时间上以年为单位。因此还必须引入"年投资"这一经济参数,它是指每年平均的折旧、贷款利息和维护费等。其中折旧是不随通货膨胀率而变化的,而且利息也能保持相对稳定。尽管电缆线路的安装成本和表示线损的电费大致按通货膨胀率成正比例增长,但年投资费只占安装成本的一小部分。因此在美国,即使在1971年和1976年间发生了阿拉伯石油禁运导致通货膨胀率超常规增长后,仍按安装成本的15%作为年投资费,即年投资费因数为0.15,这可供参考。因此可以得出以元/(MV·A·km·a)计的每回路电缆线路输出成本 TC 的计算公式为

$$TC = \frac{0.15IC + YDL + YJL}{\sqrt{3}U(uI)(CLF)} \qquad (15-3)$$

式中,IC 为电缆线路每回路的安装成本,元/km;YDL 为年介质损耗成本(折合成相应的电价),元/(km·a);YJL 为年焦耳损耗成本(折合成相应的电价),元/(km·a);U 为线电压,kV;u 为线路利用因数,或以最大允许载流量 I 的百分比表示的每日最大电流,%;I 为电缆最大允许载流量,A;LF 为电缆线路负荷因数;CLF 为日平均电流/电缆最大允许载流量,即

$$CLF = \sum_{n=1}^{24} I_n / (24 I_{max}) \qquad (15-4)$$

式中,I_n 为将一天割成24个1 h的时段后,每一时段内的平均电流;I_{max} 为一天中24个1 h平均电流 I_n 中的最大值。

令 P_d 为以 W/km 表示的每相电缆的介质损耗,E 为以元/kW·h表示的售给电力公司的电价,则

$$YDL = 3P_d \times 24 \times 365 \times 10^{-3} E \quad [元/(km·a)]$$

又令 R 为一相电缆导体每千米长的焦耳损耗电阻,以 Ω/km 计,α 为损耗因数,则

$$\alpha = 0.3(CLF) + 0.7(CLF)^2$$

于是

$$YJL = 3\alpha(uI)^2 R \times 24 \times 365 \times 10^{-3} E \quad 元/(km \cdot a)$$

$$(15-5)$$

上述公式不仅适用于电缆线路,也适用于架空线路。因此将相应的数据代入后,可以获得各种不同电压等级的电缆线路和架空线路的输电成本,并且可作两者输电成本的对比。

现以美国 1976 年统计资料做分析,如图 15 - 16 和图 15 - 17 所示。

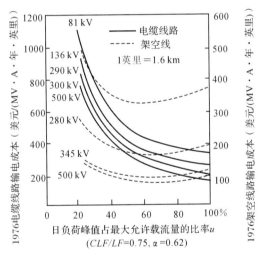

图 15 - 16　美国 1976 年自容式充油电缆 / 架空线输电成本

在图 15 - 16 中表示的输电线路输电成本随着线路所带的平均负荷的增加而下降。大多数输电线路一般在利用率为 50% ～ 100% 的范围内运行。但在经济分析中应取"满负荷"作为最大的热输送容量。图 15 - 16 所示为在各种不同电压等级下输送电力的经济效益,其中表明 500 kV 电缆线路由于较厚的绝缘限制了载流量,因此它与 345 kV 电缆相比,增加的效益很小。再看四种电压等级的架空线路时,除了输电成本平均约为电缆线路的一半外,在满负荷时其曲线不像电缆线路的曲线还在下降,而是在上升。架空线输电成本曲线的上升表示已越过了输电成本的最低价。而电缆线路输电成本曲线的下降则表示正在向最低输电成本接近。但此时电缆线路的利用率比已经达到100%,即已经满负荷,导体温度已升高至最高允许温度。如欲增加输送电流(也就是增加输送容量)使输电成本达到最小值则势必导致绝缘过热,为防止过热必须采用人工冷却技术。在国际上为了使输电成本降低到最小,一般均采用人工冷却以获得最大的经济效益。然而,尽管在有关规程中提出了要统计"保养费用率"的这个要求,但是人们往往只注意了"事故率"这个安全指标,却忽视了"保养费用率"这个经济指标(当然"保养费用率"的含义应扩充至上述的"输电成本")。正因为如此,国内尚未进行电缆线路人工冷却技术的研究和实践。

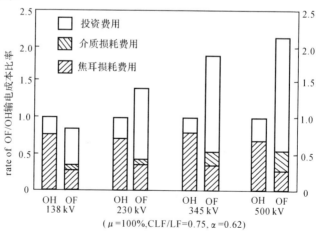

图 15-17　电缆线路(OF)/架空线路(OH)输电成本比率
$(u = 100\%, CLF/LF = 0.75, \alpha = 0.62)$

图 15-17 所示为电缆线路和架空线路输电成本之比率。尽管电缆线路的投资费用比架空线路高出很多,但计入介质损耗和焦耳损耗费用,即运行费用后,电缆线路的输电成本与架空线路输电成本之比就要小得多,对 132 kV 电压等级而言,电缆线路的输电成本甚至比架空线的还要小。但随着电压等级的提高,电缆线路的输电成本也随之增加,不过目前最高电压等级 500 kV 电缆线路的输电成本也不过只有架空线路的 2.2 倍,如果采用人工冷却,比率还可降低。由此可知,运行费用所起的作用十分重要。

15.8.2　电缆经济截面选择理论

常用计算电缆经济截面的方法有年最低开支法,投资回报周期法,成本计算法,资金结算法。

(1)年最低开支法。每年费用开支的计算公式为

$$B = 0.11Z + 1.11N \qquad (15-6)$$

式中,Z 是投资量;N 是每年运行费用,包括能源消耗费用、维护费用和折旧费用。

该方法用于计算的投资和年运行费用,因为涉及的因素太多,而且难以准确计算,因此该公式太粗,难以在实际工作中使用。

(2)投资回报法。投资回报法可以估算两条电缆线路项目之间的不同方案,它需要数年的运行费用才能收回投资,投资回收期计算方法为

$$n = (Z^* - Z)/(N - N^*) \qquad (15-7)$$

式中,Z,Z^* 是两种投资项目;N,N^* 是两种投资项目每年运行的费用,包括线路损耗成本、折旧成本、维护费用。如果回报期小于 5 年,应该选择大截面电缆。投资回收期虽然能够对不同截面电缆的投资进行比较,但不能得到电缆在经济寿命期内的总费用,因而得不到具体的量化指标。

（3）成本计算法。运行费用（成本）与按投资效果系数折算成同等数额的基本建设投资之和 W（计算费用）最小，计算公式为

$$W = PZ + F_b \qquad (15-8)$$

式中，W 为计算费用；P 为投资效果系数；Z 为初始投资；F_b 为运行费用（成本）。这一方法难以具体给出投资效果系数的取值以及运行费用的计算方法，在实际工程中很难使用。

（4）资金结算法。对企业从建设开始到服务年限结束，其各项资金的来源和使用，用"财务报表"形式逐项进行平衡，计算出逐年归本还利直到还清的年限，其中按总盈余计算的年平均收益率，反映了服务年限内的整个经济效果。

15.8.3　总费用最小的电力电缆截面选择的数学模型

电缆经济导体截面的选择，在满足最大工作电流的前提下，不仅要考虑电缆线路的初始成本，而且要考虑电缆在经济寿命期间的电能损耗成本，并使两项成本之和最小。电力电缆经济截面选择的数学模型即是初始成本和电能损耗成本之和最小下的电力电缆导线截面。

其总投资费用最小的目标函数为

$$\min CT = \min (CI + CJ) \qquad (15-9)$$

式中，CT 为电缆的总投资费用；CI 为电缆采购与敷设费用；CJ 为电缆寿命期内由损耗引起的总费用折算到工程建设初期的等效值。

约束条件为电压降和短路热稳定：

$\Delta U\% \leqslant U_k\%$（$U_k$ 为方程要求的电压降损失）；

$I_z \leqslant I_{dk}$（I_z 为短路电流有效值，I_{dk} 为热稳定电流极限值）。

电缆的总投资费用（CT）分为电缆采购与敷设费用（CI）和电缆寿命期内由损耗引起的费用（CJ）两大部分。

（1）由损耗引起的费用 CJ。CJ 包括电能损耗费（简称"电费"）和为供给损耗所需的电网补充装机费（能源需求费）。电能损耗包

括负荷电流引起的发热损耗和与电压有关的损耗(介质损耗和充电电流损耗)。如果只考虑 10 kV 电力电缆网络,电压等级不高,因此忽略与电压有关的损耗。电缆运行第一年由负荷电流引起的最大损耗功率按下式计算,有

$$P_{\tau max} = I_{max}^2 R L N_p \qquad (15-10)$$

式中,I_{max} 为第一年电缆最大负荷时的相电流,A;L 为电缆长度,km;N_p 为每条回路的相导体数,一般为三相,故 $N_p = 3$;R 为单位长度导体交流电阻,Ω/m。

假设电价为 G 元/(kW·h),则第一年的电能损耗费用为

$$W_J = P_{\tau max} T G \qquad (15-11)$$

式中,T 为最大损耗运行时间,h,按下式计算,有

$$T = \int_0^{8\,760} I(t)^2 \, dt / I_{max}^2 \qquad (15-12)$$

式中,t 为全年运行时间 8 760 h;$I(t)$ 为负荷电流,A。

电网补充装机费是为了供给"损耗"而在电网中需增加的发电安装容量投资。

假设电网每年的补充装机费为 D 元/(kW·年),则第一年的电网补充装机费为

$$W_D = P_{\tau max} D \qquad (15-13)$$

因此,可以求出第一年由损耗引起的总费用为

$$W_1 = W_J + W_D \qquad (15-14)$$

考虑负荷增长和电价波动的影响,第 N 年由损耗引起的费用为

$$W_N = W_1 (1+a)^{2(N-1)} (1+b)^{N-1} \qquad (15-15)$$

式中,a 为经济寿命期内年平均负荷增长率;b 为经济寿命期内年平均电价增长率。

通常应将上述每年由损耗引起的费用值折算到工程建设初期。可采用技术经济学中计算第 N 年的损耗费用现值 = 终值 × $(1+i)^{-n}$,其中 i 为贴现率,不包括通货膨胀的影响,并假定在电

缆寿命期内保持不变;n 为计算周期,年。

因此,在电缆经济寿命期 N 年内,各年由损耗引起的费用分别折算到工程建设初期得到的总现值为

$$CJ = W_1 (1+i)^{-1} + W_2 (1+i)^{-2} + \cdots + W_N (1+i)^{-N}$$

$$(15-16)$$

将 $W_1, W_2, \cdots, W_N$ 的各个表达式代入上式,得

$$CJ = I_{\max}^2 R L N_{\mathrm{p}} (TG + D) Q / (1+i) \qquad (15-17)$$

其中,$Q = \dfrac{1-r^N}{1-r}, r = (1+a)^2 (1+b)/(1+i)$,如果把上式中除导体电流和电阻及电缆长度以外的所有参数以系数 $F = N_{\mathrm{p}} (T \times G + D) Q / (1+i)$ 表示,并将电阻的表达式 $R = \rho_{20} B [1 + \partial_{20} (\theta_m - 20)] / S \times 10^6$ 代入,可以得到 CJ 关于电缆截面的函数关系式为

$$CJ(S) = I_{\max}^2 F L \rho_{20} B [1 + \partial_{20} (\theta_m - 20)] / S \times 10^6$$

$$(15-18)$$

(2)电缆的采购和敷设费用 CI。电缆截面越大,采购费用和建设费用越高,一般可以认为电缆采购和敷设费用与导体截面之间近似呈线性关系,即 CI 是电缆导体截面的一次函数,有

$$CI(S) = L(AS + C) \qquad (15-19)$$

式中,L 为电缆长度,km;C 为费用的不变部分,不受导体截面的影响,元 /km;S 为导线截面,mm²;A 为费用的可变部分,与导体的长度和截面有关,元 /(km·mm²),可以对初选的单位长度的几种型号电缆的截面和价格进行线性拟合,求得的直线斜率即为 A 值。

设有 n 种型号电缆,截面为自变量 x,单位长度电缆价格为因变量 y,直线方程为

$$y = a_0 + Ax \qquad (15-20)$$

式中,a_0 和 A 均为常数。

将已知的参数代入式(15-20),那么解方程组,得

$$\left.\begin{array}{l} S_0 a_0 + S_1 A = f_0 \\ S_1 a_0 + S_2 A = f_1 \end{array}\right\} \qquad (15-21)$$

即可求出 A。方程组中,$S_k = \sum\limits_{i=0}^{n} x_i^k$,$k = 0,1,2$;$f_k = \sum\limits_{i=0}^{n} x_i^k y_i$,$k = 0,1$。

因此,可以得到电力电缆的总投资费用函数为

$$CT(S) = L(AS + C) + I_{\max}^2 FL\rho_{20} B[1 + \partial_{20}(\theta_m - 20)]/S \times 10^6 \qquad (15-22)$$

(3)总费用最小的经济截面计算步骤。从表达式(15-22)可以看出,总费用是电缆导线截面的函数,电缆导体的经济截面就是使 $CT(S)$ 值为最小的截面。为此,将式(15-22)对导线截面 S 求导并令其等于 0,有

$$LA - I_{\max}^2 FL\rho_{20} B[1 + \partial_{20}(\theta_m - 20)]/S^2 \times 10^6 = 0 \qquad (15-23)$$

由式(15-23),即可求出电缆导体的经济截面 S_{ec} 为

$$S_{ec} = 1\,000 \times$$

$$\sqrt{I_{\max}^2 [N_p(TG + D)(1 - r^N)/(1 - r)]\rho_{20} B[1 + \partial_{20}(\theta_m - 20)]/A} \qquad (15-24)$$

应该指出,由式(15-24)计算出的截面一般不会正好等于某个标称截面。因此,必须求出与计算截面相邻的较大和较小标称截面的费用,然后从中选取最经济的一个作为电缆导体的经济截面。

按照式(15-24)得到的电缆经济截面还要进行电压降和短路热稳定校验,电压降的计算式为

$$\Delta U = \sqrt{3}\, I_{\max} L(R\cos \varphi + X\sin \varphi)/U_N \qquad (15-25)$$

式中,R 为单位长度的交流电阻值;X 为单位导体的交流电抗值;φ 为电压和电流的相位差;U_N 为额定电压,$U_N = 10\ \text{kV}$,$110\ \text{kV}$,$220\ \text{kV}$,…。

满足短路热稳定要求的最小电缆截面为

$$S_{re} = 1\,000\sqrt{I_z(t + T_b)}/C \qquad (15-26)$$

式中,I_z 为最大短路电流的有效值;T_b 为系统电源非周期分量的衰减时间常数;t 为继电保护动作时间;C 为热稳定系数,是经试验得出的常数。

15.9 电缆事故分析步骤

(1)了解电缆全寿命过程。应该从杂质、材料和制造工艺几个方面确定电缆制造中的缺陷;从电缆盘堆放和捆绑确定运输中的不足;从电缆支架、输送和牵引确定安装敷设缺陷;从较低载流量、电缆摆放和电缆连接位置不当等确定设计缺陷;附件设计的安装要求太严格,例如,密封结构复杂、附加绝缘水平过高、绝缘裕度太小、安装人员的安装水平较低和要求太高;外半导电层和绝缘处理方法,准备不良;安装人员不理解组件的性能或不明白处理工艺;剥切尺寸不合理;密封不符合要求;安装环境湿度过高,灰尘太大;等等。

(2)事故是由于材料选择不当和制造上的缺陷造成的。在有防污要求的地区选择常规材料,导致电腐蚀(见图 15-18)产生;由制造缺陷引起的运行击穿故障(见图 15-19)。屏蔽材料必须有非常良好的特性,其电阻值应是最小的,一般不大于 100 Ω·cm,如果它的电阻值比这大,屏蔽效果就会下降(见图 15-20)。

图 15-18 产生电腐蚀

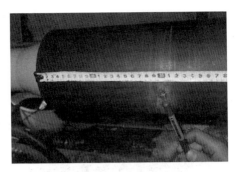

图 15 - 19　引起击穿

图 15 - 20　材料电阻值达不到要求

(3)设计不当造成电缆事故。如图 15 - 21 所示,应力锥区域电场非常高,如果绝缘和半导体是单独的结构,它很容易产生局部放电和随后的击穿。

图 15 - 21　不良设计引起的事故

(4)电缆结构的不当设计造成电缆事故。当电缆的皱纹铝护套设计过于紧,电缆运行时,热膨胀造成对电缆主绝缘产生挤压,这种损伤导致绝缘击穿(见图15-22)。

(5)安装不当引起的事故。有些电缆附件需要确保在安装过程中留有空气间隙,以抵消由热膨胀和收缩造成的力量,但是如果安装不重视这一问题,并填满它,它会造成巨大的内部压力,导致最后的击穿意外(见图15-23)。

图15-22　由电缆结构设计不当造成的击穿事故

图15-23　由安装不当引起的事故

(6)安装工具不正确配置。输送机皮带轮之间的距离是否正确(导致过度的牵引);电缆输送机是否足够,这些都将造成电缆护套承受较大的作用力。当安装时通信不良,在中间出现问题时,各个输送机不能恰当地停止,会对电缆外护套造成损伤;电缆盘没有刹车装置,电缆释放太快,造成电缆变形,损坏电缆。

(7)安装环境不理想。电缆支架有毛刺及尖端,很容易损坏电缆护套;电缆排管位置选择不当、管内径太小、电缆排管内部不光滑,都会影响电缆敷设;电缆隧道或沟道多弯曲,电缆线路上有陡峭的坡,急转弯,这些都会导致更大的张力。

(8)安装工具的选择不适当。压接钳的选择不合适,压接吨位不够,压接模具的宽度和对角线必须适应电缆附件,否则电缆的连接将会出现问题。安装时不使用扭力扳手,造成附件密封无法得到保证。

(9)环境的变化会影响电缆运行安全。外力损坏电缆,例如,房屋建筑,道路施工,地质勘探,在花园里种树和花木,挖沟渠、树木等;自然的破坏,例如,冰,水,火,地震,会严重影响电缆运行。易燃气体渗入电缆运行环境,它会造成严重的伤害。

(10)试验对电缆的损坏。如果试验时间过长,包括重复的时间,这将对电缆绝缘产生累积效应。发现故障时,如果电缆接地不良好,试验电压可能点燃电缆。

参 考 文 献

[1]　质量监督检验检疫总局.GB11017—2002[S].北京:中国标准出版社,2002.

[2]　中华人民共和国机械工业部.JB/T8144.1—1995[S].北京:机械工业出版社,1995.

[3]　电力设备预防性试验规程编写组.电力设备预防性试验规程[M].北京:中国电力出版社,1997.

[4]　刘子玉,王惠明.电力电缆结构设计原理[M].西安:西安交通大学出版社,1995.

[5]　上海供电局.电力电缆安装运行技术问答[M].北京:电力工业出版社,1981.

[6]　娄尔康.现代电缆工程[M].沈阳:辽宁科学技术出版社,1989.

[7]　享利.可靠性工程与风险分析[M].吕应中,译.北京:原子能出版社,1988.

[8]　陆旋.数理统计基础[M].北京:清华大学出版社,1998.

[9]　严璋.电气绝缘压线监测技术[M].北京:中国电力出版社,1998.

[10]　郝江涛,刘念,幸晋渝,等.电力设备的寿命评估[J].四川电力技术,2005,28(1):5-7.

[11]　国家质量监督检验检疫总局.GB50150—2006[S].北京:中国标准出版社,2006.

[12]　国家质量监督检验检疫总局.GB50168—2006[S].北京:中国标准出版社,2006.

[13]　国家质量监督检验检疫总局.电力工程电缆设计规范,GB50217—2007[S].北京:中国标准出版社,2007.

[14] 付婷婷,胡凯.电缆局放超高频传感器的应用与传播特性仿
      真[J].传感器与微系统,2011,30(1):54 - 57.

[15] 郭灿新,张丽,钱勇,等.XLPE 电力电缆中局部放电检测及
      定位技术的研究现状[J].高压电器,2009,45(3):56 - 60.

[16] 朱俊栋,杨连殿,贾江波,等.XLPE 电缆局放脉冲频谱分
      析及传感器选频[J].高电压技术,2006,32(7):36 - 38.

[17] 周凯,熊庆,陶霰韬,等.工频叠加谐波电压下中压电缆终端
      内绝缘过热点分析[J].电力自动化设备,2013,33(3):
      166 - 170.

[18] 刘斌,顾霄,徐阳,等.XLPE 高压电缆本体中局部放电信号
      的传输特性[J].高电压技术,2016,42(8):2457 - 2464.

[19] 王喜文,叶菊风,陈清.运用 SAS 程序实现排序及分档相结
      合的综合评价[J].中国卫生统计,2010,27(2):198 - 200.

[20] 刘子玉.电解质物理学[M].北京:机械工业出版社,1982.

[21] 仇斌,何军,屠德民.直流交联聚乙烯绝缘中空间电荷的形
      成机理[J].绝缘材料,2010,43(6):39 - 43.

[22] 屠德民.高压直流电力电缆的发展概况[J].电气电子教学
      学报,2001,23(2):5 - 10.

[23] KAZUKI T, HIROSHI S, MAKOTO H, etal. Research
      and Development of ± 250kV DC XLPE Cables [J].
      IEEETrans. on Power Delivery,1998,13(1):7 - 16.

[24] DAMAMME G,LE GRESSUS C,DC REGGI AS. Space
      Charge Characterization for 21 Century[J]. IEEETrans.
      on DEI,1997,4(5):558 - 584.

[25] ZHANG Y,LEWING J. Evidence of a Strong Correlation
      between Space Charge Build-up and Breakdown in Cable
      Insulation under DC Stress[C]. Proc. of 4th Int. Conf. on
      Insul. Power Cable,Paric,1993.

[26] Perepechko II. An Introduction to Polymer Physics[M]. Mir Publishers,Moscow,1981.

[27] IEAD M. Electrical Conduction and Carrier TrapinInsulating Polymer [J]. IEEETransonEI, 1984, 19 (3): 162 - 178.

[28] FUKUYAMA T,NAKUI T,SEKII Y,et al. The Influence of Additive on the Space Charge Formation and Charge Pro - filesin XLPE[C]. Proc. of 6th ICPADM,Xi'an,2000.

[29] HANLEY TRACEY L,BURFORD ROBERT P. A General Review of Polymeric Insulation for Use in HVDC Cable[J]. IEEEEl ectrical Insulation Magazine,2003,19(1): 13 - 24.

[30] ZHIEN HU,YEWEN ZHANG,ZHENLIAN AN,et al. Study on Charge Trap Distribution in LLDPE by Photo - Stimulated Discharge Current[C]. Proc. of 9th ICPADM, Harbin,2009.

[31] 陈曦,王霞,吴锴,等.聚乙烯绝缘中温度梯度效应对直流电场的畸变特性[J].西安交通大学学报,2010,44(4): 62 - 65.

[32] IEDA M,SUZUKI Y. Space Charge and Solid Insulating Materials In Pursuit of Space Charge control by Molecular Design[C]. Proc. of 5th ICPADM,Korea,1997.

[33] 王雅群.高压直流塑料电缆中空间电荷抑制方法研究[D]. 上海:上海交通大学,2009.

[34] IEC 60502 Power cables with extruded insulation and their accessories for rated voltages from 1 kV (U$_m$=1,2 kV) upto 30 kV (U$_m$=36 kV) 2009.

[35]   IEC 60840 Power cables with extruded insulation and
       their accessories for rated voltages above 30 kV (U_m = 36
       kV)up to 150 kV (U_m = 170 kV) — test methods and re-
       quirements 2011.

[36]   IEC 62067 Power cables with extruded insulation and
       their accessories for rated voltages above 150 kV (U_m =
       170 kV up to 500 kV (U_m = 550 kV)—test methods and
       requirements 2006.

[37]   ZHANG Y,LEWINER J,ALQUIE C. Evidence of strong
       correlation between space – charge buildup and breakdown
       in cable insulation. 1996.

[38]   MARUYAMA S,ISHII N,SHIMADA M. Development
       of a 500 – kV DC XLPE cable system. 2003.

[39]   COELHO R,ALADENIZE B. 电介质材料及其介电性能
       [M]. 北京:科学出版社,2000.

[40]   郑飞虎,张冶文,吴长顺.用于固体介质中空间电荷的压电压力
       波法与电声脉冲法[J]. 物理学报,2003,52(5):1137 – 1142.

[41]   HILLENBR J,BEHRENDT N,ALTST(A)DT V. Elec-
       tret properties of biaxially stretched polypropylene films
       containing various additives. 2006,3.

[42]   MELLINGER A,CAMACHO – GONZ(A)LEZ F,GER-
       HARDMULTHAUPT R. Ultraviolet-induced discharge
       currents and reduction of piezoelectric coefficient in cellu-
       lar polypropylene films. 2003.

[43]   MAZZANTI G,MONTANARI G C,DISSADO L A. Ele-
       mental strain and trapped space charge in thermoelectrical
       aging of insulating materials. life modeling,2001,6.

[44]   MEUNIER M,QUIRKE N,ASLANIDES A. Molecular

modeling of electron traps in polymer insulators. Chemical defects and impurities, 2004, 6.

[45] BOASTEAD I, CHARLESBY A. Thermoluminescence in polyethylene. Electron traps, 1970.

[46] BRODRIBB J D, HUGHES D M, LEWIS T J. The energy spectrum of traps in insulators by photon-induced current spectroscopy. 1972.

[47] TAKAI Y, MORI K, MIZUTANI T. Investigation of traps in $ q-irradiated polyethylene by photostimulated detrapping current analysis. 1976, 12.

[48] 朱智恩,张冶文,安振连,等.电介质陷阱能量分布的光刺激放电法实验研究[J].物理学报,2010,59(7):5067 - 5072.

[49] ZHU Zhien, ZHANG Yewen, AN Zhenlian. A novel method for distribution of trap levels in dielectric. Photostimulated discharge. 2010.

[50] ZHU Zhien, ZHANG Yewen, AN Zhenlian. Investigation of space charge trap levels in Al_2O_3 nano-powder doped polyethylene. Photostimulated discharge method. 2012, 26.

[51] KAZUKI T, HIROSHI S, MAKOTO H. Research and development of ±250 kV DC XLPE cables. 1998, 1.

[52] HAO Shujuan, ZHENG Feihu, WANG Wenyan. Space charge behavior of linear low density polyethylene doped with some types of inorganic nano powder. 2008.

[53] 王雅群,尹毅,李旭光,等.纳米 MgO 掺杂聚乙烯中空间电荷行为的研究[J].电线电缆,2009,(3):20 - 23.

[54] 张颖,侯文生,魏丽乔,等.纳米 SiO_2 氢氧化铝/十二烷基苯磺酸钠的表面包覆改性[J].材料导报,2006,20(f05):

175 - 177.

[55] 钱晓静,刘孝恒,陆路德,等.辛醇改性纳米二氧化硅表面的
研究[J].无机化学学报,2004,20(3):335 - 338.

[56] 李忠磊,杜伯学.高压直流交联聚乙烯电缆运行与研究现状
[J].绝缘材料,2016,49(11):9 - 14.

[57] 杨黎明,朱智恩,杨荣凯,等.柔性直流电缆绝缘料及电缆结
构设计[J].电力系统自动化,2013,37(15):117 - 124.

[58] 杨娟娟,朱永华,吴长顺.我国挤包绝缘高压直流电缆检测
技术现状[J].电线电缆,2017(1):1 - 4.

[59] 刘星宏,叶信红.高压交联聚乙烯绝缘直流海缆制造技术探
讨[J].电线电缆,2017(2):3 - 5.

[60] 杨晓东,黄伟琼,吴威,等.柔性直流输电技术在福建沿海孤
岛供电中的应用研究[J].电力与电工,2012,32(1):
10 - 12.

[61] RONSTRM L, RAILING B D, MILLER J J, et al, Cross
Sound. Cable Projict Second Generation VSC Technology
for HVDC [C]. Cigre Session. Paris, France, 2004:
B4 - 102.

[62] MATS HYTTINEN, KJELL BENTZEN. Operating ex-
periences with avoltage source converter (HVDC Linght)
on the gas platform troll A[R]. Sweden:Energex Organ-
ising committee, 2006.

[63] LAZAROS P LAZARIDIS. Econimic comparison of
HVAC and HVDC solutions for large offshore wind farms
under special cinsidertion of reiability[D]. Master'The-
sis, Royal Institute of Technology, Stockholm:2005.

[64] N BARBERIS NWGRA, J TODOROVICB, T ACKERMANN.
Loss Evaluation of HVAC and HVDC transmissionsolut-

ions for large offshore wind farms[J]. Electric Power Systems Research, 2006, 76(11): 916 - 927.

[65] 朱宜飞,陶铁铃.大规模海上风电场输电方式的探讨[J].中国工程科学,2010,12(11):89 - 93.

[66] 陈名,饶宏,李立涅,等.南澳柔性直流输电系统主接线分析[J].南方电网技术,2012,6(6):1 - 5.

[67] 冯满盈,李岩,许树楷,等.南澳多端柔性直流输电示范工程仿真和测试[J].南方电网技术,2015,9(1):68 - 72.

[68] 马玉龙,马为民,陈东,等.舟山多端柔性直流工程系统方案[J].电力建设,2014,35(3):1 - 6.

[69] 李亚男,蒋维勇,余世峰,等.舟山多端柔性直流输电工程系统设计[J].高电压技术,2014,40(8):2490 - 2496.

[70] 严有祥,方晓临,张伟刚,等.厦门±320 kV柔性直流电缆输电工程电缆选型和敷设[J].高电压技术,2015,41(4):1147 - 1153.

[71] 陈铮铮,赵健康,欧阳本红.直流与交流交联聚乙烯电缆料绝缘特性的差异及其机理分析[J].高电压技术,2014,40(9):2644 - 2652.

[72] 程斌杰,徐政,宣耀伟.海底交直流电缆输电系统经济性比较[J].电力建设,2014,35(12):131 - 136.

[73] 方亮,海金,吕亮,等.等离子表面处理聚乙烯中空间电荷分布[J].中国电机工程学报,2003,23(8):151 - 154.

[74] 穆茂武.高压XLPE电缆预制式附件的设计、制造和安装[J].电线电缆,2007(3):34 - 36.

[75] 王佩龙.高压交联电缆附件的选型及品质评判[J].电线电缆,2004(5):7 - 12.

[76] 魏钢.高压交联聚乙烯电力电缆接头绝缘缺陷检测及识别研究[D].重庆:重庆大学,2013.

[77] 蔡蓉,岳程燕,谢海莲.传输大规模陆上风电的传统高压直流输电系统控制策略[J].南方电网技术,2015,9(5):32-39.

[78] 梁旭明,张平,常勇.高压直流输电技术现状及发展前景[J].电网技术,2012,36(4):1-9.

[79] 王佩龙.高压电缆附件的电场及界面压力设计[J].电线电缆,2011(5):1-4.

[80] 杨佳明,王暄,韩宝忠,等.LDPE纳米复合介质的直流电导特性及其对高压直流电缆中电场分布的影响[J].中国电机工程学报,2014,34(9):1454-1461.

[81] 顾金,王俏华,李旭光,等.30 kV直流XLPE电缆电场及温度场的仿真计算[J].电线电缆,2009(6):9-12.

[82] 王佩龙,车念坚.高压交联电力电缆附件选型的若干问题[J].电力设备,2004,5(8):1-8.

[83] 周远翔,赵健康,刘睿,等.高压/超高压电力电缆关键技术分析及展望[J].高电压技术,2014,40(9):2593-2612.

[84] 王佩龙.高压电缆附件的电场及界面压力设计[J].电线电缆,2011(5):1-4.

[85] MARC JEROENSE. HVDC, the Next Generation of Transmission: Highlights with Focus on Extruded Cable Systems[J]. IEEJ Transactions on Electrical and Electronic Engineering, 2010, 5(4): 400-404.

[86] GHORBANI HOSSEIN, JEROENSE MARC, et al. HVDC Cable Systems—Highlighting Extruded Technology[J]. IEEE Transactions on Power Delivery, 2014, 29(1): 414-421.

[87] 顾金,王俏华,李旭光,等.30 kV直流XLPE电缆电场及温度场的仿真计算[J].电线电缆,2009,6:9-12.

[88] 韩宝忠,傅明利,李春阳,等.硅橡胶电导特性对 XLPE 绝缘高压直流电缆终端电场分布的影响[J].高电压技术,2014,40(9):2627 - 2634.

[89] 钟海杰,王佩龙,夏云杰.我国高压模注型电缆接头的开发和应用[J].电线电缆,2015,6:6 - 10.

[90] 王滨.三元乙丙橡胶和硅橡胶在 10 kV 冷缩式电缆附件中的各自优势[C].全国第八次电力电缆运行经验交流会,2008.

[91] 曹雪莲,夏天,高磊.耐高温硫化硅橡胶的研究进展[J].广东橡胶,2007,12:11 - 16.

[92] 吕亮,王霞,何华琴,等.硅橡胶/三元乙丙橡胶界面上空间电荷的形成[J].中国电机工程学报,2007,27(15):106 - 109.

[93] 顾金,王俏华,尹毅,等.高压直流 XLPE 电力电缆预制式接头的设计[J].高电压技术,2009,35(12):3159 - 3163.

[94] 张荣,徐操,闻飞.高压直流 XLPE 绝缘电缆附件设计[J].电线电缆,2012(6):41 - 44.

[95] 王霞,朱有玉,王陈诚,等.空间电荷效应对直流电缆及附件绝缘界面电场分布的影响[J].高电压技术,2015,41(8):2681 - 2688.

[96] 陈曦,王霞,吴锴,等.温度梯度场对高直流电压下聚乙烯中空间电荷及场强畸变的影响[J].电工技术学报,2011,26(3):13 - 19.

[97] 叶信红,韩宝忠,黄庆强,等.交联聚乙烯绝缘高压直流电缆电场分布计算[J].电机与控制学报,2014,18(5):19 - 23.

[98] DELPINO S,MONTANARI G C,LAURENT C,et al. Polymeric HVDC cable design and space charge accumulation,part 3:effect of temperature gradient[J]. IEEE Elec-

trical Insulation Magazine,2008,24(2):5-24.

[99] 杨永明,程鹏,陈俊,等.考虑空气流场影响的电缆散热研究及其影响因素与经济性分析[J].电力自动化设备,2013,33(1):50-54.

[100] 陈庆国,秦艳军,尚南强,等.温度对高压直流电缆中间接头内电场分布的影响分析[J].高电压技术,2014,40(9):2619-2626.

[101] 方亮,付海金,吕亮,等.等离子表面处理聚乙烯中空间电荷分布[J].中国电机工程学报,2003,23(8):151-154.

[102] FLEMING R J, HENRIKSEN M, HOLBOLL J T. The influence of electrodes and conditioning on space charge accumulation in XLPE[J]. IEEE Transactions on Dielectrics and ElectricalInsulation, 2000, 7(4): 561-571

[103] 喻岩珑,李晟,孙辉,等.XLPE 电缆绝缘老化与剩余寿命评估的试验方法[J].电网与清洁能源,2011,27(4):26-29.

[104] 冯慈璋.工程电磁场导论[M].北京:高等教育出版社,2000.

[105] 顾金.柔性高压直流交联聚乙烯(XLPE)电缆及其附件的设计研究[D].上海:上海交通大学,2010.

[106] DELPINO S, FABIANI D, MONTANARI G C, et al. Polymeric HVDC cable design and space charge accumulation, part 2: insulation interfaces[J]. IEEE Electrical Insulation Magazine, 2008, 24(1): 14-24.

[107] 王霞,朱有玉,王陈诚,等.空间电荷效应对直流电缆及附件绝缘界面电场分布的影响[J].高电压技术,2015,41(8):2681-2688.

[108] 詹威鹏,陈腾彪.110 kV 电缆模注型接头的试点应用与故

障分析[J].科技风,2014(22):103-103.

[109]　何维国,尹毅,柳松,等.高压直流交联聚乙烯电缆预制型终端:CN102480117A[P].2012.

[110]　李华春,章鹿华,周作春.应用有限元方法优化应力锥设计[J].高电压技术,2005,31(11):55-57.

[111]　陈铮铮,赵健康,饶文彬,等.高压预制式电缆接头的有限元优化设计方法[C].全国第九次电力电缆运行经验交流会.2012.

[112]　杜伯学,马宗乐,高宇,等.采用温差法的10 kV交联聚乙烯电缆水树老化评估[J].高电压技术,2011,37(1):143-149.

[113]　尚康良,曹均正,赵志斌,等.320 kV XLPE高压直流电缆接头附件仿真分析和结构优化设计[J].中国电机工程学报,2016,36(7):2018-2024.

作 者 简 介

王伟,1983 年西安交通大学电气绝缘技术专业毕业,至今在国网电力科学研究院(原武汉高压研究所)工作,教授级高级工程师。长期从事电力电缆及附件设计、试验、运行和研究等工作,CIGRE AORC 委员会委员。

电话:13907199803

Email:1390046667@qq.com

阎孟昆,1990 年西安交通大学硕士研究生毕业,至今在中国电力科学研究院(原武汉高压研究所)工作,教授级高级工程师。主要从事500 kV 及以下交联聚乙烯绝缘电力电缆的质量检测、试验研究和技术服务等工作,电力行业电力电缆标准化技术委员会委员。

电话:13507199869

Email:1443035957@qq.com

姜芸,1989 年上海电力学院毕业,至今在国网上海电力公司工作,高级工程师。主要从事电力电缆的运维、施工管理工作,电力行业电力电缆标准化技术委员会委员,担任世博会 500kV 电缆规划、施工管理等多个重点工程技术负责人。

电话:13501600574

Email:13501600574@163.com

严有祥,1990 年毕业于西安交通大学,至今在国网厦门供电公司工作,教授级高级工程师。主要从事电力电缆运维、检修试验、检测和技术研究工作,电力行业电力电缆标准化技术委员会委员。

电话:13906056567

Email:yanyouxiang@sina.com